黄顶菊入侵机制及综合治理

张国良　付卫东　郑　浩等　著

科学出版社
北京

内 容 简 介

　　本书简要介绍了近十年来在我国开展的针对外来入侵植物黄顶菊的研究成果,包括生物学(第六章、第七章)、生态学(第五章、第八章、第九章)、植物化学(第十二章)等方面,并简要归纳了在这些研究基础之上建立起来的防治管理策略(第十章、第十一章)。此外,本书还对自黄顶菊发现以来的国外黄菊属部分研究进行了初步概述和简要讨论,包括系统学(第一章、第二章)、解剖生物学(第三章)和植物化学(第四章)等方面。

　　本书适合从事生物入侵、生物多样性、有害生物综合防治、植物生理、植物化学、细胞生物学,以及菊科研究等领域的科研人员、大专院校师生及农林部门技术人员使用参考。

图书在版编目(CIP)数据

黄顶菊入侵机制及综合治理 / 张国良等著 . —北京:科学出版社,2014.2
ISBN 978-7-03-038927-5

Ⅰ.①黄… Ⅱ.①张… Ⅲ.①杂草－侵入种－防治 Ⅳ.① S451.1

中国版本图书馆 CIP 数据核字(2013)第 248450 号

责任编辑:李秀伟　孙　青　王　静 / 责任校对:郭瑞芝
责任印制:钱玉芬 / 封面设计:耕者设计工作室

科 学 出 版 社 出版
北京东黄城根北街 16 号
邮政编码:100717
http://www.sciencep.com

中国科学院印刷厂　印刷
科学出版社发行　各地新华书店经销

*

2014 年 2 月第 一 版　开本:787×1092　1/16
2014 年 2 月第一次印刷　印张:24 1/2
字数:566 000

定价:220.00 元
(如有印装质量问题,我社负责调换)

《黄顶菊入侵机制及综合治理》著者名单

（按姓氏拼音排序）

曹向锋	南京农业大学植物保护学院，南京，210095
陈 艳	中国农业科学院农业环境与可持续发展研究所，北京，100081
迟胜起	青岛农业大学农学与植物保护学院，青岛，266109
付卫东	中国农业科学院农业环境与可持续发展研究所，北京，100081
耿世磊	华南农业大学生命科学学院，广州，510642
古 松	南开大学生命科学学院，天津，300071
韩 颖	中国农业科学院农业环境与可持续发展研究所，北京，100081
皇甫超河	农业部环境保护科研监测所，天津，300191
江 莎	南开大学生命科学学院，天津，300071
李瑞军	河北农业大学植物保护学院，保定，071000
李香菊	中国农业科学院植物保护研究所，北京，100193
刘凤权	南京农业大学植物保护学院，南京，210095
刘玉升	山东农业大学植物保护学院，泰安，271018
倪汉文	中国农业大学农学与生物技术学院，北京，100193
任艳萍	南开大学生命科学学院，天津，300071
沈佐锐	中国农业大学农学与生物技术学院，北京，100193
宋 振	中国农业科学院农业环境与可持续发展研究所，北京，100081
谭万忠	西南大学植物保护学院，重庆，400716
唐秀丽	西南大学植物保护学院，重庆，400716
王 蕾	中国农业科学院农业环境与可持续发展研究所，北京，100081
王保廷	河北省沧州市农牧局，沧州，061001
王秋霞	中国农业科学院植物保护研究所，北京，100193
王思芳	青岛农业大学农学与植物保护学院，青岛，266109
王艳春	青岛农业大学理学与信息科学学院，青岛，266109

王忠辉　　中国农业大学农学与生物技术学院，北京，100193

魏　芸　　北京化工大学理学院，北京，100029

吴鸿斌　　河北省农业环境保护监测站，石家庄，050021

谢倩倩　　北京化工大学理学院，北京，100029

杨殿林　　农业部环境保护科研监测所，天津，300191

张国良　　中国农业科学院农业环境与可持续发展研究所，北京，100081

张建华　　北京市植物保护站，北京，100029

张瑞海　　中国农业科学院农业环境与可持续发展研究所，北京，100081

张衍雷　　中国农业科学院农业环境与可持续发展研究所，北京，100081

郑　浩　　中国农业科学院农业环境与可持续发展研究所，北京，100081

郑长英　　青岛农业大学农学与植物保护学院，青岛，266109

郑书馨　　南开大学生命科学学院，天津，300071

周　君　　中国农业科学院农业环境与可持续发展研究所，北京，100081

前　言

黄顶菊 [*Flaveria bidentis*（L.）Kuntze] 为新入侵我国的外来有害植物，在我国河北、天津等省（直辖市）蔓延危害，对我国粮食生产构成严重威胁。在国家公益性行业（农业）科研专项——"新外来入侵植物黄顶菊防控技术研究"项目的支持下，本项目组系统研究了黄顶菊入侵扩散机理、灾变机制，明确了黄顶菊传播扩散路径、入侵风险区域、种群发生规律；明确了黄顶菊种子萌发、光敏等特征，植株生长、开花、繁殖习性及耐盐、耐旱抗逆特性；分离、鉴定了黄顶菊主效化感物质，揭示了其时空动态变化规律。根据黄顶菊的入侵特点，制定了因地制宜、分区治理的防控策略，开发了黄顶菊实时监测网络平台、种子图像识别系统，建立了黄顶菊危害评估模型；构建了以化学防除为主体，以麦秸、薄膜覆盖为辅助措施的黄顶菊应急控制技术体系和以生物替代技术为主体，结合刈割、施肥等农艺辅助措施的生态修复技术体系，形成了一系列轻简便实用技术，广泛应用于我国对黄顶菊检疫、监测、应急控制和综合治理。

本书以国家公益性行业（农业）科研专项——"新外来入侵植物黄顶菊防控技术研究"成果为基础，同时系统分析总结了国内外有关黄菊属系统发育、光合特性和植物化学特性，为全面深入理解黄顶菊的入侵进化机制和科学有效防控黄顶菊的入侵危害提供技术支撑。

本书虽几易其稿，但书中难免有疏漏之处，恳请读者和同行批评指正。

作　者
2013 年 7 月 20 日于北京

目　　录

第一章　黄菊属植物分类

第一节　黄菊属植物分类研究历史

黄菊属（*Flaveria*）由法国著名植物学家德·朱西厄 [①]（Antoine Laurent de Jussieu，1748～1836年）于1789年初拟，*Flaveria* 取自拉丁文 *flavus*，意为"黄色"或"金黄色" [②]。德·朱西厄在描述中提到两种植物，在《自然系统》（第13版）（*Systema Naturae*）中，它们分别被记载为"智利黄菊"（*F. chilensis*）和"秘鲁黄菊"（*F. peruviana*）（Gmelin，1791）。两者可以花序末端特征相区分，前者为头状，后者为穗状（Jussieu，1789）。

1. 从黄顶菊的发现到黄菊属的确立（18世纪）

事实上，欧洲学者对黄菊属植物的描述和研究始于18世纪初。1708年年初，法国植物学家斐耶（Louis Éconches Feuillée，1660～1732年）神父在智利康塞普西翁城（City of Concepción）附近考察时，注意到一种在当地被称为 Contrahierba 的植物。当地居民将这种植物用水煮沸，用来制作黄色染料。斐耶将该植物称为 Eupatorioides，并对其进行了描述，另附图版一张（图版1.I），以示植物的形态和在植物上发现的一种具有11"体节"的小虫（Feuillée，1725）。

德·朱西厄在对黄菊属植物的描述中提到了斐耶的发现（Jussieu，1789）。同年，智利自然学家莫里纳（Juan Ignacio Molina，1740～1829年）出版了《智利地理自然与文明史》（*Saggio sulla Storia Naturale del Chili*），在染料植物一节也提及一种被称为 Contra-yerba [③] 的植物。莫里纳将这种植物命名为"智利泽兰"（*Eupatorium chilense*），并指出，在花上总能见到一种有11"体节"的小虫 [④]（Molina，1789）。通过比较这些记载，可以推断斐耶、莫里纳及德·朱西厄所指的智利植物为同一种。

1791年，西班牙植物学家卡瓦尼列斯（Antonio José Cavanilles，1745～1804年）在其著作中引用了斐耶的描述 [⑤]。卡瓦尼列斯的标本（图版1.II-C）采集自秘鲁瓦努科（Huánuco），但他把这种植物命名为 *Milleria contrayerba*（Cavanilles，1791）。

---

① 也译作尤苏（陈艺林，私人通信）。

② 在我国曾有观点认为，*Flaveria* 取自人名 Flaver，但在历史文献中并无这一解释。

③ 西班牙语 yerba 意为草药，该书1809年英译本译者对 contra 的脚注为 "This name implies, this it was considered as a antidote against poisoned arrows"，意为"从字面上看，这种植物被认为对箭上煨毒有免疫之功效"；Cassini（1820）列出的法文相关词条为 Flavérie contre-poison；秘鲁另称其为 contra erva do Peru，是为此意（Austin，2004）。

④ 英译为 "whose body is composed of eleven very distinct rings"。

⑤ Johnston（1903）文中有关描述可理解为卡瓦尼列斯引用了斐耶的图版（图版1.I），因而产生歧义。事实并非如此，卡瓦尼列斯的图版（图版1.II-D）是新绘制的。

图版 1.I　最早的黄顶菊图像——斐耶神父的 Eupatorioides

PL. XIV.

A. 成株

B. 管状花

C. 11 "体节" 的小虫

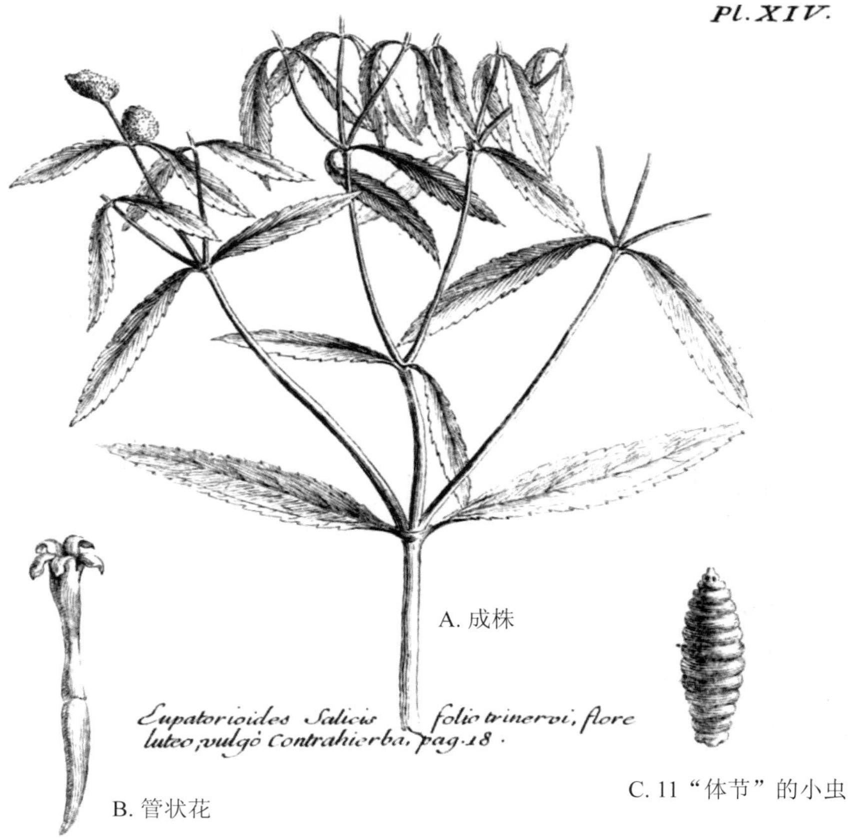

图版取自 Feuillée（1725）图版 14，图中西文文字意为 "图版 XIV：Eupatorioides。叶呈柳叶状，三脉；花黄色。俗名 Contrahierba。文见 18 页。"图片来源：Google Book，原件藏于马德里康普顿斯大学（Universidad Complutense de Madrid）图书馆。

最早的黄顶菊图像

　　1708 年 1～2 月，环游世界的斐耶神父在智利康塞普西翁城停留。在该市附近地区考察期间，斐耶于该市东北 3 古里（lieue，在这一时期 1 法国古里 = 3.898km）处发现一种在当地被称为 Contrahierba 的植物。斐耶在《物理、数学与植物学观察日记》（*Journal des Observations Physiques, Mathematiques et Botaniques*）第 3 卷中对这种植物进行了详细描述。描述放在药用植物一节（18～19 页），并附图版一张（pl. XIV）。作者将这种植物命名为 Eupatorioides，从字面理解，该植物应与泽兰相似。无独有偶，莫里纳将其命名为 "智利泽兰"（*Eupatorium chilense*）（Molina，1789）。

　　斐耶在文中还提到，在花中央常能发现红色的小虫。用显微镜观察，可以发现这种小虫有 11 "体节"，头尖，眼 1 对，黑色。此外，作者还提到当地居民用这种植物提取黄色染料。

　　这是关于黄顶菊已知最早的描述，*contrayerba* 也在相当长的时期内作为黄顶菊的种加词，为学界所熟知。

事实上，在德·朱西厄两年前出版的著作里，*Milleria chiloensis* 已作为"智利黄菊"的异名被列出（Jussieu，1789）。由此可见，这些植物学家认为上述植物的形态与米勒菊属（*Milleria*）植物相似。与此观点不同的是，西班牙植物学家鲁伊斯（Hipólito Ruiz，1754～1816 年）和帕冯（José Antonio Pavón，1754～1840 年）认为，卡瓦尼列斯所描述植物的一些特征与米勒菊属并不相符，但是，也没有接受黄菊属这一分类阶元。他们发现秘鲁人利用这种植物防避疮蛆[①]，于是依此意新拟一属，即 *Vermifuga*，并将这种植物命名为 *V. corymbosa*（图版 1.II-A）（Ruiz and Pavón，1798；Sims，1823）。

Vermifuga 属并未得到广泛认同，但不可否认的是，无论是斐耶（1725 年）、莫里纳（1789 年）、德·朱西厄（1789 年）、卡瓦尼列斯（1791 年），还是鲁伊斯和帕冯（1798 年），他们所提到的植物为同一种，即本书所讨论的外来入侵植物黄顶菊（*F. bidenis*），换言之，黄顶菊最早由斐耶神父描述和记载，是在 18 世纪唯一已知的黄菊属物种，在随后对其讨论的过程中产生了不少异名（详见第二节黄顶菊条目）。

1800 年，德国植物学家施普伦格尔（Curt Polycarp Joachim Sprengel，1766～1833 年）对一种形态近似黄顶菊的植物标本进行鉴定，并加以详尽的讨论。施普伦格尔的讨论就 *Milleria contrayerba* 展开，其观点与鲁伊斯和帕冯相似，认为这一标本并非米勒菊属植物，由于也不认同黄菊属这一分类阶元，继而另外新拟一属 *Brotera*（Sprengel，1800b）。然而，这一学名已与之前卡瓦尼列斯新拟的锦葵科（Malvaceae）植物 *Brotera* Cav. 构成重名（Cavanilles，1799）。除此之外，施普伦格尔还提到 *Oedera trinervia*，这是其在同年另一篇文献中命名的新种（Sprengel，1800a）。

德国植物学家韦尔登诺（Carl Ludwig Willdenow，1765～1812 年）后来指出，施普伦格尔所研究的标本实际上并非之前斐耶等发现的黄顶菊。在《植物种志（第 4 版）》（*Species Plantarum*）中，韦尔登诺新拟 *Nauemburgia* 属，将施普伦格尔描述的植物命名为 *N. trinervata*（Willdenow，1804）。此外，他还指出，此物种也不同于卡瓦尼列斯描述的植物[②]。后来，西班牙植物学家拉加斯卡（Mariano Lagasca，1776~1839 年）于 1816 年将其定名为 *F. repanda*，直至 20 世纪中叶，仍有文章使用该名。实际上，上述施普伦格尔在 1800 年拟定的两个命名（即 *Brotera contrayerba* 和 *Oedera trinervia*）所依据的标本属同一物种，这一物种即另一在全球范围内有分布的黄菊属入侵植物腋花黄菊（*F. trinervia*）。

---

① Ruiz和Pavón（1798）原文为"Incolae cum sale muriatico hanc plantam contundunt et ulceribus putridis belluarum applicant ad vermes illic contentos enecandos"；Sims（1823）引用为"⋯use a decoction of the herb for destroying the worms that breed in sores,⋯"；Johnston（1903）的引用为"⋯bruise the plants in a salt brine and apply to putrid ulcers to drive out worms."除contrayerba外，文中还列举了当地的其他俗名——Matagusanos和Chinapaya，前者意为"蛆虫杀手"[worm killer（Austin，2004）]。

② 这一点澄清比较重要，因为施普伦格尔的标本也采集自秘鲁瓦努科，与卡瓦尼列斯的相同。此外，韦尔登诺认同卡瓦尼列斯的观点，即contrayerba为米勒菊属植物。

图版 1.II　历史上的黄顶菊图像

A. 鲁伊斯和帕冯的 *Vermifuga corymbosa*

B.《柯蒂斯植物学杂志》上刊登的 *Flaveria contrayerba* 铜版画

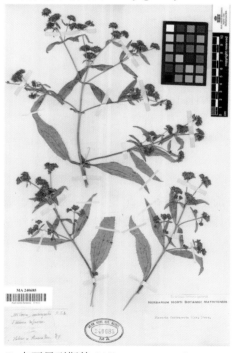

C. 卡瓦尼列斯的 *Milleria contrayerba*

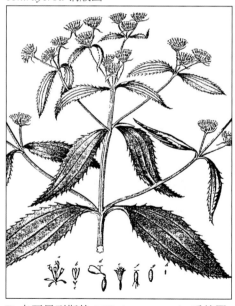

D. 卡瓦尼列斯的 *Milleria contrayerba* 手绘图
图中 a. 头状花序（总苞片已剥开）；b. 总苞片；c. 小苞片；d. 舌状花；e. 管状花；f. 雄蕊；g. 瘦果放大；h. 瘦果实际大小

A. 模式标本，采集人：José Pavón（秘鲁利马，采集日期不详），现藏于西班牙巴塞罗那植物研究所（Institut Botànic de Barcelona，BC），馆藏条码 BC-872969，由标本馆提供并授权，在此特表感谢；B. 图片来源：Google Book，原载于 Sims（1823），图片原件应为彩色，藏于美国哈佛大学；C. 模式标本，采集人不详（秘鲁），现藏于西班牙马德里皇家植物园（Real Jardín Botánico，MA），馆藏条码 MA240685；D. 绘制人不详，原载于 Cavanilles（1791），图片来源：Dimitri 和 Orfila（1986）。

2. 黄菊属组成的变化（19 世纪至 20 世纪初）

1807 年出版的《植物大纲》（*Synopsis Plantarum*）收录黄菊属植物两种，分别为 *F. contrayerba* 和 *F. angustifolia*（Persoon，1807）。*F. contrayerba* 即黄顶菊，约 100 年后出版的《智利植物志》（*Flora de Chile*）仍采用这一拉丁学名（Reiche，1905）；*F. angustifolia* 为狭叶黄菊，标本采集自墨西哥，最早由卡瓦尼列斯描述，也曾列于米勒菊属之下（Cavanilles，1794）。在《植物大纲》中，韦尔登诺新拟的 *Nauemburgia* 属没有得到认同，腋花黄菊被列于 *Brotera* 属。

在 1810 年版《里斯百科全书》（*Rees's Cyclopædia*）的黄菊属词条中，*Ethulia bidentis* 作为 *F. contrayerba* 的异名被提及。*E. bidentis* 由林奈命名，命名人在《植物补编》（*Mantissa Plantarum*）中对模式标本（标本号：LINN 977.4，图版 1.III-A）进行了描述（Linné，1767）（图版 1.III-B ～ C），并划归为都丽菊属（*Ethulia*）。这一处理在黄菊属拟定之后出版的《自然系统（第 13 版）》（Gmelin，1791）和《植物大纲》（Persoon，1807）中仍得以沿袭，*E. bidentis* 未在这些著作的黄菊属部分提及。事实上，在这些文献中，莫里纳的发现（Molina，1789）也未得到深入的考证，《自然系统（第 13 版）》的泽兰属（*Eupatorium*）仍收录有由其命名实为黄顶菊的"智利泽兰"。

到 19 世纪 30 年代，尽管黄菊属未包含已发现的所有（按现代认定的）该属植物，但黄菊属作为一个分类阶元已被广泛认同。除上文提到的 3 种植物（即黄顶菊、腋花黄菊及狭叶黄菊）外，当时已鉴定并命名的黄菊属植物还有 *F. linearis*，即线叶黄菊。瑞士植物学家德·堪多（Augustin Pyramus de Candolle，1778 ～ 1841 年）认定的黄菊属植物除黄顶菊（*F. contrayerba*）、狭叶黄菊和线叶黄菊外，还包括实际上是 *F. contrayerba*（异名）的植物 *F. bonariensis*。德·堪多还认为德·朱西厄的"秘鲁黄菊"实际上是皮格菊属植物 *Piqueria artemisioides*，即现在的秘鲁微腺亮泽兰（*Ophryosporus peruvianus*）。此外，拉加斯卡对腋花黄菊的命名 *F. repanda* 没有得到认同，仍作为 *Brotera trinervata* 的异名，列于黄菊属下（de Candolle，1836）。

1903 年，Johnston 对黄菊属植物分类进行了修订，并认为这是继德·堪多（de Candolle，1836）以来首次重要修订。在之前的半个多世纪里，已陆续报道黄菊属新种 7 种[1]，加上作者新拟的 4 种[2]，此次修订共描述黄菊属植物 15 种。此外，作者还回顾了黄菊属分类研究历史。Johnston 虽然将之前的 *trinervata* 划入黄菊属，在异名列表中也提及 *F. trinervia*，但采用的是拉加斯卡的命名 *F. repanda*（Johnston，1903）。在这次修订中，德·朱西厄的"智利黄菊"（*F. chilensis*）得以恢复，但文中没有出现 *Ethulia bidentis*，这与之前近 100 年的例行相异，似乎不合常理。实际上，在此之前，Kuntze[3] 将自己在阿根廷科尔多瓦（Córdoba）等地采集的黄顶菊标本命名为 *F. bidentis*，即认同了林奈 1767 年命名的 *E. bidentis* 实为黄顶菊（Kuntze，1898）。

---

① 即 *F. anomala*、*F. australasica*、*F. chloraefolia*、*F. ramosissima*、*F. robusta*、*F. vaginata*、*F. longifolia*。

② 即 *F. campestris*、*F. floridana*、*F. intermedia*、*F. palmeri*。

③ 即德国植物学家 Otto Carl Ernst Kuntze（1843～1907年）。

在 1915 年出版的《北美植物志》(*North American Flora*) 相关卷中 (Rydberg, 1915),收录的黄菊属植物共有 16 种,其中对黄菊属植物的描述与 Johnston (1903) 有很多不同之处。在命名方面,Rydberg (1915) 将腋花黄菊的拉丁学名由 *F. repanda* 订正为 *F. trinervia*;将 *F. longifolia* 订正为 *F. oppositifolia*,即对叶黄菊;并采用 *F. bidentis* 作为黄顶菊的拉丁学名;将 Johnston 的 *F. linearis* var. *latifolia* 提升为种,即 *F. latifolia*;此外作者新描述命名 1 种,即毛枝黄菊 (*F. pubescens*)。

3. 黄菊属系统学的定型与完善(20 世纪末至 21 世纪初)

Powell (1978) 对黄菊属的系统修订以 Rydberg (1915) 的记载为基础,具体为,将 *F. latifolia* 修订为已命名的佛州黄菊 (*F. floridana*),另新增 5 种 [1],共对 21 种黄菊属植物的标本信息、地理分布、形态学、染色体数进行了系统全面的描述。Powell (1978) 的报道还包括黄菊属属内种间杂交,以及黄菊属与近缘属植物杂交的实验结果,表明黄菊属植物在人工控制条件下不难杂交,但不能产生稳定的品系,因此,在自然条件下种间杂交的可能性更是微乎其微。此外,文中对黄菊属类黄酮物质硫酸酯化、花环结构 (Kranz Syndrome) 与 C_4 代谢及进化的关系进行了讨论,并结合植物形态和杂交实验的结果,就黄菊属植物的系统进化研究得出初步结论,认为在系统进化过程中,C_4 代谢性状的获得是经过至少两次进化的结果。

Powell (1978) 的综述是分子进化研究兴起之前对黄菊属植物最全面的一次修订,黄菊属植物分类的框架从此基本定型。自该文发表以来,另描述 2 个新种,分别为柯氏黄菊 (*F. kochiana*) (Turner,1995) 和黄顶菊的近缘种狭叶黄顶菊 (*F. haumanii*) (Dimitri and Orfila,1986,1985)。最近的一次黄菊属植物系统学研究为 McKown 等 (2005) 对黄菊属植物 C_4 光合作用进化和系统发育的研究。该研究针对 23 种已知黄菊属植物中的 21 种,采集其形态性状、ITS 序列、ETS 序列,以及叶绿体 DNA trnL-F 间隔区序列信息,分别构建系统发育树,并在此基础上合并这些信息,以期反映更全面的演进方向。该研究进一步确认 Powell (1978) 关于黄菊属植物光合作用进化趋势的初步结果,同时指出,黄菊属植物获得 C_4 代谢性状是经过至少三次进化的结果。

第二节　黄菊属植物的分类地位

德·朱西厄新拟黄菊属时,没有采用林奈的分类系统,而是按自己的体系,将其置于复伞房科 (Corymbiferae) [2] (Jussieu,1789)。直至 19 世纪 30 年代之前,林奈的分类系统仍被一些著作采用,相应地,黄菊属在体系中的分类地位为第 19 纲 (Classis XIX):聚药雄蕊纲 (Syngenesia)、必要杂性科 (Ordo Polygamia necessaria)。

Cassini 将黄菊属置于新拟的向日葵族 (Heliantheae,Tribus Helianthées) 的下

---

① 即 *F. brownii*、*F. cronquistii*、*F. mcdougallii*、*F. pringlei*、*F. sonorensis*。

② 具体为双子叶植物 (Dicotyledones)、合瓣类 (Monopetalae)、第 10 纲 (Classis X):花冠上位、花药合生 (Corolla epigina. Antherae connatae)、第 3 科 (Ordo III):复伞房科、黄菊属。

一级分类阶元米勒菊组（Millerieae，section Millérinées）[1]（Cassini，1829，1820）。随后，Lessing[2]（1832）在《菊科植物分属大纲》（*Synopsis Generum Compositarum*）中新拟黄菊亚族（Subtrib. Flaverieae），并将其置于千里光族（Trib. Senecionideae）。这一完全不同于 Cassini 的分类系统，在很大程度上得到德·堪多的传承（de Candolle，1836）。经过 Lessing 等的简化，使得包括黄菊属在内的具有黄色舌状花的植物归入千里光族。尽管如此，黄菊属划为黄菊亚族已经没有大的争议，被后人所接受。

在这一时期，一些现代黄菊属植物被划分到其他属，这些属有的已成为黄菊属的异名，有的延续至今，在此不再赘述。

1873 年，Bentham[3] 等对菊科植物进行了重要的修订。从某种意义上，他的系统更接近 Cassini（1821）对菊科的处理。菊科被分为 13 个族，黄菊亚族位于新拟的堆心菊族（Trib. Helenioideae）[4]（Bentham，1873a）。在随后直至现在的 100 多年里，菊科分类系统基本沿袭 Bentham 的处理，但对堆心菊族植物的界定和归属问题却一直存在争议，这直接影响到对黄菊亚族分类地位的划分。

近半个世纪以来，有不少学者认为，堆心菊族作为一个分类阶元的依据不充分，因而应以进化为原则，将该族植物划分到其他族里。在现代系统进化研究飞速发展之前，对于黄菊亚族植物的归属有两种观点。Turner 等（1961）、Turner 和 Johnson（1961）认为黄菊亚族应该划分于千里光族，而 Cronquist（1977，1955）和 Robinson（1981）等则认为应划入与堆心菊族最近的向日葵族[5]。

Karis（1993）根据形态特征对广义向日葵族植物和泽兰族（Eupatoriea）进行系统分析，认同并重新界定了广义的堆心菊亚族（Heleniae *sensu lato*）。根据这一划分，黄菊属植物划入广义堆心菊亚族，而该亚族仍为 Robinson（1981）广义向日葵族的下一级分类阶元。而根据 rDNA ITS 信息进行的系统分析结果则显示，黄菊亚族应归属广义的万寿菊族[6]（Tageteae *sensu lato*）（Baldwin et al.，2002），但该族所划定的亚族和属都集合于 Karis（1993）的广义堆心菊族内。

以上这些研究结果各异，但都表明，黄菊亚族与狭义的向日葵族（Heliantheae *sensu stricto*）（Stuessy，1977）及狭义的堆心菊族（Helenieae *sensu stricto*）[7]（Baldwin et al.，2002）关系较远，与万寿菊族关系很近。

新版《北美植物志》（*Flora of North America*，FNA）采用的仍是 Robinson（1981）

---

① 法国植物学家 Henri Cassini（Alexandre Henri Gabriel de Cassini，1781～1832 年）将菊科植物分为 20 个族（Tribus），其有关菊科植物分类的开创性论文发表于 1816～1830 年出版的 *Dictionnaire des Sciences Naturelles*，对菊科族划分的内容见于第 20 卷（Cassini，1821），黄菊属相关内容见于第 17 卷（Cassini，1820）。

② 即德国植物学家 Christian Friedrich Lessing（1809～1862 年）。根据明显的形态特征，他将菊科简化为 8 个族（Tribus）。

③ 即英国植物学家 George Bentham（1800～1884年）。

④ 在此之前，Cassini（1829，1821）已将堆心菊组（section Heleniées）定为在其新拟的向日葵族下的 5 个"组"之一，此处的"组"不同于现代植物分类学中介于属与系（series）之间的组（section），下同；Lessing（1832）和德·堪多（de Candolle，1836）拟定了堆心菊亚族（Helenieae），划分于千里光族下。

⑤ 对堆心菊族一些植物与向日葵族植物的区分仅取决于花托托苞（片）（Palea）的有无。Robinson界定的向日葵族是广义的向日葵族（Heliantheae *sensu lato*），详见Robinson（1981）。

⑥ 包括（广义）万寿菊亚族（Pectidinae）、黄菊亚族、棒菊亚族（Varillinae）、碱菊亚族（Jaumeinae）4个亚族。其中，组成万寿菊亚族的即传统意义的万寿菊族植物，包括狭义万寿菊亚族（Tagetinae）和梳齿菊亚族（Pectidinae）（Strother，1977）。

⑦ 即广义的天人菊亚族（Gaillardiinae *senso lato*）（Robinson，1981）。

的界定办法，将黄菊亚族[①]划分于广义的向日葵族。《中国植物志》(*Flora Reipublicae Popularis Sinicae*，FRPS) 采用的是恩格勒系统，该系统对菊科的处理几乎与 Bentham 完全一致[②] (Hoffmann，1894)。但是，在《中国植物志》编撰期间，黄菊属植物尚未在我国发现，堆心菊族部分仅记载有万寿菊属 (*Tagetes*) 和天人菊属 (*Gaillardia*) 两属，且该族列于管状花亚科 (Carduoideae) (林镕，1979)。修订的《中国植物志》英文版 (*Flora of China*，FOC) 将黄菊属置于向日葵族 (Chen et al.，2011)，而在我国曾广泛采用的哈钦松系统，则将黄菊亚族置于万寿菊族 (Tageteae) (中科院植物研究所，undated)。

　　本节作者认为，在黄菊亚族的界定上，Karis (1993) 与 Baldwin 等 (2002) 的观点并不矛盾，两者对相关植物的划分都在 Robinson (1981) 的广义向日葵族框架之内。Baldwin 等 (2002) 对黄菊亚族植物分类地位的处理已得到广大菊科植物分类学家的认同 (Baldwin，2009；Panero，2007a)[③]，本节也采用这一结论，具体如图 1.1 所示。

菊科 **Asteraceae**
　紫苑亚科 **Asteroideae**
　　向日葵族联合体系 **Heliantheae Alliance** [*sensu* **Panero, 2007**]
　　　广义向日葵族 Heliantheae Cassini [*sensu* Robinson, 1981]
　　　　广义堆心菊亚族 Heleniae Bentham et Hooker [*sensu* Karis, 1993]
　　　　广义万寿菊族 **Tageteae Cassini** [*sensu* **Baldwin et al., 2002**]
　　　　　广义黄菊亚族 Heliantheae-Flaveriinae [*sensu* Bremer, 1987]
　　　　　黄菊亚族 **Flaveriinae Lessing**
　　　　　黄菊属 *Flaveria* Jussieu
　　　　　黄帚菊属 *Haploësthes* A. Gray
　　　　　黄光菊属 *Sartwellia* A. Gray

图 1.1　黄菊属所处分类地位

示近现代对黄菊属分类地位汇总，及相互间因成员组成而构成的从属关系，其中字体加黑的为
已被广泛接受的分类阶元 (Baldwin，2009)

　　黄菊亚族在初拟时包括有黄菊属、*Nauemburgia* 和沼菊属[④] (*Meyera*) (Lessing，1832)。也曾有人提出广义的黄菊亚族 (Flaveriinae *senso lato*)，包括黄菊亚族在内的 4 个亚族的植物[⑤] (Bremer，1987)。但是，广泛接受的黄菊亚族植物仅包含三属，即黄菊属、黄帚菊属 (*Haploësthes*) 和黄光菊属 (*Sartwellia*)。黄菊亚族分类地位和所包含属的变化见表 1.1。

---

　　① 黄菊亚族一节作者之一为曾与 Billie Lee Turner Sr.、Tod F. Stuessy 等持相同观点的黄菊属植物分类权威植物学家 A. Michael Powell，本节作者认为其已经接受将黄菊亚族置于广义向日葵族的观点。

　　② Hoffmann (1894) 对堆心菊族 (Helenieae) 的划分有别于 Bentham (1873a，1873b) 的处理。后者将堆心菊族分为黄菊亚族 (Flaverieae)、万寿菊亚族 (Tagetineae)、碱菊亚族 (Jaumeeae)、金田菊亚族 (Baerieae)、堆心菊亚族 (Euhelenieae) 5 个亚族；而前者分为堆心菊亚族 (Heleninae)、万寿菊亚族 (Tagetininae)、碱菊亚族 (Jauminae)、纸花菊亚族 (Riddellinae) 4 个亚族，将黄菊属列于堆心菊亚族。

　　③ 实际上，Panero (2007b) 并未完全接受 Baldwin 等 (2002) 对 (广义) 万寿菊亚族和棒菊亚族的界定 (详见表 2.1 注 ⑤)。盘头菊亚族 (Coulterellinae) 和盐菊亚族 (Clappinae) 得以恢复，后者不包括假盐菊属 (*Pseudoclappia*)，而是与曾入 (广义) 万寿菊亚族的其他 3 属被标记为未界定亚族地位 (genera unassigned to subtribe)。因此，Panero (2007b) 定义的广义万寿菊族由 6 个亚族和 4 种亚族地位不明的属组成。Panero (2007a，2007b) 所在文献的其他相关部分作者还包括在本节中提到的 B. D. Baldwin、K. O. Karis、H. Robinson、T. F. Stuessy 等，他们是 20 世纪 70 年代末至今不同时期内对黄菊亚族地位进行界定的代表人物，故本节作者认为他们也认同 J. L. Panero 的观点。

　　④ 现在被接受的学名为 *Enydra*。

　　⑤ 分别为黄菊亚族、棒菊亚族、盐菊亚族 (Clappiinae)、碱菊亚族。Turner 和 Powell (1977) 曾以植物染色体数为主要依据，对黄帚菊属植物与以上黄菊亚族之外各族植物并非一类进行过讨论。

表 1.1　黄菊亚族分类地位及组成沿革①

代表文献	Robinson (1981)	Turner 和 Powell (1977)	Rydberg (1915)	Bentham (1873a, 1873b)	de Candolle (1836)	Lessing (1832)
黄菊亚族分类地位	广义向日葵族 (Heliantheae sensu lato)	千里光族 (Senecioneae)	堆心菊族 (Helenieae)	堆心菊族 (Helenioideae)	千里光族 (Senecionideae)	千里光族 (Senecionideae)
现组成属						
黄菊属（Flaveria）	yes	yes	yes	yes	yes	yes
黄光菊属（Sartwellia） — （黄菊属异名）	yes	yes	yes	yes	*Broteroa*，未命名	*Nauemburgia*，未命名
黄帚菊属（Haploësthes）	yes	yes	置于千里光族 (Senecioneae) 千里光亚族 (Senecioninae)	置于千里光族 (Senecioneae) 千里光亚族 (Senecioninae)	未命名	未命名
水漂菊属（Cadiscus）	n/a	置于厚敦菊亚族 (Othonninae)	n/a	*Cadiscus*	未命名	未命名
曾组成属						
沼菊属（Enydra）	*Enydra*，置于沼菊亚族 (Enhydrinae)	*	*	*Enydra*，置于向日葵族 (Heliantheae) 马鞭菊亚族 (Verbesininae)	*Enhydra*	*Meyera*
无冠黄安菊属（Cacosmia）	n/a	*	*	*Cacosmia*，置于碱菊亚族②	*Clairvillea*③	*Cacosmia*，置于斑鸠菊族 (Vernoniaceae) 黄安菊亚族 (Liabeae) ④

① 仅列举 1832 年黄菊亚族初拟至 1981 年 Robinson 修订至广义向日葵族之间的信息,不包括 Bremer (1987) 提出的广义黄菊亚族 (Flaverinae senso lato)。首行示具体代表性的信息来源。"黄菊亚族分类地位"所在列示现代示现代黄菊亚族属的组成,以及现代对示不同时期对黄菊亚族归属的处理,对应各列示该时期对历史上黄菊亚族所包括属的处理。其中,黄菊亚族在相应时期所包括属加黑显示,yes 表示处理与现代的相同,n/a 指文献不能访问相关文献,信息暂缺。Cassini (1829) 将黄菊属、Broteroa [即施普伦格尔格不另拟的 Brotera (Sprengel, 1800b)]、沼菊属 (Enydra) 列于向日葵族 (Tribus Heliantheês) 下分类阶元米勒菊组 (Section Millérinées) 之下 Sigesbeckies 的不规则组 [(A) Sigesbeckiées irrégulières];任恩格勒系统 (Hoffmann, 1894) 中无黄菊亚族,黄菊属置于堆心菊族 (Helenieae) 堆心菊亚族 (Heleninae);Baldwin 等 (2002) 根据 rDNA ITS 序列进行系统发育分析,将黄菊亚族置于广义的万寿菊族 (FNA) 对黄菊亚族处理同 Robinson (1981)。

② 按 Solbrig (1963) 为 Jaumeinae。在原文献中分别记为 Jaumeae (Bentham, 1873) 和 Jauminae (Hoffmann, 1894)。

③ 指 Clairvillea DC, 非睡莲科 (Nymphaeaceae) 的 Clairvillea J. Hegetschweiler。

④ 有列示现代黄安菊族 (Liabeae)、Lessing (1832) 的黄安菊亚族由三个属组成,它们现在的分类地位为黄安菊族,黄安菊亚族 (Liabinae) (Robinson, 1983)。

第三节　黄菊属植物形态特征

本节介绍黄菊属及各组成物种的形态特征。其中，黄菊属的描述文字主要根据《北美植物志》（Yarborough and Powell，2006）。Powell（1978）建立的 21 种黄菊属植物分种检索表已被广为接受，本节采纳其大部，对其中以分布地为依据区分物种的内容进行了调整。对于 1978 年以后描述的两个新拟种，根据文献并参照实物和标本照片，将其整合到原检索表中。

在 20 世纪 90 年代之前，我国没有关于黄菊属植物研究及发生的相关报道。现在，在我国已发现的黄菊属植物仅有一种，即黄顶菊。因此，本节对黄菊属各种的介绍，除黄顶菊及其他少数几种外，仅列出主要特征及分布地等信息，它们主要来自 Powell (1978) 发表的综述，也有后续研究和前人的一些成果。

黄菊属 [①] **Flaveria** Jussieu, Gen. Pl. 186. 1789; J. F. Gmelin, Syst. Nat., **2**: 1269, 1791; Persoon, Syn. Pl., **2**: 489, 1807; Lessing, Syn. Gen. Compos., 235, 1832; de Candolle, Prodr., **5**: 635, 1836; Bentham & Hooker, Gen. Pl., **2**（1）: 407, 1873; O. Hoffmann in Engler et Prantl, Pflanzenf., **4**（5）: 258, 1894; J. R. Johnston, in Proc. Am. Acad. Arts & Sci., **39**（1/12）: 283, 1903; Reiche, Fl. Chil., **4**: 112; 1905; Rydberg, N. American Fl., **34**（2）: 142, 1915; Powell, in Ann. Missouri Bot. Gard., **65**（2）: 605, 1978; X. M. Gao et al., in Biod. Sci., **12**（2）: 275, 2004; Q. R. Liu, in Acta Phytotax. Sin., **43**（2）: 178, 2005; Yarborough et Powell, Fl. N. America, **21**: 247, 2006. —— *Vermifuga* Ruiz et Pavón, Syst. Veg. Fl. Peru. et Chil., 216, 1798. —— *Brotera* Sprengel in Schrader, J. Bot, **4**: 186-189, 1800 —— *Nauemburgia* Willdenow, Sp. Pl., **3**（3）: 2393, 1804; Lessing, Syn. Gen. Compos., 235, 1832.

一年生或多年生草本或灌木，高 0.5 ～ 2.5（～ 4）m。茎直立或匍生，生长后期多呈红紫色，多分枝。叶茎生，对生或交互对生；长圆形至卵形、披针形、线形，具柄或无柄；叶基部或呈近合生至抱茎状；全缘，或有锯齿，或针状锯齿，无毛或被短柔毛，常具 3 出脉。头状花序盘状（无舌状花）或辐射状（有舌状花），通常聚合成紧密或松散的、顶部平截的伞房状或团伞状复合花序；总苞长圆形、坛形、圆筒形或陀螺形，直径 0.5 ～ 2mm，总苞片宿存，2 ～ 6（～ 9），线形、凹状、或呈舟形；花托凸起，无托苞（而团伞花序的"花托"或被刚毛）；外围小花（边花，后文称舌状花）无或 1（～ 2），雌性，可育，花冠舌状，黄色或白黄色（舌瓣不明显）；中央小花（盘花，后文称管状花）1 ～ 15，两性、可育，花冠管状，黄色，5 裂，裂片近等边三角形，檐部 [②] 漏斗状至钟状，不短于冠筒。瘦果，或为连萼瘦果，黑色，略扁平，窄倒披针形或线状长圆形；无冠毛，或宿存，2 ～ 4，呈透明鳞片状，或聚合呈冠状。染色体基数：$x = 18$。

---

① 在《生物名称和生物学术语拉丁文的词源（第三版）》（Jaeger, 1955，滕砥平等译，1965）中，词条 Flav 末作者举 *Flaveria* 为例。*Flaveria* 后所附汉译为"黄菊属 [植]"。该书植物相关词条由胡先骕先生审定，按凡例，凡植物能查找到汉译者，皆列汉名于拉丁词后；未有者，列举词根以示其义。笔者依此认为，1965 年已有 *Flaveria* 的通用汉译。此外，也有学者认为依 *Flaveria* 英文 Yellowtop 译作"黄顶菊属"或"黄冠菊属"更加确切（高贤明等，2004），或"黄花菊属"（王金明等，2007）。而老一辈著名植物分类学家（如陈艺林、吴征镒）认为，应依音译译作"弗莱菊"（陈艺林、刘全儒，私人通信；刘全儒，2005）。

② 为 throat，在这里指连接裂片或冠檐（limb）和冠筒之间的整体联合部分，而非冠檐（指合瓣花端部裂开平展的部分），后同。

全属 20 ～ 22 种 [①]，多数物种分布于北美洲南部；1 种分布于澳大利亚；2 种为全球性分布，分布地遍及北美洲、南美洲、西印度群岛、亚洲、非洲及欧洲。我国有归化种 1 种，已发现的分布地包括河北、天津、山东西部和河南北部局部地区及台湾。本属部分植物在历史上曾作为染料植物或草药加以利用。本属植物光合机制多样，是研究植物 CO_2 代谢进化机制的理想材料。

模式：*F. bidentis*（L.）Kuntze

分种检索表

1. 瘦果有冠毛
 2. 叶抱茎，叶最宽 4 ～ 5cm ················· **22. 贯叶黄菊 F. chloraefolia** A.Gray
 2. 叶基部略合生，叶最宽 0.7cm ········· **23. 麦氏黄菊 F. mcdougallii** Theroux, Pinkava & D.J.Keil
1. 瘦果无冠毛
 3.（复合花序的）"花托"被刚毛
  4. 瘦果长 2 ～ 2.6mm ················· **3. 腋花黄菊 F. trinervia**（Spreng.）C.Mohr
  4. 瘦果长 2.3 ～ 4.5mm ················· **4. 澳洲黄菊 F. australasica** Hook.
 3. "花托"光滑
  5. 一年生植物
   6. 头状花序簇生呈团伞花序状
    7. 舌状花舌瓣反折，卵形。长 1.5 ～ 2.5mm ················· **5. 碱地黄菊 F. campestris** J.M.Johnst.
    7. 舌状花舌瓣直立，最长约 1mm（黄顶菊）
     8. 叶多披针状椭圆形，宽 1 ～ 2.5（～ 7）cm ················· **1. 黄顶菊 F. bidentis**（L.）Kuntze
     8. 叶窄披针形至线形，宽 3 ～ 5（7）mm ················· **2. 狭叶黄顶菊 F. haumanii** Dim. & Orf.
   6. 头状花序呈松散簇状
    9. 舌状花舌瓣最长 2mm
     10. 管状花冠檐部呈狭漏斗状 ················· **6. 帕尔默黄菊 F. palmeri** J.M.Johnst.
     10. 管状花檐部扩大呈阔漏斗状或呈钟状 ················· **7. 伪帕尔默黄菊 F. intermedia** J.M.Johnst.
    9. 舌状花舌瓣最短 3mm
     11. 管状花 1 ～ 2（～ 3）；瘦果长 1.3 ～ 2.2mm ················· **8. 异花黄菊 F. anomala** B.L.Rob.
     11. 管状花 5 ～ 8（～ 10）；瘦果长约 1mm ················· **9. 散枝黄菊 F. ramosissima** Klatt
  5. 多年生植物
   12. 总苞片 3 ～ 4
    13. 舌状花无舌瓣
     14. 头状花序呈紧密聚集状 ················· **11. 普林格尔黄菊 F. pringlei** Gand.
     14. 头状花序松散聚集呈圆锥花序状 ················· **13. 克朗氏黄菊 F. cronquistii** A.M.Powell
    13. 舌状花有舌瓣
     15. 植株上部密被短柔毛 ················· **12. 鞘叶黄菊 F. vaginata** B.L.Rob. & Greenm.
     15. 植株上部无毛或近无毛
      16. 叶片宽 0.2 ～ 0.4mm，全缘 ················· **14. 柯氏黄菊 F. kochiana** B.L.Turner
      16. 叶片宽 0.8 ～ 3.4mm，叶缘锯齿或具微刺、鲜全缘
       17. 管状花 5 ～ 7 ················· **10. 狭叶黄菊 F. angustifolia**（Cav.）Pers.
       17. 管状花 3 ················· **15. 显花黄菊 F. robusta** Rose
   12. 总苞片不少于 5
    18. 舌状花无舌瓣
     19. 植株密被短柔毛 ················· **17. 毛枝黄菊 F. pubescens** Rydb.
     19. 植株近无毛，偶被短柔毛，但密度适中 ····· **18. 对叶黄菊 F. oppositifolia**（DC.）Rydb.

[①] 本节描述黄菊属相关植物共23种。其中，麦氏黄菊可认为非黄菊属植物，因无法确定分类地位，故暂时予以收录；澳洲黄菊与狭叶黄顶菊分别被认为与腋花黄菊和黄顶菊为同种，但在分子或形态结构特征上有一定差异，故也将其收录。

图版 1.III　黄顶菊模式标本

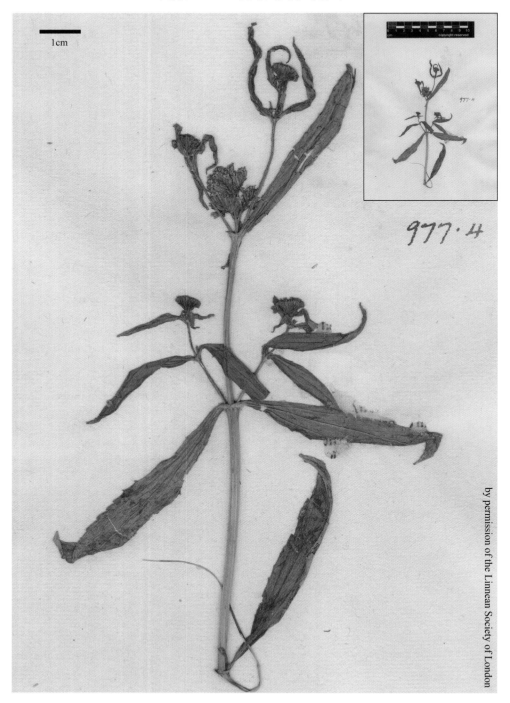

A. 黄顶菊模式标本（标本号：LINN 977.4）

图右上角为模式标本整体，主体示局部，左上角标尺为本节作者所加。本图由标本收藏及版权所有方——英国伦敦林奈协会（The Linnean Society of London）提供，在此特表感谢。

图版 1.III　黄顶菊模式标本（续）

> **bidentis.** 5. ETHULIA racemulis secundis, calycibus subquinque-floris, foliis lanceolatis oppositis.
> *Habitat in* India? ⊙.
> Caulis *herbaceus, erectus, hexagonus, brachiatus.* Fo-lia *opposita, trinervia, subpetiolata, lanceolata, ser-rata, glabra.* Racemi 2 f. 4, *terminales caulis ra-morumque, brachiati, cui a latere superiori insident* Flores *sessiles, angusti, lutei, subquinqueflori, alter-ni, subtus bractea subulata suffulti.* Semina *oblon-ga, lævia aliquot striis.* Flores *parvi ut in Mille-ria, sed angusti.*

B. 林奈对黄顶菊模式标本（图 A）描述的书影（局部）

图中植物描述文字意为：产于印度？一年生草本植物。茎直立，具 6 棱，多分枝；叶对生，有 3 条主脉，近无柄，披针形，锯齿，无毛；总状（复合）花序 2～4，生于植株顶端及分枝端部；花小，无柄，黄色，互生，约 5 小花，下方基部有直立近钻形的（小）苞片。瘦果长椭圆形，具条纹。该种花很小，这一特征与米勒菊相似，但宽度较之更窄。

黄顶菊模式标本

林奈在 1767 年出版的《植物补编》（*Mantissa Plantarum*）（图 C）中对黄顶菊进行了描述。林奈鉴定的黄顶菊标本采集于何时何地，如今已难以考证。书中对植物生长地的记载为 "India?"，可见作者也不确定。根据黄顶菊的分布记录和文献记载，从未有观点认为该标本的采集地为印度。

在为这一标本命名时，黄菊属尚未初拟，林奈将这一植物置于都丽菊属（*Ethulia*），而种加词 bidentis 的由来更颇为费解。bidentis 为"二齿"之意，而在描述中，并未提及植物何一部分拥有这一特征。虽然在 20 世纪初，黄顶菊"二歧式"（dichotomous）的生长特征有所提及（Rydberg，1915；Johnston，1903），但"二

> CAR. A LINNÉ
> # MANTISSA PLANTARUM.
> *GENERUM editionis* VI.
> ET
> *SPECIERUM editionis* II.
> *HOLMIÆ,*
> IMPENSIS DIRECT. LAURENTII SALVII,
> 1767.

C.《植物补编》标题页书影（局部）

歧式"另有相应的种加词（dichotoma）。曾有观点认为命名为 bidentis 可能与同为菊科的鬼针草属（*Bidens*）有关（高贤明，私人通信），但是，鬼针草属植物的"二齿"性状体现于部分植物瘦果的二芒状冠毛，而黄顶菊并不具这一特征。

作为黄顶菊异名，*Ethulia bidentis* 最早出现于 1810 年版《里斯百科全书》（*Rees's Cyclopædia*）。但是，直到 1898 年 bidentis 才被康泽（Otto Kuntze）修订，正式成为黄顶菊的种加词。不过，康泽的相关著作《植物属志修订》（*Revisio Generum Plantarum*）长期以来备受学界忽视，直到 20 世纪初，黄顶菊的学名仍为 *F. contrayerba*，甚至 *F. chilensis*。

图 B 和 C 来源：Google Book，原件藏于巴伐利亚国家图书馆（Bayerische Staatsbibliothek）。
图 B 描述文字翻译得益于中国科学院植物研究所（北京）陈艺林先生的帮助，在此特表感谢。

18. 舌状花有舌瓣
　　20. 管状花 9 ～ 14·······························**19. 佛州黄菊 F. floridana** J.M. Johnst.
　　20. 管状花通常不多于 10
　　　21. 叶缘非全缘，为锯齿，锯齿或有小刺；总苞片（4 ～）5，线形·············
　　　····························**16. 索诺拉黄菊 F. sonorensis** A.M. Powell
　　　21. 叶多全缘，或略有锯齿；总苞片 5 ～ 6
　　　　22. 总苞片线形或长圆形；头状花序紧密聚集；舌状花舌瓣长圆状椭圆形·······
　　　　·······························**20. 线叶黄菊 F. linearis** Lag.
　　　　22. 总苞片舟形；头状花序聚集程度较松散；舌状花舌瓣卵圆形至倒卵状匙形··········
　　　　·······························**21. 布朗黄菊 F. brownii** A.M. Powell

1. 黄顶菊 coastal plain yellowtops（图版 1.IV）[①]

Flaveria bidentis（Linnaus）Kuntze, Revis. Gen. Pl. **3**（2[2]）: 148, 1898; Rydberg, N. American Fl., **34**（2）: 143, 1915; Powell, in Ann. Missouri Bot. Gard., **65**（2）: 623, 1978; X. M. Gao et al., in Biod. Sci., **12**（2）: 275, 2004; Q. R. Liu, in Acta Phytotax. Sin., **43**（2）: 180, 2005; Yarborough et Powell, Fl. N. America, **21**: 249, 2006; Y H Tseng et al., Quar. J. Fore. Res., **30**（4）: 23-28, 2008. —— *Ethulia bidentis* Linnaeus, Mant., 110, 1767（LINN 977.4）. —— *Eupatorium chilense* Molina, Sagg. Stor. Nat. Chil., 142, 354, 1782, 1789. —— *Milleria chiloensis* Jussieu, Gen. Pl., 187, 1789（as synonym）. —— *F. chilensis* Jussieu, Gen. Pl., 187, 1789; J. F. Gmelin, Syst. Nat., **2**: 1269, 1791; J. R. Johnston, in Proc. Am. Acad. Arts & Sci., **39**（1/12）: 285, 1903. —— *Milleria contrayerba* Cavanilles, Icon., **1**: 2. 1791; Willdenow, Sp. Pl., **3**（3）: 2329, 1804. —— *Vermifuga corymbosa* Ruiz et Pavón, Syst. Veg. Fl. Peru. et Chil., 216, 1798. —— *F. contrayerba* Persoon, Syn. Pl., **2**: 489, 1807; Sims, in Curt. Bot. Mag., **50**: 2400, 1823; de Candolle, Prodr., **5**: 635, 1836; Reiche, Fl. Chil., **4**: 112; 1905. —— *F. capitata* Jussieu ex Smith, in Rees. Cycl., **14**: Flaveria no. 1, 1810. —— *F. bonariensis* de Candolle, Prodr., **5**: 635, 1836.—— *F. bidentis*（L.）B. L. Robinson, in Proc. Am. Acad. Arts & Sci., **43**（2）: 42, 1907.

在适生环境下为一年生草本植物，柔弱或粗壮，高多为 25 ～ 100cm，有时可达 2m 以上。茎直立，常有 4 ～ 6 纵沟，略带紫红色，生长末期尤为明显，被稀疏长柔毛。叶对生，浅绿色至蓝绿色，长 2 ～ 12（～ 18）cm，宽 1 ～ 2.5（～ 7）cm，厚纸质或稍肉质，无毛或密被短柔毛；基生三条主脉，呈黄白色，叶背侧脉明显；披针状椭圆形，基部渐窄；叶缘具锯齿，齿尖或有微刺。叶柄长 0.3 ～ 1.5cm，基部近合生；端部叶叶基部通常合生，无叶柄。头状花序蝎尾状排列，紧密聚集成顶部较平截的头状花序状团伞复合花序；总苞长约 5mm，长圆形，有棱；总苞片 3（～ 4），长圆形，内凹，端部圆形或钝圆形；小苞片 1 ～ 2，线形，长 1 ～ 2mm；花托光滑。舌状花花冠短，长 1 ～ 2mm，灰黄色，舌瓣直立，长约 1mm，斜卵形，先端急尖，多包于闭合的苞片内，鲜向外突出；管状花（2 ～）3 ～ 8，花冠长约 2.3mm，冠筒长约 0.8mm，檐部长约 0.8mm，漏斗状，裂片长约 0.5mm，先端急尖；花药长约 1mm。瘦果，略扁平，倒披针形，有纵肋 10，无冠毛；管状花瘦果长约 2mm，舌状花瘦果略大，长约 2.5mm，倒披针形或近棒状。种子单生，胚直立、乳白色、无胚乳。花果期：7 ～ 11 月[②]。染色体数：$2n = 36$。

---

① 本章内容得益于北京师范大学刘全儒博士审阅，在此特表感谢。

② 为在我国北方和台湾西部发生地的开花和结果期。实际上，只要条件适宜，全年皆可开花结果（Yarborough and Powell，2006）。

图版 1.IV　黄顶菊

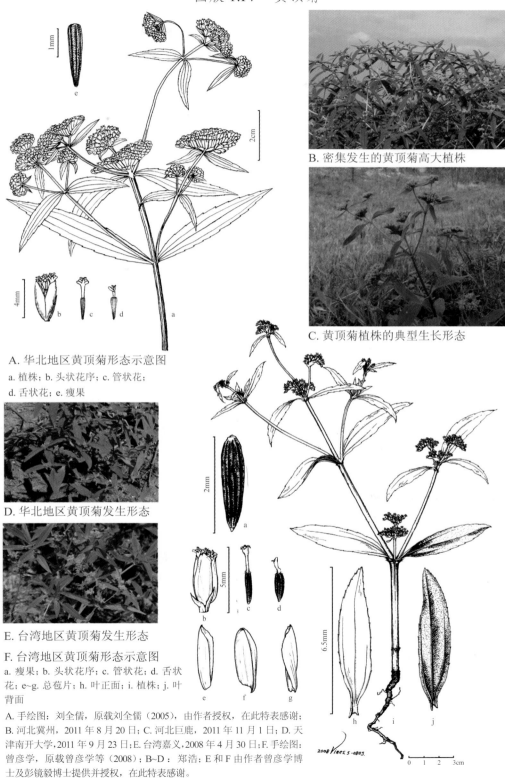

A. 华北地区黄顶菊形态示意图
a. 植株；b. 头状花序；c. 管状花；
d. 舌状花；e. 瘦果

B. 密集发生的黄顶菊高大植株

C. 黄顶菊植株的典型生长形态

D. 华北地区黄顶菊发生形态

E. 台湾地区黄顶菊发生形态

F. 台湾地区黄顶菊形态示意图
a. 瘦果；b. 头状花序；c. 管状花；d. 舌状
花；e~g. 总苞片；h. 叶正面；i. 植株；j. 叶
背面

A. 手绘图：刘全儒，原载刘全儒（2005），由作者授权，在此特表感谢。
B. 河北冀州，2011 年 8 月 20 日；C. 河北巨鹿，2011 年 11 月 1 日；D. 天
津南开大学，2011 年 9 月 23 日；E. 台湾嘉义，2008 年 4 月 30 日；F. 手绘图：
曾彦学，原载曾彦学等（2008）；B~D：郑浩；E 和 F 由作者曾彦学博
士及彭镜毅博士提供并授权，在此特表感谢。

图版 1.IV　黄顶菊（续）

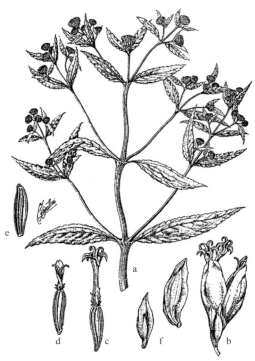

G. 原产地阿根廷黄顶菊形态示意图
a. 植株；b. 头状花序；c. 管状花；d. 舌状花；e. 瘦果；f. 总苞片

H. 原产地黄顶菊植株的生长形态

I. 我国华北黄顶菊植株的生长形态

J. 根　　　　K. 茎　　　　L. 叶

M. 由数个蝎尾状聚伞花序
组成近团伞花序，黑色
辅助线示一个"蝎尾"

N. "蝎尾"上的头状花序（右上，头状花序
构成见图 6.6，瘦果见图 6.24 及图 6.25）

黄顶菊在我国的发生形
态与在原产地的（O，左
上）相似，无论是从植
株高度（P，左下），或
是从发生量看（Q，右上）

G. 手绘图：María Eugenia Zavattieri，原载 Dimitri 和 Orfila
（1986）；H. Martin Avila，南美洲，2006 年 5 月 9 日；
I. 河北巨鹿，2011 年 11 月 1 日；J. 张瑞海，河北巨鹿，
2012 年 7 月 24 日；K. 北京检疫温室，2011 年 8 月 2 日；
L~N. 河北冀州，2011 年 8 月 20 日；O. José Luis Cabrera，
阿根廷门多萨（Mendoza），2007 年 3 月 31 日；P. 张瑞
海，河北巨鹿，2012 年 9 月 18 日；Q. 张衍雷，河北巨鹿，
2012 年 8 月 6 日。I、K~N：郑浩；图 G（文献）、H、O
由 J. L. Cabrera 博士提供并授权，在此特表感谢。

　　黄顶菊是在我国发生的唯一一种黄菊属植物，易与其他植物相区分。区别于本属其他植物的典型特征有总苞片 3（～ 4），头状花序有小花 2 ～ 8，舌状花花冠退化；茎秆被柔毛；叶披针形至椭圆形，略带蓝色，时被微柔毛。

　　原产于南美洲（阿根廷、巴拉圭、巴西、秘鲁、玻利维亚、厄瓜多尔、智利），在北美洲的美国（阿拉巴马、佛罗里达、马萨诸塞、佐治亚）及加勒比海地区[①]（安提瓜、波多黎各、多米尼加共和国、古巴）、亚洲（中国、日本）、欧洲（英国、法国、西班牙、希腊、匈牙利）、非洲（埃及、埃塞俄比亚、博茨瓦纳、津巴布韦、莱索托、纳米比亚、南非、塞内加尔、斯威士兰）有或曾有分布（曾彦学等，2008；DAISIE European Invasive Alien Species Gateway，2008；McKown et al.，2005； 太 田 久 次 等，1995；Lebrun and Carrion，1993；Hansen and Carrion，1990；Powell，1978）。黄顶菊在我国分布于河北、天津、山东、河南、台湾，喜湿，生于河岸、溪畔、坡地，可入侵农田、果园、草场、黏土沙砾地，占据荒地、建筑工地附近、公路两旁及绿化带等扰动生境。

　　黄顶菊是发现最早、研究得最多的黄菊属植物。长期以来，其种名为在原产地的俗名，即 Contrayerba。实际上，在几个世纪之前的智利和秘鲁，能称作 Contrayerba 的植物可能不止黄顶菊一种，而在古巴，Contrayerba 也是腋花黄菊的俗名。在秘鲁，黄顶菊曾有过的俗名除鲁伊斯和帕冯提到过的 Matagusanos 和 Chinapaya，还有 Dasdaqui 和 Daudá，这些俗名多为历史上当地印第安人对黄顶菊的称呼。在南非，它被称作 smelter's bush。在南非官方语言之一的南非语（Afrikaans）中，它被称为 smelterbossie。在巴西和秘鲁，它还被称作 contra erva do Peru，字面意为秘鲁避毒药（Peruvian antipoison）（Austin，2004；Quattrocchi，2000）。迄今为止，在不同地区使用过或仍在使用的黄顶菊俗名已超过 30 种（附录 I），其中大多数来自黄顶菊原产地。

　　黄顶菊的种加词部分取自林奈的命名 Ethulia bidentis。普遍认为，按字面意，应将 bidentis 译作"二齿"，黄顶菊即"二齿黄菊"。然而，在林奈对该标本的原始描述中并未出现有关"二齿"的信息（Linné，1767），"二齿"这一特征也难以从现代采集的标本和相关描述中找到（图版 1.III）。本节作者仍采用黄顶菊。此外，林奈（模式）标本记录的生长地为"India?"。印度不产黄顶菊，历史上也没有其发生的报道，这难以不让人联想，该标本为在印度有分布的另一种黄菊属入侵物种，即腋花黄菊。通过查看标本原件照片（图版 1.III-A），这一可能性可加以排除。不过，由所加的问号不难看出，命名人对采集地的信息也不能肯定。此处的 India 很有可能是哥伦布误以为是印度的安的列斯群岛（Antilles）[②]，编撰《小安的列斯植物志》（*Flora of Lesser Antilles*）的 Howard 和 Bornstein（1989）可能也持这种观点[③]。

　　在智利，黄顶菊曾被用作染料植物（Feuillée，1725）。据记载，在一些南美洲国家，黄顶菊作为芳香药物、兴奋剂或驱（寄生）虫剂等，用来治疗消化不良（Austin，2004；Hocking，1997）。此外本种和狭叶黄顶菊（*F. haumanii*）的一些成分能抑制醛糖（aldose）还原酶活性，并具备抗凝剂和血小板抑制剂活性（Agnese et al.，2010）。但是，在南美洲以外的地区，黄顶菊因其竞争优势，对入侵地生态系统造成负面影响，被广泛视作恶

[①] 即西印度群岛，下文同。

[②] 即 Indies。

[③] 由于条件所限，本节作者未能访问该文献，仅根据其他来源推断（Hind，2009）。

性外来入侵植物。

在我国大陆地区，高贤明等（2004）发表了有关黄顶菊入侵警报的研究简报，翌年，刘全儒（2005）描述了黄顶菊的有关标本，确定黄菊属为我国新归化属。据报道，早在 1987 年就已发现黄顶菊在我国台湾地区西南的嘉义县发生（曾彦学等，2008）。

2. 狭叶黄顶菊（图版 **1.V**）[①]

Flaveria haumanii M. J. Dimitri et E. N. Orfila, in Trat. Morf. Sist. Vege., 466, 1985; in Soci. Cientifica Argentina, Buenos Aires, 1-13, 1986; E. M. Petenatii et L. A. Espinar, Fl. Fanerogámica Argentina, **45**: 7, 1997 —— *F. bidentis* var. *angustifolia* Kuntze, Revis. Gen. Pl. **3**（2[2]）: 148, 1898 —— *F. bidentis*（Linnaeus）Kuntze, Powell, in Ann. Missouri Bot. Gard., **65**（2）: 623, 1978.

本种与黄顶菊极为相似，但株形相对较小，高仅 50 ～ 60cm，阔度相对较大，呈球状；叶长 5 ～ 8cm，宽度较黄顶菊狭窄，仅 3 ～ 5（7）mm，线状披针形，呈狭披针状，叶缘略有锯齿；头状花序聚集密度相对松散且略向端部伸长，故团伞复合花序不呈头状花序状；管状花冠筒光滑，稀被毛（而黄顶菊管状花冠筒被毛）。

本种最早见于 Kuntze（1898）的记载，标本与黄顶菊同采集于当时阿根廷科尔多瓦西部的荒原（pampas），因叶片显著窄，遂将其命名为黄顶菊狭叶变种（*F. bidentis* var. *angustifolia*）[②]。同时，在记载中还注明，此变种数量相对较少。但是，在 Johnston（1903）和 Rydberg（1915）对黄菊属的修订中，这一发现并没有被提及。Powell（1978）将之置于黄菊属的异名之中，并标明未见到 Kuntze 采集的标本。

阿根廷国立科尔多瓦大学（Universidad Nacional de Córdoba）自 20 世纪 60 年代末即致力于黄顶菊和本种类黄酮成分的研究，加拿大康考迪亚大学（Concordia University）在 80 年代也加入这一行列。在早期发表的一些文章中，他们根据 Powell（1978）的界定，将本种称作黄顶菊，但在方法说明里指明研究对象是黄顶菊狭叶变种（Agnese et al.，1999）。McKown 等（2005）的系统发育研究未能获取到本种种质资源，所以现在暂缺本种的相关核酸序列信息。根据 Agnese 等（1999）的综述，在类黄酮硫酸酯的组成上，黄顶菊的类黄酮骨架以槲皮素（quercetin）为主，而狭叶黄顶菊的以异鼠李素（isorhamnetin）为主。但是，我国科学家最近对黄顶菊的分析表明，在入侵我国的黄顶菊中也含有异鼠李素 -3- 硫酸酯成分（Xie et al.，2012）。

目前，本种仅在阿根廷境内发现，标本来源于 11 省（Dimitri and Orfila，1986）。在当地，本种与黄顶菊的俗名一致，除之前提到的 matagusanos，还有 fique、balda[③]、chasca 等（Agnese et al.，2010）。

本种命名为纪念在阿根廷工作的比利时植物学家 Lucien Hauman（1880 ～ 1965 年）。

---

① 本种相关内容得益于阿根廷国立科尔多瓦大学J. L. Cabrera博士惠赠的文献和照片，在此特表感谢。

② 原文为*Flaveria bidentis* β *angustifolia*。

③ 另有记载为 baldal（Broussalis et al.，1999）。

图版 1.V　狭叶黄顶菊

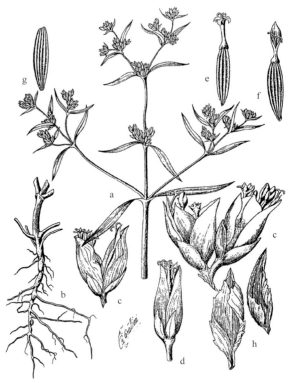

B. 示狭叶黄顶菊披针形狭叶

C. 示黄顶菊锯齿披针状椭圆形叶

A. 狭叶黄顶菊形态示意图（左图）
a. 植株；b. 根；c. 示头状花序间排列稀疏；
d. 头状花序；e. 管状花；f. 舌状花；g. 瘦果；
h. 总苞片

D. 示狭叶黄顶菊头状花序数少排列紧凑

E. 示黄顶菊头状花序数多呈近团伞花序

F. 狭叶黄顶菊模式标本

图版 1.V　狭叶黄顶菊（续）

G. 狭叶黄顶菊植株

H. 黄顶菊植株

I. 狭叶黄顶菊密集发生状，可见叶长阔比较大，披针形明显

A. 手绘图：María Eugenia Zavattieri，原载 Dimitri and Orfila（1986）；B、D、G、I. José Luis Cabrera，阿根廷科尔多瓦，2011 年 3 月 18 日；C. 张瑞海，河北巨鹿；2012 年 7 月 24 日；E. 河北冀州，2011 年 10 月 31 日；F. 模式标本，采集人：C. Galander（阿根廷科尔多瓦，1878 年 3 月 15 日），现藏于美国纽约植物园（NYBG），馆藏条码 00169353，照片来源 C. V. Starr Virtual Herbarium of The New York Botanical Garden（http://sciweb.nybg. org/science2/VirtualHerbarium. asp），由 Barbara M. Thiers 博士授权，在此特表感谢；H. 韩颖，河北献县，2009 年 9 月 19 日；J. 河北冀州，2011 年 8 月 20 日；K. Mariel Agnese，阿根廷门多萨，2007 年 3 月 31 日；L. 河北冀州，2011 年 8 月 20 日；M. 河北冀州，2012 年 3 月 9 日。J、L~M：郑浩；A（文献）、B、D、G、I、K 由 J. L. Cabrera 博士提供并授权，在此特表感谢。

J. 黄顶菊密集发生状，可见叶长阔比较狭叶黄顶菊小，椭圆形明显

K. 狭叶黄顶菊植株较开展，略成倒伏状

L. 黄顶菊植株呈直立状，成熟干枯后也是如此（M）

3. 腋花黄菊 clustered yellowtops（图版 1.VI）

Flaveria trinervia（Sprengel）C.Mohr, in S. Molds, Contr. U.S. Natl. Herb., **6**: 810, 1901；Rydberg, N. American Fl., **34**（2）: 143, 1915; Powell, in Ann. Missouri Bot. Gard., **65**（2）: 628, 1978; Yarborough et Powell, Fl. N. America, **21**: 250，2006. —— *Oedera trinervia* Sprengel, Bot. Gart. Halle, 63, 1800. —— *Brotera contrayerba* Sprengel, in Schrader, J. Bot, **4**: 186-189, 1800. —— *Nauemburgia trinervata* Willdenow, Sp. Pl., **3**（3）: 2393, 1804, Lessing, Syn. Gen. Compos., 235, 1832. —— *Brotera trinervata* Persoon, Syn. Pl. **2**: 498, 1807, de Candolle, Prodr., **5**: 635, 1836. —— *F. repanda* Lagasca, Gen. & Sp. Nov., 33. 1816; J. R. Johnston, in Proc. Am. Acad. Arts & Sci., **39**（1/12）: 284, 1903. —— *Brotera sprengelii* Cassini, Dict. Sci. Nat., **34**: 306, 1825. —— *F. trinervata* Baillon, Hist. Pl., **8**: 55, 1886.

　　一年生草本植物，植株高 15 ~ 80cm，最高至 2m。与黄顶菊相比，其花序特点更加退化，头状花序在腋间聚合成紧密的团伞花序；总苞片少，退化至仅 2 枚；复合（团伞）花序的"花托"被刚毛；头状花序小花少，多数仅 1 朵，不多于 2 朵。

　　腋花黄菊生境多样，常发生于盐碱地、石灰质地及扰动生境，如公路两旁、空地、停车场周围等，常出现于永久性或（非永久性的）季节性水源附近、灌溉水渠及污水沟。其分布地包括墨西哥各州、美国南部、伯利兹、危地马拉、加勒比海地区（巴哈马斯、波多黎各、多米尼加共和国、古巴、海地、特克斯和凯科斯群岛[①]、牙买加），南美洲（巴西、秘鲁、厄瓜多尔、委内瑞拉）、夏威夷、亚洲（巴基斯坦、马斯克林群岛[②]、沙特阿拉伯、也门、伊拉克、印度）、非洲（埃塞俄比亚、厄立特里亚、津巴布韦、肯尼亚、索马里、坦桑尼亚、赞比亚），但尚未有在欧洲发生的报道（Sudderth et al.，2009；Yarborough and Powell，2006；McKown et al.，2005；Razaq et al.，1994；Powell，1978）。

　　本种与澳洲黄菊（*F. australasica*）形态几乎一致。在澳大利亚，其实为腋花黄菊异名的观点正逐渐被接受，详见下文澳洲黄菊部分讨论。Gamble[③]（1921）将一个印度的标本鉴定为 *F. australasica*，长期以来为印度学术界所接受（如 Azania et al.，2003；Kandasamy et al.，2000；Rajashekara and Razi，1976）。但近年来的文章已经鲜用此名（如 Umadevi et al.，2006），所指植物实为腋花黄菊，在印度被视作外来入侵物种（Reddy et al.，2008）。

　　本种种加词 trinervia 意为"三脉"。基生三出脉是黄菊属植物比较明显的特征，早期对黄菊属植物的描述中，无论是黄顶菊还是腋花黄菊，"三脉"都被列出。本种的显著特征之一为腋生的紧密团伞花序。根据此特征，可译作"腋花黄菊"。

　　在古巴一些地方，腋花黄菊也被称为 contrayerba，与黄顶菊相同。此外，它还被称为 *yerba de la vieja*，意为"媪药草"（Austin，2004）。在南美洲，它也被用来治疗消化不良（Austin，2004；Hocking，1997）。在印度，腋花黄菊被认为对黄疸和皮肤病有一定的疗效，在一定程度上对肝有保护作用（Hoskeri et al.，2011；Umadevi et al.，2006，2005，2004；Yoganarasimhan，2000）。腋花黄菊是全球性的入侵杂草植物，但在我国尚无分布。

---

① 即 Turks and Caicos。
② 即 Mascarene Islands。
③ 即专攻印度植物区系的英国植物学家 James Sykes Gamble（1847 ~ 1925 年）。

图版 1.VI　腋花黄菊与澳洲黄菊

A. 腋花黄菊头状花序的舌状花明显

B. 腋花黄菊头状花序更加退化，密集排列成簇，且植株的阔度较大

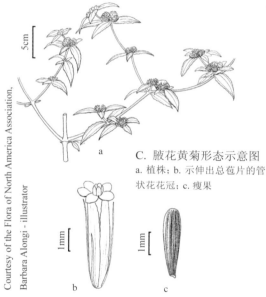

Courtesy of the Flora of North America Association, Barbara Alongi - illustrator

C. 腋花黄菊形态示意图
a. 植株；b. 示伸出总苞片的管状花花冠；c. 瘦果

D. 澳洲黄菊形态示意图
a. 洼地原亚种植株；b. 洼地亚种瘦果；c. 原亚种植株；d. 原亚种瘦果

E. 澳洲黄菊分布图
圆点为原亚种分布，菱形（箭头所指）为洼地亚种分布

A. Forest & Kim Starr，夏威夷茂宜岛，2002 年 1 月 16 日，图片编号 020116-0071，图片链接：http://www.hear.org/starr/images/images/plants/full/starr-020116-0071.jpg，最后访问时间：2012 年 7 月 1 日；B. Forest & Kim Starr，夏威夷茂宜岛，2009 年 4 月 29 日，图片编号 090429-6535，图片链接：http://www.hear.org/starr/images/images/plants/full/starr-090429- 6535.jpg，最后访问时间：2012 年 7 月 1 日；C. Barbara Alongi，原载于 Yarborough 和 Powell（2006），由北美植物志协会（Flora of North America Association）授权，在此特表感谢，图片链接：http://flora.huh.harvard.edu/FloraData/001/Illus/21/FNA21/P39/Flaveria/chlorifolia.jpg，最后访问时间：2012 年 7 月 1 日；D. 原载于 Keighery（2008），由 Compositae Newsletter 杂志授权，在此特表感谢；E. 韩颖，根据 Keighery（2008）图 1 及图 3 重构，地图底版根据美国国家气象数据中心（National Climatic Data Center, Asheville, North Carolima）提供的地理数据（数据链接：ftp://ftp.ncdc.noaa.gov/pub/data/paleo/softlib/mappad/version_2.0/maps/austra.exe，最后访问时间：2012 年 7 月 1 日），由 MapPad 2.0 软件（Keltner and Maher，1996）生成。

4. 澳洲黄菊 speedy weed[1]（图版 1.Ⅵ）

Flaveria australasica Hooker, in Mitchell's J. Exped. Trop. Australia, 118, 1848; J. R. Johnston, in Proc. Am. Acad. Arts & Sci., **39**（1/12）: 283, 1903; Powell, in Ann. Missouri Bot. Gard., **65**（2）: 629, 1978; L. Murray, in G. J. Harden, Fl. New South Wales **3**: 282, 1992.

本种形态特征、发生生境与腋花黄菊几乎相同。同腋花黄菊相比，澳洲黄菊总苞略长，总苞片略厚，管状花花冠稍大，瘦果略长。该种仅分布于澳大利亚，在各州都有分布（Powell，1978）。

1848 年出版的《澳大利亚热带内陆考察日志》（*Journal of an Expedition into the Interior of Tropical Australia*）记载了在澳大利亚发现的一种黄菊属植物，命名人 Hooker[2] 认为它不同于当时在新大陆发现的已被认同的黄菊属植物，于是将其命名为 *F. australasica*，即本种（Mitchell，1848）。Johnston（1903）和 Powell（1978）都认同这个物种，但后者也认为，这种物种和腋花黄菊形态极其相似，也许是其大洋洲变种，最好以采集地来确定是否为此物种。在温室中培养，澳洲黄菊植株比腋花黄菊更高、更纤细，披针状叶也更窄。但是，这些特征无定量描述，也难以用于鉴定。有研究显示，腋花黄菊和澳洲黄菊的 DNA trnL-F 间隔区序列完全等同；两者甘氨酸裂解体系 H 蛋白质（亚基）（glycine cleavage system protein H，GCSH）的 cDNA 和蛋白质序列等同，ITS 和 ETS 序列也高度相似（近乎等同）（McKown et al.，2005；Kopriva et al.，1996）。

Bean（2009）就澳洲黄菊的命名撰文，认为根据上文依据，可以认定澳洲黄菊是腋花黄菊的异名，这种观点已逐渐在本地被接受。之前也有一些著作将澳洲黄菊列为腋花黄菊的异名（Beentje，2006；Matthew，1983；Reddy et al.，2008），而美国国家生物技术信息中心（National Center for Biotechnology Information，NCBI）已经将澳洲黄菊作为腋花黄菊的异名[3]。

Keighery（2008）认为在西澳大利亚州（West Australia）西北部皮巴拉地区（Pilbara Biogeographical Region）发现的一种黄菊属植物是澳洲黄菊的一个新亚种，即澳洲黄菊洼地亚种（*F. australasica* subsp. *gilgai*）。相对典型的澳洲黄菊[4]，这种植物的茎秆更粗壮，叶、花序及瘦果更大。

尽管西澳大利亚州把腋花黄菊列为入侵当地的物种，但从该州公布的现有标本分布图[5] 上看，其分布与 Keighery（2008）绘制的澳洲黄菊分布图（图版 1.Ⅵ-E）所指相重合。而在实地发现（腋花黄菊）的位置则与澳洲黄菊洼地亚种的发现地相重合。普遍观点认为，澳洲黄菊被认为是唯一在澳大利亚有分布的黄菊属物种，在当地也被称作 yellow

---

① 在英国 Speedy weed 也指代黄顶菊。Cecil 和 Sandwith（1960）认为在英国布里斯托尔（Bristol）西北埃文茅斯（Avonmouth Dock）附近发现黄顶菊丛中，"从广义上讲"也包括澳洲黄菊。不过，本节作者不认同这一观点，澳洲黄菊也未见于《大不列颠及爱尔兰植物志》（Sell and Murrell，2006；私人通信）。相关内容得益于英国剑桥大学 Peter Sell 博士提供的信息，在此特表感谢。

② 即英国植物系统学家 William Jackson Hooker（1785 ～ 1865 年）。

③ 相关网页地址：http://www.ncbi.nlm.nih.gov/Taxonomy/Browser/wwwtax.cgi?id=4227；检索日期：2011年3月10日。

④ 报道中称其为原澳洲黄菊（原亚种），即 *F. australasica* subsp. *australasica*。

⑤ 分布图地址：http://florabase.dec.wa.gov.au/science/tmap/22924/35558.gif；最后访问日期：2013年1月23日。

twin-stem、Boggabri weed（Quattrocchi，2000）。

5. 碱地黄菊 alkali yellowtops（图版 1.Ⅶ）

Flaveria campestris J. M. Johnston, in Proc. Am. Acad. Arts & Sci., **39**（1/12）：287, 1903; Rydberg, N. American Fl., **34**（2）：143, 1915; Powell, in Ann. Missouri Bot. Gard., **65**（2）：626, 1978; Yarborough et Powell, in Fl. N. America, **21**：250, 2006.

一年生植物。本种与黄顶菊形态相似，但植株相对较小，不足 1m；茎秆无毛，仅节腋部簇生微柔毛；叶片相对较狭，呈线形披针状；复合花序近团伞状，排列相对不紧密；总苞片有脊状凸起（Powell，1978）。

本种染色体为二倍体或多倍单倍体，$2n = 36$（18），染色体基数为 18，偶为 9（Anderson，1972）。

本种几乎仅生于盐碱性土壤，而且是位于湖塘、溪边、河漫滩等湿润的环境。由此，可称为"碱地黄菊"。其生长地点不固定，主要取决于合适的生境，即湿润的盐碱土壤。仅在美国南部至中西部（得克萨斯、堪萨斯、科罗拉多、密苏里、俄克拉荷马、新墨西哥、亚利桑那、犹他等州）有分布，海拔范围 1000 ～ 1800m（Powell，1978）。

6. 帕尔默黄菊（图版 1.Ⅶ）

Flaveria palmeri J. R. Johnston, in Proc. Am. Acad. Arts & Sci., **39**（1/12）：290, 1903; Rydberg, N. American Fl., **34**（2）：144, 1915; Powell, in Ann. Missouri Bot. Gard., **65**（2）：630, 1978.

一年生植物。本种与黄顶菊和碱地黄菊的基本形态、总苞片数、头状花小花数目类似，但叶片更窄，叶缘锯齿不明显，常轮生；复合花序更加松散。

本种仅产于墨西哥东北部，标本多采集自墨西哥东北科阿韦拉（Coahuila）州中部至南部。生于石膏质台地、土丘及黏质壤土，也在公路两旁及田边的扰动区域发生。在采集地，贯叶黄菊和腋花黄菊也偶有发生（Powell，1978）。

本种初拟时根据 E. Palmer[①] 采集的标本描述，命名似以此为依据。

7. 伪帕尔默黄菊

Flaveria intermedia J. R. Johnston, in Proc. Am. Acad. Arts & Sci., **39**（1/12）：288, 1903; Rydberg, N. American Fl., **34**（2）：144, 1915; Powell, in Ann. Missouri Bot. Gard., **65**（2）：631, 1978.

一年生植物。本种与帕尔默黄菊极其相似，明显的区别不多，其管状花花冠基部向邻接的檐部膨大，使檐部呈钟状（而后者檐部为狭漏斗状）；叶端部锐尖或凹尖。此外，本种的植株株形、叶、总苞片、舌瓣及瘦果相对较小。

本种有可能和帕尔默黄菊为同一种，由于至今未能再次采集到该植物的标本，进一步的研究难以为继。现存标本仅为初拟时描述的标本，由 C. G. Pringle 于 1896 年采于墨西哥杜兰哥（Durango）州东北部耶莫（Yermo）附近的平原。

---

① 应为 Ernest Jesse Palmer（1875 ～ 1962 年）。

图版 1.VII 其他黄菊属植物（I）

A. 碱地黄菊

C. 帕尔默黄菊

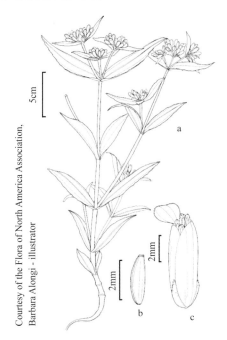

Courtesy of the Flora of North America Association, Barbara Alongi - illustrator

B. 碱地黄菊形态示意图

a. 植株；b. 瘦果；c. 示舌状花花冠伸出总苞片之外

A. 照片来源：PFLANZEN-im-WEB.de，图片链接：http:// www.pflanzen-im-web.de/files/Exotische-Pflanzen/pflanzen-im-web-de-Flaveria-campestris-Alkali-yellowtop-image-galerie-gross.jpg，最后访问时间：2013 年 10 月 22 日；B. Barbara Alongi，原载于 Yarborough and Powell（2006），由北美植物志协会（Flora of North America Association）授权，在此特表感谢，图片链接：http://flora.huh.harvard.edu/ FloraData/001/Illus/21/FNA21/P39/Flaveria/chlorifolia.jpg，最后访问时间：2012 年 12 月 21 日；C~E. Wilhelm Rogmann，由杜塞尔多夫大学（Heinrich-Heine-Universität Düsseldorf）Peter Westhoff 博士提供，在此特表感谢。

D. 普林格尔黄菊

E. 异花黄菊

8. 异花黄菊（图版 1.VII）

Flaveria anomala B. L. Robinson, in Proc. Am. Acad. Arts & Sci. **27**: 178, 1892; J. M. Johnston, in Proc. Am. Acad. Arts & Sci., **39**（1/12）: 290, 1903; Rydberg, N. American Fl., **34**（2）: 145, 1915; Powell, in Ann. Missouri Bot. Gard., **65**（2）: 631, 1978.

一年生植物。本种最显著的特征包括 2～3（～4）枚舟形喙状的总苞片（在果实成熟时，包被果实，且基部木栓化，随果实一同脱落）；复合花序头状，中央的花序呈盘状（无舌状花），周边的花序呈辐射状（有舌状花），通常仅 1 朵花（偶多至 3 朵），舌状花舌瓣明显，仅 1 数，使整个复合花序形似一单个的头状花序。

本种分布于墨西哥科阿韦拉州东南部往南至萨卡特卡斯（Zacatecas）和圣路易斯波托西（San Luis Potosi）两州东北部，往东至新莱昂（Nuevo León）州南部，生于海拔 1500～2100m 的石膏质土壤平原、沙漠灌丛或松林；在东部海拔低的塔毛利帕斯（Tamaulipas）州零星地区也有分布。在分布地，常见有腋花黄菊伴生。值得注意的是，尽管两者的花数都很少，但通过花序形态不难区分两种植物。杂交实验证明，两种不能杂交，在自然条件下也是如此。

Powell（1978）认为本种与散枝黄菊（F. ramosissima）为黄菊属仅有的 2 种通过 C_3 途径同化 CO_2 的一年生植物，与当时被认为也利用 C_3 途径的狭叶黄菊（F. angustifolia）亲缘关系最近。尽管后来的研究发现这三种植物都是 C_3-C_4 中间型植物，但综合形态和 DNA 序列特征，本种与显叶黄菊的关系最近（McKown et al.，2005；Apel and Maass，1981）。

anomala 取自 *anomalus*，意为"畸形"、"非常态"。本种花复合花序特征明显，故将其译作"异花黄菊"。

9. 散枝黄菊

Flaveria ramosissima Klatt, Leopoldina **23**: 146, 1887; J. M. Johnston, in Proc. Am. Acad. Arts & Sci., **39**（1/12）: 289, 1903; Rydberg, N. American Fl., **34**（2）: 145, 1915; Powell, in Ann. Missouri Bot. Gard., **65**（2）: 633, 1978. —— *F. angustifolia* Schultz Bip. ex Klatt var. *ramosissima* Klatt, Leopoldina **23**: 146. 1887.

一年生植物。本种曾被认为与异花黄菊类似，实际上区别较大，主要体现在：株形相对较小，（12～）20～40（～50）cm，植株分枝较低，较铺散；叶片狭；复合花序近蝎尾状或伞房状；总苞片 5；管状花小，5～8（10）（Sudderth et al.，2009；Powell，1978）。

本种分布于墨西哥中南部位于普埃布拉（Puebla）和瓦哈卡（Oaxaca）两州的特瓦坎谷（Tehuacán Valley）地区，狭叶黄菊、普林格尔黄菊（F. pringlei）、鞘叶黄菊（F. vaginata）、克朗氏黄菊（F. cronquistii）、柯氏黄菊（F. kochiana）也生于这个地区。本种生于海拔 800～1700m 的沙质黏土河床、洪泛地、田间、公路边，也可能生于石膏质土壤及多刺灌丛。

ramosissima 取自 *ramosissimus*，意为分枝极多。本种植株分枝较低且呈铺散状，故将其译作"散枝黄菊"。

10. 狭叶黄菊（图版 1.Ⅷ）

Flaveria angustifolia（Cavanilles）Persoon, Syn. Pl., **2**: 489, 1807; de Candolle, Prodr., **5**: 635, 1836; J. R. Johnston, in Proc. Am. Acad. Arts & Sci., **39**（1/12）: 287, 1903; Rydberg, N. American Fl., **34**（2）: 144, 1915; Powell, in Ann. Missouri Bot. Gard., **65**（2）: 619, 1978. —— *Milleria angustifolia* Cavanilles, Icon., Pl. 3: 12. 1794. —— *F. integrifolia* Mociño & Sessé, Icon. Fl. Mex. ex de Candolle, Prodr. **5**: 635. 1836. —— *F. radicans* Mociño & Sessé, Icon. Fl. Mex. ex de Candolle, Prodr. **5**: 635. 1836. —— *F. elata* Klatt, Leopoldina **23**: 146, 1887.

多年生草本植物，高 0.5～1m。显著特征包括叶近无柄，线状披针形，叶缘细锯齿状，有微刺；复合花序排列成伞房状，总苞片有木栓化纵脊，管状花花冠檐部端部膨大，舌状花舌瓣有 2～3 齿，管状花 5～7 数。

本种分布于墨西哥中南部，生于沙土、壤土旷野或硬叶灌丛。最近在当地的考察中，仅在 Izúcar de Matamoros 一处较湿润的空地里发现零星的几株，表明本种在该地区有濒临灭绝的趋势（Sudderth et al.，2009）。

本种最早由卡瓦尼列斯命名描述（Cavanilles，1794），是被《植物大纲》（Persoon，1907）列入黄菊属的两种植物之一。angustifolia 取自 *angustifolius*，意为"狭叶的"。与黄顶菊相比，本种叶形为线状披针形，相对较狭。本种曾与普林格尔黄菊（*F. pringlei*）混淆，后者部分标本曾被鉴定为本种。两者最显著的区别在复合花序排列形态，本种为明显的辐射状（有舌状花），后者为盘状（无舌状花）。

11. 普林格尔黄菊（图版 1.Ⅶ）

Flaveria pringlei Gandoger, Bull. Soc. Bot. Fr., **65**: 42. 1918; Powell, in Ann. Missouri Bot. Gard., **65**（2）: 620, 1978.

多年生植物，株高 1～4m，多为草本，但可为灌木，甚至呈小树状。本种与狭叶黄菊的显著区别除复合花序的排列形态外，还有：叶形阔，为卵形，全缘；管状花檐部为漏斗状。

本种分布于墨西哥中南部，喜旱间或有石膏质土壤的生境，见于人迹罕至的偏远地区（scattered localities）、荒地、耕地、公路两旁、落叶林。根据近年来考察的结果，本种和腋花黄菊是在该地区最常见、数量最多的黄菊属植物。本种植株形态和生境类型多样，在一些陡坡和远离公路处可形成高度达 3m 的木质灌木。在公路两边常见的有三类，一类茎秆非木质，叶片较阔；一类茎秆质硬，叶片较狭；或同一根系生长出以上两类形态的植株（Sudderth et al.，2009）。

本种是黄菊属中唯一曾发现有多倍体现象的植物（Cameron et al.，1989；Powell，1978）。

本种初拟是根据 C. G. Pringle 采集的标本，命名似以此为依据。

图版 1.VIII　其他黄菊属植物（II）

A. 鞘叶黄菊

B. 克朗氏黄菊

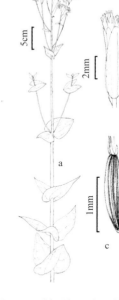

Courtesy of the Flora of North
America Association, Barbara
Alongi - illustrator

C. 贯叶黄菊形态示意图
a. 植株；b. 头状花序；c. 瘦果

E. 线叶黄菊

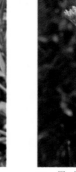

D. 贯叶黄菊

G. 佛州黄菊

F. 布朗黄菊

H. 狭叶黄菊

A、B、F、H. Wilhelm Rogmann，由杜塞尔多夫大学（Heinrich-Heine-Universität Düsseldorf）Peter Westhoff 博士提供，在此特表感谢；C. Barbara Alongi，原载于 Yarborough 和 Powell（2006），由北美植物志协会（Flora of North America Association）授权，在此特表感谢，图片链接：http://flora.huh.harvard.edu/FloraData/001/Illus/21/ FNA21/P39/Flaveria/chlorifolia.jpg，最后访问日期：2012年12月21日；D. Robert Sivinski，图片链接：http://calphotos.berkeley.edu/imgs/512x768/0000_0000/0504/0657.jpeg，最后访问日期：2013年1月15日；E. 图片链接：http://livingcolorgardencenter.net/gallery2/d/7356-1/Narrowleaf+Yellowtops.jpg，最后访问日期：2013年1月15日；G. Robert J Upcavage，© 2008 ECOLLC.BIZ，图片链接：http://farm4.staticflickr.com/3590/ 3589262480_a7310dd8a7_o_d.jpg，最后访问日期：2013年1月15日。

12. 鞘叶黄菊（图版 1.VIII）

Flaveria vaginata B. L. Robinson & Greenman, Proc. Am. Acad. Arts & Sci., **32**: 48, 1896; J. R. Johnston, in Proc. Am. Acad. Arts & Sci., **39**（1/12）: 291, 1903; Rydberg, N. American Fl., **34**（2）: 144, 1915; Powell, in Ann. Missouri Bot. Gard., **65**（2）: 621, 1978.

为多年生灌木，高约 1m，植株上部密被短柔毛；叶无柄，线状钻形；头状花序聚集成半球状的团伞花序，周边部分呈辐射状。

在 21 世纪之前，该种仅在 1894 年由 E. W. Nelson 在墨西哥瓦哈卡州科伊斯特拉瓦卡（Coixtlahuaca）和塔马苏拉帕姆（Tamazulapam）之间的区域采集到（Robinson et al.，1896）。最近的考察发现，本种在该地区发生范围有限，仅在当地一甘蔗地发现其生长，有濒临灭绝的趋势（Sudderth et al.，2009）。

vaginata 取自 vaginatus，意为"具鞘的"。本种叶片线状钻形，基部合生，扁平渐狭。茎下部叶易脱落，叶基宿存，形同叶鞘，故将其译作"鞘叶黄菊"。

13. 克朗氏黄菊（图版 1.VIII）

Flaveria cronquistii A. M. Powell, Powell, in Ann. Missouri Bot. Gard., **65**（2）: 621, 1978.

多年生灌木，或呈小树状，高 1 ～ 1.7m。叶略多汁，无毛，长 7 ～ 10cm，宽 0.3 ～ 1.5cm，线形或披针形，全缘。头状花序盘状呈近圆筒状，排列成顶部平截的松散伞房花序，管状花檐部管状或略呈漏斗状。

本种生于墨西哥中南部特瓦坎谷地区的石灰岩（有可能是石膏质），常见于多刺灌丛。

本种以著名的美国现代菊科植物系统学家克朗奎斯特（Arthur Cronquist，1919 ～ 1992 年）命名，他是本种模式标本的采集人，也采集过黄菊属其他一些植物的标本。

14. 柯氏黄菊

Flaveria kochiana B. L. Turner, in Phytologia, **78**（5）: 400, 1995.

多年生亚灌木草本，高约 30cm，节间短而数多。无毛，基部或被微柔毛，叶长 4 ～ 9cm，宽 0.2 ～ 0.4cm，线状披针形，全缘。头状花序在植株端部紧密聚集成复合头状花序。

本种产于墨西哥中南部地区，生于阳光充足、灌木稀少、空间较开放的生境，能形成大片的种群。在其附近，常能发现有普林格尔黄菊生长（Sudderth et al.，2009）。

本种易与狭叶黄菊相混淆，但本种叶宽不足 0.5cm，较之更狭；叶全缘，而后者呈有微刺的细锯齿状；本种复合头状花序特征显著，区别于后者。

柯奇（Stephen D. Koch）时为墨西哥查平哥研究生院（Colegio de Postgraduados Chapingo）教授，致力于墨西哥植物标本的采集和维护，本种标本即由其采集并以其命名。

15. 显花黄菊

Flaveria robusta Rose Contr. U.S. Natl. Herb., **1**: 337, 1895; J. R. Johnston, in Proc. Am. Acad. Arts & Sci., **39**（1/12）: 288, 1903; Rydberg, N. American Fl., **34**（2）: 143,

1915; Powell, in Ann. Missouri Bot. Gard., **65**（2）：622, 1978.

多年生杂草或灌木，高(0.6 ～)1 ～ 2m。叶长 5 ～ 14cm，宽 0.8 ～ 3.4cm，披针形、披针状椭圆形、线状披针形或线形；叶柄明显，长 1 ～ 2.5mm，锯齿或略有锯齿。头状花序辐射状(有舌状花)，排列呈开散的伞房状复合花序。总苞片多为 3 数，舟形或线形；管状花 3 数。

本种产于墨西哥中西部的科利马（Colima）、哈利斯科（Jalisco）和米却肯（Michoacán）三州，生于石膏质土壤、板岩（slate）、落叶林、露天岩坡，或与仙人掌或凤梨科一些植物伴生，或见于公路两旁杂草。

robusta 应取自 *robustus*，意为"粗壮的"，但从植物描述来看没有显著的特征与之相关。根据其复合花序开散伞房状的特征，暂将其称作"显花黄菊"。

16. 索诺拉黄菊

Flaveria sonorensis A. M. Powell, in Ann. Missouri Bot. Gard., **65**（2）：618, 1978.

多年生草本，高可达 1m。本种和显花黄菊的花序形态类似，但总苞片线状，多为 5 数，稀 4 数，管状花 5 ～ 7 数。此外，本种叶片相对更窄。

本种在墨西哥西北部南下加利福尼亚（Baja California Sur）州、索诺拉（Sonora）州南部及与其毗邻的奇瓦瓦（Chihuahua）州西南部有分布，常生于富含矿物质的温泉附近。

本种模式标本采于墨西哥索诺拉州，依此而得名。

17. 毛枝黄菊

Flaveria pubescens Rydberg, N. American Fl. **34**（2）：145, 1915; Powell, in Ann. Missouri Bot. Gard., **65**（2）：609, 1978 —— *F. longifolia* A. Gray var. *subtomentosa* Greenman & Thompson, in Ann. Missouri Bot. Gard. **1**: 413, 1914.

多年生矮壮草本，高 30 ～ 80cm，茎直立，枝叶密被短柔毛。叶对生连基抱茎，线形，长 5 ～ 10cm，宽 0.4 ～ 1.2cm，全缘。头状花序聚集成松散的顶部平截的伞房状复合花序。

本种分布于墨西哥中东部的克雷塔罗（Querétaro）、圣路易斯波托西（San Luis Potosí）、塔毛利帕斯等州偏远地区，适生土壤可能为石膏质。

pubescens 意为"被短柔毛的"。本种枝叶密被短柔毛，是本种区别于对叶黄菊（*F. oppositifolia*）的主要特征之一。

18. 对叶黄菊

Flaveria oppositifolia （de Candolle）Rydberg, N. American Fl. **34**（2）：146, 1915; Powell, in Ann. Missouri Bot. Gard., **65**（2）：609, 1978. —— *Gymnosperma oppositifolium* de Candolle., Prodr. **5**: 312. 1836. —— *F. longifolia* A. Gray, in Mem. Am. Acad. Arts Sci., n.s., **4**: 88. 1849; J. R. Johnston, in Proc. Am. Acad. Arts & Sci., **39**（1/12）：291, 1903.

多年生矮壮草本，形态与毛枝黄菊十分相似。区别在于叶无柄，但几乎不合生，更不能形成对生连基抱茎状；叶狭，多光滑无毛。

本种产于墨西哥中部至东北部，种群不密集成片，生于石膏质的高地、盐碱地、偶发于壤土，常见于湿润的地区或公路两旁的扰动生境。本种因分布地不同，在形态上表现有些差异。在一些海拔高的地区，本种植株株型直立；而在海拔相对较低的地区，植株则略向下弯曲。

oppositifolia 取自 *oppositifolius*，意为"叶对生的"。本种最初由德·堪多初拟于 *Gymnosperma* 属之下，为具有对生叶特征的两种之一[①]（de Candolle，1836）。尽管对生叶是黄菊属的普遍特征，在此仍按字面意称其为"对叶黄菊"。

19. 佛州黄菊 Florida yellowtops（图版 1.Ⅷ）

Flaveria floridana J. M. Johnston, in Proc. Am. Acad. Arts & Sci., **39**（1/12）：291, 1903; Rydberg, N. American Fl. **34**（2）：146, 1915; R. W. Long & E. L. Rhanmstine, in Brittonia, **20**: 249, 1968; Powell, in Ann. Missouri Bot. Gard., **65**（2）：613, 1978; Yarborough et Powell, in Fl. N. America, **21**: 248, 2006. —— *F. linearis* Lag. var. *latifolia* J. R. Johnston, in Proc. Am. Acad. Arts & Sci., **39**（1/12）：289. 1903. —— *F. latifolia*（J. R. Johnston）Rydberg, N. American Fl., **34**: 145, 1915. —— *F. pirnetorum* S. F. Blake, in Bull. Torrey Bot. Club, **50**: 204. 1923.

多年生或一年生草本，高 0.5～1.2m。叶无柄，基部多合生，线形或披针形，稀近椭圆形，长 5～14cm，宽 4～17mm，全缘，或略有锯齿或针状锯齿。头状花序聚集成紧密的蝎尾状或聚伞花序状。副萼小苞片 1～3，线状披针形，4～6mm，可暴露于总苞之外，特征明显；总苞片 5～6（～9），长圆形或卵状圆盘形；舌状花 1 或无，舌瓣明显，卵状匙形，长 2～2.8mm，宽 1.5～2mm；管状花 9～14。冠筒漏斗状，长 1.3～1.5mm。瘦果长圆状倒披针形或线形，1.2～1.8mm。在分布地全年可以开花。

本种分布于美国东南佛罗里达州西海岸中部，生于盐碱地、海滩、盐碱沼泽附近及松林。

本种与布朗黄菊（*F. brownii*）发生生境相似，Powell（1978）认为这两种亲缘关系最近。但最近的研究显示，本种同分布于佛罗里达的线叶黄菊（*F. linearis*）亲缘关系可能更近（McKown et al.，2005）。

20. 线叶黄菊 narrowleaf yellowtops（图版 1.Ⅷ）

Flaveria linearis Lagasca, Gen. & Sp. Nov., 33. 1816; de Candolle, Prodr., **5**: 635, 1836; J. R. Johnston, in Proc. Am. Acad. Arts & Sci., **39**（1/12）：288, 1903; Rydberg, N. American Fl., **34**（2）：145, 1915; R. W. Long & E. L. Rhanmstine, in Brittonia, **20**: 245, 1968; Powell, in Ann. Missouri Bot. Gard., **65**（2）：615, 1978; Yarborough et Powell, in Fl. N. America, **21**: 249, 2006. —— *F. maritima* Humboldt, Bonpland et Kunth, Nov. Gen. & Sp., **4**: 285, 1820. —— *Selloa nudata* Nuttall in Am. Jour. Sci., **5**: 300. 1822. —— *F. tenuifolia* Nuttall in

---

① 另一种为 *G. nudatum*，即线叶黄菊（*F. linearis*）。*Gymnosperma* 属初拟时共6种，现仅有一种，即 *G. glutinosum*，分布于北美洲至中美洲地区。

Jour. Acad. Phila., **7**: 81. 1834. —— *Gymnosperma nudatum* de Candolle, Prodr., **5**: 312. 1836. —— *F.* × *latifolia*（J. R. Johnston）R. W. Long & E. L. Rhanmstine, Brittonia, **20**: 249, 1968.

多年生草本，高 30 ～ 80cm。形态与佛州黄菊相似，在分布地全年都可开花。但植株相对较小，线形叶更狭，长 5 ～ 10（～ 13）cm，宽 1 ～ 4（～ 15）mm；头状花序一般仅 5 ～ 8 朵小花，而佛州黄菊常多达 10 ～ 15 朵；线状的副萼小苞片相对较小，仅 1 ～ 2.5mm；管状花檐部基部管状，并向端部大幅度扩展呈漏斗形钟状。

本种是美国佛罗里达州 [包括链岛（Keys）] 海岸分布最广的黄菊属植物，在墨西哥尤卡坦（Yucatán）半岛的坎佩切（Campeche）、尤卡坦和金塔纳罗奥（Quintana Roo）三州海岸，以及古巴、巴哈马斯、洪都拉斯、伯利兹（Belize）有分布 [①]。除常在海岸发生以外，本种生境还包括一些低海拔的扰动生境、沼泽林及松林。

在形态上，尤卡坦半岛的种群比佛罗里达及巴哈马斯的更粗壮，节间更短；植株下部叶片老化较早，呈扭曲状，不同于中上部的叶片。这与布朗黄菊的一些特征相近，在根据 ITS、ETS 和叶绿体 DNA trnL-F 间隔区合并信息而构建的系统发育树中，尤卡坦半岛种群与布朗黄菊的关系最近，而其他分布地的种群和佛州黄菊聚在一类（McKown et al.，2005）。

本种英文名意为"狭叶黄菊"。为与 *F. angustifolia* 相区分，取本种种加词 *linearis*（意为"线形的"），称其为"线叶黄菊"。

21. 布朗黄菊 Brown's yellowtops（图版 1.VIII）

Flaveria brownii A. M. Powell, in Ann. Missouri Bot. Gard., **65**（2）: 611; Yarborough et Powell, Fl. N. America, **21**: 248, 2006.

多年生草本，高 15 ～ 70cm。茎直立或匍匐。本种形态与佛州黄菊和线叶黄菊相似，但管状花数少于佛州黄菊，为 5 ～ 10 数；叶颜色较佛州黄菊浅，质地较之薄；线状的副萼小苞片 1 ～ 2 枚，长 1 ～ 2.5mm，大小与线叶黄菊相当。与线叶黄菊的区别在于，头状花序聚集程度相对松散，总苞片舟状，包被舌状花的有明显脊状凸起；舌状花舌瓣长圆形至椭圆形。此外，本种曾与对叶黄菊相混淆，后者头状花序仅呈盘状，而本种盘状（无舌状花）和辐射状（有舌状花）兼而有之。此外，上述这几种植物，除本种为准 C_4 植物（C_4 like plant）外，其他都是 C_3-C_4 中间型植物。

本种产于美国南部得克萨斯州东南海岸、与其毗邻的墨西哥塔毛利帕斯州海岸及岛屿低海拔地区盐碱地、沙地、沼泽等。

本种以 C_4 植物花环结构的发现人布朗（Walter V. Brown）命名。

22. 贯叶黄菊 clasping yellowtops（图版 1.VIII）

Flaveria chloraefolia A. Gray, Mem. Am. Acad. Arts, n.s., **4**: 88, 1849; J. R. Johnston,

① 据曾彦学等（2012）报道，在中国台湾西海岸嘉义（黄顶菊在台湾的发生地）以北的彰化县有线叶黄菊发生。尽管按表述，标本的总苞片为5数，但从文献提供的照片看，该植物与狭叶黄顶菊更为相似。在此之前，尚未有线叶黄菊和狭叶黄顶菊在美洲以外地区分布的报道。

图版 1.IX　麦氏黄菊

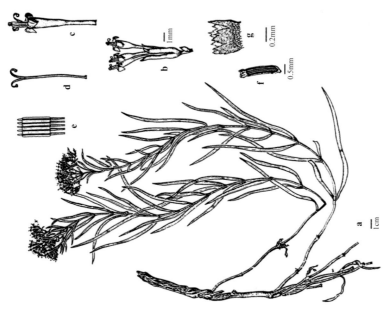

B. 麦氏黄菊形态示意图

a. 植株；b. 头状花序；c. 管状花；d. 柱头；e. 花药；f. 瘦果；g. 瘦果的冠毛

A. Michael E. Theroux，美国大峡谷国家公园，1976年1月27日，现藏于美国亚利桑那州立大学维管植物标本馆（ASU），馆藏条码 ASU0017177，由标本馆馆长 Leslie Landrum 博士授权，在此特表感谢；B. Wendy Hodgson，原载 Theroux（1977），由 Madroño 杂志授权，在此特表感谢。

A. 麦氏黄菊模式标本

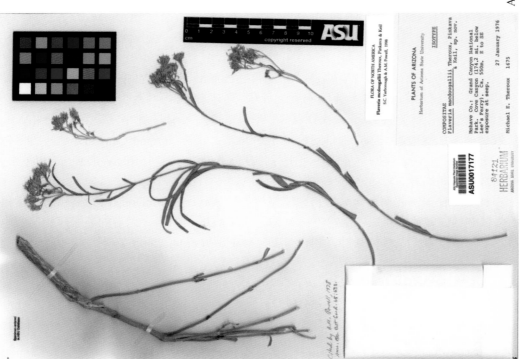

in Proc. Am. Acad. Arts & Sci., **39**（1/12）：292, 1903; Rydberg, N. American Fl., **34**（2）：146, 1915; Powell, in Ann. Missouri Bot. Gard., **65**（2）：607, 1978. —— *F. chlorifolia* A. Gray, Yarborough et Powell, Fl. N. America, **21**：248, 2006.

多年生植物，高可达 2m，粗壮，多汁，被白粉状物。茎直立或半匍匐状。本种显著特征为叶对生连基抱茎，叶最宽处可达 4 ～ 5cm；瘦果有 2 ～ 4 冠毛，长 0.2 ～ 1mm；盘状的头状花序排列成圆锥花序状。

本种在地处美国和墨西哥的奇瓦瓦沙漠北部广泛分布，其范围向北沿佩科斯河（Pecos River）至美国新墨西哥州南部拉斯克鲁塞斯（Las Cruces）及沿里奥格兰德河（Rio Grande）向北经得克萨斯州直至新墨西哥州中部，向南至沙漠南部墨西哥科阿韦拉地区，在新莱昂州也有发生（McKown et al.，2005；Powell，1978）。发生生境为盐碱或石膏含量高的水源（包括沼泽、泉眼、溪流、灌溉渠及公路两旁的排水沟）附近。

Yarborough 和 Powell（2006）认为本种与本属其他种关系不清。从形态学上分析，本种与线叶黄菊（尤其是尤卡坦半岛及巴哈马斯的种群）都属于本属比较原始的物种。而从分子进化分析的角度看，两者同聚于分化的另一支。而这一支除布朗黄菊外，都是 C_3-C_4 中间型的植物。

chloraefolia 取自 *chloraefolius*，意为"绿仙子叶的"。绿仙子应为曾拟于龙胆科下 *Chlora* 属的代表植物 *C. perfoliata*[①]，其典型特征之一为叶对生连基抱茎。故将本种称为"贯叶黄菊"。

23. 麦氏黄菊 Mcdougall's yellowtops（图版 1.IX）

Flaveria mcdougallii M. E.Theroux, D. J. Pinkava et D. J. Keil, Madroño, **24**: 13, 1977; Powell, in Ann. Missouri Bot. Gard., **65**（2）：633, 1978; Yarborough et Powell, Fl. N. America, **21**: 250, 2006.

多年生植物。或为亚灌木。茎直立，高可达 50cm，无毛。本种与贯叶黄菊为黄菊属仅有的具冠毛的植物，但本种冠毛呈流苏状，形似王冠；叶片为线形至狭线状披针形，无贯叶特征，最宽约 7mm；头状花序，管状花 2 ～ 6 朵（贯叶黄菊为 9 ～ 13 朵）。

本种模式标本采于美国中西部亚利桑那州西北大峡谷（Grand Canyon）地区科罗拉多河两处支流附近，地处与科罗拉多河平行狭窄的莫哈维沙漠（Mohave Desert）植被带。支流或为泉水，或为渗出的地下泉，但都偏碱性。

本种以时任美国北亚利桑那博物馆植物部主任 Walter B. McDougall 命名。自描述报道不久，本种就被认为自成一属，不属黄菊属（Powell，1978）。之后的分子进化研究也显示，本种位于系统发育树基部，独成一支（McKown et al., 2005）。不过，不少文献仍将其列于黄菊属。

（郑　浩）

---

① 该属（*Chlora* Adans.）已为 *Blackstonia* Huds.取代，*C. perfoliata* 即 *B. perfoliata*，主要分布于地中海盆地及欧洲大陆一些地区。

参 考 文 献

高贤明（Gao X M），唐廷贵（Tang G T），梁宇（Liang Y），等 . 2004. 外来植物黄顶菊的入侵警报及防控对策 . 生物多样性（Biodiversity Science），12（2）：274–279.

林镕 . 1979. 中国植物志 . Vol. 75：菊科（二）旋覆花族 - 堆心菊族 . 北京：科学出版社 .

刘全儒（Liu Q R）. 2005. 中国菊科植物一新归化属——黄菊属 . 植物分类学报（Acta Phytotaxonomica Sinica），43（2）：178–180.

王金明，丁在松，张桂芳，等 . 2007. 家稗丙酮酸磷酸双激酶（PPDK）基因的克隆及序列分析 . 作物学报，33（6）：927-930.

曾彦学（Tseng Y H），刘静榆（Liou C Y），严新富（Yen H F），等 . 2008. 台湾新归化菊科植物——黄顶菊 . 林业研究季刊（Quarterly Journal of Forest Research），30（4）：23–28.

曾彦学（Tseng Y H），赵建棣（Chao C T），刘静榆（Liou C Y），等 . 2012. 台湾新归化菊科植物——线叶黄顶菊 . 林业研究季刊（Quarterly Journal of Forest Research），34（1）：63–70.

中科院植物研究所 . undated. Hutchinson 系统的菊科 Compositae- 分类系统树 . http://www.nature-museum.net/spdb/TaxonNodeTree.aspx?spid=40607# [最后访问日期：2014 年 2 月 13 日].

Agnese A M, Guglielmone H A, Cabrera J L. 2010. *Flaveria bidentis* and *Flaveria haumanii* - effects and bioactivity of sulphated flavonoids. *In:* Govil J N, Singh V K. Recent Progress in Medicinal Plants. Vol. 29（Drug Plants III）. Houston: Earthscan Publications Limited: 1–17.

Agnese A M, Montoya S N, Espinar L A, et al. 1999. Chemotaxonomic features in Argentinian species of *Flaveria*（Compositae）. Biochemical Systematics and Ecology, 27（7）：739–742.

Anderson L C. 1972. *Flaveria campestris*（Asteraceae）: A case of polyhaploidy or relic ancestral diploidy? Evolution, 26（4）：671–673.

Apel P, Maass I. 1981. Photosynthesis in species of *Flaveria*. CO_2 compensation concentration, O_2 influence on photosynthetic gas exchange and ^{13}C values in species of *Flaveria*（Asteraceae）. Biochemie Und Physiologie Der Pflanzen, 176（4）：396–399.

Austin D F. 2004. Florida Ethnobotany. Boca Raton: CRC Press: 310–311.

Azania A, Azania C A M, Alves P, et al. 2003. Allelopathic plants. 7. Sunflower（*Helianthus annuus* L.）. Allelopathy Journal, 11（1）：1–20.

Baillon H. 1886. Histoire des Plantes. Vol. 8. Paris: Librairie Hachette & CIE.

Baldwin B G, Wessa B L, Panero J L. 2002. Nuclear rDNA evidence for major lineages of helenioid Heliantheae（Compositae）. Systematic Botany, 27（1）：161–198.

Baldwin B G. 2009. Heliantheae alliance. *In:* Funk V A, Susanna A, Stuessy T F, et al. Systematics, evolution, and biogeography of the Compositae. Vienna: IAPT: 689–711.

Bean A R. 2009. The Australian *Flaveria*（Asteraceae）: Its correct name and origin status. Australian Systematic Botany Society Newsletter, No. 140: 2–3.

Beentje H. 2006. *Flaveria. In:* Thulin M. Flora of Somalia. Vol. 3. Richmond, UK: Royal Botanic Gardens, Kew: 550.

Bentham G. 1873a. Compositae. *In:* Bentham G, Hooker J D. Genera Plantarum. Vol. 2（1）. London: Lovell Reeve & Co; Williams & Norgate: 163–533.

Bentham G. 1873b. Notes on the classification, history, and geographical distribution of the Compositae. The Journal of The Linnean Society, 13: 335–577.

Blake S F. 1923. Two new composites from Florida. Bulletin of the Torrey Botanical Club, 50: 203–205.

Bonpland A, de Humboldt A, Kunth C S. 1820. Nova genera et species plantarum. Vol. 4. Paris: N Maze: 285–286.

Bremer K. 1987. Tribal interrelationships of the Asteraceae. Cladistics, 3（3）：210–253.

Broussalis A M, Ferraro G E, Martino V S, et al. 1999. Argentine plants as potential source of insecticidal compounds. Journal of Ethnopharmacology, 67（2）：219–223.

Cameron R G, Bassett C L, Bouton J H, et al. 1989. Transfer of C_4 photosynthetic characters through hybridization of *Flaveria* species. Plant Physiology, 90（4）：1538–1545.

Cassini H. 1820. *Flavérie*. *In:* Levrault F G. Dictionnaire des sciences naturelles. Vol. 17. Paris: 127–128.

Cassini H. 1821. Hélianthées. *In:* Levrault F G. Dictionnaire des sciences naturelles. Vol. 20. Paris: 354–385.

Cassini H. 1825. *Brotera sprengelii*. *In:* Levrault F G. Dictionnaire des sciences naturelles. Vol. 34. Paris: 306–308.

Cassini H. 1829. Tableau synoptique des Synanthérées. Annales des Sciences Naturelles, 17: 387–423.

Cavanilles A J. 1791. Icones et descriptiones plantarum. Vol. 1. Madrid: Lazaro Gatcuer: 2–3, Plate 4.

Cavanilles A J. 1794. Icones et descriptiones plantarum. Vol. 3. Madrid: Lazaro Gatcuer: 12, Plate 223.

Cavanilles A J. 1799. Icones et descriptiones plantarum. Vol. 5. Madrid: Petro Juliano Pereyra: 19.

Cecil I, Sandwith N Y. 1960. Bristol Botany in 1959. Proceedings of the Bristol Naturalists' Society, 30（1）：15–20.

Chen Y, Hind D J N. 2011. Tribe Heliantheae. *In:* Wu Z Y, Raven P H, Hong D Y. Flora of China. Vol. 20–21（Asteraceae）Beijing: Science Press & St. Louis: Missouri Botanical Garden Press: 852–878.

Cronquist A. 1955. Phylogeny and taxonomy of the Compositae. American Midland Naturalist, 53（2）：478–511.

Cronquist A. 1977. The Compositae revisited. Brittonia, 29（2）：137–153.

DAISIE European Invasive Alien Species Gateway. 2008. *Flaveria bidentis*. http://www.europe-aliens.org/speciesFactsheet. do?speciesId=22686 [最后访问日期：2010 年 3 月 10 日].

de Candolle A P. 1836. Prodromus systematis naturalis regni vegetabilis. Vol. 5. Paris: Treuttel & Würtz: 635.

Dimitri M J, Orfila E N. 1985. Apendice: Un nuevo taxon de *Flaveria*（Compositae）de la Flora Argentina *Flaveria haumanii* Dim. et Orf. *In:* Dimitri M J, Orfila E N. Tratado de Morfologia y Sistematica Vegetal. Buenos Aires: ACME: 466–467.

Dimitri M J, Orfila E N. 1986. Acerca del nuevo taxon *Flaveria haumanii* Dim. & Orf.（Compositae）de la Flora Argentina. Sociedad Cientifica Argentina, Buenos Aires: 1–13.

Feuillée L É. 1725. Journal des observations physiques, mathematiques et botaniques: Faites par l'ordre du roy sur les côtes orientales de l'Amerique méridionale, & dans les Indes Occidentales, depuis l'année 1707 jusques en 1712. Vol. 3. Paris: Chez Pierre Giffart: 18–19, Plate 14.

Gamble J S. 1921. Flora of the Presidency of Madras. Vol. 2. London: Adlard & Son: 711（501）.

Gandoger M. 1918. Sertum plantarum novarum, Pars prima. Bulletin de la Société botanique de France, 65: 24–69.

Gmelin J F. 1791. Caroli a Linné, Systema Naturae. 13th ed. Vol. 2. Leipzig: Georg Emanuel Beer: 1269.

Gray A. 1849. Plantæ Fendlerianæ Novi-Mexicanæ: An account of a collection of plants made chiefly in the vicinity of Santa Fé, New Mexico, by Augustus Fendler; with descriptions of the new Species, critical remarks, and characters of other undescribed or little known plants from surrounding Regions. Memoirs of the American Academy of Arts and Sciences, New Series, 4（1）：1–116.

Greenman J M, Thompson C H. 1914. Diagnoses of flowering plants, chiefly from the southwestern United States and Mexico. Annals of the Missouri Botanical Garden, 1（4）：405–418.

Hansen A, Carrion J S. 1990. *Flaveria bidentis*（L.）Kuntze (Asteraceae), nueva adventicia para Espana [*Flaveria bidentis* (L.) Kuntze (Asteraceae), new adventitious plant for Spain]. Candollea, 45（1）：235–240.

Hind D J N. 2009. An annotated preliminary checklist of the Compositae of Bolivia. http://www.kew.org/science/tropamerica/boliviacompositae/checklist.pdf. [2011 年 3 月 10 日].

Hocking G M. 1997. A Dictionary of Natural Products. Medford: Plexus: 312.

Hoffmann O. 1894. Compositae. *In:* Engler A, Prantl K. Die Natürlichen Pflanzenfamilien. Vol. 4（5）. Leipzig: Verlag von Wilhelm Engelmann: 87–391.

Hoskeri H J, Krishna V, Babu P S. 2011. Antinociceptive activity and acute toxicity study of *Flaveria trinervia* whole plant extracts using mice. Natural Product Research, 25（19）：1865–1869.

Howard R A, Bornstein A J. 1989. Flora of the Lesser Antilles: Leeward and Windward Islands. Vol. 6. Boston: Arnold Arboretum of Harvard University: 566.

Jaeger E C. 1965. A Source Book of Biological Names and Terms（生物名称和生物学术语的词源）. 滕砥平, 蒋芝英译. 北京：科学出版社：210.

Johnston J R. 1903. A revision of the genus *Flaveria*. Proceedings of the American Academy of Arts and Sciences, 39（1/12）：279–292.

Jussieu A L d. 1789. Genera plantarum. Paris: Widow of Herissant & Theophilum Barrois: 186–187.

Kandasamy O S, Bayan H C, Santhy P, et al. 2000. Long-term effects of fertilizer application and three crop rotations on changes in the weed species in the 68th cropping（after 26 years）. Acta Agronomica Hungarica, 48（2）: 149–154.

Karis P O. 1993. Heliantheae *sensu lato*（Asteraceae）, clades and classification. Plant Systematics and Evolution, 188: 139–195.

Keighery G. 2008. A new subspecies of *Flaveria*（Asteraceae）from Western Australia. Compositae Newsletter, 46: 20–26.

Keil D J, Luckow M A, Pinkava D J. 1988. Chromosome studies in Asteraceae from the United States, Mexico, the West Indies, and South America. American Journal of Botany, 75（5）: 652–668.

Keltner J, Maher L. 1996. MapPad, version 2.0. http://www.ncdc.noaa.gov/paleo/softlib/mappad.html [最后访问日期：2012 年 7 月 1 日].

Klatt F W. 1887. Beitrage zur Kenntniss der Compositen. Leopoldina, 23: 143–147.

Kopriva S, Chu C C, Bauwe H. 1996. H-protein of the glycine cleavage system in *Flaveria*: Alternative splicing of the pre-mRNA occurs exclusively in advanced C_4 species of the genus. Plant Journal, 10（2）: 369–373.

Kuntze O. 1898. Revisio generum plantarum. Vol. 3（2:p2）. Leipzig: Arthur Felix: 148.

Lagasca M. 1816. Genera et species plantarum, quae aut novae sunt, aut nondum recte cognoscuntur. Madrid: Typographia Regia: 33.

Lebrun J-P, Doutre M, Hebrard L. 1993. Three adventive phanerogams new to Senegal. Candollea, 48（2）: 339–342.

Lessing C F. 1832. Synopsis generum Compositarum. Berlin: Dunckeri & Humblotii: 235–236.

Linné C v. 1767. Mantissa plantarum, generum editionis VI. et specierum editionis II. Holmiæ（Stockholm）: Laurentii Savii: 110.

Long R W, Rhamstin E L. 1968. Evidence for the hybrid origin of *Flaveria latifolia*（Compositae）. Brittonia, 20（3）: 238–250.

Matthew K M. 1983. The Flora of the Tamilnadu Carnatic, Part 2 – Gamopetalae & Monochlamydeae. Madras: Diocesan Press.

McKown A D, Moncalvo J M, Dengler N G. 2005. Phylogeny of *Flaveria*（Asteraceae）and inference of C_4 photosynthesis evolution. American Journal of Botany, 92（11）: 1911–1928.

Mitchell T L. 1848. Journal of an expedition into the interior of tropical Australia. London: Longman, Brown, Green, and Longmans: 118.

Molds S. 1901. Systematic catalogue of the plants growing without cultivation in the State, including description of new, rare, and little known species. Contributions from the United States National Herbarium, 6: 139–820.

Molina J G I. 1789（1809 English Translation）. Scet III. Herb Used in Dying. *In:* Molina J G I. The Geographical, Natural, and Civil History of Chili（Saggio sulla Storia Naturale del Chili）. Vol. 1. London: Longman, Hurst, Rees, and Orme: 115–120.

Murray L. 1992. *Flaveria. In:* Harden G J. Flora of New South Wales. Vol. 3. Kensington: New South Wales University Press: 282.

Nuttall T. 1822. A catalogue of a collection of plants made in east-Florida, during the months of October and November, 1821. The American Journal of Sciences and Arts, 5: 286–304.

Nuttall T. 1834. A description of some of the rarer or little known plants indigenous to the United States, from the dried specimen in the herbarium of the Academy of Natural Sciences in Philadelphia. Journal of the Academy of Natural Sciences of Philadelphia, 7: 61–115.

Ohta H（太田　久次）, Murata G（村田　源）. 1995. *Flaveria bidentis*, a new record naturalized in Japan（新帰化植物キアレチギク）. Acta Phytotaxonomica et Geobotanica（植物分類・地理）, 46（2）: 209–210.

Panero J L. 2007a. XXII. Tribe Tageceae Cass.（1819）. *In:* Kadereit J W, Jeffrey C. The families and genera of vascular plants. Vol. VIII. Flowering plants, Eudicots, Asterales. Berlin: Springer-Verlag: 420–431.

Panero J L. 2007b. Key to the Tribes of the Heliantheae Alliance. *In:* Kadereit J W, Jeffrey C. The families and genera of vascular plants. Vol. VIII. Flowering plants, Eudicots, Asterales. Berlin: Springer-Verlag: 391–395.

Persoon C H. 1807. Synopsis plantarum. Vol. 2: Paris: Treuttel et Würtz & Tubinga: J. G. Cottam, 489.

Petenatii E M, Espinar L A. 1997. Asteraceae. Tribu IV. Helenieae. Flora Fanerogámica Argentina, Fascículo 45: 1–34.

Powell A M. 1978. Systematics of *Flaveria*（Flaveriinae Asteraceae）. Annals of the Missouri Botanical Garden, 65（2）: 590–636.

Quattrocchi U. 2000. CRC world dictionary of plant names: Common names, scientific names, eponyms, synonyms, and etymology. Boca Raton, Florida: CRC Press: 1016.

Rajashekara G, Razi B A. 1976. Studies on fruits of Asteraceae of Mysore City India as an aid to classification. Journal of the Mysore University Section B Science, 27 (1–2): 197–211.

Razaq Z A, Vahidy A A, Ali S I. 1994. Chromosome Numbers in Compositae from Pakistan. Annals of the Missouri Botanical Garden, 81 (4): 800–808.

Reddy C S, Bagyanarayana G, Reddy K N, et al. 2008. Invasive Alien Flora of India. National Biological Information Infrastructure, USGS, USA.

Reiche C. 1905. Flora de Chile. Vol. 4. Santiago: Imprenta Cervantes: 112.

Robinson B L, Greenman J M. 1896. Descriptions of new or little known Phanerogams, chiefly from Oaxaca. Proceedings of the American Academy of Arts and Sciences, 32 (1): 34–51.

Robinson H. 1981. A Revision of the Tribal and Subtribal limits of the Heliantheae (Asteraceae). Smithsonian Contribution to Botany, 51: 1–102.

Robinson H. 1983. A generic review of the Tribe Liabeae (Asteraceae). Smithsonian Contribution to Botany, 51: 1–69.

Rose J N. 1895. Report on a collection of plants made in the States of Sonora and Colima, Mexico, by Dr. Edward Palmer, in the years 1890 and 1891. Contributions from the United States National Herbarium, 1: 293–366.

Ruiz H, Pavón J. 1798. Systema vegetabilium florae Peruvianae et Chilensis. Madrid: Typis Gabrielis de Sancha: 216–217.

Rydberg P A. 1915. *Flaveria* Juss. North American Flora, 34 (part2): 142–146.

Sell P, Murrell G. 2006. Flora of Great Britain and Ireland. Vol. 4. Cambridge: Cambridge University Press: 521.

Sims J. 1823. *Flaveria Contrayerba*. Broad-leaved Flaveria. Curtis's Botanical Magazine, 50: 2400.

Solbrig O T. 1963. Subfamilial nomenclature of Compositae. Taxon, 12 (6): 229–235.

Sprengel K. 1800a. Des Botanische Garten der Universität zu Halle. *In:* Halle: C. A. Kummel: 63.

Sprengel K. 1800b. *Millera contrayerva* Cavan., neu untersucht und bestimmt. *In:* Schrader H A. Journal für die Botanik. Vol. 4. Göttingen: Heinrich Dieterich: 186–189.

Strother J L. 1977. Tageteae - systematic review. *In:* Heywood V H, Harborne J B, Turner B L. The biology and chemistry of the Compositae. Vol. 2. London: Academic Press: 769–783.

Stuessy T F. 1977. Heliantheae - systematic review. *In:* Heywood V H, Harborne J B, Turner B L. The biology and chemistry of the Compositae. Vol. 2. London: Academic Press: 621–671.

Sudderth E A, Espinosa-Garcia F J, Holbrook N M. 2009. Geographic distributions and physiological characteristics of co-existing *Flaveria* species in south-central Mexico. Flora, 204 (2): 89–98.

Theroux M E, Pinkava D J, Keil D J. 1977. A new species of *Flaveria* (Compositae: Flaveriinae) from Grand Canyon, Arizona. Madroño, 24 (1): 13–17.

Turner B L. 1995. A new species of *Flaveria* (Asteraceae, Helenieae) from Oaxaca, Mexico. Phytologia, 78 (5): 400–401.

Turner B L, Ellison W L, King R M. 1961. Chromosome numbers in the Compositae. IV. North American species, with phyletic interpretations. American Journal of Botany, 48 (3): 216–223.

Turner B L, Johnston M C. 1961. Chromosome numbers in the Compositae. III. Certain Mexican species. Brittonia, 13 (1): 64–69.

Turner B L, Powell A M. 1977. Helenieae-systematic review. *In:* Heywood V H, Harborne J B, Turner B L. The biology and chemistry of the Compositae. Vol. 2. London: Academic Press: 699–737.

Umadevi S, Mohanta G P, Balakrishna K, et al. 2005. Phytochemical Investigation of the Leaves of *Flaveria trinervia*. Natural Prodcut Sciences, 11 (1): 13–15.

Umadevi S, Mohanta G P, Kalaichelvan V K, et al. 2006. Studies on wound healing effect of *Flaveria trinervia* leaf in mice. Indian Journal of Pharmaceutical Sciences, 68 (1): 106.

Umadevi S, Mohanta G P, Kalaiselvan R, et al. 2004. Studies on hepatoprotective effect of *Flaveria trinervia*. Journal of Natural Remedies, 4 (2): 168–173.

Westhoff P, Gowik U. 2004. Evolution of C_4 phosphoenolpyruvate carboxylase. Genes and proteins: A case study with the genus *Flaveria*. Annals of Botany, 93 (1): 13–23.

Willdenow C L. 1804. Caroli a Linné, Species plantarum, Editio Quarto. Vol. 3 (part 3). Berlin: G C Nauk: 2393.

Xie Q, Yin L, Zhang G, et al. 2012. Separation and purification of isorhamnetin 3-sulphate from *Flaveria bidentis* (L.)

Kuntze by counter-current chromatography comparing two kinds of solvent systems. Journal of Separation Science, 35（1）: 159–165.

Yarborough S C, Powell A M. 2006. Flaveriinae. *In:* Flora of North America Editorial Committee. Flora of North America. Vol. 21. New York: Oxford University Press: 245–250.

Yoganarasimhan S N. 2000. Medicinal plants of India. Vol. II. Bangalore: Cyber Media.

第二章　黄菊属系统发育与分子进化

　　黄菊属植物 CO_2 代谢类型多样，有典型的 C_3 型和 C_4 型，也有介于两者之间的两种"C_3-C_4 中间型"（I 型及 II 型 C_3-C_4）和"准 C_4 型"（C_4 like）。这表明，CO_2 代谢从 C_3 向 C_4 类型的进化在黄菊属属内即已发生。除少数物种以外，黄菊属植物集中分布于墨西哥和美国南部，这个地区被认为是 C_4 植物的起源中心之一（Sage，2004）。早期对黄菊属植物系统发育的研究多以形态特征指标为分析对象。自 20 世纪 90 年代初以来，根据 ITS 和 ETS 等标记特征对物种分化进行推断（或解释）（inference）已被广泛接受。与此同时，利用其他基因序列构建的系统发育树也为还原黄菊属植物进化和扩散的过程补充了论据。从实践的角度，这些结果也为黄菊属植物的快速鉴定提供了依据，有助于加强对新外来植物的检疫工作。

第一节　黄菊属植物系统发育研究

1. 对黄菊亚族界定的影响

　　自 Cassini（1829，1821）拟定菊科分族以来，对黄菊属植物分类地位的界定一直难以形成统一的观点。这与黄菊属相关的一些族，即向日葵族（及泽兰族）、堆心菊族、万寿菊族及千里光族等分类地位界定和成员组成的不确定状况密不可分。进入 20 世纪下半叶，人们已认识到堆心菊族难以成为一个真正的族。原因在于，仅根据花托托片的有无区分堆心菊族和向日葵族过于武断；而且，根据形态特征，原堆心菊族的一些植物显然与其他诸族的关系更近。因此，应将堆心菊族拆分，对其组成成员的归属重新进行界定（Cronquist，1977，1955；Turner and Powell，1977）。Stuessy（1977）与 Turner 和 Powell（1977）分别对向日葵族及 Bentham（1873a，1873b）界定的堆心菊族植物的系统学进行了详尽的综述，并对这些族组成成员的归属重新界定，黄菊亚族被划入千里光族[①]。Robinson（1981）在这一基础上划定了广义向日葵族，由包括黄菊亚族在内的 35 个亚族组成。

　　实际上，Robinson（1981）将 Stuessy（1977）与 Turner 和 Powell（1977）未划分至向日葵族的一些原堆心菊族植物也归入广义向日葵族，其中包括大部分曾划入千里光族的植物（包括黄菊亚族在内）（Turner and Powell，1977）及已提升为族的万寿菊族植物（Strother，1977）等。这种界定在相当程度上得到学界认可，但也使该分类阶元变得相当臃肿；而且，在亚族的界定上标准不太一致，亚族中有一些组成数量较少、可能为单系（monophyletic）的类群，但也不排斥将可能呈并系（paraphyletic）的一些类群归为一个亚族。是否应将单系作为分类

---

① 研究将多数原堆心菊族（Bentham，1873a，1873b）植物划至向日葵族和千里光族，也有划分至泽兰族、紫菀族（Astereae）、金鸡菊族（Coreopsideae）及斑鸠菊族（Vernonieae）（Stuessy，1977；Turner and Powell，1977）。另将万寿菊亚族提升为万寿菊族（Strother，1977）。

表 2.1 系统发育研究对黄菊亚族分类地位的影响①

研究相关文献	研究对象②	黄菊属植物	指标/标记	与黄菊亚族有关的结果	分类地位
Bremer (1987)	菊科 (27族及亚族)	黄菊属	表型/显微形态及叶绿体 DNA 倒位性状	广义向日葵族为单系，将其拆分为 6 个族③，其中广义黄菊亚族由原黄菊亚族、棒菊族、盐菊族、碱菊族组成	广义的黄菊亚族
Kim 等 (1992)	菊科 (15 族 25 属)	腋花黄菊	叶绿体 rbcL 基因序列	广义向日葵族未解析开 (collapse)，但黄菊属与万寿菊属 (Tagetes) 聚为姐妹群	*
Karis (1993)	广义向日葵族与泽兰族 (97 属)	黄菊属	形态指标	将广义向日葵族拆分为单系向日葵族和并系的广义堆心菊亚族，黄菊亚族置于后者之内	广义的堆心菊亚族
Kim 和 Jansen (1995)	菊科 (89 种)	散枝黄菊④	叶绿体 ndhF 基因序列	堆心菊族位于向日葵族基部，金鸡菊族与万寿菊族与其他植物未解析开，其中黄菊属与万寿菊属为姐妹群	*
Baldwin 等 (2002)	广义向日葵族及广义堆心菊亚族 (153 种)	腋花黄菊	ITS 序列	界定的狭义堆心菊亚族聚于基部，不包括黄菊亚族；两者与万寿菊族 (Robinson, 1981)] 为姐妹群，广义的万寿菊族包括各亚族及棒菊亚族⑤	广义的万寿菊族
Loockerman 等 (2003)	万寿菊族⑥ (23 属 40 种)	散枝黄菊	ITS 序列/叶绿体 ndhF 基因序列	黄菊属植物为用于分析的 4 个外类群之一，与其他外类群相比，其与万寿菊亚族的关系最近	—

① 本表仅列举研究对象中包含黄菊属植物的研究及相关结果。广义向日葵族指 Robinson (1981) 定义的类群。广义黄菊亚族、狭义堆心菊亚族、广义黄菊亚族，即狭义向日葵族、星草菊族 (Madieae)、广义堆心菊族、金鸡菊族 (Coreopsideae)。ndhF 指叶绿体 NADH 脱氢酶 (EC 1.6.5.3) 基因；rbcL 指叶绿体 Rubisco 大亚基 (EC 4.1.1.39) 基因。

② 未列出外类群 (outgroup) 信息。

③ 6 个族为单系，即狭义向日葵族、星草菊族 (Madieae)、广义堆心菊族、金鸡菊族 (Coreopsideae)、万寿菊族和金鸡菊 (Heliantheae-Flaverinae sensu lato)、万寿菊族和金鸡菊 (Coreopsideae)。

④ 文中未列出，根据 NCBI 核酸数据库确定，访问号：L39465。(网页地址：http://www.ncbi.nlm.nih.gov/nuccore/L39465.1，最后访问日期：2011 年 3 月 10 日)。

⑤ 界定的万寿菊族 (Pectidinae) 还包括组成原盐菊族 (Clappinae) 的假盐菊属 (Clappia) 和假盐菊属 (Pseudoclappia)、原针垫菊 (Chaenactideae) (Robinson, 1981) 的肖羊菊属 (Arnicastrum)、战帽菊属 (Jamesianthus) 及金田菊亚族 (Baerinae) (Robinson, 1981) 的尖冠菊属 (Oxypappus) 等 6 属；棒菊亚族还包括组成盘头菊亚族 (Coulterellinae) 的盘头菊属 (Coulterella)。

⑥ 该研究早于 Baldwin 等 (2002)，不包括后者新界定的类群，而是指 Strother (1977) 定义的类群，即狭义万寿菊亚族 (Tagetinae) 和梳齿菊亚族 (Pectidinae) 的植物。

* 表示偏向于广义的万寿菊亚族。一表示与黄菊亚族分类地位无直接联系。

界定的标准尚未定论，而且，之后的研究人员也认为，有必要理清这一分类阶元内亚族之间的关系，这直接导致了对黄菊亚族植物的重新界定（Baldwin et al.，2002；Karis，1993）。

早期的系统发育研究多以表观形态的性状为依据，或加入植物化学、细胞生物学（如染色体）或分子生物学性状，如叶绿体 DNA 倒位突变（inversion）、限制性位点等（Karis，1993；Jansen et al.，1991，1990；Bremer，1987）。之后的研究则以核酸序列作为标记，如叶绿体 *ndhF*、*rbcL* 及 rDNA ITS 序列（Baldwin et al.，2002；Kim and Jansen，1995；Kim et al.，1992）（表 2.1[①]）。这些研究的结果显示：①确认狭义黄菊亚族由黄菊属、黄帚菊属、黄光菊属三属组成；②狭义堆心菊族植物与其他所有广义向日葵族植物聚成姐妹群，但前者不包括黄菊亚族，而狭义向日葵族和泽兰族植物都嵌于后者中；③可以确定黄菊亚族植物与棒菊亚族、碱菊亚族、盐菊亚族及万寿菊族植物亲缘关系最近（图版 2.I）（Baldwin et al.，2002；Bremer，1987；Robinson，1981；Strother，1977）。

2. 以形态为依据的系统发育研究

Powell（1978）在综述黄菊属植物系统学时，即已绘制 21 种黄菊属植物的系统发育图（图版 2.II-A）。其主要依据为植物形态特征，同时辅以植物的可杂交性、分布区域及化学成分。发育树具体的构建方法在文中没有提及，但从图版 2.II-A 中可以看出，植物被分成两个进化支（Clade，后简称为支），一支的头状花序总苞片数为 5～6，按当时的认定，这些植物多为 C_3 植物，仅有一种（布朗黄菊）是以 C_4 途径进行 CO_2 代谢的植物；另一支的头状花序总苞片数为 3～4，其中有 C_3-C_4 中间型、C_3 及 C_4 等多种类型植物。因此，该文作者认为，黄菊属 C_4 性状的获得有两个来源。随着时间推移，研究人员发现有黄菊属植物 CO_2 的实际代谢类型与 Powell（1978）罗列的不同，头状花序总苞片数为 5～6 的一支实际上都是 C_3-C_4 中间型植物。如果不重新进行分析，按修改过后的图（Westhoff and Gowik，2004，图 2A[②]），则可以得出黄菊属 C_4 性状由单一来源获得的结论。

Monson（1996）在阐述系统发育时列举了 3 个例子，其一即黄菊属植物向 C_4 代谢方向的进化。该分析采用的指标也以形态性状为主，共 15 项，外类群（outgroup）仅一属，即黄光菊属。如图版 2.II-C 所示，分析并未完全解析（resolve）植物间的相互关系，植物被分为三支，一支以 C_4 植物为主（C 支），其他两支中都有被认定为 C_4 的植物，因此该文作者认为黄菊属 C_4 性状的获得有三个来源。而按

---

① 由于不可能访问到相关文献，表中未列出 J. L. Panero、B. G. Baldwin、E. E. Schilling 及 J. A. Clevinger 未发表论文 *A Chloroplast Phylogeny of Tribe Heliantheae*（*Asteraceae*）的研究结果。该文作者于 2003 年 1 月为此向 NCBI 上传了约 8 组叶绿体 DNA 标记序列，各组由包括散枝黄菊在内的 122～126 个序列组成，其中部分序列被 Panero（2007）及 Panero 和 Funk（2008，2002）采用。根据这些研究结果，上述作者提出了向日葵族联合体系（Heliantheae Alliance）。该体系由包括泽兰族在内的 30 个族组成，黄菊亚族列于（广义）万寿菊族。相关网页信息：NCBI population set（http://www.ncbi.nlm.nih.gov/popset；检索日期：2011 年 3 月 10 日），各组序列编号（UID）如下：24460124、27532988、27885157、27885418、37529345、45169816、45169944、45385197。

② 为引用文献中的图，后同。实际上，Westhoff 和 Gowik（2004）对黄菊属植物 CO_2 代谢类型的认定与普遍接受的不同（Ku et al.，1991，1983），这也是不在本节列出该图的主要原因。

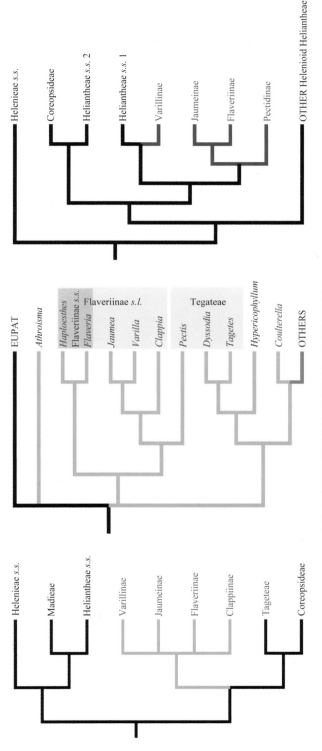

图版 2.I　黄菊属相关阶元在系统发育树中所处的位置

A. Bremer（1987）依据 84 项表观及微指标构建的菊科分族系统发育树局部。分枝加色示界定的广义黄菊亚族，但不示各亚族之间的关系。该广义亚族由 7 属 32 种组成。文字加色示图 C 中的（广义）万芳菊族。根据 Bremer（1987）图 5 改编，示局部，对部分进行旋转调整。

B. Karis（1993）依据 141 项形态指标构建的系统发育树局部。文字加色示其他广义堆心菊亚族与狭义向日葵族族；文字加色示黄亚族，图 A 中的广义黄菊亚族和（狭义）万芳菊族。根据 Karis（1993）图 6 改编，示局部，对部分进行旋转调整。

C. Baldwin 等（2002）依据 ITS 序列构建的广义向日葵族与泽兰族植物的系统发育树局部。分枝和文字加色示界定的（广义）万芳菊族。根据 Baldwin 等（2002）图 2 改编，对部分进行旋转调整。

图中 Athroisma：黑果菊属；Clappiinae：盐菊亚族；Coreopsideae：金鸡菊族；Coulterella：盘头菊属；Dyssodia：异味菊属；EUPAT＝Eupatorieae：泽兰族；Flaveria：黄菊属；Flaveriinae s.l.＝Heliantheae-Flaverinae：广义黄菊亚族；Flaverinae/Flaveriinae s.s.：（狭义）黄菊亚族；Heliantheae s.s.：狭义向日葵族；Haploësthes：黄帝菊属；Hypericophyllum：钩毛菊属；Jaumea：碱菊属；Jaumeinae：碱菊亚族；Madieae：星草菊族；Pectidinae：梳齿菊亚族；Pectis：（广义）万芳菊族；Tagetes：万芳菊属；Tageteae：万芳菊族；Varilla：棒菊属；Varillinae：棒菊亚族。

图版 2.II 根据植物形态特征构建的系统发育树

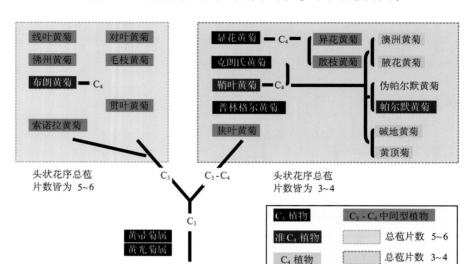

A. Powell（1978）构建的系统发育树

图中标示的 C_3、C_4 及 C_3-C_4 为当时对黄菊属植物类型的认定，图例所示为 Ku 等（1991，1983）及 McKown 等（2005）的认定。

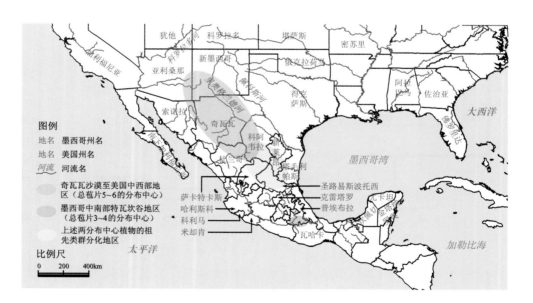

B. Powell（1978）提出的黄菊属植物分布中心

Powell（1978）根据形态学特征构建的系统发育树（图A）大致将黄菊属植物分为两支，总苞片分别为 5～6 数和 3～4 数，相应地大致分布于两个地理中心，即奇瓦瓦沙漠地区和特瓦坎谷所在的普埃布拉 - 瓦哈卡地区。总苞片 5～6 数为较为原始性状，且黄菊亚族其他两属植物也分布于奇瓦瓦沙漠地区，因此 Powell（1978）认为该地区是黄菊属起源中心，而上述两支最早在现在两地理分布中心之间（湿润）的地域分化，向南北两个干旱程度逐渐增强的方向扩展。在南部普埃布拉 - 瓦哈卡地区的物种因对环境要求更为严格，导致分布局限于当地，而北部奇瓦瓦沙漠地区的物种分布则更为广泛。图 B 地图底版根据 ESRI ArcView GIS 3.1 软件自带地理数据生成，仅标示出文中提及的墨西哥和美国州名及部分河流等。

图版 2.II 根据植物形态特征构建的系统发育树（续）

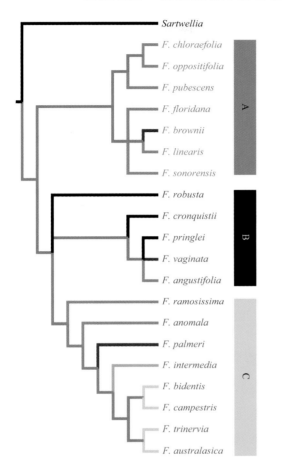

C. Monson（1996）根据植物形态特征构建的系统发育树

图 C 和 D 中 *F. angustifolia*：狭叶黄菊；*F. anomala*：异花黄菊；*F. australasica*：澳洲黄菊；*F. bidentis*：黄顶菊；*F. brownii*：布朗黄菊；*F. campestris*：碱地黄菊；*F. chloraefolia*：贯叶黄菊；*F. cronquistii*：克朗氏黄菊；*F. floridana*：佛州黄菊；*F. intermedia*：伪帕尔默黄菊；*F. kochiana*：柯氏黄菊；*F. linearis*：线叶黄菊（括号内指采集自不同分布地的标本，分别为 Bahamas：巴哈马斯；Cuba：古巴；Keys：Keys West，美国佛罗里达西部链岛；Florida：美国佛罗里达；Yucatan：尤卡坦半岛）；*F. mcdougallii*：麦氏黄菊；*F. oppositifolia*：对叶黄菊；*F. palmeri*：帕尔默黄菊；*F. pringlei*：普林格尔黄菊；*F. pubescens*：毛枝黄菊；*F. ramosissima*：散枝黄菊；*F. robusta*：显花黄菊；*F. sonorensis*：索诺拉黄菊；*F. trinervia*：腋花黄菊；*F. vaginata*：鞘叶黄菊；*Sartwellia*：黄光菊属；*S. mexicana*：墨西哥黄光菊；*H. greggii*：格雷黄帚菊。

D. McKown 等（2005）根据植物形态特征构建的系统发育树

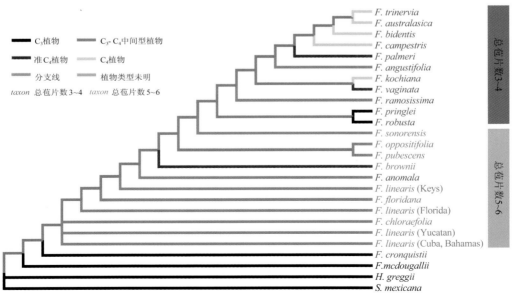

现在的认定（Ku et al.，1991，1983），A 支的布朗黄菊和 B 支的鞘叶黄菊都是介于 C_3 与 C_4 植物之间的准 C_4 型植物。如此修订后，根据分析结果黄菊属 C_4 性状的获得仅有一个来源。

McKown 等（2005）的系统研究也对形态学进行了分析，指标数目多达 30 项（见附录 II）。不过，Monson（1996）采用的指标仅有 7 项包括在其中，而一些明显性状，如舌状花及其舌瓣有无、植物生长形态及一些数量性状，如管状花数目、瘦果长度、花冠直径、花冠檐部长度等不在用于分析的指标之列。分析结果的一致性指数（consistence index）与 Monson（1996）的相当，仅为 0.42，异源同形（homoplasy）现象严重。不过，从图中（图版 2.II-D）可以看出，头状花序总苞片数为 5～6 的植物位于系统发育树相对基部的位置，唯一的例外是头状花序总苞片数为 3～4 的克朗氏黄菊位于黄菊属植物最基部，仅次于麦氏黄菊。而 C_4 植物的头状花序总苞片数皆为 3～4，集中在系统发育树的末端。

3. 以分子标记为依据的系统发育研究

McKown 等（2005）分别对 21 种黄菊属植物的 ITS 和 ETS 序列进行测序，并以墨西哥黄光菊（*Sartwellia mexicana*）和格雷黄帚菊（*Haploësthes greggii*）为组外群构建了系统发育树（简化的进化分支树见图版 2.III）。两者结果大体一致，具体体现在：①麦氏黄菊独立于其他 20 种黄菊属植物以外，而在根据 ETS 构建的系统发育树中，麦氏黄菊甚至与墨西哥黄光菊聚为姐妹群。②两者分析都形成明显的两支，其中 A 支解析完全，所有 C_4 植物和多数准 C_4 植物聚于此类；B 支多歧平行分支现象（polytomy，下称多歧现象）严重，且大多植物不能形成单系，该支主要由 C_3-C_4 中间型植物组成。③多数 C_3 植物位于基部；④部分普林格尔黄菊样本与狭叶黄菊重叠成一组。不同之处则在于：①在根据 ITS 构建的系统发育树中，异花黄菊聚于 B 支之内，而在 ETS 系统发育树中则位于划定的 B 支之外，处于 A 支的姐妹群的基部。② ITS 系统发育树中与 A、B 两支整体平行的显花黄菊 / 索诺拉黄菊姐妹群及普林格尔黄菊样本 / 狭叶黄菊组在 ETS 系统发育树中聚入 B 支与异花黄菊之间的位置。

值得注意的是，两种全球性入侵物种（即黄顶菊和腋花黄菊）种内各样本 ITS 序列的一致性较好，没有出现分化现象。由此可见，两种植物的 ITS 序列是理想的分子快速鉴定依据。

用于系统发育分析的其他分子标记大多与光合作用有关（表 2.2）（Kapralov et al.，2011；Akyildiz et al.，2007；McKown et al.，2005；Westhoff and Gowik，2004），但最早的研究对象是 12 种黄菊属植物甘氨酸裂解体系 H 蛋白（亚基）（Kopriva et al.，1996a）。通过这些研究，不难发现：① C_3 植物处于相对原始的位置（图版 2.IV-A、图版 2.IV-D）；② C_4 植物与全部（图版 2.IV-B～C）或部分（图版 2.IV-A、图版 2.IV-D）准 C_4 植物聚为一支；③与 ITS 数据分析结果的 B 支类似，异花黄菊位于基部，支内其他部分种之间的自展值（bootstrap）不高，难以解析（图版 2.IV-A～B）；④或与 Powell（1978）最初绘制的系统发育图类似，分析涉及的植物之间因头状花序总苞片性状差异，在系统发育树中形成界限明显的类群（图版 2.IV-A～B）；⑤普林格尔黄菊在图中的位置不单一（图版 2.IV-A～C），或与狭叶黄菊聚为一群（图版 2.IV-C）。

图版 2.III　依据 ITS 和 ETS 序列构建黄菊属植物系统发育树

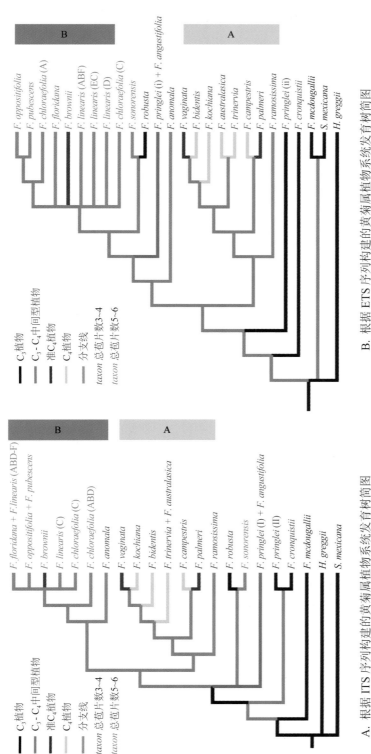

A. 根据 ITS 序列构建的黄菊属植物系统发育树简图

B. 根据 ETS 序列构建的黄菊属植物系统发育树简图

根据 McKown 等（2005）图。图 A 和 B 中 *F. angustifolia*：狭叶黄菊；*F. anomala*：异花黄菊；*F. campestris*：碱地黄菊；*F. chloraefolia*：克朗氏黄菊；*F. cronquistii*：克朗科阿韦拉；*F. floridana*：佛州黄菊；*F. kochiana*：柯氏黄菊；*F. linearis*：线叶黄菊；B：美国佛罗里达西部链岛（Keys West）；C：美国佛罗里达西部链岛（Keys West）；C：Yucatan：尤卡坦半岛；D：Bahamas：巴哈马斯；E～F：美国佛罗里达]；*F. mcdougallii*：麦氏黄菊；*F. oppos;tifolia*：对叶黄菊；*F. palmeri*：帕尔默黄菊；*F. pringlei*（括号内字母指采集自不同分布地的共 7 种样本的集合，图 A 和 B 中字母所指集合不相对应，具体指代见原文）；*F. pubescens*：普林格尔黄菊；*F. ramosissima*：毛枝黄菊；*F. robusta*：显花黄菊；*F. sonorensis*：索诺拉黄菊；*F. trinervia*：腋花黄菊；*F. vaginata*：鞘叶黄菊；*Sartwellia*：黄花菊属；*S. mexicana*：墨西哥黄光菊；*H. greggii*：格雷黄帝菊。

表 2.2　用于黄菊属植物系统发育分析的分子标记

标记	描述或所编码的蛋白质	种数	相关文献
gdcsH	甘氨酸裂解体系 H 蛋白（GCSH）	12	Kopriva et al.，1996a
*ppcA*1	磷酸烯醇式丙酮酸羧酶 *ppcA* 基因启动子区域序列	12	Westhoff and Gowik，2004
*MEM*1	磷酸烯醇式丙酮酸羧酶 *ppcA* 基因启动子区域 MEM1 序列	8	Akyildiz et al.，2007
ITS	内转录间隔区	21	McKown et al.，2005
ETS	外转录间隔区	21	McKown et al.，2005
trnL-F	trnL-F 间隔区	21 15	McKown et al.，2005 Kapralov et al.，2011
ndhF	NADH 脱氢酶 F 亚基	15	Kapralov et al.，2011
psbA	光系统 II 核心复合体 D1 蛋白	15	Kapralov et al.，2011
rbsL	Rubisco 大亚基	15	Kapralov et al.，2011
rbsS	Rubisco 小亚基	15	Kapralov et al.，2011

McKown 等（2005）将形态指标和 3 种分子标记（ITS、ETS 和 *trnL-F*）的特征合并进行分析，构建出相对明晰的系统发育树（图版 2.V）。该发育树的拓扑结构更接近将 3 种分子标记合并分析的结果（McKown et al.，2005；图 5），其原因在于，30 项形态指标虽然都具有多态性，但仅占用于分析的有效多态性指标（和位点）总数的 7.5%。该发育树中还出现了狭叶黄顶菊，并与黄顶菊聚成姐妹群。但是，该研究作者并未获得该植物材料，尽管如此，这项研究结果已经得到广泛认同。

图版 2.IV　利用其他分子标记构建的系统发育树

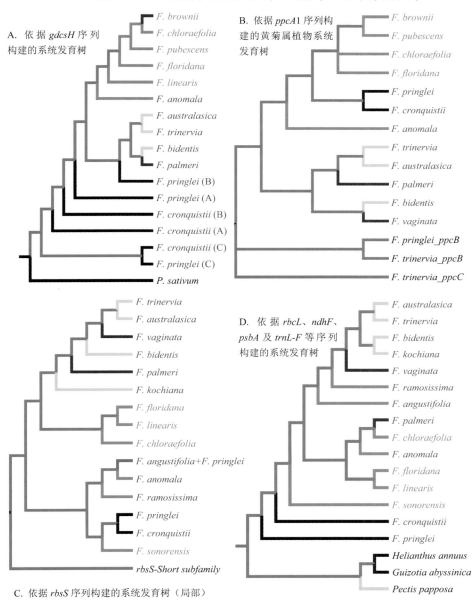

A. 依据 *gdcsH* 序列构建的系统发育树

B. 依据 *ppcA*1 序列构建的黄菊属植物系统发育树

D. 依据 *rbcL*、*ndhF*、*psbA* 及 *trnL-F* 等序列构建的系统发育树

C. 依据 *rbsS* 序列构建的系统发育树（局部）

━━ C₃植物　━━ C₃-C₃中间型植物　━━ 准C₄植物　━━ C₄植物　━━ 分支线　*taxon*总苞片数3~4　*taxon*总苞片数5~6

研究简介见表 2.2。图 A 根据 Kopriva 等（1996b）图 3 重构；图 B 根据 Westhoff 和 Gowik（2004）文图 2-B 重构，原图根据未发表序列构建，该数据之后疑似由 Akyildiz 等（2007）发表，Akyildiz 等（2007）文中所构建的系统发育树未采用异花黄菊、贯叶黄菊和佛州黄菊序列，形成的各支与 McKown 等（2005）构建的系统发育树一致；图 C、D 分别根据 Kapralov 等（2011）图 2、图 1 重构。图中 *F. angustifolia*：狭叶黄菊；*F. anomala*：异花黄菊；*F. australasica*：澳洲黄菊；*F. bidentis*：黄顶菊；*F. brownii*：布朗黄菊；*F. campestris*：碱地黄菊；*F. chloraefolia*：贯叶黄菊；*F. cronquistii*：克朗氏黄菊；*F. floridana*：佛州黄菊；*F. kochiana*：柯氏黄菊；*F. linearis*：线叶黄菊；*F. oppositifolia*：对叶黄菊；*F. palmeri*：帕尔默黄菊；*F. pringlei*：普林格尔黄菊；*F. pubescens*：毛枝黄菊；*F. ramosissima*：散枝黄菊；*F. sonorensis*：索诺拉黄菊；*F. trinervia*：腋花黄菊；*F. vaginata*：鞘叶黄菊；*Guizotia abyssinica*：小葵子；*Helianthus annuus*：向日葵；*P. sativum*（*Pisum sativum*）：豌豆；*Pectis papposa*：线叶梳齿菊；*ppcB/ppcC*：磷酸烯醇式丙酮酸羧化酶 *ppcB* 及 *ppcC* 基因；rbsS-short subfamily：Rubisco 小亚基短链亚家族。

图版 2.V 黄菊属植物系统发育树

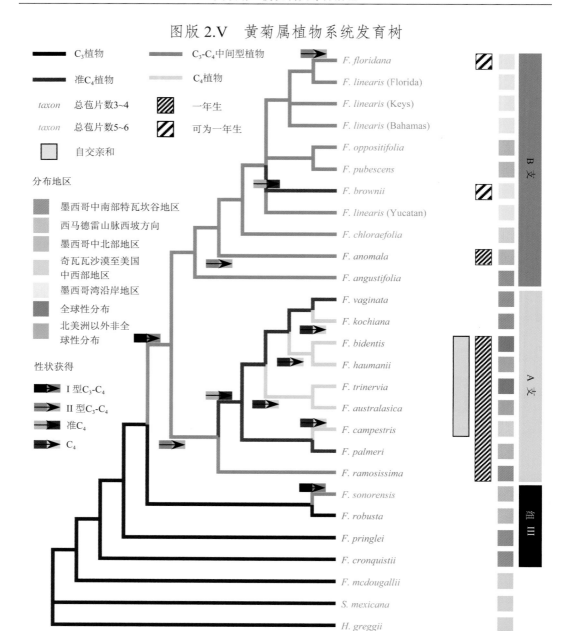

McKown 等（2005）将 ITS、ETS、trnL-F 间隔区等序列及形态性状特征合并，构建出解析较为明确的黄菊属植物系统发育树，图中可见界限明晰的 A、B 两支。本图版即根据该文图 6 改编，此外，其物种分布信息和总苞片数分类主要基于 Powell（1978），性状获得参考 McKown 和 Dengler（2007）图 10-B。论文发表时，柯氏黄菊的类型尚未确定，被标为 "C₄ 或准 C₄ 植物 "，因此得出结论，黄菊属获得 C₄ 性状是三次进化的结果。后续研究（Sudderth et al., 2007）发现柯氏黄菊为 C₄ 植物，因此结论修正为黄菊属 C₄ 性状的获得是四次进化的结果。本图版仅罗列出便于本章相关章节讨论的信息，近年来的黄菊属光合作用系统研究的其他成果未在此列出，这些内容将在本书其他章节进行讨论。图中 *F. angustifolia*：狭叶黄菊；*F. anomala*：异花黄菊；*F. australasica*：澳洲黄菊；*F. bidentis*：黄顶菊；*F. brownii*：布朗黄菊；*F. campestris*：碱地黄菊；*F. chloraefolia*：贯叶黄菊；*F. cronquistii*：克朗氏黄菊；*F. floridana*：佛州黄菊；*F. haumanii*：狭叶黄顶菊；*F. kochiana*：柯氏黄菊；*F. linearis*：线叶黄菊（括号内指采集自不同分布地的标本，分别为 Bahamas：巴哈马斯；Keys：即 Keys West 美国佛罗里达西部链岛；Florida：美国佛罗里达；Yucatan：尤卡坦半岛）；*F. mcdougallii*：麦氏黄菊；*F. oppositifolia*：对叶黄菊；*F. palmeri*：帕尔默黄菊；*F. pringlei*：普林格尔黄菊；*F. pubescens*：毛枝黄菊；*F. ramosissima*：散枝黄菊；*F. robusta*：显花黄菊；*F. sonorensis*：索诺拉黄菊；*F. trinervia*：腋花黄菊；*F. vaginata*：鞘叶黄菊；*Sartwellia*：黄光菊属；*S. mexicana*：墨西哥黄光菊；*H. greggii*：格雷黄帚菊。

第二节　黄菊属植物进化、扩散与植物地理

根据 McKown 等（2005）构建的系统发育树（图版 2.V，下文除特别说明外，即指此图版所示系统发育树），可以将黄菊属植物分为三组：明显的 A、B 两支各为一组（下分别称为 A 支和 B 支），位于基部的植物为一组（组 III）。

黄菊属所有 C_3 植物都集中在组 III，处于较原始的地位；所有的 C_4 植物集中在 A 支，结构明晰；而大多数 C_3-C_4 植物集中在 A 支的姐妹群 B 支，其中线叶黄菊、佛州黄菊及布朗黄菊等的近缘关系解析不明。A 支唯一的 C_3-C_4 植物散枝黄菊位于该支基部，具体为较进化的 II 型，这种类型的 C_3-C_4 植物具备部分 C_4 循环（Edwards and Ku，1987）。I 型 C_3-C_4 植物不具备 C_4 循环，组 III 唯一的非 C_3 植物索诺拉黄菊即属这种类型。B 支主要由上述两种类型的 C_3-C_4 植物组成，唯一的例外是布朗黄菊，该种为准 C_4 植物。

两种全球性分布的入侵性植物（黄顶菊和腋花黄菊）都位于 A 支，两者皆为 C_4 植物，且自交亲和。实际上，该性状是除柯氏黄菊外，其他 C_4 植物共同具备的特征。鉴于自交不亲和性的丧失（loss of self-incompatibility）多不可逆转（Igic et al.，2008），且上述这些黄菊属植物在系统发育树中位于相对进化的位置，可以认为，自交不亲和为黄菊属植物的原始性状，而自交亲和为衍生性状。自交亲和可能是黄顶菊和腋花黄菊成为全球性入侵植物以及碱地黄菊在美国多个州广泛分布的原因之一。

Powell（1978）构建的系统发育树曾将黄菊属植物分为头状花序总苞片数分别为 3～4 和 5～6 的两支。而在 McKown 等（2005）的结果中，头状花序总苞片数为 3～4 的植物在各组中都有分布，但唯独 A 支所有植物都具备这一特征。而头状花序总苞片数为 5～6 的植物主要集中在 B 支。在组 III 内，除索诺拉黄菊（I 型 C_3-C_4）外，其他三种的头状花序总苞片数为 3～4，且三种植物都是 C_3 类型。如果将组 III 植物（即以 C_3 为主）视为相对原始的类群，而头状花序将 A 支植物（即以 C_4 为主）视为相对较进化的类群，头状花序总苞片数为 3～4 则应为相对保守的性状，而头状花序总苞片数为 5～6 则成为一个分化的旁支。这显然与 Powell（1978）的推论相悖，这个问题将在下文具体讨论。

一年生性状的获得似乎与向 C_4 植物方向的进化有关。以 C_3 植物为主的 III 组皆为多年生，而已知的 II 型 C_3-C_4 黄菊属植物，或为一年生，如散枝黄菊（A 支）和异花黄菊（B 支）；或可为一年生植物，如 B 支的佛州黄菊。但是，准 C_4 黄菊属植物表现多样：有一年生植物，如帕尔默黄菊（A 支）；有可为一年生植物，如布朗黄菊（B 支）；甚至有多年生植物，如鞘叶黄菊。除柯氏黄菊外，C_4 植物都是一年生植物，全位于 A 支。柯氏黄菊与鞘叶黄菊聚为一群，是 A 支中仅有的多年生植物，从系统发育树上看，这一性状的获得有可能是返祖现象的表现，但根据这些植物的地理分布情况，却能得出不尽相同的解释（详见下文小节 1）。

根据该系统发育树，大致可以看出黄菊属植物由 C_3 向 C_4 类型进化的趋势。尽

管其他一些特征（如上述头状花序总苞片数、生活周期等）的性状变化趋势在树中也有一定的规律，但并不容易解释哪一种性状更为进化，或者往哪一性状的方向进化等。此外，McKown 等（2005）根据系统发育分析对黄菊属植物起源和扩散推断的结果已不同于 Powell（1978）的推断。事实上，后者对黄菊属植物起源的推断与黄菊亚族更高分类阶元，如（广义）万寿菊族（Bladwin et al.，2002）更为吻合。尽管如此，前者提出的该属植物扩散路径却有助于解释上述一些性状的获得。根据 McKown 等（2005）提出的黄菊属植物扩散路径，并结合 Powell（1978）的论断，对黄菊属植物 C_4 代谢、头状花序总苞片数、一年生等性状的获得进行简要的讨论。

1. 墨西哥中南部——特瓦坎谷地区

A 支的柯氏黄菊（C_4）、鞘叶黄菊（准 C_4）与组 III 的普林格尔黄菊（C_3）、克朗氏黄菊（C_3）及 B 支基部的狭叶黄菊（I 型 C_3-C_4）同分布于墨西哥中南部位于普埃布拉和瓦哈卡两州的特瓦坎谷地区，它们都是多年生植物。这似乎可以澄清柯氏黄菊和鞘叶黄菊为多年生植物的疑点，即这些植物的多年生性状与它们都分布于该地有关，但又产生了新的矛盾——分布于该地区的黄菊属植物还有位于 A 支基部的散枝黄菊（II 型 C_3-C_4），适应性强的腋花黄菊（C_4）也可在该地区发现，且两者皆为一年生植物。由此可见，黄菊属植物从多年生向一年生方向的进化与从 C_3 植物向 C_4 植物的进化或许没有直接联系，至少两者并不完全同步，柯氏黄菊和鞘叶黄菊多年生性状的获得是返祖现象的解释也由此被否定。但可以肯定的是，多年生是黄菊属植物较原始的性状，但这并不意味着具有该性状的植物一定为相对原始的植物。事实上，该地区上述各植物的碳氮比、正午叶片水势（midday leaf water potential）、光系统 II 有效量子产量及生长地的海拔与这些植物的类型之间并无明显关联（Sudderth et al.，2009）。

头状花序总苞片数为 3～4 是原产于该地区黄菊属植物所共有的特征。Powell（1978）不认为特瓦坎谷地区为黄菊属植物原产地，也不认为这一特征可能是相对原始的特征。按当时对黄菊属植物类型的认定及构建的系统发育图（图版 2.II-A），黄菊属植物分为两群，总苞片数为 3～4 的植物与总苞片数为 5～6 的植物互为姐妹群，而在这一分化几乎在黄菊属物种形成之时即已发生。既然认定黄冠菊与黄帚菊更为原始，依此不难推断，两者 5～6 的头状花序总苞片数为原始性状。而在 McKown 等（2005）系统发育树中，位于基部的组 III，组成其大部的 3 种（即全体黄菊属）C_3 植物的总苞片数皆为 3～4，且位于该组最基部的两种都原产于特瓦坎谷地区。这两种植物被认为是最原始的黄菊属植物，Kopriva 等（1996a）（图版 2.IV-A）和 Kapralov 等（2011）（图版 2.IV-D）的研究也证实了这一点。进而可以认为，头状花序总苞片数 3～4 为黄菊属植物的祖先性状之一，而该地区为黄菊属植物的疑似起源中心。实际上，即使 Powell（1978）也不否认，具"最原始形态"的黄菊属植物，如普林格尔黄菊，即发生在该地区。这些特征包括株型高大（最高达 3～4m），形似小树，近木质，叶大质厚，头状花序辐射状，多且稠密。

特瓦坎谷地区黄菊属植物种类多样，且为该地区特有种。前段提到的 7 种黄菊属植物有 6 种仅产于该地区或附近，1 种为全球性分布（腋花黄菊）；其中有多年生和一年生植物；有 C_3、I 型和 II 型 C_3-C_4、准 C_4 及 C_4 等各个类型的植物；两种 C_4 植物分别为自交亲和（腋花黄菊）和不亲（柯氏黄菊）；唯一具有多倍体的黄菊属植物（普林格尔黄菊）也分布于该地区。如果该地区确为黄菊属植物的起源中心，就不难得出以下推测，即：在黄菊属植物进化的过程中，一些较易进化的性状，如一年生、花环结构、C_4代谢等的获得在该起源中心本地即可实现。

特瓦坎谷地区位于墨西哥中南部东马德雷山脉（Sierra Madre Oriental）东南，气候半干旱，降雨集中在夏季，年降水量 400～600mm，年均温 21℃，最冷月平均最低温为 6.9℃，最暖月平均最高温为 32.9℃。土壤类型为盐碱质（aridisol）、石灰质、岩质，土层较浅。有 3000 余种植物产于该地区，其中 30% 为本地特有种。在该地区分布最广的黄菊属植物为普林格尔黄菊（C_3）和腋花黄菊（C_4），而鞘叶黄菊和狭叶黄菊已不多见（Sudderth et al.，2009）。

在不少研究构建的系统发育树中，分布于该地区的植物难以解析，如普林格尔黄菊的位置难以确定、其部分样本常与狭叶黄菊聚于一组（图版 2.IV-C、图版 2.III）。Kopriva 等（1996a）认为，这种异常现象的出现，或许是普林格尔黄菊与狭叶黄菊可能的杂交后代进一步同源多倍体化的结果，而普林格尔黄菊的非单一分布可能由基因或基因组倍增所导致。尽管在 McKown 等（2005）根据形态指标构建的系统发育树中，这两种并非聚为一群，但两者表观性状十分相似。Powell（1978）认为普林格尔黄菊由狭叶黄菊进化而来，但其杂交实验未涉及狭叶黄菊，这一实验也未见于之后广泛开展的黄菊属属内杂交研究。这两种植物是否能杂交甚至在自然界发生，还有待进一步实验证实。

2. 西马德雷山脉西坡方向

在组 III 内，唯一的非 C_3 植物索诺拉黄菊（I 型 C_3-C_4）与显花黄菊（C_3）聚为一群，前者分布地位于西马德雷山脉（Sierra Madre Occidental）西北，后者分布地位于南马德雷山脉（Sierra Madre de Sur）与西马德雷山脉交汇地区。这两处所在州濒临墨西哥西海岸。显花黄菊（C_3）的物种形成可能是其祖先种向西扩散（radiation）的结果，而再沿墨西哥西缘向西北扩散至西北至索诺拉黄菊（I 型 C_3-C_4）的分布地（图版 2.VI-B 中路径 A）。

索诺拉黄菊的头状花序总苞片数都为 5～6。该种是组 III 内唯一具有这一性状的物种，其分布地位于该组其他三种（及特瓦坎谷地区其他各种）以北，相距较远，进一步证明，黄菊属植物祖先种头状花序总苞片数或为 3～4，而非 5～6。

3. 墨西哥中北部地区

特瓦坎谷地区以北科阿韦拉、萨卡特卡斯、圣路易斯波托西、新莱昂四州的交汇地区分布有帕尔默黄菊（准 C_4）、异花黄菊（II 型 C_3-C_4）、对叶黄菊（I 型 C_3-C_4）、毛枝黄菊（I 型 C_3-C_4）及贯叶黄菊（I 型 C_3-C_4）。该地区位于东马德雷山脉东部，西北部延伸至奇瓦瓦沙漠东南部。这些植物的祖先种可能由特瓦坎谷地区沿东马德雷山脉，向西北方向扩散到这一地区，导致物种的形成。

帕尔默黄菊位于系统发育树的 A 支，为一年生植物。这一性状的获得既可能发生在特瓦坎谷地区，也有可能是在"走出"特瓦坎谷地区之后。位于 A 支基部的散枝黄菊（II 型 C_3-C_4）为一年生植物，帕尔默黄菊的祖先种与其亲缘关系最近，具体而言，帕尔默黄菊的祖先种即为一年生植物，在向北扩散的过程中，逐渐形成了准 C_4 型的帕尔默黄菊。

异花黄菊分布地位于帕尔默黄菊分布地的东南部，在发育树中该种处于 B 支较基部的位置，仅次于狭叶黄菊。异花黄菊曾被认为在形态上与散枝黄菊相似，Powell（1978）对此已予以澄清。同时，Powell（1978）根据当时植物类型的认定，认为两者为黄菊属仅有的一年生 C_3 植物，因此亲缘关系较近。按现在的认定，两者共同的独特之处则"修订"为——黄菊属仅有一年生的 C_3-C_4 植物，且都为 II 型。由系统发育树可以看出，两者分别位于 B 支和 A 支，独立进化获得 II 型 C_3-C_4 及一年生等性状。

作为 II 型 C_3-C_4 植物，异花黄菊在 B 支所处分支的位置对该支黄菊属植物扩散的解释构成一定障碍。对叶黄菊和毛枝黄菊为 I 型 C_3-C_4 植物，两种植物聚为一组，在系统发育树中较异花黄菊更靠近末端，与由 C_3-C_4 植物向 C_4 植物进化的方向相左。

对叶黄菊的采集地比较分散，有的甚至已跨越墨西哥高原（Mexican Plateau）到达西马德雷山脉东部。对叶黄菊分布的地理位置大致位于异花黄菊分布地以西向南、帕尔默黄菊分布地以南，且与两者分布略有重叠，而已知的毛枝黄菊零星采集地位于对叶黄菊采集地的西南地区。如果黄菊属植物在该地区内大致由南至北扩散，则符合 I 型 C_3-C_4（毛枝黄菊 / 对叶黄菊）向 II 型 C_3-C_4（异花黄菊）演进的方向。这些植物的某些（用于构建系统发育树的标记或指标）性状对进化的贡献大于光合作用的演进。如果决定毛枝黄菊 / 对叶黄菊地位的这些表状较异花黄菊更加分化，则能解释以上矛盾。而相对保守的推断则是，三种植物的祖先种与特瓦坎谷地区 I 型 C_3-C_4 植物狭叶黄菊关系最近。

McKown 等（2005）分析了采集自新莱昂东南阿兰伯利（Aramberri）的贯叶黄菊（I 型 C_3-C_4）材料。如果贯叶黄菊在该地发生以自然方式传入，则表明其分布地与本地区除毛枝黄菊以外的其他黄菊属植物部分重叠。在系统发育树中，贯叶黄菊在 B 支的位置仅次于异花黄菊，由其开始，往末端分支方向的植物头状花序总苞片数皆为 5 ～ 6。

4. 奇瓦瓦沙漠至美国中西部地区

奇瓦瓦沙漠地区曾被认为是黄菊属植物的起源中心（Powell，1978；Turner，1971）。该地区纵跨美国和墨西哥，走向大致由西北向东南，以佩科斯河为东（北）界，西至西马德雷山脉，北抵落基山脉（Rocky Mountains）南端。整个区域为海拔较高的沙漠盆地，降水量较该地区附近其他沙漠（如索诺拉沙漠）或盆地（如美国大盆地地区）丰富，但仅近特瓦坎谷地区一半。

该地区东南与上小节讨论的墨西哥中北部地区西北相重叠。帕尔默黄菊（准 C_4）即分布于这一重叠区域，该区域东北缘也有贯叶黄菊（I 型 C_3-C_4）发生。不同于帕尔默黄菊与异花黄菊（II 型 C_3-C_4）"止步"于墨西哥中北部地区，贯叶黄菊沿佩科斯河及穿越沙漠的里奥格兰德河继续向西北扩散，一直到美国新墨西哥州南部都有发生，被认为是奇瓦瓦沙漠地区北部广布的黄菊属物种。

　　Powell（1978）认为黄菊属起源于该地区（图版 2.II-B），而贯叶黄菊则是黄菊属最原始的种。如此推论出于以下原因：①黄菊亚族其他两属植物（黄光菊属和黄帚菊属）起源于该地区；②该地区边缘（可能包括上述墨西哥中北部地区）所产黄菊属植物皆为多年生；③相对于黄光菊属和黄帚菊属，黄菊属植物种类多、分布广，是黄菊亚族内最成功的属，故黄光菊属和黄帚菊属具有的性状应多为原始性状；④贯叶黄菊（I 型 C_3-C_4）也具有这些似为原始的形态性状，如叶对生连基抱茎、头状花序辐射状排列，瘦果有冠毛等。

　　在该地区以南零散分布的对叶黄菊（I 型 C_3-C_4）也具有叶对生连基抱茎和头状花序辐射状排列的特征。继续向西和南的方向，则为毛枝黄菊的分布地，该种形态与对叶黄菊类似。若以贯叶黄菊分布地为中心向四周扩散，黄菊属植物被毛的性状随扩散距离而逐渐消失。Powell（1978）也承认，在特瓦坎谷地区分布诸种具备一些更原始的性状，以黄菊亚族其他两属更原始为前提，贯叶黄菊等黄菊属植物与这两属发生地重叠或接近，其相似形态特征即被认为是原始的特征。

　　黄菊属植物较黄菊亚族其他两属植物种类更多，且分布更广，但有研究表明，黄菊属植物并不处于相对进化的位置。在根据 rDNA ITS 序列构建的进化树中，黄菊属位于黄菊亚族基部，黄冠菊与黄帚菊在另一支聚为一组（Baldwin et al.，2002）。

　　如前文所述，Powell（1978）认为头状花序总苞片数 5～6 为相对原始的特征，是黄冠菊与黄帚菊及贯叶黄菊等被认为是较原始植物所具备的特征之一。但是，在 McKown 等（2005）系统发育树中，位于基部组 III 的各物种总苞片数为 3～4。在 Baldwin 等（2002）的进化树中，碱菊亚族植物与黄菊亚族形成一支，且碱菊亚族位于基部（图版 2.I-C）。碱菊亚族仅由碱菊属两种组成，其总苞片数即为 3～4。依此，可以假设头状花序总苞片数 3～4 才是黄菊亚族中相对原始的特征。

　　实际上，总苞片数 3～4 是大多数黄菊属植物的特征，包括分布于特瓦坎谷地区的所有黄菊属植物和该属所有 C_4、准 C_4 和 II 型 C_3-C_4 植物。在北美大陆分布的黄菊属植物，由特瓦坎谷地区向西北方向，头状花序的总苞片数逐渐由 3～4 变化为 5～6。而在美国中西部多个州有分布的碱地黄菊（C_4）却是例外。

　　碱地黄菊分布地位于贯叶黄菊发生地以北，地处落基山脉过渡至大平原（Great Plains）南部地区的区域内，海拔范围 1000～1800m，相对较低。在系统发育树中，碱地黄菊与准 C_4 植物帕尔默黄菊聚为一组。两者在形态上比较相似，但后者叶片更窄，常轮生。从形态上，相对于贯叶黄菊，碱地黄菊的形成也更似帕尔默黄菊共同的祖先种向北扩散的结果。

5. 墨西哥湾沿岸地区

　　墨西哥湾（Mexico Gulf）地区在此指墨西哥湾沿岸的美国南部及墨西哥东部地势相对较低的地区，也包括位于海湾东南部开口处的（大）安的列斯群岛地区。在这一地区分布的黄菊属植物主要包括布朗黄菊（准 C_4）、佛州黄菊（II 型 C_3-C_4）和线叶黄菊（I 型 C_3-C_4），其头状花序总苞片数皆为 5 ～ 6。

前文所述异花黄菊（II 型 C_3-C_4）的分布向墨西哥塔毛利帕斯州东部的低海拔地区扩展，而布朗黄菊（准 C_4）发生于该州东北至与其毗邻的美国得克萨斯州南部海岸。从分布上看，布朗黄菊的物种形成与异花黄菊扩散有着一定的联系，而且符合植物类型由 II 型 C_3-C_4 向准 C_4 的渐变趋势，这也能通过两者在系统发育树上的相对位置来解释。

但从形态上，布朗黄菊与同分布于海岸地区的佛州黄菊（II 型 C_3-C_4）和线叶黄菊（I 型 C_3-C_4）更接近，而 Powell（1978）则认为与发生于墨西哥中部腹地山区的对叶黄菊相似。在系统发育树上，这些植物聚为 B 支端部难以完全解析的一组。

尽管布朗黄菊与对叶黄菊可以杂交（Powell，1978），但后者无舌状花，且头状花序可呈辐射状，不难与前者相区分。杂交实验还显示，这一地区的黄菊属植物相互间在人工条件下可成功杂交。布朗黄菊和佛州黄菊在发生地可为多年生植物，也可为一年生植物，可以看作是黄菊属中唯有的两种具有这种"中间型"性状的植物。

佛州黄菊位于美国佛罗里达州西海岸，从地理分布上并不容易找到与布朗黄菊的直接联系。线叶黄菊的分布较广，除佛罗里达州东西海岸外，在其东部和西部的链岛、地处安的列斯群岛地区的古巴、尤卡坦半岛北部和东部海岸都有分布。形态上，线叶黄菊也因分布地区不同而异，尤以在佛罗里达半岛分布的种群为甚。尤卡坦半岛和古巴的线叶黄菊种群相对粗壮，节间小。此外，尤卡坦半岛种群的一些特征与布朗黄菊相似。在系统发育树上，该种群较之其他种群位于更为基部的位置。其他种群则与佛州黄菊聚为一组，其中佛罗里达半岛种群与佛州黄菊聚于最端部。由此可以看出，线叶黄菊或其祖先种的扩散以尤卡坦半岛为起点，通过墨西哥湾东部的群岛及佛罗里达西南部的链岛，到达佛罗里达半岛，佛州黄菊在随后分化的进程中形成，也完成了植物类型由 I 型 C_3-C_4 向 II 型 C_3-C_4 的演变（图版 2.VI-B 中路径 E）。

尤卡坦半岛位于墨西哥东南部，海拔相对较低，线叶黄菊的形成似乎是其祖先种由黄菊属植物起源中心（特瓦坎谷地区）向东扩散的结果。值得注意的是，在半岛东部，即加勒比海西岸，甚至南岸的洪都拉斯都有线叶黄菊的分布。由此可见，线叶黄菊在半岛上沿海岸线扩散。这不难让人联想，分布于墨西哥湾西北岸的布朗黄菊是否为线叶黄菊沿海岸线向北扩散的结果，而且，这与两者在系统发育树上难以解析的关系及可杂交的事实不矛盾。但是，两者之间无 II 型 C_3-C_4 植物，难以解释从 I 型 C_3-C_4 植物向准 C_4 植物的过渡。因此，确定线叶黄菊的起源，尚需进一步研究。

图版 2.VI　黄菊属植物地理

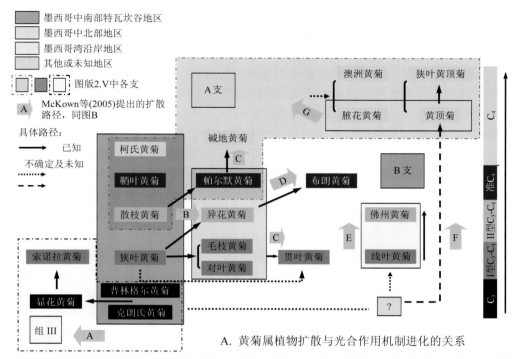

A. 黄菊属植物扩散与光合作用机制进化的关系

图 A 主要根据 McKown 等（2005）构建的黄菊属系统发育树（图版 2.V）和对扩散的讨论及采集标本地理分布情况绘制。墨西哥中南部特瓦坎谷地区黄菊属植物种类多样，有从 C_3 向 C_4 方向进化过程中处于各个阶段的植物，包括光合作用机制较为原始的黄菊属全部 3 种 C_3 物种，而且分布范围较为局限。结合系统发育分析的结果，该地被认为是黄菊属植物的起源中心。向西北方向（方向 A）及向北方向（方向 B～D）的扩散路径较为明晰，但如何向东南方向扩散（方向 E）、如何形成黄顶菊等全球性分布的入侵性物种（方向 F、G），还不清楚。从分布情况看，CO_2 代谢类型的进化程度与距离起源中心的距离有一定联系，C_4 植物分布最广，在系统发育树上也处于分枝的最端部。但是，在起源地，C_3 至 C_4 的演进过程是在原地完成，还是有重新引入的因素，还有待进一步研究。

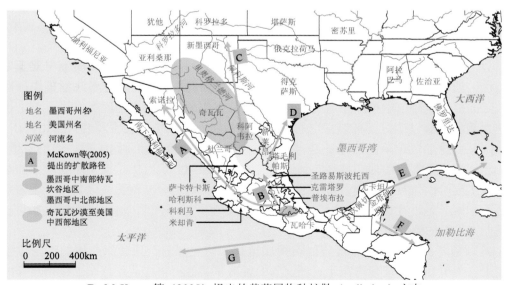

B. McKown 等（2005）提出的黄菊属物种扩散（radiation）方向

图 B 地图底版根据 ESRI ArcView GIS 3.1 软件自带地理数据生成，仅标示出文中提及的墨西哥和美国州名及部分河流等。

6. 北美洲以外地区

在黄菊属植物中，共有 4 种扩散到北美洲之外，其中，黄顶菊和腋花黄菊为全球性分布。两者各自的近缘种，即狭叶黄顶菊和澳洲黄菊，仅分别局限于阿根廷和澳大利亚发生。这些植物全为 C_4 类型，而且都自交亲和。

腋花黄菊在美国西南部至墨西哥全境广泛分布，但在墨西哥西部同是地势较低的海岸地区却鲜有发生。可以看出，腋花黄菊在该地区的分布趋势体现为，由西部海拔较高的山地向东部海拔较低的海岸平原辐射。向东至加勒比海地区的安的列斯群岛（古巴、巴哈马斯），也都有腋花黄菊的分布。但是，向南至从洪都拉斯至巴拿马，至今还没有腋花黄菊发生的确切记载。在南美大陆，有腋花黄菊发生记载的国家有委内瑞拉、厄瓜多尔、秘鲁及巴西。这些分布地，除巴西外，集中在北部纬度较低的地区。依此可以推断，腋花黄菊在南美洲出现的时间较晚，与人类活动有关。

从分布上来看，腋花黄菊与黄顶菊的分布在南美洲并不重叠。黄顶菊是在南美洲分布最广的黄菊属植物，集中分布于南美大陆的西部安第斯山脉地区，在山脉东西两麓都有发生。同腋花黄菊一样，黄顶菊在中美洲地区并无分布。实际上，向北直至墨西哥全境，都无黄顶菊分布的确切记载。

在系统发育树中，黄顶菊和腋花黄菊植物都位于 A 支相对端部的位置，两种全球性分布物种与各自的近缘种聚为一支，而腋花黄菊 / 澳洲黄菊较黄顶菊 / 狭叶黄顶菊位于相对基部的位置。这似乎说明腋花黄菊的形成和扩散发生得更早，如果这个方向为南向，则与黄顶菊未在墨西哥至中美洲发生的事实一致。黄顶菊的祖先种在一些特征上与腋花黄菊类似。腋花黄菊的形态特征在黄菊属植物中最为"简化"，黄顶菊是否能在此基础之上进一步分化，还不得而知。在系统发育树上，黄顶菊 / 狭叶黄顶菊与墨西哥中南部特瓦坎谷地区特有的柯氏黄菊 / 鞘叶黄菊聚为姐妹群。Powell（1978）也曾提出，黄顶菊是 C_4 黄菊属植物的"原型"，似由鞘叶黄菊一支进化而来。所以，也不排除黄顶菊祖先种的扩散与腋花黄菊没有直接联系，是最晚"走出"黄菊属起源地的黄菊属植物，而且是在已经获得 C_4 性状之后。

以上黄顶菊物种形成的两种假设都面临着一个共同的挑战，即在中美洲南部既无黄顶菊也无腋花黄菊发生的记载。如果在历史上确为如此，则很难判定黄顶菊祖先种向南美大陆的扩散是经由中美洲陆地完成的。黄顶菊在安的列斯群岛地区有发生，但是否为当地土著种还难以确定。可以肯定的是，黄顶菊在北美洲地区发生较晚，为由外引入。因此，可以排除黄顶菊的祖先种是自墨西哥中南部向北沿墨西哥湾扩散，经佛罗里达，借加勒比海地区的安的列斯群岛，到达南美大陆北部的。实际上，这条路径形成的断层也更加明显，因为黄顶菊集中发生地所处的安第斯山脉地区与南美大陆北岸（委内瑞拉地区）相距甚远，且这一"断层"境内并无黄顶菊发生。不过，这一"断层"却与腋花黄菊向南扩散的路径重合。

黄顶菊是在南美洲分布最广的黄菊属植物，南美洲为黄顶菊原产地的说法也被广为接受。南美洲的黄顶菊与在北美洲发生的黄菊属其他植物在地理分布上呈相互隔离之势，这种态势的形成可能发生在上新世（Pliocene）至更新世（Pleistocene），最早为距今约 400 万年前。在这个时期，巴拿马陆桥（Isthmus of Panama）形成，使南北美洲大陆得以贯通（Powell，1978；Raven，1963）。换而言之，如果这种假设成立，黄顶菊或其祖先种则确由陆路完成向南美大陆的扩散。在扩散过程中，有无属内（尤其是与腋花黄菊）或与其他植物竞争的因素，尚未见于研究。至少从分布上来看，腋花黄菊与黄顶菊的分布在南美洲并不重叠，不会形成竞争的态势。

黄顶菊和腋花黄菊是黄菊属最"成功"的两个物种，是全球性分布的杂草，在一些国家和地区，它们被认为是外来入侵物种。之所以"成功"，不仅因为它们具有 C_4 代谢类型，而且可能与自交不亲和性状的丧失有关。一些黄菊属植物自交亲和性状的信息主要来源于 Powell（1978）系统的杂交研究成果。该研究显示，将这两种植物与其他黄菊属植物杂交，也能得到自交后代，但文中没有交代详细的试验方法，也没有解释这些已被人工去雄或去雌的亲本如何能得到自交后代。研究还发现，人工不育处理常能刺激（自交不亲和的）黄菊属植物（未处理部分）发生自交。自交亲和至少在短期内能使植物受益，至于这两种植物自交亲和的程度如何，对其在全球成功扩散有多少贡献，还有待进一步研究。不过，从杂交试验结果可以看出，黄顶菊等部分 C_4 黄菊属植物在自然环境下难以与同属其他植物发生杂交，不会进而产生类似 C_4 植物大米草（*Spartina anglica*）般入侵性更强的新物种[①]。

在安第斯山脉东麓的阿根廷境内，分布有黄顶菊的近缘种狭叶黄顶菊，为当地特有种。与这种情况相似，腋花黄菊的近缘种澳洲黄菊仅分布于澳洲大陆。与狭叶黄顶菊有关的生物学研究并不多，它是否与黄顶菊为同一物种还有待深入研究，而澳洲黄菊与腋花黄菊为同一物种的观点正为越来越多的学者接受，尽管在一些研究中它们仍被当作不同物种处理。正因为认同两者为不同物种，Moreira-Muñoz 和 Muñoz-Schick（2007）认为黄菊属植物区系成分（floristic elements）应为 Antitropical，即在南北两半球纬度高于回归线的地区都有分布，具体则为环太平洋（Track: Circum-Pacific）地区。

黄顶菊和腋花黄菊向其他地区的扩散发生较晚，显然与人类的活动有关。例如，在美国，黄顶菊常见于填方材料（fill material）和码头及海岸的荒地（Yarborough and Powell，2006）。又如，在英国，黄顶菊可能于 19 世纪初被有意引入（Sims，1823），但无逃逸的记载，也不见于《大不列颠及爱尔兰植物志》（Sell and Murrell，2006）。1959 年，黄顶菊在布里斯托尔西北的埃文茅斯再次被发现，该地也为港口（Cecil and Sandwith，1960）。

小　　结

黄菊属（*Flaveria*）植物属菊科（Asteraceae）（广义）万寿菊族（Tageteae *sensu* Baldwin et al., 2002）黄菊亚族（Flaveriinae），可能起源于北美墨西哥中南部特瓦坎谷地区，目前共描述约 22 种。黄顶菊（*F. bidentis*）是最早被发现且研究最深入的黄菊属植物，也是迄今为止在中国大陆发生的唯一的黄菊属植物。黄菊属植物 CO_2 代谢类型多样，适

[①] 互花米草（*Spartina alterniflora*）原产于北美洲东海岸，染色体数为 $2n=62$，随压舱水于 1829 年前后传入英国南部，并与染色体数为 $2n=60$ 的本地种欧洲米草（*S. maritima*）杂交，其不育后代被命名为 *S. ×townsendii*，染色体数为 $2n=62$。在 1892 年前后，该杂交种多倍体化产生异源四倍体新种，即大米草（*S. anglica*）。大米草染色体数多为 $2n=122$，也有 $2n=120$ 或 $2n=124$（Ainouche et al.，2004）。大米草最初被认为是固滩护堤的有益植物，而被全球多个地区引进，但旋即成为恶性外来入侵植物，在入侵地造成严重的危害。

用于光合作用机制和进化的研究。有研究表明，黄菊属植物祖先为 C_3 代谢类型，并向 C_4 类型的方向演进，但在此过程中有分化发生，表现为演进进程的差异，即一支逐渐经各 C_3-C_4 中间型进化为 C_4 类型，一支仍处于 C_3-C_4 中间型，且支内各种间的关系难以解析。黄菊属植物有两种成为外来入侵物种，在全球范围有分布，即黄顶菊和腋花黄菊（*F. trinervia*）。这两种植物位于进化发育树的相对端部的位置，较其他黄菊属植物分化更明显，结构更为简化，且都是自交亲和的一年生 C_4 植物，在自然界不易与其他种内近缘种进行杂交。目前，黄顶菊在日本及中国台湾省也有分布。腋花黄菊在印度有广泛分布，但尚未在中国及其他周边国家和地区发现。

（郑 浩 张国良 付卫东）

参 考 文 献

Ainouche M L, Baumel A, Salmon A. 2004. *Spartina anglica* C. E. Hubbard: A natural model system for analysing early evolutionary changes that affect allopolyploid genomes. Biological Journal of the Linnean Society, 82（4）: 475–484.

Akyildiz M, Gowik U, Engelmann S, et al. 2007. Evolution and function of a cis-regulatory module for mesophyll-specific gene expression in the C_4 dicot *Flaveria trinervia*. Plant Cell, 19（11）: 3391–3402.

Baldwin B G, Wessa B L, Panero J L. 2002. Nuclear rDNA evidence for major lineages of helenioid Heliantheae（Compositae）. Systematic Botany, 27（1）: 161–198.

Bentham G. 1873a. Compositae. *In*: Bentham G, Hooker J D. Genera Plantarum. Vol. 2（1）. London: Lovell Reeve & Co; Williams & Norgate: 163–533.

Bentham G. 1873b. Notes on the classification, history, and geographical distribution of the Compositae. The Journal of The Linnean Society, 13: 335–577.

Bremer K. 1987. Tribal interrelationships of the Asteraceae. Cladistics, 3（3）: 210–253.

Cassini H. 1821. Hélianthées. *In:* Levrault F G. Dictionnaire des sciences naturelles. Vol. 20. Paris: 354–385.

Cassini H. 1829. Tableau Synoptique des Synanthérées. Annales des Sciences Naturelles, 17: 387–423.

Cecil I, Sandwith N Y. 1960. Bristol Botany in 1959. Proceedings of the Bristol Naturalists' Society, 30（1）: 15–20.

Cronquist A. 1955. Phylogeny and taxonomy of the Compositae. American Midland Naturalist, 53（2）: 478–511.

Cronquist A. 1977. The Compositae revisited. Brittonia, 29（2）: 137–153.

Edwards G E, Ku M S B. 1987. Biochemistry of C_3-C_4 Intermediates. *In:* Stumpf P K, Conn E E. The Biochemistry of Plants. Vol. 10, Photosynthesis. London: Academic Press: 275–325.

Igic B, Lande R, Kohn J R. 2008. Loss of self-imcompatiability and its evolutionary consequences. International Journal of Plant Sciences, 169（1）: 93–104.

Jansen R K, Holsinger K E, Michaels H J, et al. 1990. Phylogenetic analysis of chloroplast DNA restriction site data at higher taxonomic levels: An example from the Asteraceae. Evolution, 44（8）: 2089–2105.

Jansen R K, Michaels H J, Palmer J D. 1991. Phylogeny and character evolution in the Asteraceae based on chloroplast DNA restriction site mapping. Systematic Botany, 16（1）: 98–115.

Kapralov M V, Kubien D S, Andersson I, et al. 2011. Changes in Rubisco kinetics during the evolution of C_4 photosynthesis in *Flaveria*（Asteraceae）are associated with positive selection on genes encoding the enzyme. Molecular Biology and Evolution, 28（4）: 1491–1503.

Karis P O. 1993. Heliantheae *sensu lato*（Asteraceae）, clades and classification. Plant Systematics and Evolution, 188（3-4）: 139–195.

Kim K-J, Jansen R K, Wallace R S, et al. 1992. Phylogenetic implications of *rbcL* sequence variation in the Asteraceae. Annals of the Missouri Botanical Garden, 79（2）: 428–445.

Kim K-J, Jansen R K. 1995. *ndhF* sequence evolution and the major clades in the sunflower family. Proceedings of the National Academy of Sciences, 92: 10379–10383.

Kopriva S, Chu C C, Bauwe H. 1996a. Molecular phylogeny of *Flaveria* as deduced from the analysis of nucleotide sequences encoding the H-protein of the glycine cleavage system. Plant Cell and Environment, 19（9）: 1028–1036.

Kopriva S, Chu C C, Bauwe H. 1996b. H-protein of the glycine cleavage system in *Flaveria*: Alternative splicing of the pre-mRNA occurs exclusively in advanced C_4 species of the genus. Plant Journal, 10（2）: 369–373.

Ku M S B, Monson R K, Littlejohn R O, et al. 1983. Photosynthetic characteristics of C_3-C_4 intermediate *Flaveria* species: I. Leaf anatomy, photosynthetic responses to O_2 and CO_2, and activities of key enzymes in the C_3 and C_4 pathways. Plant Physiology, 71（4）: 944–948.

Ku M S B, Wu J R, Dai Z Y, et al. 1991. Photosynthetic and photorespiratory characteristics of *Flaveria* species. Plant Physiology, 96（2）: 518–528.

Loockerman D J, Turner B L, Jansen R K. 2003. Phylogenetic Relationships within the Tageteae（Asteraceae）Based on Nuclear Ribosomal ITS and Chloroplast ndhF Gene Sequences. Systematic Botany, 28（1）: 191–207.

McKown A D, Dengler N G. 2007. Key innovations in the evolution of Kranz anatomy and C_4 vein pattern in *Flaveria*（Asteraceae）. American Journal of Botany, 94（3）: 382–399.

McKown A D, Moncalvo J M, Dengler N G. 2005. Phylogeny of *Flaveria*（Asteraceae）and inference of C_4 photosynthesis evolution. American Journal of Botany, 92（11）: 1911–1928.

Monson R K. 1996. The use of phylogenetic perspective in comparative plant physiology and developmental biology. Annals of the Missouri Botanical Garden, 83（1）: 3–16.

Moreira-Muñoz A, Muñoz-Schick M. 2007. Classification, diversity, and distribution of Chilean Asteraceae: Implications for biogeography and conservation. Diversity and Distributions, 13（6）: 818–828.

Panero J L, Funk V A. 2002. Toward a phylogenetic subfamilial classification for the Compositae（Asteraceae）. Proceedings of the Biological Society of Washington, 115（4）: 760–773.

Panero J L, Funk V A. 2008. The value of sampling anomalous taxa in phylogenetic studies: Major clades of the Asteraceae revealed. Molecular Phylogenetics and Evolution, 47: 757–782.

Panero J L. 2007. Key to the tribes of the Heliantheae Alliance. *In:* Kadereit J W, Jeffrey C. The Families and Genera of Vascular Plants. Vol. VIII. Flowering Plants, Eudicots, Asterales. Berlin: Springer-Verlag: 391–395.

Powell A M. 1978. Systematics of *Flaveria*（Flaveriinae Asteraceae）. Annals of the Missouri Botanical Garden, 65（2）: 590–636.

Raven P H. 1963. Amphitropical relationships in the floras of North and South America. The Quarterly Review of Biology, 38（2）: 151–177.

Robinson H. 1981. A Revision of the Tribal and Subtribal limits of the Heliantheae（Asteraceae）. Smithsonian Contribution to Botany, 51: 1–102.

Sage R F. 2004. The evolution of C_4 photosynthesis. New Phytologist, 161（2）: 341–370.

Sell P, Murrell G. 2006. Flora of Great Britain and Ireland. Vol. 4. Cambridge: Cambridge University Press: 521.

Sims J. 1823. *Flaveria Contrayerba*. Broad-leaved Flaveria. Curtis's Botanical Magazine, 50: 2400.

Strother J L. 1977. Tageteae-systematic review. *In:* Heywood V H, Harborne J B, Turner B L. The biology and chemistry of the Compositae. Vol. 2. London: Academic Press: 769–783.

Stuessy T F. 1977. Heliantheae - systematic review. *In:* Heywood V H, Harborne J B, Turner B L. The Biology and Chemistry of the Compositae. Vol. 2. London: Academic Press: 621–671.

Sudderth E A, Espinosa-Garcia F J, Holbrook N M. 2009. Geographic distributions and physiological characteristics of co-existing *Flaveria* species in south-central Mexico. Flora, 204（2）: 89–98.

Sudderth E A, Muhaidat R M, McKown A D, et al. 2007. Leaf anatomy, gas exchange and photosynthetic enzyme activity in *Flaveria kochiana*. Functional Plant Biology, 34（2）: 118–129.

Turner B L, Powell A M. 1977. Helenieae - systematic review. *In:* Heywood V H, Harborne J B, Turner B L. The Biology and Chemistry of the Compositae. Vol. 2. London: Academic Press: 699–737.

Turner B L. 1971. Taxonomy of *Sartwellia*（Compositae: Helenieae）. SIDA Controbutions to Botany, 4（3）: 265–723.

Westhoff P, Gowik U. 2004. Evolution of C$_4$ phosphoenolpyruvate carboxylase. Genes and proteins: A case study with the genus *Flaveria*. Annals of Botany, 93（1）: 13–23.

Yarborough S C, Powell A M. 2006. Flaveriinae. *In:* Flora of North America Editorial Committee. Flora of North America. Vol. 21. New York: Oxford University Press: 245–250.

第三章　黄菊属植物解剖结构与光合作用类型

经过多年的系统研究，黄菊属植物光合作用机制及其相关性状获得的路径已逐渐明晰（McKown et al.，2005；Ku et al.，1991；Edwards and Ku，1987；Powell，1978），在这些系统研究中，所涉及的信息或为直观的传统形态分类学特征，或为承载遗传信息的核酸序列特征，它们从不同角度揭示了黄菊属植物属内的进化趋势，即由 C_3 向 C_4 方向逐渐演进。大量有关黄菊属植物的光合机制的研究，一般从植物生理学角度，以生物化学实验为手段，判断这些植物具有何种光合类型，或根据测试指标的表现，对光合作用机制进行分类。尽管这些研究不可避免地涉及对花环结构有无的观察，但花环结构如何获得，其表现与黄菊属植物成功扩散、进化以及对环境的适应是否具有一定相关性，在这一过程中其贡献如何，是否与其他性状特征有关——这些问题都需进一步研究，在这些性状特征中，与之联系最为紧密的即为解剖生物学特征。加拿大多伦多大学 Nancy G. Dengler 博士的实验室对黄菊属植物解剖生物学特征进行了系统的研究，结合前人对黄菊属植物生物化学特性的研究成果，试图从细胞生物学层面理解这些特征与光合性状的关系（McKown and Dengler，2009，2007；Sudderth et al.，2009，2007；Kocacinar et al.，2008），本章内容即为基于这些研究成果展开的讨论。

第一节　花环结构与 C_4 植物

在一些 C_4 植物中，环围叶脉维管束的鞘细胞内有密集的叶绿体分布，鞘细胞由叶肉细胞环围，此显微结构形似花环（wreath、crown），"花环结构"依此得名（图 3.1）。花环结构直译自 Kranz Anatomy，Kranz 为德语，意为"花环"（Haberlandt，1914，1896）。C_3 植物的维管束鞘细胞几乎没有叶绿体，不呈花环结构状。

花环结构的发现为维管植物 CO_2 代谢类型的归类提供了简便的标准。按此标准，通过观察花环结构的有无即可将研究对象置于 C_3 植物或 C_4 植物的范畴，即有花环结构为 C_4 植物，反之为 C_3 植物。

藜科 C_4 植物最多，这些植物的花环结构多样，可分为 5 种类型，分别为滨藜型（atriplicoid）、地肤型（kochioid）、猪毛菜型（salsoloid）、碱蓬型（Kranz-suaedoid）、显脉碱蓬型（conospermoid）[①]。以这一标准对其他 C_4 植物进行归类可以发现，大多数 C_4 植物属为滨藜型，黄菊属 C_4 植物即具有典型的滨藜型花环结构（McKown and Dengler，2007；Muhaidat and Stichler，2007；Freitag and Stichler，2000；Carolin et al.，1978，1975）。这种类型的花环结构维管束鞘细胞大小基本一致、形状近乎等径，外围叶肉细胞与之紧密相接，排列呈辐射状。

与此同时，研究发现，有些 C_4 植物利用的是单细胞 C_4 光合途径（single-cell C_4 photosynthesis），而这些植物甚至不具备花环结构（Edwards et al.，2004），如藜科翅果蓬属植物 *Bienertia cycloptera* 和异子蓬（*Borszczowia aralocaspica*）；有的水生植物能利用 C_3

[①] 按原先分类，为7种（Carolin et al.，1978，1975）。

和 C_4 两种光合途径，如一种莎草科的水陆两栖植物大莎草（*Eleocharis vivipara*），其水生型以 C_3 光合途径代谢，而陆生型以 C_4 光合途径代谢（Ueno et al.，1988）。

随着研究技术的发展，植物生理学性状指标（如 CO_2 补偿点等），以及与 CO_2 代谢关系更为直接的相关酶的生化指标（如酶活性的表现）成为判别标准（图 3.2，表 3.1）。但是，根据新的评判标准，所得到的结果与之前的并不完全重叠，或者可以说使问题更加复杂化。

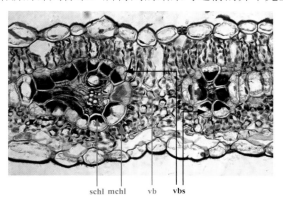

图 3.1　黄顶菊叶片的花环结构

示两个花环结构，右侧结构更具代表性。环围维管束（vb）的维管束鞘细胞（vbs）形状规则，其中叶绿体（schl）集中于细胞径向内侧，密度高于叶肉细胞中的叶绿体（mchl），形似花环。照片：任艳萍，由南开大学江莎博士提供，在此特表感谢

本节所讨论的 C_4 植物，是指传统意义上的具有完整花环结构，且 C_4 代谢所需酶区隔化（compartmentation）[①] 完全，且活性达到较高水平的植物，即所谓进行双细胞 C_4 光合代谢（dual-cell C_4 photosynthesis）的植物（Edwards et al.，2004）。黄顶菊就是具有完整花环结构的典型 C_4 植物（图 3.1）。那些有不完整花环结构，且具有部分 C_4 代谢所需酶活性的植物，即所谓 C_3-C_4 中间型植物（C_3-C_4 intermediate），可以进行一定程度上的 C_4 代谢（Edwards and Ku，1987）。按相关酶的活性的表现强弱及 C_4 循环的有无，C_3-C_4 中间型黄菊属植物又可分为 I 型（无 C_4 循环）和 II 型（有部分 C_4 循环）两种，前者都曾被称为 C_2 植物（Sage et al.，2012）。此外，一些植物具有完整的花环结构，但可能由于 C_4 代谢所需酶区隔化未完成，所表现出的 C_4 代谢程度受环境的影响（如光照），它们被称作准 C_4 植物（C_4-like）（Cheng et al.，1988），如布朗黄菊（*Flaveria brownii*）。

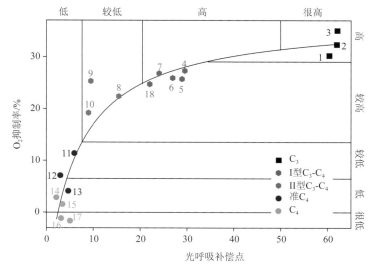

图 3.2　根据生理学性状指标划分植物 CO_2 代谢类型

根据 Ku 等（1991）表 1 数据、图 3 及 Sudderth 等（2007）数据绘制，坐标轴范围划分按数值大小估计，并无严格依据。图中 1：克朗氏黄菊；2：普林格尔黄菊；3：显花黄菊；4：索诺拉黄菊；5：贯叶黄菊；6：线叶黄菊；7：狭叶黄菊；8：异花黄菊；9：佛州黄菊；10：散枝黄菊；11：布朗黄菊；12：帕尔默黄菊；13：鞘叶黄菊；14：柯氏黄菊；15：腋花黄菊；16：黄顶菊；17：澳洲黄菊；18：毛枝黄菊

[①] 指某一代谢途径的酶在特定的细胞构件中发挥作用，这种酶特异的定位保证特定代谢途径得以顺利进行。

表 3.1　黄菊属植物 CO_2 同化类型[1]

黄菊属植物[2]	代谢类型[3]	花环结构[4]	按 $^{13}C/^{12}C$ 值[5]	光呼吸补偿点[6]	O_2 抑制率[7]	系统发育树[8]中位置	图 3.2 编号	本书描述[10]编号
克朗氏黄菊（*F. cronquistii*）	C_3	—	C_4	很高	高	组 III	1	13
普林格尔黄菊（*F. pringlei*）	C_3	—	C_3	很高	高	组 III	2	11
显花黄菊（*F. robusta*）	C_3	—	C_3	很高	高	组 III	3	15
索诺拉黄菊（*F. sonorensis*）	I 型 C_3-C_4	—	C_3	高	较高	组 III	4	16
毛枝黄菊（*F. pubescens*）	I 型 C_3-C_4	—	C_3	高	较高	B 支	18	17
线叶黄菊（*F. linearis*）	I 型 C_3-C_4	—	C_3	高	较高	B 支	6	20
狭叶黄菊（*F. angustifolia*）	I 型 C_3-C_4	—	C_3	高	较高	B 支	7	10
贯叶黄菊（*F. chloraefolia*）	I 型 C_3-C_4	—	C_3	高	较高	B 支	5	22
对叶黄菊（*F. oppositifolia*）[9]	na	na	C_3	高或较低	较高	B 支	na	18
伪帕尔默黄菊（*F. intermedia*）	na	na	C_4	na	na	na	na	7
异花黄菊（*F. anomala*）	II 型 C_3-C_4	—	C_3	较低	较高	B 支	8	8
佛州黄菊（*F. floridana*）	II 型 C_3-C_4	—	C_3	较低	较高	B 支	9	19
散枝黄菊（*F. ramosissima*）	II 型 C_3-C_4	—	C_4	较低	较高	A 支	10	9
布朗黄菊（*F. brownii*）	准 C_4	+	C_4	低	较低	B 支	11	21
帕尔默黄菊（*F. palmeri*）[11]	准 C_4	+	C_4	低	较低	A 支	12	6
鞘叶黄菊（*F. vaginata*）	准 C_4	+	C_4	低	低	A 支	13	12
柯氏黄菊（*F. kochiana*）	C_4	+	C_4	低	低	A 支	14	14
碱地黄菊（*F. campestris*）	C_4	na	C_4	na	na	A 支	na	5
脉花黄菊（*F. trinervia*）	C_4	+	C_4	低	低	A 支	15	3
澳洲黄菊（*F. australasica*）	C_4	+	C_4	低	很低	A 支	17	4
狭叶黄顶黄菊（*F. haumanii*）	C_4	+	na	na	na	A 支	na	2
黄顶黄菊（*F. bidentis*）	C_4	+	C_4	低	很低	A 支	16	1

① 表中 "na" 代表信息尚缺。
② 背景颜色与代谢类型相对应。
③ 根据 Sudderth 等（2007）、McKown 等（2005）、Ku 等（1991）、Edwards 和 Ku（1987）。
④ 根据 McKown 和 Dengler（2007）、Sudderth 等（2007）、Petenatti 和 Del Vitto（2000）。其中 "+" 代表有完整的 "花环结构"，"—" 代表无或有不完整 "花环结构"。
⑤ 根据 Sudderth 等（2007）、Powell（1978）、Smith 和 Turner（1975）。
⑥⑦ 根据 Ku 等（1991）。范围见图 3.2。
⑧ 指图版 2.V 及图 3.3 中系统发育树中的分支（clade）。背景颜色与图 3.3 组群分支一致。
⑨ 指第一章黄菊属植物分类第三节黄菊属植物形态特征中对各种描述的编号。
⑩ 由于 Ku 等（1991）获得的两种对叶黄菊材料间的光呼吸补偿点数值差别很大，很难从生理生化的角度定义这两种植物的 CO_2 同化类型。
⑪ Sudderth 等（2007）认为该种应为 C_4 植物。

第二节　黄菊属植物解剖结构与 CO_2 代谢的进化

对于黄菊属植物，具有典型花环结构和完全不具备花环结构，其相关生化指标的表现显著不同，即在生化层面上处于两个极端的植物分别处于解剖学意义的 C_4 和 C_3 范畴之内。

那些生化指标处于两者之间的植物，其表现具有一定的连续性（Ku et al., 1991）。这些被称作以 C_3-C_4 中间型代谢的植物在解剖学特征方面的表现也十分多样，而且与 CO_2 代谢相关解剖结构的完备程度与其生化指标的表现有一定的关联性。

1. C_3 植物——叶脉密度增加

根据 McKown 和 Dengler（2009，2007）的研究结果，黄菊属植物开始由 C_3 向 C_4 方向进化的重要事件之一，在解剖学上表现为叶脉密度的增加。较之 C_3-C_4 的黄菊属植物，C_3 植物叶脉密度较低。在系统发育树中（图3.3），C_3 植物位于最基部（组 III）。这些黄菊属植物离基部越近，叶脉密度越低，相应的，叶脉相隔距离越远。例如，同为 C_3 植物，与相对远离发育树基部的显花黄菊（F. robusta）相比，克朗氏黄菊（F. cronquistii）和普林格尔黄菊（F. pringlei）叶脉密度更低，叶脉间距更大。

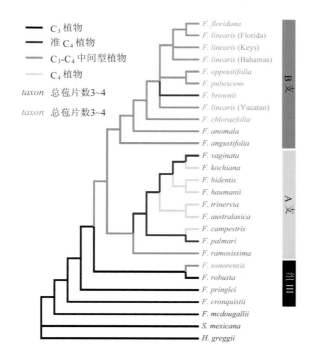

图 3.3　黄菊属植物系统发育树

根据 McKown 等（2005）图改编，说明见图版 2.V. 图中 F. angustifolia：狭叶黄菊；F. anomala：异花黄菊；F. australasica：澳洲黄菊；F. bidentis：黄顶菊；F. brownii：布朗黄菊；F. campestris：碱地黄菊；F. chloraefolia：贯叶黄菊；F. cronquistii：克朗氏黄菊；F. floridana：佛州黄菊；F. haumanii：狭叶黄顶菊；F. linearis：线叶黄菊（括号内标注示采集自不同分布地的标本，分别为 Bahamas：巴哈马斯；Keys：即 Keys West，美国佛罗里达西部链岛；Florida：美国佛罗里达；Yucatan：尤卡坦半岛）；F. mcdougallii：麦氏黄菊；F. oppositifolia：对叶黄菊；F. palmeri：帕尔默黄菊；F. pringlei：普林格尔黄菊；F. pubescens：毛枝黄菊；F. ramosissima：散枝黄菊；F. robusta：显花黄菊；F. sonorensis：索诺拉黄菊；F. trinervia：腋花黄菊；F. vaginata：鞘叶黄菊；Sartwellia：黄光菊属；S. mexicana：墨西哥黄光菊；H. greggii：格雷黄帚菊

显花黄菊叶脉数增幅较大，每叶脉截面的叶肉和维管束鞘的面积显著减小，但两者之比与其他两种植物的相差并不大。其原因可能在于，对于显花黄菊而言，在叶脉数增多的同时，维管束鞘细胞的面积甚至更小，不仅未能扩大维管束鞘总面积，反而使其减小，且与截面叶肉面积减小的相对幅度相当。

换言之，维管束鞘总面积与维管束鞘细胞的大小而非数目有关。C_3 循环发生在叶肉细胞，黄菊属植物在向 C_4 方向演进的过程中，叶脉密度的增加使得叶肉面积减小，在空间上不利于 C_3 循环的发生。同时，C_3 黄菊属植物维管束鞘细胞内的叶绿体相当少，而且分布在靠近细胞外侧的位置。由于不进行 C_4 循环，随叶脉密度增加而导致的维管束鞘数量上升对 C_4 循环的贡献并无增益。但是，这为进一步向双细胞 C_4 光合代谢做好了空间上的准备。

2. I 型 C_3-C_4 植物——维管束鞘细胞（叶绿体）的作用增强

C_3-C_4 中间型黄菊属植物的维管束鞘已有叶绿体存在。对于 I 型 C_3-C_4 黄菊属植物，光呼吸补偿点降至 C_3 植物的一半。这一现象并非 C_4 循环的结果，因为这一类植物对 CO_2 的固定并无 C_4 循环中的磷酸烯醇式丙酮酸羧化酶（即 PEP 羧化酶，phosphoenolpyruvate carboxylase，PEPC）参与，不产生 C_4 酸并将其转运至维管束鞘细胞内，而是与光呼吸本身的区隔化有关。在 C_3-C_4 植物的叶片中，光呼吸产生 CO_2 所需的甘氨酸脱羧酶体系（glycine decarboxylase complex，GDC）存在于维管束鞘细胞的线粒体内，而非叶肉细胞内，即光呼吸并不在叶肉细胞内生成 CO_2。CO_2 在维管束鞘内经 GDC 作用生成以后，需通过维管束鞘细胞（及其内叶绿体）及叶肉细胞（及其内叶绿体）等屏障，才能逸出叶片。较之 C_3 循环的光呼吸，C_3-C_4 植物独特的光呼吸机制不仅延长了 CO_2 的逸出路径，增加了 CO_2 流失的难度，还使得叶片内 CO_2 浓度上升，利于光合反应，相当于对 CO_2 的再固定（Edwards and Ku，1987）。

在解剖结构上，维管束鞘面积增大，相应地，叶肉 / 维管束鞘截面面积比下降，在空间上更有利于上述光反应的发生，可视作继叶脉数增加后，向 C_4 方向进化的早期重要变化之一，而 I 型 C_3-C_4 的索诺拉黄菊（F. sonorensis）是最好的例证。索诺拉黄菊在系统发育树上与显花黄菊（C_3）聚为一支，这一支与所有 C_4 植物所在的 A 支和多数由 C_3-C_4 植物组成的 B 支的祖先种聚为姐妹群，可视作 C_3 向 C_4 方向进化的"分水岭"。索诺拉黄菊的形态与显花黄菊相似，叶肉面积相当，但维管束鞘细胞面积远大于显花黄菊。

在 A 支无 I 型 C_3-C_4 植物，B 支的 I 型 C_3-C_4 植物狭叶黄菊（F. angustifolia）、贯叶黄菊（F. chloraefolia）叶肉面积也与显花黄菊相当，维管束鞘面积居于显花黄菊和索诺拉黄菊之间，叶肉 / 维管束鞘截面面积比略高于索诺拉黄菊，但显著低于显花黄菊。B 支的另一 I 型 C_3-C_4 植物线叶黄菊（F. linearis）叶脉数较其他三种少，叶肉面积最大，甚至接近最基部两种 C_3 植物的水平，但维管束鞘细胞面积的增幅更大，因而叶肉 / 维管束鞘截面面积比的大小与狭叶黄菊和贯叶黄菊类似。

与位于组 III 的植物相比，B 支的 I 型 C_3-C_4 植物狭叶黄菊与显花黄菊（C_3）相似，贯叶黄菊和线叶黄菊的表现与索诺拉黄菊（I 型 C_3-C_4）相似，至少在基本组织（ground tissue）层数上如此（由 8 层减少到 6 层）。基本组织层数的减少缩短了 CO_2 进入叶肉细胞的路径，对于有相邻维管束鞘细胞参与的 CO_2 代谢，这一变化利于两者之间的物质转运，使 CO_2 代谢更为有效。此外，基本组织层数的减少也是叶脉截面的叶肉面积减少的原因之一。

3. II 型 C_3-C_4 植物——对叶肉细胞和维管束鞘细胞之间交流的优化

II 型 C_3-C_4 黄菊属植物散枝黄菊（*F. ramosissima*）、异花黄菊（*F. anomala*）、佛州黄菊（*F. floridana*）的解剖学性状表现与 I 型 C_3-C_4 黄菊属植物相似，仍主要体现在叶肉 / 维管束鞘截面面积比的大小上。II 型 C_3-C_4 黄菊属植物光呼吸补偿点显著低于 I 型 C_3-C_4 黄菊属植物，更重要的是这些植物中有一定程度的 C_4 循环。其中 PEP 羧化酶的活性是 C_3 植物的 3 倍，NADP-ME 酶多达 4～6 倍（Ku et al.，1991）。

在三种 II 型 C_3-C_4 黄菊属植物中，佛州黄菊的表现尤为显著，被认为是典型的 II 型 C_3-C_4 植物。相对于 I 型 C_3-C_4 植物，佛州黄菊解剖学特征之于进化的最大贡献在于，叶片细胞间隙小，维管束鞘细胞与叶肉细胞的接触面大，这不仅降低了 CO_2 逸出的效率，同时也提高了 C_4 循环的效率。但是，无论是从光呼吸补偿点，还是从 C_4 酸的生成比例看，散枝黄菊的表现都胜于佛州黄菊。

与佛州黄菊不同（位于系统发育树 B 支），散枝黄菊位于系统发育树 A 支的基部，与该支准 C_4 植物及 C_4 植物亲缘关系最近。与其他几种 C_3-C_4 植物相比，散枝黄菊的叶肉 / 维管束鞘截面面积之比几近最低，在空间上更有利于双细胞 C_4 光合代谢的进行。

最近的研究表明，散枝黄菊叶片中可能存在三种 CO_2 固定方式。除已出现在 I 型 C_3-C_4 黄菊属植物维管束鞘细胞中的 GDC 酶（使得光呼吸作用于维管束鞘细胞内）、II 型 C_3-C_4 黄菊属植物中出现的部分黄菊属植物典型的 C_4 代谢——NADP-ME 亚类型，在散枝黄菊中还存在 NAD-ME 亚类型的 C_4 代谢（Gowik et al.，2011）。

4. 准 C_4 植物及 C_4 植物——叶肉细胞（叶绿体）的作用减弱

准 C_4 植物和 C_4 黄菊属植物在解剖学结构上已经没有明显的差别。两者叶片细胞中的叶绿体量已经很少，Rubisco 酶主要集中于维管束鞘细胞。相应地，对 CO_2 的同化在维管束鞘细胞中进行。换言之，叶肉细胞的作用减弱。但是，从某种程度上，叶肉细胞作为唯一的 C_4 酸来源，维管束鞘细胞对其依赖实际上有所增强，这需要对叶肉细胞和维管束鞘细胞之间的交流作进一步优化。

在解剖学结构上的表现为，叶肉 / 维管束鞘截面面积之比进一步降低，更趋近于 1∶1 的理想状态。维管束鞘外壁暴露于细胞间隙的面积更少，使 CO_2 不易由维管束鞘逸出，即形成典型的滨藜型花环结构。

较之 B 支的准 C_4 植物，A 支的准 C_4 植物及 C_4 植物的叶脉密度更大。随着叶脉密度的进一步增加，叶肉细胞面积减小。若如上所述，叶肉 / 维管束鞘截面面积之比和暴露于细胞间隙的维管束鞘外壁面积减小，维管束鞘细胞在数量不变的前提下，其面积也随之在一定程度上减小。

相对于非 C_4 植物，准 C_4 植物和 C_4 黄菊属植物维管束鞘细胞内叶绿体所在位置更趋近维管束，这样更有利于卡尔文循环生成的产物输送转运至维管束。

5. 叶脉纹路形成的研究

如前文所述，叶脉纹路形成（vein patterning）的变化在黄菊属植物由 C_3 向 C_4 代谢方向演进的过程中意义重大。McKown 和 Dengler（2007）的研究显示，黄菊属植物的叶脉密度较 C_3 黄菊属植物大，这主要是缘于支脉和自由末梢细脉（freely ending veinlet）的增加（C_4 植物柯氏黄菊除外），而后两者与植物光合代谢的关系更近。

此外，McKown 和 Dengler（2009）的后续研究以黄顶菊（C_4）与显花黄菊（C_3）为例，发现这两种植物叶片面积相当、形状相似，三出主脉（1°，包括中脉和两条侧脉）、2 级主脉（2°）和 3 级支脉（3°）密度相当。其区别在于，黄顶菊自 4°支脉以下及自由末梢细脉的密度显著高于显花黄菊，且分支数（7 级）多于显花黄菊（6 级）。

观察两种植物叶脉形成的动态过程发现，黄顶菊叶片侧脉（1°）发育分化在时间上早于显花黄菊，但两者其他各级叶脉开始形成的时间相当。但是，黄顶菊上述各级叶脉的木质部分化早于显花黄菊，这使得黄顶菊叶脉纹路的最终形成早于显花黄菊，且更加复杂。此外，黄顶菊叶肉细胞停止分裂的时间比显花黄菊早，易于支脉和自由末梢细脉纹路的扩增，叶脉密度增加。

6. 其他及小节

除叶片以外，以黄菊属植物解剖特征为对象的系统学研究并不多。Kocacinar 等（2008）的研究表明，C_4 黄菊属植物茎秆的木质部导管长度大多偏短，且半径小于 C_3 黄菊属植物。

Sage（2004）在 Monson（1999）的基础上提出一个循序渐进的 C_4 性状获得模型，共由 7 个步骤组成。这一变化开始于植物 DNA 水平的变化，即基因或基因组复制。之后 6 步分为 3 组，分别为花环结构的发育、利用光呼吸系统 CO_2 泵、C_4 循环的建成（Gowik and Westhoff，2011）。与各步相伴的是基因表达的变化，及其下游的光合代谢中相关酶活性的变化。这些酶在不同步骤中的区隔化有所差异，根据 McKown 和 Dengler（2007）的研究，正是解剖学结构上的变化使得这些酶在不同细胞中的作用得以实现，即解剖学结构变化发生在生理生化变化之前。

从黄菊属的解剖学系统研究可见，C_4 类型的植物之所以成为该属分布最广的植物，其原因在于，相对史前，现代大气中的 CO_2 处于较低的水平，在这一环境下，C_4 植物叶片的解剖结构更有利于对 CO_2 的固定和利用。也就是说，相对其他非 C_4 黄菊属植物，C_4 黄菊属植物的竞争性更强，在适生的未发生地成为入侵植物的可能性更大。从这一方面，可以在一定程度上解释黄顶菊和腋花黄菊（*F. trinervia*）为何成为全球性分布的入侵植物。

（郑　浩　张瑞海　张衍雷　张国良　周　君）

参 考 文 献

Carolin R C, Jacobs S W, Vesk M. 1975. Leaf structure in Chenopodiaceae. Botanische Jahrbucher Systematik und Pflanzengeographie, 95: 226–255.

Carolin R, Jacobs S, Vesk M. 1978. Kranz cells and mesophyll in the Chenopodiales. Australian Journal of Botany, 26（5）: 683–698.

Cheng S H, Moore B D, Edwards G E, et al. 1988. Photosynthesis in *Flaveria brownii*, a C$_4$-like species - Leaf anatomy, characteristics of CO$_2$ exchange, compartmentation of photosynthetic enzymes, and metabolism of ^{14}CO$_2$. Plant Physiology, 87（4）: 867–873.

Edwards G E, Franceschi V R, Voznesenskaya E V. 2004. Single-cell C$_4$ photosynthesis versus the dual-cell（Kranz）paradigm. Annual Review of Plant Biology, 55: 173–96.

Edwards G E, Ku M S B. 1987. Biochemistry of C$_3$-C$_4$ intermediates. *In:* Stumpf P K, Conn E E. The Biochemistry of Plants. Vol. 10, Photosynthesis. London: Academic Press: 275–325.

Freitag H, Stichler W. 2000. A remarkable new leaf type with unusual photosynthetic tissue in a Central Asiatic genus of Chenopodiaceae. Plant Biology, 2（2）: 154–160.

Gowik U, Bräutigam A, Weber K L, et al. 2011. Evolution of C$_4$ photosynthesis in the genus *Flaveria*: How many and which genes does it take to make C$_4$? The Plant Cell, 23（6）: 2087–2105.

Gowik U, Westhoff P. 2011. The path from C$_3$ to C$_4$ photosynthesis. Plant Physiology, 155（1）: 56–63.

Haberlandt G. 1896. Physiologische Pflanzenanatomie. Leipzig: Wilhelm Engelman.

Haberlandt G. 1914. Physiological Plant Anatomy. London: Macmillan.

Kocacinar F, McKown A D, Sage T L, et al. 2008. Photosynthetic pathway influences xylem structure and function in *Flaveria*（Asteraceae）. Plant Cell and Environment, 31（10）: 1363–1376.

Ku M S B, Wu J R, Dai Z Y, et al. 1991. Photosynthetic and photorespiratory characteristics of *Flaveria* species. Plant Physiology, 96（2）: 518–528.

McKown A D, Dengler N G. 2007. Key innovations in the evolution of Kranz anatomy and C$_4$ vein pattern in *Flaveria*（Asteraceae）. American Journal of Botany, 94（3）: 382–399.

McKown A D, Dengler N G. 2009. Shifts in leaf vein density through accelerated vein formation in C$_4$ *Flaveria*（Asteraceae）. Annals of Botany, 104（6）: 1085–1098.

McKown A D, Moncalvo J M, Dengler N G. 2005. Phylogeny of *Flaveria*（Asteraceae）and inference of C$_4$ photosynthesis evolution. American Journal of Botany, 92（11）: 1911–1928.

Monson R K. 1999. The Origins of C$_4$ genes and evolutionary pattern in the C$_4$ metabolic phenotype. *In:* Sage R F, Monson R K. C$_4$ Plant Biology. San Diego: Academic Press: 377–410.

Muhaidat R, Sage R F, Dengler N G. 2007. Diversity of Kranz anatomy and biochemistry in C$_4$ eudicots. American Journal of Botany, 94（3）: 362–381.

Petenatti E M, Del Vitto L A. 2000. Kranz structure in Argentinian species of *Flaveria*（Asteraceae-Helenieae）. Kurtziana, 28（2）: 251–257.

Powell A M. 1978. Systematics of *Flaveria*（Flaveriinae Asteraceae）. Annals of the Missouri Botanical Garden, 65（2）: 590–636.

Sage R F. 2004. The evolution of C$_4$ photosynthesis. New Phytologist, 161（2）: 341–370.

Sage R F, Sage T L, Kocacinar F. 2012. Photorespiration and the evolution of C$_4$ photosynthesis. Annual Review of Plant Biology, 63（1）: 19–47.

Smith B N, Turner B L. 1975. Distribution of Kranz Syndrome among Asteraceae. American Journal of Botany, 62（5）: 541–545.

Sudderth E A, Espinosa-Garcia F J, Holbrook N M. 2009. Geographic distributions and physiological characteristics of co-existing *Flaveria* species in south-central Mexico. Flora, 204（2）: 89–98.

Sudderth E A, Muhaidat R M, McKown A D, et al. 2007. Leaf anatomy, gas exchange and photosynthetic enzyme activity in *Flaveria kochiana*. Functional Plant Biology, 34（2）: 118–129.

Ueno O, Samejima M, Muto S, et al. 1988. Photosynthetic characteristics of an amphibious plant, *Eleocharis vivipara*: Expression of C_4 and C_3 modes in contrasting environments. Proceedings of the National Academy of Sciences, 85（18）: 6733–6737.

第四章　黄菊属植物化学概述

有关黄菊属植物化学方面的研究，最早的为 Bohlmann 和 Kleine（1963）在 20 世纪 60 年代对 C_4 植物腋花黄菊（*Flaveria trinervia*[1]）多炔类物质的分离和合成。Al-Khubaizi（1977）也曾对黄菊亚族（Flaveriinae）各属植物的黄酮及其硫酸酯进行过系统研究，加拿大实验室[2] 也曾对不同 CO_2 同化类型的黄菊属植物的硫酸酯化程度进行过比较（Hannoufa，1991），但主要以 C_4 植物狭叶黄顶菊（*F. haumanii*[3]）和 C_3-C_4 中间型植物贯叶黄菊（*F. chloraefolia*）为研究对象（Varin，1992）。加拿大和阿根廷科学家都曾尝试通过比较化学物质组成的差异来区分黄菊属植物，但至今仍未见全面系统性的黄菊属植物化学研究。黄顶菊是黄菊属中研究开展得最多的植物，黄顶菊次生代谢物质组成丰富，极性至中等极性成分主要以槲皮素等黄酮醇的衍生物为主，弱极性至非极性成分则主要以具有光毒性的噻吩类物质和挥发性的萜类精油成分为主（有关内容在第十二章第一节和第二节有系统介绍，在此章不再赘述）。这些物质不仅具有医学应用价值，更对植物自身防御有着重要的意义，如抗紫外线辐射、对各个营养级别的生物构成"组成型抗性"（constitutive resistance）等，这些特性都有利于黄顶菊在与其他植物竞争的过程中取得优势。

第一节　黄　酮　类

黄菊属植物的黄酮类化合物种类较多，黄酮骨架的种类多达 12 种（图 4.1）。这些骨架除芹菜素（黄酮）外，多为 C-3 位羟基化的黄酮醇（在下文中统一称为黄酮）。在黄菊属植物黄酮类物质的各个分离鉴定研究中，目标化合物并非这些骨架本身，而是黄酮硫酸酯和黄酮葡萄糖氧苷（表 4.3，见本章末）。前者是黄酮硫酸酯化的产物，现已发现在黄菊属植物中有不同程度硫酸酯化的化合物；而对于后者，目前已分离鉴定的化合物仅在 C-3 位成苷。这些产物所体现出黄酮衍生化的规律和多样性至少可表明两点：其一，衍生化的发生有位点专一性较强的酶的参与；其二，衍生化的程度可能受黄酮骨架上甲氧基化程度的影响。

	6	7	3'	4'			
	H	OH	H	OH	Apigenin	芹菜素	（物质 **4.1**）
	H	OH	H	OH	Kaempferol	山奈酚	（物质 **4.2**）

---

① 在 Bohlmann 和 Kleine（1963）、Bohlmann 和 Seyberli（1965）文献中被称作 *F. repanda* Lag.。
② 本章有关阿根廷实验室、加拿大实验室和中国实验室所指见第十二章导言。
③ 在各研究论文中被称为 *F. bidentis*。

	6	7	3′	4′			
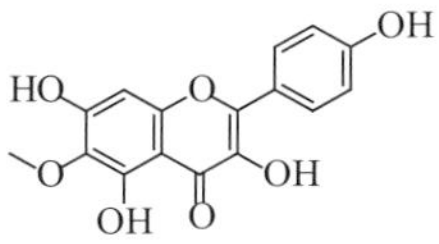	OMe	OH	H	OH	6-methoxykaempferol	6-甲氧基-山奈酚	（物质 **4.3**）
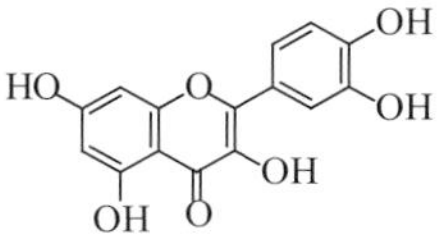	H	OH	OH	OH	Quercetin	槲皮素	（物质 **4.4**）
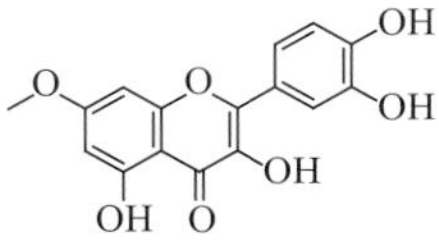	H	OMe	OH	OH	Rhamnetin	鼠李素	（物质 **4.5**）
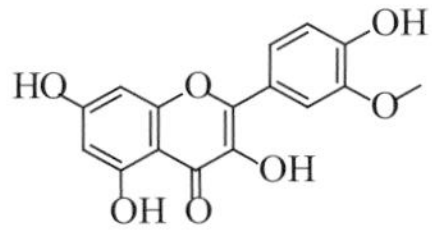	H	OH	OMe	OH	Isorhamnetin	异鼠李素	（物质 **4.6**）
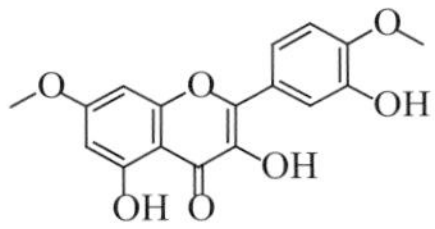	H	OMe	OH	OMe	Ombuin	商陆黄素	（物质 **4.7**）
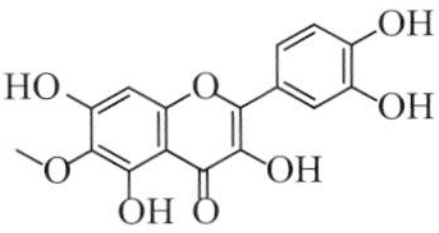	OMe	OH	OH	OH	Patuletin	万寿菊素	（物质 **4.8**）
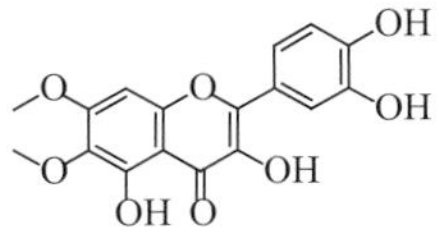	OMe	OMe	OH	OH	Eupatotin	半齿泽兰素	（物质 **4.9**）
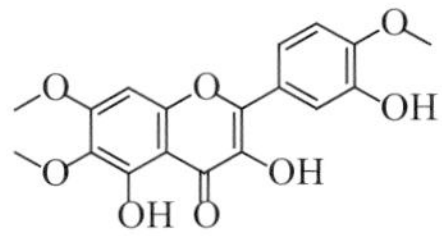	OMe	OMe	OH	OMe	Eupatin	泽兰黄醇素	（物质 **4.10**）
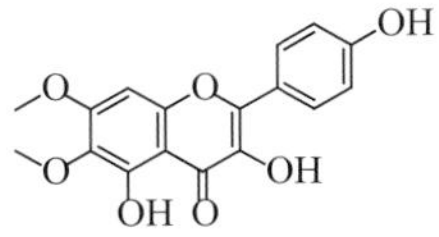	OMe	OMe	H	OH	Eupalitin	3′-去羟-4′-去甲泽兰黄醇素	（物质 **4.11**）
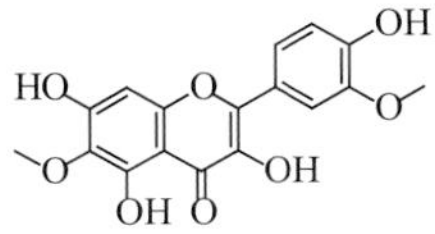	OMe	OH	OMe	OH	Spinacetin	菠叶素	（物质 **4.12**）

图 4.1 黄菊属植物黄酮骨架

除芹菜素（物质 **4.1**）为黄酮以外，其他物质皆为黄酮醇，即 C-3 位官能团为羟基。图中同时列出 C-5 位、C-6 位、C-3′位、C-4′位官能团，红色标注为甲氧基，蓝色标注为羟基。图中仅芹菜素（物质 **4.1**）结构示 A 环、B 环及 C 环，其他物质与其相同

1. 苷元

1) 黄菊属植物黄酮苷元组成的多样性

苷元（aglycone）在此指黄酮类衍生化合物的黄酮骨架（图 4.1）。从表 4.1 可以看出，根据现有的信息，I 型 C_3-C_4 中间型植物贯叶黄菊具有的苷元最多，有 8 种，C_3 植物普林格尔黄菊具有的苷元最少，仅 2 种。

表 4.1　已鉴定出的黄菊属植物黄酮类化合物苷元 †

苷元名称‡	本章物质编号	C_4			准 C_4	C_3-C_4			C_3
		黄顶菊	狭叶黄顶菊	腋花黄菊	布朗黄菊	佛州黄菊	线叶黄菊	贯叶黄菊	普林格尔黄菊
芹菜素	4.1			●					
山奈酚	4.2	■	■	◉	●				
槲皮素	4.4	●■	●■	■	●	●	●	●	●
异鼠李素	4.6	●	●■	■				●	
鼠李素	4.5							●	
商陆黄素	4.7							◉	
6-甲氧基-山奈酚	4.3	■	■	▲	■				
万寿菊素	4.8	■	■	■	●	●	■		●
半齿泽兰素	4.9							◉	
泽兰黄醇素	4.10							◉	
3′-去羟-4′-去甲泽兰黄醇素	4.11							◉	
菠叶素	4.12							◉	

● 硫酸酯　■ 葡萄糖氧苷　▲ 未知

† 主要参考 Hannoufa 等（1994）及 Hannoufa（1991）的研究成果，其他信息来源见表 4.3（本章末）所列参考文献

‡ 文字颜色代表甲氧基化状况，分别为黑色：无甲氧基黄酮；蓝色：无甲氧基黄酮醇；红色：C-6 位甲氧基化黄酮醇；海绿色：非 C-6 位甲氧基化黄酮醇

亲缘关系相近的植物，其苷元组成类似，如 C_4 植物黄顶菊和狭叶黄顶菊具有的 5 种苷元完全相同。此外，形态和分布地相似、且亲缘关系较为复杂的线叶黄菊（*F. linearis*，I 型 C_3-C_4 中间型植物）和佛州黄菊（*F. floridana*，II 型 C_3-C_4），其苷元组成也较为相似，前者具有后者所有的 3 种苷元。

在黄菊属植物中最广泛存在的苷元有 3 种，分别为槲皮素（物质 **4.4**）、万寿菊素（物质 **4.8**）、异鼠李素（物质 **4.6**）。这 3 种化合物代表了黄菊属植物苷元的主要类型，分别为无甲氧基化、C-6 位（A 环）甲氧基化、非 C-6 位（B 环）甲氧基化黄酮醇。表 4.1 列出的植物大多可以产生这三类物质，唯有普林格尔黄菊（C_3）和布朗黄菊（准 C_4）没有 B 环甲氧基化的苷元。值得注意的是，腋花黄菊（C_4）并无槲皮素苷元，而且具有非黄酮醇的芹菜素（物质 **4.1**）苷元，说明这种植物的黄酮代谢与其他植物可能有很大的不同。

2) 羟基化和甲氧基化

黄酮醇衍生物的生物合成（尤其是硫酸酯化）发生于黄酮骨架形成的晚期或之后，黄菊属植物的苷元为多羟基黄酮醇，羟基越多，抗氧化能力越强。而羟基进一步甲氧基

化的程度越高，抗菌能力越强（Ibrahim et al.，1998）。

除芹菜素以外，黄菊属植物黄酮苷元 C 环的特征比较一致，C-3 位为羟基，是最易被衍生化的位点。而 C-4 位上的羰基常与 A 环上 C-5 位的羟基形成氢键，C-5 位羟基因而不易被取代。因此，在 A 环其他位点及 B 环上发生羟基化和甲氧基化的具体位置与多寡，都可直接导致进一步衍生化（如硫酸酯化或糖氧苷化）发生位置和程度的差异，进而决定化合物抗氧化能力的强弱。

黄菊属植物黄酮醇苷元多以槲皮素（物质 **4.4**）为主，其他苷元可视作在槲皮素生物合成途径过程中的产物，如山奈酚（物质 **4.2**），或是在此槲皮素结构基础上进一步修饰的产物。对于后者，在 B 环上易于发生，而 A 环上 C-6 位的修饰相对不易发生。修饰可以是羟基化，或在已有羟基的位置甲氧基化。

羟基化通常是在羟化酶（hydroxylase）的作用下完成，而且在苷元上的作用位点是有特异性的。例如，在万寿菊属（*Tagetes*）植物中，山奈酚在类黄酮 -3′- 羟化酶（flavonoid 3′-hydroxylase，F3′H，EC 1.14.13.21）的作用下，可在 B 环 C-3′ 位上加羟，生成槲皮素，槲皮素进而又在黄酮醇 -6- 羟化酶（flavonol 6-hydroxylase，F6H，EC 1.14.11.-）的作用下，在 A 环 C-6 位上加羟，生成槲皮万寿菊素（quercetagetin，即 6- 羟基 - 槲皮素）。这两种羟化酶都属于细胞色素 P450 单加氧酶（cytochrome P450 dependent monooxygenase）（Halbwirth et al.，2004）。

槲皮素（物质 **4.4**）和山奈酚（物质 **4.2**）都是无甲氧基的黄酮醇，将其骨架上的羟基甲基化，可得到黄菊属植物中分离出的其他苷元的结构。甲氧基化在氧位甲基转移酶（*O*-methyltransferase，OMT）的作用下，将 *S*- 腺苷甲硫氨酸（*S*-adenosyl methionine）上的甲基转移，使黄酮骨架上的羟基甲醚化成为甲氧基。类黄酮 OMT（flovonoid OMT，FOMT）属咖啡酸类型（caffeic acid OMT，COMT），分子质量为 40 ～ 43kDa，作用位点有特异性。在一些植物中，甲氧基化的过程可以有序发生，如半水生植物美洲金腰（*Chrysosplenium americanum*）和四季橘（*Citrus mitis*），槲皮素苷元上的羟基在相应的 OMT 作用下，被有序地逐步取代，先后顺序为 3 → 7 → 4′ → 3′（5′）（De Luca and Ibrahim，1985；Brunet and Ibrahim，1980）。但是，在很多植物中，C-3′ 位甲氧基化并非发生在上述其他位点被取代之后。实际上，在一些植物中存在许多作用于非 C-3 位的 OMT，它们并不以已局部甲氧基化的黄酮醇物质为底物（Kim et al.，2010）。例如，Kim 等（2006）发现水稻（*Oryza sativa*）中存在一种 OMT（ROMT9），可作用于槲皮素 C-3′ 位，生成异鼠李素（物质 **4.6**）。此外，已发现作用于 C-7 位的 OMT 达 10 种之多（Kim et al.，2010）。

类黄酮甲氧基化的研究对象不包括黄菊属植物，且根据现有的研究结果，还很难阐明黄菊属植物中各种苷元的生物合成途径。例如，黄菊属植物中有多种 C-6 位甲氧基化的苷元，如 6- 甲氧基 - 山奈酚（物质 **4.3**）、万寿菊素（物质 **4.8**）等，其 C-6 位羟基引入的方式及随后的甲氧基化如何发生都还不清楚。此外，在黄菊属植物中，没有发现万寿菊素的未甲氧基化形式槲皮万寿菊素。

总的来说，在黄菊属植物中，并未发现 B 环 C-3 位甲氧基化的化合物，这对之后 C-3 位羟基硫酸酯化和糖苷化的发生有利。此外，黄酮骨架 A 环上的 C-8 位和 B 环上 C-2 位、C-5 位没有被取代。因此，黄菊属植物黄酮苷元之间的差异集中表现在苷元上 A 环的 C-6 和 C-7 及 B 环上 C-3′ 和 C-4′ 各位置上官能团的不同（图 4.1）。

2. 硫酸酯类

黄酮羟基的硫酸酯化在磺基转移酶（sulfotransferases）的作用下完成。在已知的黄酮醇硫酸酯中，C 环 C-3 位硫酸酯化的物质数量最多，远多于其他位点硫酸酯化的物质（依次为 7>4′ >3′）（Varin，1992）。

从现有信息来看（表 4.2），黄顶菊植物的黄酮硫酸酯化程度由 C_3 类型至 C_4 类型逐渐增强。以槲皮素为例，C_3 植物普林格尔黄菊仅有单硫酸酯，I 型 C_3-C_4 植物中出现二硫酸酯（贯叶黄菊），II 型 C_3-C_4 植物中出现三硫酸酯（佛州黄菊），而 C_4 植物黄顶菊和狭叶黄顶菊，除 C-5 位羟基难以发生反应以外，其他所有位点的羟基都被硫酸酯化，形成四硫酸酯。腋花黄菊不含槲皮素，但其他所有苷元的可反应羟基也都可被硫酸酯化，如芹菜素（物质 **4.1**）可形成硫酸酯，山奈酚（物质 **4.2**）和异鼠李素（物质 **4.6**）可形成三硫酸酯。

表 4.2 黄菊属黄酮类化合物硫酸酯化程度 *

黄菊属植物		单硫酸酯	二硫酸酯	三硫酸酯	四硫酸酯
C₄ 植物	腋花黄菊	芹山　异	芹山	山　异	
	黄顶菊	异		槲	槲
	狭叶黄顶菊	槲　异	槲异	槲	槲
准 C₄ 植物	布朗黄菊	山　万	槲	槲	
C₃-C₄ 植物	佛州黄菊	槲鼠异万	槲	万	
	线叶黄菊	槲　异万			
	贯叶黄菊	6槲　万商泽菠	槲　万		
C₃ 植物	普林格尔黄菊	槲　万			

注：本表主要参考 Hannoufa 等（1994）及 Hannoufa（1991）的研究成果。表中文字颜色代表甲氧基化状况，具体为：黑色代表无甲氧基黄酮——芹：芹菜素（物质 **4.1**）；蓝色代表无甲氧基黄酮醇——槲：槲皮素（物质 **4.4**）；山：山奈酚（物质 **4.2**）；海绿色代表非 C-6 位甲氧基化黄酮醇——商：商陆黄素（物质 **4.7**）；鼠：鼠李素（物质 **4.5**）；异：异鼠李素（物质 **4.6**）；红色代表 C-6 位甲氧基化黄酮醇—— 6 ：6- 甲氧基 - 山奈酚（物质 **4.3**）；菠：菠叶素（物质 **4.12**）；万：万寿菊素（物质 **4.8**）；泽：半齿泽兰素（物质 **4.9**）、泽兰黄醇素（物质 **4.10**）、3′- 去羟 -4′- 去甲泽兰黄醇素（物质 **4.11**）

3. 葡萄糖氧苷

关于黄菊属植物黄酮醇糖氧苷的研究并不多，最早见于 Wagner 等（1971）对采于美国佛罗里达的线叶黄菊（*F. linearis*）和腋花黄菊（*F. trinervia*）中万寿菊素 -3-O-β- 葡萄糖苷（结构式类似物质 **12.14**）的分离和鉴定，Al-Khubaizi（1977）在系统研究黄菊亚族（Flaveriinae）植物黄酮的过程中，从布朗黄菊（*F. brownii*）的叶和茎中分离出 6- 甲氧基 - 山奈酚 -3-O- 葡萄糖苷（物质 **12.11**）（Al-Khubaizi et al.，1978）。除此以外，其他相关研究的对象皆为黄顶菊和狭叶黄顶菊。

目前已鉴定出的黄菊属植物黄酮醇糖氧苷皆为葡萄糖氧苷（表 4.1），并仅在 C 环上 C-3 位成苷，这一过程在葡萄糖基转移酶（glucosyltransferase）作用下完成（Hannoufa et al.，1991）。不同于有关磺基转移酶的研究，黄菊属植物葡萄糖基转移酶的后续研究并未延续，具体机制还有待深入研究。

4. 黄酮衍生物的空间分布

相对于中国实验室有关黄顶菊类黄酮物质空间分布的研究，加拿大实验室对狭叶黄顶菊的相关研究（Hannoufa et al.，1991）更为系统。该研究不仅测定植株不同部位硫酸酯和葡萄糖氧苷的含量，还测定了相应的酶在这些部位的活性，即从代谢产物（化学层面）和代谢的关键过程（生化及蛋白质的表达层面）两个层面对黄酮类物质衍生化进行考量。

与中国实验室对黄顶菊研究的结果相似，该研究并未在狭叶黄顶菊地下部分检测到硫酸酯，也未发现有磺基转移酶活性。对于地上部分，黄酮类硫酸酯和葡萄糖氧苷主要集中在顶部相对鲜嫩的组织，并向下逐渐减少。相应的，顶部磺基转移酶和葡萄糖基转移酶活性最强，底部最弱（图 4.2-A）。对磺基转移酶进行免疫测定，结果表明，植株底部磺基转移酶含量也少于顶部。

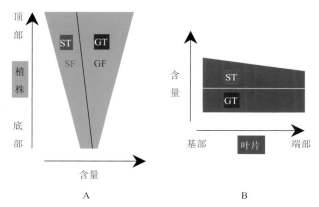

图 4.2 狭叶黄顶菊黄酮类衍生物在植株的空间分布

根据 Hannoufa 等（1991）结果绘制。A. 物质及酶在植株上的垂直分布，B. 物质及酶在叶片内的分布，其中 GF：黄酮类葡萄糖氧苷；GT：葡萄糖基转移酶；SF：黄酮类硫酸酯；ST：磺基转移酶

但就衍生化程度而言，硫酸酯化和氧苷化从上至下减弱的幅度有所不同，前者明显缓于后者。因此，在顶部，总黄酮中硫酸酯的比例小于葡萄糖氧苷，而到底部则已经相反。由于这两类物质是狭叶黄顶菊中黄酮类物质的主要成分，沿垂直方向向下，硫酸酯所占比例逐渐上升，而葡萄糖氧苷所占比例逐渐降低（图 4.2-A）。

在叶片中，叶基部的磺基转移酶活性高于端部，而葡萄糖基转移酶则无明显趋势（图 4.2-B）。此外，研究还发现茎秆中两种酶的活性比相应部位着生叶中的高，但并未列出相应成分的结果比较。而根据中国实验室的研究，黄顶菊叶中各黄酮成分含量高于茎（见第十二章第二节）。这一差异或许与采样方式有关，中国实验室取材为在自然环境下生长的成株，茎秆高大粗壮，木质化程度高，且采样后并非立即处理，茎秆中的成分或许在长途运输中有所流失，而加拿大实验室取材为温室条件下以蛭石为培养基质种植的植株。

加拿大实验室的结果表明，黄酮类物质的衍生化在鲜嫩组织中较为活跃，如植株顶部不断分化出新一级分枝的部位（即图 4.2-A 所示顶部）。黄顶菊从腋部发生出新的分枝（见第三章第一节），也是产生鲜嫩组织的部位，而与衍生化相关的酶（至少磺基转移酶）活性在叶腋附近（即叶基部）较强（即图 4.2-B 所示基部），而在临近茎秆中更强。

5. 生理功能

黄酮硫酸酯在动物组织中的机能已较为明了，但它在植物中的生理功能尚不明确（Hernandez-Sebastia et al.，2008）。Harborne（1975）认为它参与对（黄酮骨架）反应羟基（reactive hydroxyl groups）的解毒过程，可能还能螯合硫酸根离子，并以此适应盐碱和沼泽生境。

黄酮类物质的苷元可以与生长素极性运输（polar auxin transport，PAT）的抑制剂 *N*-1- 萘基酞氨酸（*N*-1-naphthylphthalamic acid，NPA）竞争，抑制这一转运过程（Jacobs and Rubery，1988），但其硫酸酯的竞争能力比上述两者都强，却并不对生长素的转运产生明显的影响（Faulkner and Rubery，1992）。实际上，生长素类似物 2,4-D 在转录水平调控磺基转移酶，促进其表达（Varin et al.，1997b）。由此可见，苷元硫酸酯化和生长素的行为存在着一定程度的正反馈关系。然而，Peer 和 Murphy（2007）指出，黄酮类物质并非生长素极性运输机制的主要调控因素。换言之，黄酮类物质硫酸酯化对生长素转运的贡献并不如预期。

第二节　黄酮硫酸酯生物合成

自 20 世纪 70 年代以来，植物中黄酮类物质硫酸酯化的现象日益受到重视，而黄菊属植物是这一现象的模式类群之一。在拟南芥（*Arabidopsis thaliana*）成为热门研究对象之前，黄菊属植物硫酸酯化的机制已得到充分的研究。这一研究在加拿大实验室开展，以狭叶黄顶菊和贯叶黄菊为研究对象，集中探究槲皮素硫酸酯形成的途径。

黄酮羟基的硫酸酯化以 3′- 磷酸腺苷 -5′- 磷酰硫酸（3′-phosphoadenosine-5′-phosphosulfate，PAPS）为硫酸基团授体，在磺基转移酶的作用下完成。这一过程遵循有序的 Bi-Bi 反应机制，即 PAPS 与苷元先后与酶结合，在反应过程中，生成的硫酸酯和脱去硫酸基团的 3′- 磷酸腺苷 -5′- 磷酸（3′-phosphoadenosine-5′-phosphate，PAP）逐一与酶分离（图 4.3）（Varin and Ibrahim，1992）。

图 4.3　遵循有序 Bi-Bi 反应机制的黄酮醇硫酸酯化过程

参考 Varin 和 Ibrahim（1992）的研究成果。PAP：3′- 磷酸腺苷 -5′- 磷酸；PAPS：3′- 磷酸腺苷 -5′- 磷酰硫酸；ST：磺基转移酶；Q：槲皮素（物质 **4.4**）；Q-S：槲皮素硫酸酯

1. 生物合成途径

如前段所述，槲皮素的硫酸酯化也是苷元上的羟基被修饰的过程。与甲氧基化类似，这一修饰过程也是有序进行的，而不同之处在于羟基被取代的顺序。甲氧基化的顺序为 3 → 7 → 4′ → 3′（5′），即按 C → A → B 环取代的过程，硫酸酯化则是按 C → B → A → B 环取代的过程。

如图 4.4 所示，硫酸酯化从 C 环上 C-3 位开始，形成 3- 单硫酸酯（Q-3-S），但进一步是 B 环上 4′ 或 3′ 的硫酸酯化，但仅形成 C-4′ 或 C-3′ 等二硫酸酯（Q-3,4′-IIS、Q-3,3′-

IIS）（Varin and Ibrahim，1989）。对于贯叶黄菊，硫酸酯化止于此步，而狭叶黄顶菊还能在此基础上进一步硫酸酯化，二硫酸酯 A 环的 C-7 位被取代形成三硫酸酯（Q-3,7,4′-IIIS、Q-3,7,3′-IIIS）。这些硫酸酯化的过程在位点专一性较强的不同磺基转移酶作用下完成，而三硫酸酯的 B 环再次硫酸酯化形成四硫酸酯的过程，所需的酶可能是作用于 3-（单）硫酸酯的磺基转移酶。综上所述，硫酸酯化的顺序为 3 → 4′/3′ → 7 → 3′/4′。

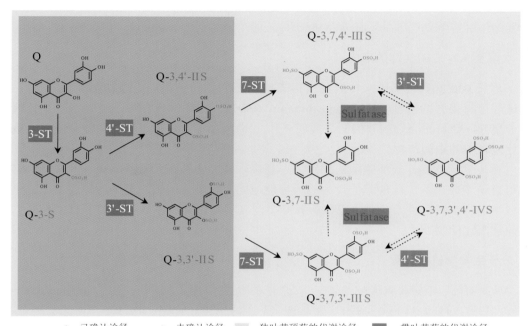

图 4.4 狭叶黄顶菊（C₄）和贯叶黄菊（Ⅰ 型 C₃-C₄）的硫酸酯化代谢途径

根据 Ibrahim（2005），Varin（1992）文中反应路线（Scheme 1）。**3-ST**：3- 磺基转移酶；**3′-ST**：3′- 磺基转移酶；**4′-ST**：4′- 磺基转移酶；**7-ST**：7- 磺基转移酶；Q：槲皮素（物质 **4.4**）；Q-3-S：槲皮素 -3- 硫酸酯（物质 **12.1**）；Q-3,3′-IIS：槲皮素 -3,3′- 二硫酸酯；Q-3,4′-IIS：槲皮素 -3,4′- 二硫酸酯（物质 **12.3**）；Q-3,7-IIS：槲皮素 -3,7- 二硫酸酯（物质 **12.2**）；Q-3,7,3′-IIIS：槲皮素 -3,7,3′- 三硫酸酯（物质 **12.4**）；Q-3,7,4′-IIIS：槲皮素 -3,7,4′- 三硫酸酯（物质 **12.5**）；Q-3,7,3′,4′-IVS：槲皮素 -3,7,3′,4′- 四硫酸酯（物质 **12.7**）；**Sulfatase**：硫酸酯酶

2. C-7 位硫酸酯化

C-7 位硫酸酯化的物质的数量仅低于 C-3 位硫酸酯化物质的数量（Varin，1992），但在狭叶黄顶菊中 C-7 位硫酸酯化并未在 C-3 位硫酸酯化后发生。

实际上，两种黄菊属植物中槲皮素硫酸酯化的顺序区别于甲氧基化的表现即为 C-7 位被取代的推迟，7- 磺基转移酶（7-ST）并不作用于槲皮素 -3- 硫酸酯，而狭叶黄顶菊中的 3,7- 二硫酸酯（图 4.4，Q-3,7-IIS）很有可能是三硫酸酯（Q-3,7,4′-IIIS、Q-3,7,3′-IIIS）在硫酸酯酶作用下水解生成的产物。

Varin 和 Ibrahim（1991）发现，B 环 C-3′ 位甲氧基化形成的异鼠李素（物质 **4.6**），其 3- 硫酸酯即可成为狭叶黄顶菊 7-ST 的底物。同一实验室数年后对拟南芥 7-ST 的研究（Gidda and Varin，2006）也显示，相对 B 环 C-3′ 位为羟基的苷元，非羟基化或被取代的苷元更易在 7-ST 的作用下形成 7- 硫酸酯。拟南芥的 7-ST 的底物专一性低于狭叶黄顶菊，对黄酮醇的特异性大致强于黄酮。研究中特异性最强的底物前三种依次为山奈酚 -3- 硫酸酯 > 异鼠李素（物质 **4.6**）> 山奈酚（物质 **4.2**），从结构上可以看出，C 环 C-3 位硫酸酯化（山奈酚 -3- 硫酸酯）和 B 环 C-3′ 位的甲氧基化（异鼠李素）都有利于 7-ST 催化反应的发生，且前者强于后者。

由此可以看出，C-7 位的硫酸酯化与 B 环羟基的数量和修饰有很大的关系，而两种因素产生的影响孰强孰弱，还有待进一步研究。

3. 水解及 3,7- 二硫酸酯的形成

尽管从狭叶黄顶菊中未检测到 3,3′- 二硫酸酯，但研究表明，植物中的 7-ST 对 3,3′- 二硫酸酯有很强的活性（Varin and Ibrahim，1991），且产物 3,7,3′- 三硫酸酯曾从黄顶菊中分离到（Cabrera et al.，1985），说明 3,3′- 二硫酸酯很有可能是狭叶黄顶菊槲皮素硫酸酯化过程中的中间产物。

槲皮素硫酸酯在硫酸酯酶的作用下可逐步水解，使得苷元硫酸酯化程度降低。这不仅可以使生成 3,7- 二硫酸酯的反应成为可能，同时也可使四硫酸酯降解，为反应提供更多底物。从某种程度上，这也可以解释 C-7 位硫酸酯化物质在数量上多于 C-3′ 位和 C-4′ 位硫酸酯化的物质。

4. 分子生物学机制研究

上述有关槲皮素硫酸酯生物合成途径的产物和相关酶的研究（Varin and Ibrahim，1992，1991，1989；Varin，1990）分别属于下游的生化和代谢产物水平，在此基础之上，上游的核酸水平研究也获得了一些进展（Marsolais and Varin，1997，1995；Ananvoranich et al.，1995，1994；Varin et al.，1997b，1992；Varin and Ibrahim，1992），为阐明这一代谢途径的分子机制奠定了基础。

同前述研究，硫酸酯化分子机制的研究对象为狭叶黄顶菊与贯叶黄菊。1992 年，编码贯叶黄菊 3- 磺基转移酶和 4′- 磺基转移酶的基因首先被克隆（Varin and Ibrahim，1992），同年，前者的蛋白质部分片段测序完成（Varin and Ibrahim，1992）。此后，Ananvoranich 等（1994）完成了狭叶黄顶菊 3- 磺基转移酶的克隆，还得到另一克隆（Ananvoranich et al.，1995），其序列与磺基转移酶高度相似，但并无相应的活性。

根据这些序列信息，Varin 等（1997b）及 Marsolais 等（2000）、Marsolais 和 Varin（1997，1995）进行了比对（alignment）分析，发现这些蛋白质分子质量皆为 35kDa，氨基酸序列中存在有 4 个保守区域，其中，近 N 端的区域 I 和近 C 端的区域 IV 高度保守，序列分别为 PKSGTxW 和 RKGxxGDWKxxFT。通过突变分析，发现区域 I 的赖氨酸（K）与 PAPS 的结合有关，但与底物（即苷元）结合无关；区域 IV 的精氨酸（R）不仅与 PAPS 的结合有关，还和产物发生互作，因此被认为参与有序 Bi-Bi 反应机制前期酶 -PAPS 复合体的形成（Varin et al.，1997b；Marsolais and Varin，1995）。区域 II 的序列组成的差异可能与酶（底物）的特异性和蛋白质结构的稳定性有关，此外，序列中特定位置的精氨酸、赖氨酸与组氨酸或与 PAPS 互作，参与催化反应（Marsolais and Varin，1997）。

上述蛋白氨基酸组成与功能关系的进展基于定点突变（site directed mutagenesis）研

究，该研究方法常用于激酶（kinase）。激酶的催化反应需要有二价正离子（Mg^{2+}），在硫酸酯化的反应过程中，磺基转移酶蛋白质序列中带正电荷的氨基酸（即上述精氨酸、赖氨酸与组氨酸）发挥了类似的作用。

第三节　噻　吩　类

噻吩类物质是一类杂环化合物，具有含硫的五元环结构，它既属于芳香类物质，也可以视为硫醚。对黄菊属植物噻吩类物质的研究早于黄酮类物质，早在 20 世纪 60 年代，Bohlmann 和 Kleine（1963）在研究腋花黄菊多炔类物质的分离和合成过程中，就已鉴定出三联噻吩（物质 **4.15**）等物质，之后又从贯叶黄菊中鉴定出更多种类的噻吩类物质（Bohlmann et al.，1978）。进入 90 年代，阿根廷实验室从黄顶菊和狭叶黄顶菊中也分离得到噻吩类物质，并试图根据该物质组分不同对两种植物加以区分（Agnese et al.，1999）。近年来，中国实验室分析了发生于中国的黄顶菊的噻吩类物质组成成分（Wei et al.，2012），Priestap 等（2008）在线叶黄菊的精油中也鉴定出噻吩类物质（图 4.5）。

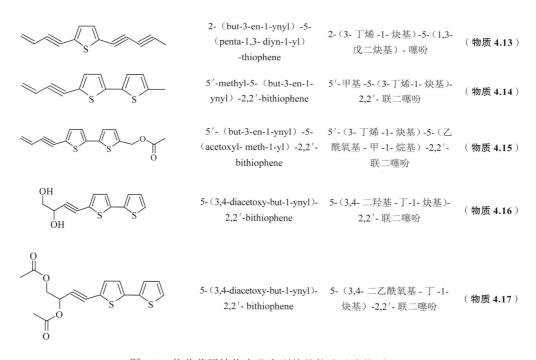

2-（but-3-en-1-ynyl）-5-（penta-1,3-diyn-1-yl）-thiophene	2-（3-丁烯-1-炔基）-5-（1,3-戊二炔基）-噻吩	（物质 **4.13**）
5′-methyl-5-（but-3-en-1-ynyl）-2,2′-bithiophene	5′-甲基-5-（3-丁烯-1-炔基）-2,2′-联二噻吩	（物质 **4.14**）
5′-（but-3-en-1-ynyl）-5-（acetoxyl-meth-1-yl）-2,2′-bithiophene	5′-（3-丁烯-1-炔基）-5-（乙酰氧基-甲-1-烷基）-2,2′-联二噻吩	（物质 **4.15**）
5-（3,4-diacetoxy-but-1-ynyl）-2,2′-bithiophene	5-（3,4-二羟基-丁-1-炔基）-2,2′-联二噻吩	（物质 **4.16**）
5-（3,4-diacetoxy-but-1-ynyl）-2,2′-bithiophene	5-（3,4-二乙酰氧基-丁-1-炔基）-2,2′-联二噻吩	（物质 **4.17**）

图 4.5　从黄菊属植物中分离到的其他噻吩类物质

1. 三联噻吩

三联噻吩是噻吩三聚体，最常见的结构为 α-三联噻吩（物质 **12.15**）。到目前为止，进行过噻吩类物质针对性研究的黄菊属植物至少已涉及 5 种，从每种植物中都能分离出 α-三联噻吩（表 4.3，见本章末）。

α- 三联噻吩具有光敏性杀虫活性，在有光的条件下发挥作用。其机制为，在以波长为 300 ～ 400nm 为主（近紫外范围）的光激发下，α- 三联噻吩产生自由基中间体，即 I 型光致生氧（photooxygenation）机制；而更重要的是，在光的激发下，α- 三联噻吩能产生单线态氧（singlet oxygen），即 II 型光致生氧机制（蒋志胜等，2001）。单线态氧是活性氧自由基（reactive oxygen species，ROS）的一种，可使脂类等重要的细胞组成成分过氧化，损坏动物组织，导致昆虫死亡（张玲敏等，2005；颜增光等，2004；蒋志胜等，2000；Jiang et al.，2000）。

2. 其他物质

除三联噻吩外，从不同黄菊属植物中还分离出 7 种噻吩物质，其中有 6 种以二聚体为骨架（图 12.3 物质 **12.16**、物质 **12.17**；图 4.5 物质 **4.14** ～ **4.17**），1 种以单体为骨架（物质 **4.13**）。这些物质骨架上的官能团多为烯烃或炔烃，另有 3 种在此基础上形成醇（如物质 **4.16**），并进一步形成酯的结构（如物质 **4.15**、物质 **4.17**）。

3. 生物合成

迄今为止，黄菊属植物噻吩类物质的生物合成研究尚未开展，相关研究主要以与黄菊亚族同族的万寿菊属植物为对象（Margl et al.，2001；Schuetz et al.，1965）。合成过程主要在根部完成，与多炔类物质的生物合成紧密相关。Minto 和 Blacklock（2008）对多炔类及相关产物的生物合成与功能进行了详尽的综述，在其中简要概述了噻吩类物质的生物合成过程，即主要以长链脂肪酸油酸（oleic acid）及其进一步不饱和化的产物还阳参油酸（crepenynic acid）为前体，形成 1- 十三碳烯 -3,5,7,9,11- 五炔（物质 **4.23**）（Margl et al.，2001），再以硫化氢为硫源，在脂肪烃上形成巯基，再进一步闭合形成含硫的五元环噻吩结构（如物质 **4.13**），直至形成二噻吩（如物质 **12.16**、物质 **4.14**）及以其为骨架的衍生物（Arroo et al.，1995）。

值得注意的是，除以硫化氢为硫源外，万寿菊（*Tagetes erecta*）三联噻吩的合成也可以以硫酸根和甲硫氨酸为硫源（Schuetz et al.，1965），半胱氨酸也常被认为可以作为噻吩硫的来源（Margl et al.，2001）。Arroo 等（1995）的研究表明，三联噻吩是 1- 十三碳烯 -3,5,7,9,11- 五炔（物质 **4.23**）的后续反应产物，但是并非通过上述一元环、二元环逐步闭合的过程形成。

4. 讨论

噻吩类物质最早从万寿菊中分离（Zechmeister and Sease，1947），万寿菊属植物含有多种噻吩类物质（Strother，1977；Bohlmann et al.，1973）。迄今为止，已在菊科植物中鉴定出 150 种以上的噻吩类物质（Margl et al.，2001）。

Agnese 等（1999）发现，与黄顶菊不同，从狭叶黄顶菊地上部分难以分离出噻吩类物质，而且地下部分仅有三联噻吩成分。这一针对性研究的结果是否说明狭叶黄顶菊缺乏如 Arroo 等（1995）所描述的二元环合成途径，还有待进一步研究。事实上，三联噻吩的生物合成过程并不如一元环及二元环结构物质明晰，Schuetz 等（1965）的三联噻吩"生物合成"研究不过是揭示了植物可以以非硫化氢为硫源在根组织合成三联噻吩。

Bohlmann 等（1978）从贯叶黄菊中分离到的多种噻吩类物质中存在乙酸酯结构，而其他 4 种黄菊属植物的相关研究未涉及这些物质，似乎说明至少贯叶黄菊具有相对完整的如 Arroo 等（1995）所描述的噻吩类物质生物合成途径。

前述 5 种已分离出噻吩类物质的黄菊属植物分属 C$_4$ 类型（黄顶菊、狭叶黄顶菊、腋花黄菊）和接近 C$_3$ 类型的 I 型 C$_3$-C$_4$ 中间型（贯叶黄菊、线叶黄菊）。尽管暂无同属其他植物的噻吩类物质分析结果，但可以推断，三联噻吩可能是在黄菊属植物中普遍存在的化学物质。二元环结构及其支链修饰与否是否与黄菊属植物的进化和自然扩散有关系，目前还不得而知。Downum 等（1988）曾试图综述炔类噻吩物质与菊科植物 C$_4$ 光合作用的关系，但根据现有的信息，还不足以将这一类物质的多样性与黄菊属植物光合作用机制的复杂性紧密联系起来。

第四节　其他类别物质

1. 精油及萜类

中国实验室对黄顶菊挥发性精油进行了分离鉴定（结果见第十二章第二节）。在此之前，Priestap 等（2008）对线叶黄菊精油成分进行了研究。两者相似之处在于，都采用了水蒸气蒸馏法，鉴定出的物质中都以萜类物质为主（地上部分），并且都得到了噻吩类物质（地下部分）。

Priestap 等（2008）分别对线叶黄菊的花、茎叶（地上部分营养结构，即茎＋叶）、茎秆和花序进行了精油提取。鉴定结果显示，植株地上部分的精油成分以 α- 蒎烯（图 4.6，物质 **4.18**）最多，占 31.9%，这一成分在茎秆中所占比例更多，高达 63.2%。地上部分的苧烯（物质 **4.20**）和月桂烯（物质 **4.19**）成分含量也比较高，分别为 27.5% 和 14.2%。茎秆中的苧烯成分所占比例仅为 10%，而它却是花序精油的主要成分，所占比例高达 34.1%。上述三种萜类物质是线叶黄菊地上部分全株所含精油的主要成分，分别占茎叶、茎秆和花序的 73.6%、85.2% 和 60.2%。此外，叶和花序中还存在罗勒烯（物质 **4.21**）成分，两种手性不同的成分之和分别占 10% 和 16.7%。这种物质在茎秆中含量很少，而从根中未能检测出。

黄顶菊全株植物精油成分以石竹烯（物质 **12.18**）、氧化石竹烯（物质 **12.19**）和 β- 法尼烯（物质 **12.20**）为主。线叶黄菊中也含有氧化石竹烯成分（4.9%），以及 β- 石竹烯（7.2%），但它们主要存在于根中，相对于三联噻吩（31.6%，物质 **12.15**）和 5-（3- 丁烯 -1- 炔基）-2,2′- 联二噻吩（39.5%，物质 **12.16**），它们显然不是主要成分。

由此可见，黄顶菊和线叶黄菊的精油主要（萜类）成分有很大的不同，前者主要为倍半萜，而后者主要为单萜。Umadevi 等（2005）在对腋花黄菊的研究中，还分离出一种三萜，即齐墩果酸（物质 **4.22**）。

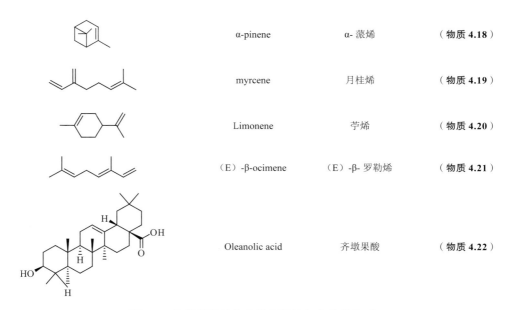

	α-pinene	α- 蒎烯	（物质 **4.18**）
	myrcene	月桂烯	（物质 **4.19**）
	Limonene	苧烯	（物质 **4.20**）
	（E）-β-ocimene	（E）-β- 罗勒烯	（物质 **4.21**）
	Oleanolic acid	齐墩果酸	（物质 **4.22**）

图 4.6　从黄菊属植物中分离到的部分萜类物质

2. 多炔类

多炔类物质（polyacetylene）是噻吩类物质生物合成的前体，从一些黄菊属植物中可以分离出这些物质，如 Bohlmann 和 Kleine（1963）从腋花黄菊中分离到的 1- 十三碳烯 -3,5,7,9,11- 五炔（物质 **4.23**）和 1,3,5- 十三碳三烯 -7,9,11- 三炔（物质 **4.24**），从线叶黄菊中分离出 1- 十一碳烯 -5,7,9- 三炔 -3,4- 二醇（物质 **4.25**）（Bohlmann et al.，1978）（图 4.7）。

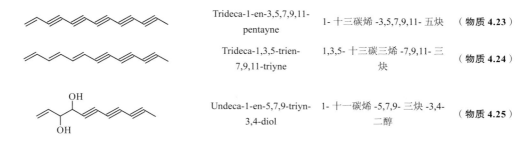

	Trideca-1-en-3,5,7,9,11-pentayne	1- 十三碳烯 -3,5,7,9,11- 五炔	（物质 **4.23**）
	Trideca-1,3,5-trien-7,9,11-triyne	1,3,5- 十三碳三烯 -7,9,11- 三炔	（物质 **4.24**）
	Undeca-1-en-5,7,9-triyn-3,4-diol	1- 十一碳烯 -5,7,9- 三炔 -3,4- 二醇	（物质 **4.25**）

图 4.7　从黄菊属植物中分离到的部分多炔类物质

3. 其他物质

已鉴定出的黄菊属植物的主要化学物质成分（黄酮醇类硫酸酯及葡萄糖氧苷）以黄酮醇类物质为骨架，具有多个酚羟基。即使其中一些羟基与其他物质作用形成硫酸酯或糖氧苷，但仍有酚羟存在。在某种意义上，这些物质也可视为多酚类物质。

事实上，在黄酮类物质的生物合成过程及其分支反应中，会涉及许多酚类物质，如对香豆酸（*p*-coumaric acid）、白藜芦醇（resveratrol）等（Winkel-Shirley，2001）。Zhang 等（2012）检测酚类物质总含量所用标样的阿魏酸（ferulic acid）及其前体咖啡酸都是对香豆酸后续反应的产物，此外，咖啡酸也是黄顶菊化学成分绿原酸（物质 **12.24**）的前体。同黄酮醇类物质类似，这些广义上的酚类物质具有较强的抗氧化活性。

印度学者在研究腋花黄菊化学成分时，除 6- 甲氧基 - 山奈酚（物质 **4.3**）和齐墩果酸（物质 **4.22**）外，还发现一种甾类物质，即 β- 谷甾醇 -β-D- 葡萄糖苷（物质 **4.26**）（Umadevi et al.，2005）（图 4.8）。

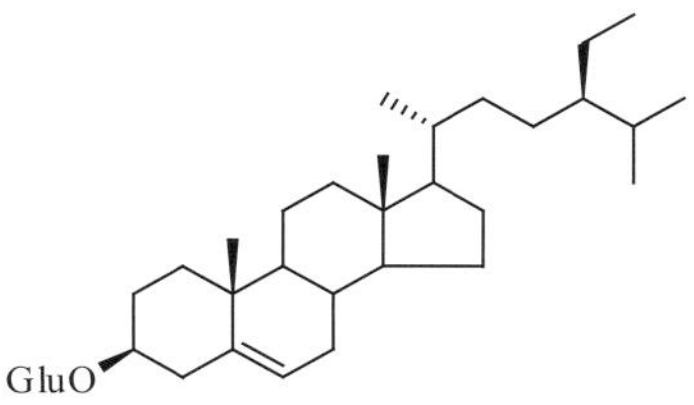

β-sitosterol-β-D-glucoside　　β- 谷甾醇 -β-D- 葡萄糖苷　　（**物质 4.26**）

图 4.8　腋花黄菊成分之一 β- 谷甾醇 -β-D- 葡萄糖苷

4. 小结和讨论

黄菊属的植物化学成分构成以黄酮醇类物质的衍生物为主，即相应的硫酸酯和葡萄糖氧苷。这些物质极性较强，易溶于水，是植株地上部分的主要组成成分。在多样性方面，由于处于进化地位较高的 C_4 黄菊属植物的磺基转移酶较为丰富，黄顶菊等植物的硫酸酯化程度高于同属其他非 C_4 植物。与多数植物相似，黄菊属植物植株地上部分非极性成分以挥发性的精油类成分为代表，且以烯萜类物质为主。C_4 植物黄顶菊的精油以倍半萜为主，I 型 C_3-C_4 中间型植物线叶黄菊以单萜为主，这是否是普遍现象还有待进一步研究。

黄菊属植物地下部分的主要植物化学成分以噻吩类物质为主，成分已知的 5 种植物多含有三联噻吩（物质 **12.15**）及 5-（3- 丁烯 -1- 炔基）-2,2′- 联二噻吩（物质 **12.16**）。噻吩类物质也是黄菊属植物地下部分精油的主要成分。

黄菊属植物化学研究多以寻找活性物质为开端，而这些生物活性主要基于植物传统医药实践的有关记载。无论是黄酮类物质还是酚类物质，由于其自身的抗氧化特性，都具有一定程度的抗菌和消炎功效。

作为黄酮类物质硫酸酯化研究的模式植物之一，黄菊属植物黄酮醇硫酸酯的生物功能尚不明确。而在黄色染料着色方面，狭叶黄顶菊黄酮醇葡萄糖氧苷所发挥的作用已较为清楚（详见第十二章第一节）。

自黄顶菊入侵中国以来，黄顶菊潜在化感作用的验证研究开展得较多，但多停留在以黄顶菊提取物处理作物或非作物植物的现象观察层面上，以及在此强大胁迫下受试植物的部分生理反应（通常缺乏阳性对照），或进一步开展以显色反应为手段的研究，而黄顶菊化感作用是否具有特异性、在植物竞争中发挥作用的程度、对成功入侵的贡献率、关键物质成分构成等方面的研究都还未涉及。

　　黄顶菊潜在抗虫特性及其活性物质有待研究。其中，光敏性杀虫剂三联噻吩在其中发挥的作用如何尚不明确。噻吩类物质在植株地上部分的含量很低，在自然条件下成为黄菊属植物对广大食叶、钻蛀害虫构成直接防御的活性成分的可能性不大，而挥发性烯萜类成分在直接防御和间接防御中是否能发挥作用尚不明确。噻吩类物质在植株地下部分的含量较高，是否对地下害虫或线虫有一定的控制作用，尚缺乏试验验证。另外，比较黄菊属入侵性物种和非入侵性物种，以及入侵性物种在原产地和入侵地环境下的化学成分组成、验证入侵植物的成功扩散是否有"新颖武器"（novel weapon hypothesis）的贡献、是否存在可塑性等也是今后研究的重点。

（郑　浩　张国良　付卫东）

表 4.3　黄菊属植物化学物质

类别	物质名称及甘元汉译	物质名称汉译	植物名称	提取部位	参考文献
黄酮类					
	芹菜素（图 4.1 物质 **4.1**）				
	unknown Apigenin sulphate	（未知）波叶黄菊 - 硫酸酯	腋花黄菊（*F. trinervis*）	叶	14, 15
	unknown Apigenin disulphate	（未知）波叶黄菊 - 二硫酸酯	腋花黄菊（*F. trinervis*）	叶	14, 15
	山奈酚（图 4.1 物质 **4.2**）				
	Kaempferol-3-sulphate	山奈酚 -3- 硫酸酯	布朗黄菊（*F. brownii*）	叶	14, 15
	putative Kaempferol-3-sulphate	（疑似）山奈酚 -3- 硫酸酯	腋花黄菊（*F. trinervis*）	叶	14, 15
	unknown Kaempferol disulphate	（未知）山奈酚 - 二硫酸酯	腋花黄菊（*F. trinervis*）	叶	14, 15
	unknown Kaempferol trisulphate	（未知）山奈酚 - 三硫酸酯	腋花黄菊（*F. trinervis*）	叶	14, 15
	Kaempfero-3-*O*-glucoside（Astragalin）	山奈酚 -3-*O*- 葡萄糖苷（紫云英苷）（图 12.2 物质 **12.10**）	狭叶黄顶菊（*F. haumanii*）	叶、茎、花苞	19, 25
			黄顶菊（*F. bidentis*）	全株	23
	6- 甲氧基 - 山奈酚（图 4.1 物质 **4.3**）				
	6-methoxykaempferol 3-sulphate	6- 甲氧基 - 山奈酚 -3- 硫酸酯	翼叶黄菊（*F. chloraefolia*）	叶	5
	6-methoxykaempferol 3-*O*-glusoside	6- 甲氧基 - 山奈酚 -3-*O*- 葡萄糖苷（图 12.2 物质 **12.11**）	布朗黄菊（*F. brownii*）	叶、茎	2
			狭叶黄顶菊（*F. haumanii*）	叶、茎、花苞	19
			黄顶菊（*F. bidentis*）	全株	23
	槲皮素（图 4.1 物质 **4.4**）				

续表

类别	物质名称及苷元汉译	物质名称汉译	植物名称	提取部位	参考文献
黄酮类	Quercetin-3-sulphate	槲皮素-3-硫酸酯（图 12.1 物质 **12.1**）	宽叶黄菊（*F. chloraefolia*）	叶	4
			佛州黄菊（*F. floridana*）	叶	14, 15
			狭叶黄顶菊（*F. haumanii*）	叶、茎、花苞	19, 25
			普林格尔黄菊（*F. pringlei*）	叶	14, 15
			线叶黄菊（*F. linearis*）	叶	14, 15
	Quercetin-3,7-disulphate	槲皮素-3,7-二硫酸酯（图 12.1 物质 **12.2**）	佛州黄菊（*F. floridana*）	叶	14, 15
			狭叶黄顶菊（*F. haumanii*）	叶	19
	Quercetin-3,3'-disulphate	槲皮素-3,3'-二硫酸酯	布朗黄菊（*F. brownii*）	叶	14, 15
			宽叶黄菊（*F. chloraefolia*）	叶	6
	Quercetin-3,4'-disulphate	槲皮素-3,4'-二硫酸酯（图 12.1 物质 **12.3**）	宽叶黄菊（*F. chloraefolia*）	叶	6
			狭叶黄顶菊（*F. haumanii*）	叶	12
	Quercetin-3,7,3'-trisulphate	槲皮素-3,7,3'-三硫酸酯（图 12.1 物质 **12.4**）	**黄顶菊（*F. bidentis*）**	叶	13
	Quercetin-3,7,4'-trisulphate	槲皮素-3,7,4'-三硫酸酯（图 12.1 物质 **12.5**）	布朗黄菊（*F. brownii*）	叶	14, 15
			狭叶黄顶菊（*F. haumanii*）	叶	12
	Quercetin-3-acetyl-7,3',4'-trisulphate	槲皮素-3-乙酰基-7,3',4'-三硫酸酯（图 12.1 物质 **12.6**）	**黄顶菊（*F. bidentis*）**	叶	10
	Quercetin 3,7,3',4'-tetrasulphate	槲皮素-3,7,3',4'-四硫酸酯（图 12.1 物质 **12.7**）	**黄顶菊（*F. bidentis*）**	叶	16
			狭叶黄顶菊（*F. haumanii*）	叶、茎、花苞	19

续表

类别	物质名称及音元汉译	物质名称汉译	植物名称	提取部位	参考文献
黄酮类	Quercetin-3-glucoside (Isoquercetin)	槲皮素-3-O-葡萄糖苷（异槲皮苷）（图12.2 物质 **12.12**）	狭叶黄顶菊 (*F. haumanii*)		25
	鼠李素（图4.1 物质 **4.5**）		黄顶菊 (*F. bidentis*)	全株	23
	putative Rhamnetin-3-sulphate	（疑似）鼠李素-3-硫酸酯	佛州黄菊 (*F. floridana*)	叶	14, 15
	异鼠李素（图4.1 物质 **4.6**）		线叶黄菊 (*F. linearis*)	叶	14, 15
	Isorhamnetin 3-sulphate	异鼠李素-3-硫酸酯（图12.1 物质 **12.8**）	佛州黄菊 (*F. floridana*)	叶	14, 15
	putative Isorhamnetin 3-sulphate	（疑似）异鼠李素-3-硫酸酯	狭叶黄顶菊 (*F. haumanii*)	叶，茎，花苞	19
	Isorhamnetin 3,7-disulfate	异鼠李素-3,7-二硫酸酯（图12.1 物质 **12.9**）	黄顶菊 (**F. bidentis**)	全株	24
	unknown Isorhamnetin trisulfate	（未知）异鼠李素-三硫酸酯	腋花黄菊 (*F. trinervis*)	叶	14, 15
	Isorhamnetin-3-O-glucoside	异鼠李素-3-O-葡萄糖苷（图12.2 物质 **12.13**）	狭叶黄顶菊 (*F. haumanii*)	花	11
	商陆黄素（图4.1 物质 **4.7**）		腋花黄菊 (*F. trinervis*)	叶	14, 15
	Ombuin-3-sulphate	商陆黄素-3-硫酸酯	狭叶黄顶菊 (*F. haumanii*)	全株	25
	万寿菊素（图4.1 物质 **4.8**）		荧叶黄菊 (*F. chloraefolia*)	叶	7
	Patuletin-3-sulphate	万寿菊素-3-硫酸酯	荧叶黄菊 (*F. chloraefolia*)	叶	4

续表

类别	物质名称及甘元汉译	物质名称汉译	植物名称	提取部位	参考文献
黄酮类	putative Patuletin-3-sulphate	（疑似）万寿菊素-3-硫酸酯	普林格尔黄菊（*F. pringlei*）	叶	14, 15
	Patuletin-3,3'-disulphate	万寿菊素-3,3'-二硫酸酯	线叶黄菊（*F. linearis*）	叶	14, 15
	unknown Patuletin trisulphate	（未知）万寿菊素-三硫酸酯	佛州黄菊（*F. floridana*）	叶	14, 15
	Patuletin-3-*O*-glucoside	万寿菊素-3-*O*-葡萄糖苷（图12.2物质**12.14**）	布朗黄菊（*F. brownii*）	叶	14, 15
			贡叶黄菊（*F. chloraefolia*）	叶	6
			佛州黄菊（*F. floridana*）	叶	14, 15
			腋花黄菊（*F. trinervis*）	地上部分	20
			线叶黄菊（*F. linearis*）	地上部分	20
			狭叶黄顶菊（*F. haumanii*）	叶、茎、花苞	19, 25
			黄顶菊（*F. bidentis*）	全株	23
	半齿泽兰素（图4.1物质**4.9**） Eupatolitin-3-sulphate	半齿泽兰素-3-硫酸酯	贡叶黄菊（*F. chloraefolia*）	叶	5
	泽兰黄醇素（图4.1物质**4.10**） Eupatia-3-sulphate	泽兰黄醇素-3-硫酸酯	贡叶黄菊（*F. chloraefolia*）	叶	5
	3'-去羟-4'-去甲泽兰黄醇素（图4.1物质**4.11**） Eupalitin-3-sulphate	3'-去羟-4'-去甲泽兰黄醇素-3-硫酸酯	贡叶黄菊（*F. chloraefolia*）	叶	5

续表

类别	物质名称及苷元汉译	物质名称汉译	物质名称	植物名称	提取部位	参考文献
黄酮类	菠叶素 (图 4.1 物质 **4.12**)	菠叶素 -3- 硫酸酯	Spinacetin-3-sulphate	贾叶黄菊 (*F. chloraefolia*)	叶	5
其他酚类		丁羟甲苯 (图 12.6 物质 **12.21**)	Butylated hydroxytoluene	黄顶菊 (***F. bidentis***)	根	27
		绿原酸 (图 12.7 物质 **12.24**)	Chlorogenic acid	黄顶菊 (***F. bidentis***)	地上部分	21
酞酸酯类		邻苯二甲酸二异丁酯 (图 12.7 物质 **12.25**)	Diisobutyl phthalate	黄顶菊 (***F. bidentis***)	地上部分	21
		邻苯二甲酸二辛酯 (图 12.6 物质 **12.22**)	Di-n-octyl phthalate	黄顶菊 (***F. bidentis***)	根	27
		邻苯二甲酸单 (2- 乙基己基) 酯 (图 12.6 物质 **12.23**)	Mono (2-ethylhexyl) phthalate	黄顶菊 (***F. bidentis***)	根	27
萜类		(E) -β- 罗勒烯 (图 4.6 物质 **4.21**)	(E) -β-ocimene	线叶黄菊 (*F. linearis*)	叶、花	17
		α- 派烯 (图 4.6 物质 **4.18**)	α-pinene	线叶黄菊 (*F. linearis*)	茎、茎叶、花	17
		β- 法尼烯 (图 12.5 物质 **12.20**)	β-farnesene	黄顶菊 (***F. bidentis***)	地上部分	26、28
		齐墩果酸 (图 4.6 物质 **4.22**)	Oleanolic acid	腋花黄菊 (*F. trinervis*)	叶	18

续表

类别	物质名称及甘元汉译	物质名称汉译	植物名称	提取部位	参考文献
	Caryophyllene	石竹烯（图12.5 物质 **12.18**）	黄顶菊（*F. bidentis*）	地上部分	26, 28
	Caryophyllene oxide	氧化石竹烯（图12.5 物质 **12.19**）	黄顶菊（*F. bidentis*）	地上部分	17, 26
	myrcene	月桂烯（图4.6 物质 **4.19**）	线叶黄菊（*F. linearis*）	茎、叶、花	17
	Limonene	苧烯（图4.6 物质 **4.20**）	线叶黄菊（*F. linearis*）	茎、叶、花	17
噻吩类	α-terthienyl	α-三联噻吩（图12.3 物质 **12.15**）	黄顶菊（*F. bidentis*）	地上、根	1, 22
			贯叶黄菊（*F. chloraefolia*）	不明	9
			狭叶黄菊（*F. haumanii*）	根	1
			线叶黄菊（*F. linearis*）	根、茎	17
			腋花黄菊（*F. trinervis*）	叶、根、茎、果	3, 8
	5-（3-buten-1-ynyl）-2,2'-bithienyl	5-（3-丁烯-1-炔基）-2,2'-联二噻吩（图12.3 物质 **12.16**）	黄顶菊（*F. bidentis*）	地上、根	1, 22
			线叶黄菊（*F. linearis*）	根、茎	17
	5-（3-penten-1-ynyl）-2,2'-bithienyl	5-（3-戊烯-1-炔基）-2,2'-联二噻吩（图12.3 物质 **12.17**）	贯叶黄菊（*F. chloraefolia*）	不明	9
	5'-methyl-5-（but-3-en-1-ynyl）-2,2'-bithiophene	5'-甲基-5-（3-丁烯-1-炔基）-2,2'-联二噻吩（图4.5 物质 **4.14**）	黄顶菊（*F. bidentis*）	全株	22
			线叶黄菊（*F. linearis*）	根、茎	17

续表

类别	物质名称及甘元汉译	物质名称汉译	植物名称	提取部位	参考文献
	2-(but-3-en-1-ynyl)-5-(penta-1,3-diyn-1-yl)-thiophene	2-(3-丁烯-1-炔基)-5-(1,3-戊二炔基)-噻吩 物质 **4.13**	线叶黄菊 (F. linearis)	根,茎,花	17
	5'-(but-3-en-1-ynyl)-5-(acetoxyl-meth-1-yl)-2,2'-bithiophene	5'-(3-丁烯-1-炔基)-5-(乙酰氧基-甲-1-烷基)-2,2'-联二噻吩 (图 4.5 物质 **4.15**)	贯叶黄菊 (F. chloraefolia)	不明	9
	5-(3,4-dihydroxy-but-1-ynyl)-2,2'-bithiophene	5-(3,4-二羟基-丁-1-炔基)-2,2'-联二噻吩 (图 4.5 物质 **4.16**)	贯叶黄菊 (F. chloraefolia)	不明	9
	5-(3,4-diacetoxy-but-1-ynyl)-2,2'-bithiophene	5-(3,4-二乙酰氧基-丁-1-炔基)-2,2'-联二噻吩 物质 **4.17**	贯叶黄菊 (F. chloraefolia)	根	9
其他多炔					
	Trideca-1-en-3,5,7,9,11-pentayne	1-十三碳烯-3,5,7,9,11-五炔 (图 4.7 物质 **4.23**)	腋花黄菊 (F. trinervis)	未知	8
	Trideca-1,3,5-trien-7,9,11-triyne	1,3,5-十三碳三烯-7,9,11-三炔 (图 4.7 物质 **4.24**)	腋花黄菊 (F. trinervis)	未知	8
	Undeca-1-en-5,7,9-triyn-3,4-diol	1-十一碳烯-5,7,9-三炔-3,4-二醇 (图 4.7 物质 **4.25**)	线叶黄菊 (F. linearis)	未知	9
甾类					
	β -sitosterol- β -D-glucoside	β-谷甾醇-β-D-葡萄糖苷 (图 4.8 物质 **4.26**)	腋花黄菊 (F. trinervis)	叶	18

1：Agnese et al.，1999；2：Al-Khubaizi et al.，1978；3：Arnason et al.，1983；4：Barron et al.，1986；5：Barron et al.，1987a；6：Barron and Ibrahim，1987a；7：Barron and Ibrahim，1988；8：Bohlmann and Kleine，1963；9：Bohlmann et al.，1978；10：Cabrera and Juliani，1976；11：Cabrera and Juliani，1977；12：Cabrera and Juliani，1979；13：Cabrera et al.，1985；14：Hannoufa et al.，1994；15：Hannoufa，1991；16：Pereyra De Santiago and Juliani，1972；17：Priestap et al.，2008；18：Umadevi et al.，2005；19：Varin et al.，1986；20：Wagner et al.，1971；21：Wei et al.，2011；22：Wei et al.，2012；23：Xie et al.，2010；24：Xie et al.，2012；25：Zhang et al.，2007；26：本章；27：商闯，2011；28：闫宏，2010

参 考 文 献

蒋志胜, 尚稚珍, 万树青, 等. 2000. 典型光活化杀虫剂 A- 三噻吩的 HPLC 分析. 农药学学报, 2（2）: 83-88.

蒋志胜, 尚稚珍, 万树青, 等. 2001. 光活化农药的研究与应用. 农药学学报, 3（1）: 1-5.

商闯. 2011. 黄顶菊根系分泌物的化感作用及根系分泌物中活性成分分析. 河北农业大学硕士研究生学位论文.

万树青, 徐汉虹, 赵善欢, 等. 2000. 光活化多炔类化合物对蚊幼虫的毒力. 昆虫学报, 43（3）: 264-270.

闫宏. 2010. 黄顶菊抑菌杀虫活性物质的分离. 仲恺农业工程学院硕士研究生学位论文.

颜增光, 蒋志胜, 杜育哲, 等. 2004. 光活化毒素 α-T 对棉铃虫和亚洲玉米螟离体水解酶系的影响. 南开大学学报（自然科学版）, 36（1）: 50-54.

张玲敏, 张倩, 吕慧芳, 等. 2005. α- 三噻吩对白纹伊蚊抗溴氰菊酯品系幼虫的毒杀作用. 暨南大学学报（医学版）, 26（6）: 771-775.

Agnese A M, Montoya S N, Espinar L A, et al. 1999. Chemotaxonomic features in Argentinian species of *Flaveria* （Compositae）. Biochemical Systematics and Ecology, 27（7）: 739-742.

Al-Khubaizi M S, Mabry T J, Bacon J. 1978. 6-methoxykaempferol-3-*O*-glucoside from *Flaveria brownii*. Phytochemistry, 17（1）: 163.

Al-Khubaizi M S. 1977. Sulfated and Nonsulfated Flavonoids from *Flaveria*, *Sartwellia* and *Haploesthes*. University of Texas at Austin, Ph. D. Dissertation.

Ananvoranich S, Gulick P, Ibrahim R K. 1995. Flavonol sulfotransferase-like cDNA clone from *Flaveria bidentis*. Plant Physiology, 107（3）: 1019-1020.

Ananvoranich S, Varin L, Gulick P, et al. 1994. Cloning and regulation of flavonol 3-Sulfotransferase in cell-suspension cultures of *Flaveria bidentis*. Plant Physiology, 106（2）: 485-491.

Arnason T, Morand P, Salvador J, et al. 1983. Phototoxic substances from *Flaveria trinervis* and *Simira salvadorensis*. Phytochemistry, 22（2）: 594-595.

Arroo R R J, Jacobs J J M R, de Koning E A H, et al. 1995. Thiophene interconversions in *Tagetes patula* hairy-root cultures. Phytochemistry, 38（5）: 1193-1197.

Barron D, Colebrook L D, Ibrahim R K. 1986. An equimolar mixture of quercetin 3-sulphate and patuletin 3-sulphate from *Flaveria chloraefolia*. Phytochemistry, 25（7）: 1719-1721.

Barron D, Ibrahim R K. 1987b. Quercetin patuletin 3, 3' disulfates *Flaveria chloraefolia*. Phytochemistry, 26（4）: 1181-1184.

Barron D, Ibrahim R K. 1987a. 6-Methoxyflavonol 3-monosulfates from *Flaveria chloraefolia*. Phytochemistry, 26（7）: 2085-2088.

Barron D, Ibrahim R K. 1988. Ombuin 3-sulphate from *Flaveria chloraefolia*. Phytochemistry, 27（7）: 2362-2363.

Barron D, Varin L, Ibrahim R K, et al. 1988. Sulphated flavonoids——an update. Phytochemistry, 27（8）: 2375-2395.

Barron D. 1987. Advances in the phytochemistry, organic synthesis, spectral analysis and enzymatic synthesis of sulfated flavonoids. Concordia University, Ph.D. Dissertation.

Bohlmann F, Burkhardt T, Zdero C. 1973. Naturally occurring acetylenes. London and New York: Academic Press.

Bohlmann F, Kleine K M. 1963. Polyacetylenverbindungen. 47. die polyine aus *Flaveria repanda* Lag. Chemische Berichte-Recueil, 96（5）: 1229-1233.

Bohlmann F, Lonitz M, Knoll K-H. 1978. Neue lignan-derivate aus der tribus heliantheae. Phytochemistry, 17（2）: 330-331.

Bohlmann F, Seyberli A. 1965. Polyacetylenverbindungen. 85. synthese der cis. trans-isomeren thioenolatherpolyine aus *Flaveria repanda* Lag. Chemische Berichte-Recueil, 98（9）: 3015-3019.

Brunet G, Ibrahim R K. 1980. O-methylation of flavonoids by cell-free extracts of calamondin orange. Phytochemistry, 19（5）: 741-746.

Cabrera J L, Juliani H R, Gros E G. 1985. Quercetin 3, 7, 3'-trisulphate from *Flaveria bidentis*. Phytochemistry, 24（6）: 1394-1395.

Cabrera J L, Juliani H R. 1976. Quercetin-3-acetyl-7, 3', 4'-trisulphate from *Flaveria bidentis*. Lloydia-the Journal of Natural

Products, 39（4）: 253–254.

Cabrera J L, Juliani H R. 1977. Isorhamnetin 3,7-disulfate from *Flaveria bidentis*. Phytochemistry, 16（3）: 400.

Cabrera J L, Juliani H R. 1979. Two new quercetin sulphates from leaves of *Flaveria bidentis*. Phytochemistry, 18（3）: 510–511.

De Luca V, Ibrahim R K. 1985. Enzymatic synthesis of polymethylated flavonols in Chrysosplenium americanum. I. Partial purification and some properties of S-adenosyl-l-methionine: Flavonol 3-, 6-, 7-, and 4'-O-methyltransferases. Archives of Biochemistry and Biophysics, 238（2）: 596–605.

Downum K R, Provost D, Swain L. 1988. Acetylenic thiophenes & C_4 photosynthesis: Their evolutionary relationship in the Asteraceae. *In:* Lam J, Breteler H, Arnason T, et al. Chemistry & Biology of Naturally-Occurring Acetylenes & Related Compounds（NOARC）. Amsterdam: Elsevier: 151–158.

Faulkner I J, Rubery P H. 1992. Flavonoids and flavonoid sulphates as probes of auxin-transport regulation in *Cucurbita pepo* hypocotyl segments and vesicles. Planta, 186（4）: 618–625.

Gidda S K, Varin L. 2006. Biochemical and molecular characterization of flavonoid 7-sulfotransferase from *Arabidopsis thaliana*. Plant Physiology and Biochemistry, 44（11–12）: 628–636.

Halbwirth H, Forkmann G, Stich K. 2004. The A-ring specific hydroxylation of flavonols in position 6 in *Tagetes* sp. is catalyzed by a cytochrome P450 dependent monooxygenase. Plant Science, 167（1）: 129–135.

Hannoufa A, Brown R H, Ibrahim R K. 1994. Variations in flavonoid sulphate patterns in relation to photosynthetic types of five *Flaveria* species. Phytochemistry, 36（2）: 353–356.

Hannoufa A, Varin L, Ibrahim R K. 1991. Spatial distribution of flavonoid conjugates in relation to glucosyltransferase and sulfotransferase activities in *Flaveria bidentis*. Plant Physiology, 97（1）: 259–263.

Hannoufa A. 1991. Flavonoid sulfates : Distribution and regulation of biosynthesis in *Flaveria* spp., in Biology. Concordia University, Master's Thesis.

Harborne J B. 1975. Flavonoid sulphates: A new class of sulphur compounds in higher plants. Phytochemistry, 14（5–6）: 1147–1155.

Hernandez-Sebastia C, Varin L, Marsolais F. 2008. Sulfotransferases from plants, algae and phototrophic bacteria. *In:* Hell R, Dahl C, Knaff D, et al. Advances in Photosynthesis and Respiration: Netherland: Springer: 111–130.

Ibrahim R K, Bruneau A, Bantignies B. 1998. Plant *O*-methyltransferases: Molecular analysis, common signature and classification. Plant Molecular Biology, 36（1）: 1–10.

Ibrahim R K. 2005. A forty-year journey in plant research: Original contributions to flavonoid biochemistry. Canadian Journal of Botany-Revue Canadienne De Botanique, 83（5）: 433–450.

Jacobs M, Rubery P H. 1988. Naturally Occurring Auxin Transport Regulators. Science, 241（4863）: 346–349.

Jiang Z, Shang Z, Wan S, et al. 2000. Photosensitive effects of two chemicals on superoxide dimutase activity in *Pieris rapae* Larvae. 农药学学报, 3（1）: 36–40.

Kim B-G, Lee Y, Hur H-G, et al. 2006. Flavonoid 3'-*O*-methyltransferase from rice: cDNA cloning, characterization and functional expression. Phytochemistry, 67（4）: 387–394.

Kim B-G, Sung S, Chong Y, et al. 2010. Plant flavonoid *O*-Methyltransferases: Substrate specificity and application. Journal of Plant Biology, 53（5）: 321–329.

Margl L, Eisenreich W, Adam P, et al. 2001. Biosynthesis of thiophenes in *Tagetes patula*. Phytochemistry, 58（6）: 875–881.

Marsolais F, Gidda S K, Boyd J, et al. 2000. Plant soluble sulfotransferases: Structural and functional similarity with mammalian enzymes. Evolution of Metabolic Pathways, 34: 433–456.

Marsolais F, Varin L. 1995. Identification of amino acid residues critical for catalysis and cosubstrate binding in the flavonol 3-sulfotransferase. Journal of Biological Chemistry, 270（51）: 30458–30463.

Marsolais F, Varin L. 1997. Mutational analysis of domain II of flavonol 3-sulfotransferase. European Journal of Biochemistry, 247（3）: 1056–1062.

Minto R E, Blacklock B J. 2008. Biosynthesis and function of polyacetylenes and allied natural products. Progress in Lipid Research, 47（4）: 233–306.

Peer W A, Murphy A S. 2007. Flavonoids and auxin transport: Modulators or regulators? Trends in Plant Science, 12（12）: 556–563.

Pereyra De Santiago O J, Juliani H R. 1972. Isolation of quercetin 3, 7, 3', 4'-tetrasulphate from *Flaveria bidentis* L. Otto Kuntze. Experientia（Basel）, 28（4）: 380–381.

Priestap H A, Bennett B C, Quirke J M E. 2008. Investigation of the essential oils of *Bidens pilosa* var. *minor*, *Bidens alba* and *Flaveria linearis*. Journal of Essential Oil Research, 20（5）: 396–402.

Schuetz R D, Waggoner T B, Byerrum R U. 1965. Biosynthesis of 2, 2';5', 2″-Terthienyl in the Common Marigold. Biochemistry, 4（3）: 436–440.

Strother J L. 1977. Tageteae — systematic review. *In:* Heywood V H, Harborne J B, Turner B L. The biology and chemistry of the Compositae. Vol. 2. London: Academic Press: 769–783.

Umadevi S, Mohanta G P, Balakrishna K, et al. 2005. Phytochemical Investigation of the Leaves of *Flaveria trinervia*. Natural Prodcut Sciences, 11（1）: 13–15.

Varin L, Barron D, Ibrahim R. 1986. Identification and biosynthesis of sulfated and glucosylated flavonoids in *Flaveria bidentis*. Zeitschrift Fur Naturforschung, 41c: 813–819.

Varin L, Chamberland H, Lafontaine J G, et al. 1997a. The enzyme involved in sulfation of the turgorin, gallic acid 4-O-（beta-D-glucopyranosyl-6'-sulfate）is pulvini-localized in *Mimosa pudica*. Plant Journal, 12（4）: 831–837.

Varin L, Deluca V, Ibrahim R K, et al. 1992. Molecular characterization of two plant flavonol sulfotransferases. Proceedings of the National Academy of Sciences of the United States of America, 89（4）: 1286–1290.

Varin L, Ibrahim R K. 1989. Partial purification and characterization of three flavonol-specific sulfotransferases from *Flaveria chloraefolia*. Plant Physiology, 90（3）: 977–981.

Varin L, Ibrahim R K. 1991. Partial Purification and Some Properties of Flavonol 7-Sulfotransferase from *Flaveria bidentis*. Plant Physiology, 95（4）: 1254–1258.

Varin L, Ibrahim R K. 1992. Novel flavonol 3-sulfotransferase. Purification, kinetic properties, and partial amino acid sequence. Journal of Biological Chemistry, 267（3）: 1858–1863.

Varin L, Marsolais F, Richard M, et al. 1997b. Biochemistry and molecular biology of plant sulfotransferases. Faseb Journal, 11（7）: 517–525.

Varin L. 1990. Enzymology of flavonoid sulfation : Purification, characterization and molecular cloning of a number of flavonol sulfotransferases from *Flaveria* spp. Concordia University. Ph.D. Dissertation.

Varin L. 1992. Flavonoid sulfation: Phytochemistry, enzymology and molecular biology. Phenolic Metabolism in Plants, 26: 233–254.

Wagner H, Iyengar M A, Horhamme L, et al. 1971. Patuletin-3-*O*-beta glucosid in *Flaveria* Arten. Phytochemistry, 10（11）: 2824–2825.

Wei Y, Gao Y, Xie Q, et al. 2011. Isolation of chlorogenic acid from *Flaveria bidentis*（L.）Kuntze by CCC and synthesis of chlorogenic acid-intercalated layered double hydroxide. Chromatographia, 73（Supplement 1）: 97–102.

Wei Y, Zhang K, Yin L, et al. 2012. Isolation of bioactive components from *Flaveria bidentis*（L.）Kuntze using high-speed counter-current chromatography and time-controlled collection method. Journal of Separation Science, 35（7）: 869–874.

Winkel-Shirley B. 2001. Flavonoid biosynthesis. A colorful model for Genetics, Biochemistry, Cell Biology, and Biotechnology. Plant Physiology, 126（2）: 485–493.

Xie Q Q, Wei Y, Zhang G L. 2010. Separation of flavonol glycosides from *Flaveria bidentis*（L.）Kuntze by high-speed counter-current chromatography. Separation and Purification Technology, 72（2）: 229–233.

Xie Q, Yin L, Zhang G, et al. 2012. Separation and purification of isorhamnetin 3-sulphate from *Flaveria bidentis*（L.）Kuntze by counter-current chromatography comparing two kinds of solvent systems. Journal of Separation Science, 35（1）: 159–165.

Zechmeister L, Sease J W. 1947. A Blue-fluorescing compound, terthienyl, isolated from marigolds. Journal of the American Chemical Society, 69（2）: 273–275.

Zhang F J, Guo J Y, Chen F X, et al. 2012. Assessment of allelopathic effects of residues of *Flaveria bidentis*（L.）Kuntze on wheat seedlings. Archives of Agronomy and Soil Science, 58（3）: 257–265.

Zhang X, Boytner R, Cabrera J L, et al. 2007. Identification of yellow dye types in pre-Columbian Andean textiles. Analytical Chemistry, 79（4）: 1575–1582.

第五章　黄顶菊发生与危害 [①]

第一节　黄顶菊发生与调查

1. 黄顶菊在我国的发现及鉴定

2001～2003 年，南开大学唐廷贵教授注意到，在校园西门内附近杂草丛生的荒地上生长着一种陌生的植物。这种植物最初出现在建筑工地或荒地上，但向西方向扩散的速度很快。就在这几年间，西门外逐渐也有黄顶菊发生。最终，黄顶菊越过白堤路，蔓延至路西的建筑工地。在查阅我国植物记录文献无果后，唐教授将标本委托梁宇博士送至中国科学院北京植物研究所进行鉴定。

2002 年 10 月，河北省衡水学院郑云翔教授在衡水湖地区进行资源调查期间，在湖东岸原冀衡农场附近（现 106 国道路西 18 路公共汽车站），也发现上述陌生植物，随后，在冀衡农场宿舍区 [②] 采集了植物标本 [③]（图版 5.I-B）。在之后近半年的时间，郑教授查阅了大量文献资料，仍无法对标本作出鉴定，随即将标本寄往中国科学院北京植物研究所。

著名菊科分类学家陈艺林先生和植物生态学家高贤明博士于 2003 年 3～4 月收到来自河北衡水郑云翔教授以及南开大学唐廷贵教授等采到的花枝标本。高贤明博士于 5 月底和梁宇博士前往天津，与唐教授以及高玉葆博士等一起对南开大学校区进行实地考察。此时，黄顶菊在校园内发生较广，发生地主要集中在在建或废弃的建筑工地，并见于操场周围、墙根等处，但在养护较好的人工草地内并无发生。

陈艺林先生在查阅《植物自然科志》（*Die Natürlichen Pflanzenfamilien*）（Hoffmann，1894）后，初步确认相关标本为 *Flaveria* 属附图所指的 *F. contrayerba* [④]（图版 5.I-A）。

北京师范大学植物分类学家刘全儒博士于 2003 年 10 月中旬在河北衡水湖湿地植物调查中，在湖东岸附近的公路边也发现了这种植物（图版 5.I-F～G），并采集了标本。（图版 5.I-H）在查阅《北美植物图志》（*An Illustrated Flora of the Northern United States, Canada and the British Possessions*）（Britton and Brown，1913）后，刘全儒博士确定，标本属此前在我国并无记载的菊科 *Flaveria* 属。该文献收录 *Flaveria* 属植物仅一种，为 *F. campestris*，并配有附图（图版 5.I-I），但形态与待鉴定标本显著不同。

两位鉴定人在交流后，确认这种陌生的植物是曾被命名为 *F. contrayerba* 的 *F. bidentis*。在核对有关植物照片后，澳大利亚杂草学家 Roderick Peter Randall 博士在给高贤明博士的答复中也确认，上述植物即 *F. bidentis*，同发生于澳大利亚的 *F. bidentis* 形态一致。至此，*F. bidentis* 是一种入侵我国的外来植物已无疑问。

---

① 黄顶菊在我国台湾地区也有零星发生，相关内容不在本章讨论。因此，本章内容所涉地域为我国大陆地区，不包括台湾省。本章图版照片摄影作者，除另作标明外，皆为郑浩。

② 即张国良等（2010b）提及的"湖东小村"。

③ 根据中国科学院植物研究所植物标本馆（北京）馆藏记录，郑云翔教授采集标本馆藏条码为PE01711702（图版5.I-B）和PE01711703，采集时间为2002年10月25日。

④ 原文中 *F. contrayerva*（图版5.I-A）为印刷错误。

图版 5.I　黄顶菊入侵我国的发现和确认

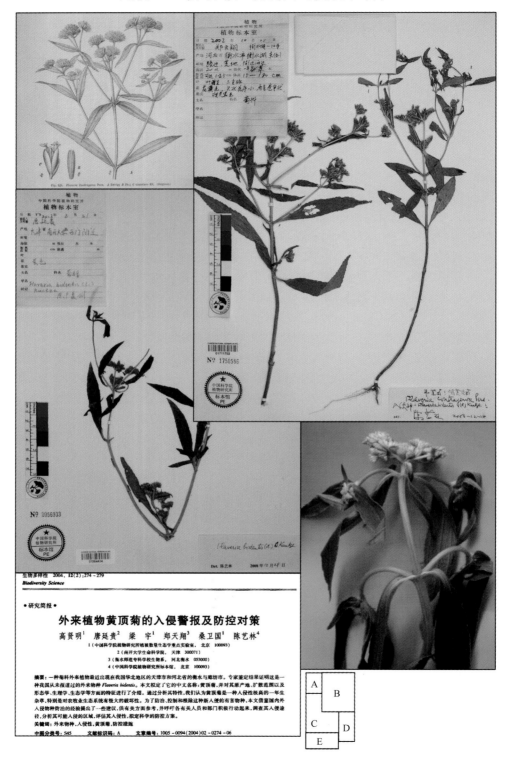

图版5.I 黄顶菊入侵我国的发现和确认（续）

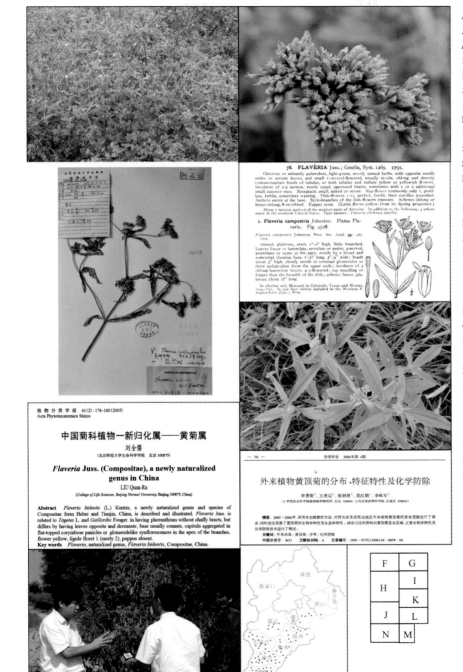

A.《植物自然科志》（*Die Natürlichen Pflanzenfamilien*）书影，示黄顶菊插图；B. 郑云翔教授采集标本（河北衡水湖，2002 年 10 月 25 日，馆藏条码 PE01711702）；C. 唐廷贵教授采集标本（天津南开大学，2003 年 8 月 31 日，馆藏条码 PE01564434）；D. 高贤明博士等采集失水植物图（天津南开大学）；E. 高贤明等（2004）综述书影，文中作者之一郑天翔为印刷错误，应为郑云翔；F. 刘全儒博士等发现的黄顶菊，示发生（王辰，河北衡水湖，2003 年 10 月 19 日）；G. 刘全儒博士等发现的黄顶菊，示复合花序特写（王辰，河北衡水湖，2003 年 10 月 19 日）；H. 刘全儒博士采集标本（河北衡水湖，2003 年 10 月 18 日，馆藏编号 BNU200310070）；I.《北美植物图志》（*An Illustrated Flora of the Northern United States, Canada and the British Possessions*）书影，示黄菊属描述及碱地黄菊插图；J. 刘全儒（2005）书影；K. 李香菊博士在生态踏勘中发现的黄顶菊（李香菊，河北邯郸，2005 年 8 月 23 日）；L. 李香菊等（2006）书影；M. 2006 年黄顶菊发生发布地简图；N. 张国良博士就外来植物黄顶菊入侵接受中央电视台采访（付卫东，河北献县，2006 年 9 月）。

B、C 所示标本藏于中国科学院植物研究所标本馆（北京）（PE），由王忠涛老师提供，在此特表感谢；H 所示标本藏于北京师范大学生命科学学院植物标本室（BNU）；F ～ H. 由刘全儒博士提供，在此特表感谢；K、M. 由李香菊博士提供，在此特表感谢。

2004 年 1 月 9 日，《中国生物入侵警报》发布了黄顶菊入侵我国的相关信息（高贤明等，2004a[①]），随后，高贤明等（2004a）对这种植物展开了系统的信息调查，并以其为依据，对这种植物的入侵性、在我国的分布现状、入侵的发展趋势及防控对策进行了分析（图版 5.I-E）。与此同时，刘全儒（2005）根据上述标本和在天津的补充采集标本（2004 年 6 月），对发生于我国的 *F. bidentis* 标本进行了描述（图版 5.I-J）。

对于属名的汉译，老一辈植物学家陈艺林先生等倾向音译，即"弗莱菊属"[②]；刘全儒（2005）在查阅相关文献后，发现有直译在先，即"黄菊属"；而高贤明等（2004b）根据英文名（yellowtop）意译，即"黄顶菊属"。在种名的汉译上，刘全儒（2005）将其直译为"二齿黄菊"，高贤明等（2004a）在系统综述中采用其俗名，即"黄顶菊"，后者现已被广为接受。

上述两篇文献发表后，立即在社会各界引起巨大反响。2005 ～ 2006 年，李香菊等（2006）通过生态踏勘的方法，对河北省及周边地区进行了调查，明确了黄顶菊在我国的发生范围（图版 5.I-M），并提出了具体的化学防除对策（图版 5.I-L）。这三篇文献为此后我国黄顶菊的研究和防控打下了坚实的基础。

2. 黄顶菊种群分布调查

自黄顶菊在天津和衡水湖（黄顶菊在两地发生现状分别见图版 5.II 和图版 5.III）发现以来，其发生面积越来越大。2008 ～ 2010 年，根据《外来入侵植物监测技术规程——黄顶菊》（张国良等，2010c）提出的调查方法，有关省（直辖市）植保环保部门[③] 在北京、天津、河北、山东开展了黄顶菊的普查工作（张国良等，2010a）。各省（直辖市）植保环保人员根据制定的标准，对北京市 13 个区县，天津市 6 个区县，河北省 110 个县（市），山东省 139 个县（市），河南省 138 个县（市）开展黄顶菊疫情普查。调查结果显示，目前在北京市自然环境内未发现黄顶菊；天津市黄顶菊发生面积共约 10 826 亩[④]，涉及汉沽区、静海县、西青县和蓟县；河北省 77 个县开展了黄顶菊发生情况监测，对其中具有代表性的 50 个县、101 个乡、347 个村按照黄顶菊发生危害程度的标准方法进行了覆盖度、危害程度调查分析，全省黄顶菊发生面积已由 2008 年的 56 万亩下降到了目前的约 34.5 万亩。在山东省聊城东昌府区和临清市以及德州市夏津县的栾庄、宋楼乡的乡村路边、空地发现有黄顶菊发生；在河南省仅安阳市有发生。

1）发生区域

据李香菊等（2006）援引河北省植物保护总站、天津市植物保护站[⑤] 及河南安阳市农业局 2006 年的普查数据（下称 2006 年数据），当时黄顶菊的发生范围主要集中于河北省中南部，且南及河南省安阳县[⑥]。河北的发生地涉及保定、石家庄、邢台、沧州、衡水、邯郸、廊坊等 7 市 54 县（市、区），发生面积约 2 万 hm^2，侵入农田 $3300hm^2$；在天津市，黄顶菊在 5 个区有发生；李香菊等（2006）在调查中还发现河北（故城）、山东（武城）两省交界地区也有发生。

---

① 非正式出版物，署名作者对定稿过程不明，并对命名部分内容持有异议，特此说明（高贤明，私人通信）。
② 著名植物分类学家吴征镒先生2005年4月就刘全儒（2005）文发表意见，认同陈艺林先生的译名（刘全儒，私人通信）。
③ 北京市植物保护站、农业部环境保护科研检测所、河北省农业环境保护检测站、河北省沧州市农业局。
④ 1亩≈667m^2，下同。
⑤ 现分别为河北省植保植检总站和天津市植保植检站。
⑥ 另据王青秀等（2008）报道，已在安阳市黄县5个乡镇发现有黄顶菊发生。

图版 5.II　黄顶菊在南开大学的发生现状

　　天津南开大学校区是我国最早有确切报道的黄顶菊发生地之一。曾有猜测认为，黄顶菊在南开大学发生，以至于成为始入侵地的可能，都因与黄顶菊有关的科学实验所致。这种猜测并不难想象，尤其在南开大学化学学院生测楼的实验地内以及理化楼南侧的荒地上（现为篮球场），就一度有大量的黄顶菊发生（李香菊，私人通信）。生测楼位于校内励学路以南，但是，在当时（土）路北侧的路旁，现西区公寓（图 C）所在地附近的荒地和建筑废弃物周围（及一些废弃的无房顶的建筑），黄顶菊发生密度更大。在生测楼西侧、校园西北部地区及以西的校外地区在当时基础建设密集，满足该地区成为黄顶菊生境并快速蔓延的前提。黄顶菊如何进入南开大学校园，已不可考，但没有任何证据表明与科学研究有关。根据文献检索的结果，在校园内开展的相关研究立题于黄顶菊被认定为入侵生物之后。相比之下，黄顶菊因基础建设从他地随交通工具进入校园的可能性显然更大。

　　随着基础建设的结束，校内黄顶菊发生量也逐渐减少。高贤明博士和刘全儒博士曾调查地点的景观变化很大，或绿化，或铺上水泥，已不见黄顶菊发生。本图版作者于 2011 年 9 月末在江莎博士的帮助下，对南开大学校园黄顶菊发生情况进行了简单的考察。

　　在刘全儒（2005）标本采集地之一——西门外（图 A、B），即该文所指的西后门及高贤明等（2004b）所指的校外路边，最晚在 2006 年 6 月已经过改造，铺上草坪，我们没有在此发现黄顶菊。校区西部已不见建筑工地，甚至生测楼前的实验地也无黄顶菊发生，仅在楼北侧有零星的几株。但是在励学路南侧信息学院内（原南开大学附属中学，操场上）仍可发现零星黄顶菊。但是，这一区域显然已进行过根除措施。在之前黄顶菊发生的空地周边已铺上草坪（图 D），尚无黄顶菊生长。黄顶菊多数生长于相邻的废弃篮球场（图 G）及停车场（图 E）的土缝中。停车场内黄顶菊植株矮小（图 F），操场上生长的植株较大（图 H），似为铲除未尽留下的残株，但仍可完成整个生长周期。校区东部较荫蔽，未见黄顶菊发生，仅在体育场外树下发现一孤立的矮小植株，难以成熟（图 I、J）。校园北沿与天津大学交界处阳光充足，路边杂草中无黄顶菊。而相邻的天津大学内，也未发现黄顶菊发生。据 2009～2010 年黄顶菊普查结果，南开大学黄顶菊发生面积 20 亩，盖度 1%。在 2011 年秋目测到的结果已远远低于这一数字。

A. 西门外面对校门右侧

B. 西门外朝南方向

图版 5.II　黄顶菊在南开大学的发生现状（续）

C. 西门内励学路北西区公寓

D. 废弃的篮球场以南区域

E. 励学路南信息学院停车场

F. 图 E 所在地黄顶菊植株

I. 体育场外的孤立植株

G. 废弃的篮球场，位于图 E 以南，图 D 以北

J. 体育场外，红圈示图 I 所示植株发现处

H. 图 G 所在地黄顶菊植株

所有图片拍摄日期：2011 年 9 月 23 日

图版 5.III　黄顶菊在衡水湖周边地区的发生现状

在某种意义上，黄顶菊最早在衡水湖被发现，至少在已知的标本收藏中，最早的标本采于衡水湖沿岸。黄顶菊也因入侵华北腹地衡水湖，得以受到广泛关注，大规模的治理和公众意识提升工作也曾以衡水湖为中心积极开展。

黄顶菊最早在原冀衡农场场区发现。农场位于衡水湖东岸北部，106 国道贯穿其中，郑云翔教授 2002 年黄顶菊标本的采集地就位于路西。2006 年 10 月检疫部门工作人员在衡水湖地区调查时发现，在 106 国道路东的原衡水冀衡铸造厂废弃厂房有大量黄顶菊发生，并获悉黄顶菊已在该处发生约 10 年。换言之，黄顶菊在衡水湖本地扩散的方向是由路东向路西。从后来的报道可知，黄顶菊继续向西扩散，到达衡水湖西岸。

近年来，针对衡水湖地区黄顶菊的公众意识宣传工作已逐渐降温，对衡水湖地区黄顶菊发生程度的评价也意见不一，有观点认为，黄顶菊在当地的发生量已显著下降。原冀衡农场旧宿舍区以及南部的码头曾有大量的黄顶菊发生，码头在翻修后铺上了地砖，难以见到大面积的黄顶菊，但是在绿化带甚至湖边护岸工程的缝隙里都能见到零星的黄顶菊。实际上，码头周边仍有大面积的黄顶菊发生，如东北面毗邻的宿舍区、106 国道西边的荒地以及国道东边的荒地。

沿 106 国道向南，道路两边可见零星的黄顶菊发生，在路西某加油站，黄顶菊是绿化带和周边荒地的主要植物。相对于衡水湖西北的衡水市，黄顶菊在湖南岸的冀州市并不鲜见，但较之湖滨西大道往西 393 省道的道路两侧，黄顶菊仍属零星发生。在 393 省道两侧，可在多个生境中发现有黄顶菊生长。省道向西先后穿过滏东排河和滏阳新河，在滏阳新河两岸黄顶菊发生密度很大，与耕地相邻，其危害性为当地居民所熟知。

黄顶菊耐旱、喜湿、耐盐碱，上述衡水湖周边地区都是这种杂草的适生生境。从这一地区黄顶菊的发生情况看，以公路为主的人为媒介和以河湖为代表的自然媒介都为黄顶菊的扩散提供了便利。加之与天津的案例（图版 5.II）不同，衡水湖周边地区没有大规模城市化的建设，如不采取遏制措施，黄顶菊仍有可能对当地生态环境造成更严重的危害。

A. 新翻修后的码头，尽管铺上地砖，绿化带中仍有黄顶菊；B. 图 A 远处；C. 护岸石缝中生长的黄顶菊高大植株；D～E. 与码头一路之隔的原冀衡农场旧宿舍区内，黄顶菊发生严重；F. 106 国道以东，衡水湖西岸入口处对面，示黄顶菊植株高达 2m 以上。A～E：2011 年 10 月 31 日；F：张衍雷，2012 年 3 月 8 日。

A	B	C
D	E	F

图版 5.III　黄顶菊在衡水湖周边地区的发生现状（续）

G. 衡水湖东岸某加油站，绿化带及周边有密集的黄顶菊发生；H. 衡水湖南岸可见黄顶菊植株；I. 冀州市市区外围内扰动生境中的黄顶菊；J. 相对在衡水市区，黄顶菊在冀州市市区内并不鲜见；K. 冀州湖滨西大道与 393 省道相接；L. 冀州市区往西，黄顶菊发生量较大；M. 省道两侧黄顶菊为优势植物；N. 滏阳新河冀州段两岸黄顶菊发生严重；O. 滏阳新河河边的黄顶菊与农田一路之隔，路表层有大量的黄顶菊种子；P. 黄顶菊与棉田相邻。G～J、O：2012 年 3 月 9 日；K～M、P：2011 年 8 月 20 日；N：2012 年 10 月 31 日。

G	H	I
J	K	L
M	N	
O	P	

2008～2009年，河北省环保总站对该省除沧州以外8市68县广泛开展黄顶菊发生情况监测工作（下称2009年数据），综合沧州市农业局的普查结果，发现全省黄顶菊发生面积约2.4万hm^2。从黄顶菊整体分布来看，河北省中南部的邢台、邯郸、衡水、石家庄是黄顶菊的重发生区，黄顶菊分布广、密度大，保定市、廊坊市相对较轻，随着纬度的升高，发生面积逐渐减少。张家口市、承德市目前仍未有发生。黄顶菊分布最多的环境为道路两侧，其次为沟渠、河堤（滩）、撂荒地、农田周边、林地。由于黄顶菊的生长习性，其主要分布在棉花、玉米、菜地周边，一些管理粗放的果园内部有分布，黄顶菊种群密度区间在2%～60%，一般样地的黄顶菊密度为10%左右。尽管这一数字较2006年数据有所上升，这一变化一方面说明，近年来针对黄顶菊治理的工作已见成效，也显示出黄顶菊传播扩散能力和速度远超过先前的估计，黄顶菊防治工作不可忽视放松。

与此同时，农业部环境保护科研检测所、山东农业大学、北京市植物保护站分别对天津市、山东省和北京市的黄顶菊发生情况进行了广泛的普查监测工作。

黄顶菊在天津市发生面积约721.7hm^2，涉及6区县。这些区县的发生地多位于市区（或南开区）以西或西南方向，如西青区和静海县。尤其在静海县团泊水库北堤和东堤，黄顶菊在发生区域内盖度分别达45%和31%。从统计数据可以看出，黄顶菊在天津市大致由南开区向西，尤其是向西南方向扩散。尽管在天津港所在地塘沽区，仅偶见零星黄顶菊植株，但在以北的汉沽区，黄顶菊发生面积较普查前有所上升。这一结果值得引起重视。

根据2008～2010年以来对北京市13个涉农区（县）进行的黄顶菊普查和检测数据，尚未发现黄顶菊侵入。根据风险评估以及试验结果，北京市地处黄顶菊适生区内，结合如上所述周边地区的疫情，黄顶菊侵入北京市的风险很大。

通过对山东省17地市的普查，发现在该省西部德州和聊城两市已有零星黄顶菊分布。

2）发生生境（图版5.IV）

李香菊等（2006）文中列出了黄顶菊发生的生境，其中主要发生生境为沟渠（及干涸河道）、河（湖）堤（滩）、撂荒地。这些生境水分状况好，是黄顶菊的适生生境，通常发生面积大、密度较高。

黄顶菊可通过"搭载"交通工具等方式传播（见后文），道路两侧是其重要的发生生境。在一些道路两侧常有沟渠或道路本身即为河堤一部分，因而也成为适生生境。

在一些地区，黄顶菊已侵入农田（如棉花、玉米、高粱、芝麻、小豆田、花生等）、林地、果园等。黄顶菊在新开垦的耕地发生严重，此外，在土壤肥力充足、水分状况良好的田边长势好于废弃地及贫瘠的土地。

以河北沧州市2009年黄顶菊发生情况调查结果为例：全市当年黄顶菊发生面积20 742亩，非农环境危害16 801亩，占黄顶菊发生面积的81%，农业危害3561亩，占17.17%，林业危害380亩，占1.83%。在非农环境危害中又以沟渠和乡村路边发生面积最大，分别为4357亩和4547亩，各占黄顶菊环境危害面积的26%（图5.1）；农田和林地由于农事操作和林木遮阳等因素，发生面积较小。

图版 5.IV　黄顶菊发生的（环境）生境

图版 5.Ⅳ　黄顶菊发生的（环境）生境（续）

A. 作为典型的 C_4 植物，黄顶菊耐旱喜湿，河沟两边持水能力较好的斜坡是其典型发生生境（河北献县，2011 年 8 月 21 日）；B. 黄顶菊可发生于灌溉沟渠内（张国良，河北献县，2007 年 7 月 31 日）；C. 河流两边水分充足的开阔堤岸适于黄顶菊大量发生（河北冀州，2009 年 9 月 23 日）；D. 间歇性河溪是黄顶菊的适生生境，河床上少量的积水利于黄顶菊在附近相对干旱的生境发生（河北巨鹿，2012 年 7 月 10 日）；E. 被黄顶菊入侵的河岸通常发生量很大（河北冀州，2011 年 8 月 20 日）；F. 黄顶菊已成为河北中南部地区公路两边常见的植物（河北冀州，2011 年 8 月 20 日）；G. 黄顶菊见于高速公路两侧（河北衡水，2009 年 9 月 22 日）；H. 高速公路路基斜坡上大量发生的黄顶菊（河北石家庄，2009 年 9 月 23 日）；I. 高温、干旱、适量的降雨是 C_4 植物的适生环境，北方夏季雨后晴日是黄顶菊迅速生长的阶段，田间土路两边是黄顶菊的适生生境（河北献县，2011 年 8 月 21 日）；J. 在生物多样性较低的村内小路两侧，黄顶菊较易入侵（河北衡水湖冀衡农场，2006 年 11 月 1 日）；K. 黄顶菊喜光不耐阴，在阴面墙根下生长的植株株型矮小（山东临清，2009 年 9 月 25 日）；L. 扰动生境较易为黄顶菊入侵，在铁道两侧也能发现黄顶菊大量发生（河北石家庄，2009 年 9 月 23 日）；M. 在华北遮蔽度较大的林地中，黄顶菊可以发生，甚至能达到一定密度，但植株株型矮小（河北冀州，2009 年 9 月 23 日）；N. 林地持水能力强，相对于林中，林缘较易为黄顶菊入侵（河北献县，2011 年 8 月 21 日）；O. 在遮蔽度较低的幼林内，黄顶菊大量发生（河北巨鹿，2012 年 9 月 18 日）；P. 黄顶菊抗逆性强，示排污口荒地发生的黄顶菊（山东临清，2009 年 9 月 25 日）；Q. 荒地、废弃地是典型的扰动生境（河北冀州，2011 年 8 月 20 日）；R. 基建工地及周边有大量扰动生境适于黄顶菊发生（山东德州，2009 年 9 月 26 日）；S. 黄顶菊可在石砾地中生长（河北献县，2009 年 9 月 20 日）；T. 黄顶菊受土壤的影响弱于光照，在适合的气候环境下，一旦突破荫蔽的障碍，即可在许多介质中生长（河北献县，2006 年 8 月 30 日）；U. 弃置的建筑瓦砾地为黄顶菊的发生提供空间（山东德州，2009 年 9 月 26 日）；V. 废弃的厂房院内，黄顶菊生于砖缝中，但仍能达到很大的规模（河北衡水湖冀衡农场，2006 年 11 月 1 日）；W. 废弃的民居院内大量发生的黄顶菊（河北献县，2011 年 8 月 21 日）；X. 民居房前屋后的空地（河北冀州，2011 年 8 月 20 日）；Y. 新建住宅小区附近荒地（河北冀州，2011 年 8 月 20 日）；Z. 黄顶菊可发生于绿化带或花圃（河北衡水湖，2011 年 10 月 31 日）。C、G、H、K～M、P、R、S、U：韩颖；J、T、V：李香菊；D、O：张瑞海。

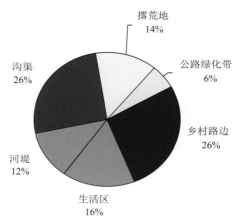

图 5.1　沧州市 2009 年黄顶菊非农环境发生生境

　　黄顶菊抗逆能力强，可在许多非农扰动生境发生，如在建及待建建筑工地、建筑（或生活）垃圾堆放处、饲料厂、毛纺厂、货运中转站、城市绿地边，甚至农村民居的屋顶都发现过黄顶菊生长。这些生境与交通工具的联系紧密，易成为黄顶菊传播的中转环节，应成为遏制黄顶菊远距离扩散的工作重点。

（郑　浩　吴鸿斌　王保廷　张建华　杨殿林　郑长英　刘玉升）

<h1 align="center">第二节　黄顶菊传播与扩散</h1>

1. 黄顶菊在我国的传播方式（图版 5.V）

　　种子传播是植物迁移的主要手段。种子迁移既大大减少了种群内部的竞争，又有利于整个种群的生存繁衍及生存空间的拓展，是植物在漫长的演化进程中形成的对环境的适应能力。研究表明，决定植物繁殖体传播能否延续的因素主要包括可动性、传播因子、地形条件和传播距离等（李儒海和强胜，2007；Vander Wall et al., 2005）。杂草种子传播途径多种多样，主要包括仅依赖自身完成的主动传播和依赖外力（如风、水流、动物、人类活动等传播因子）的被动传播。被动传播是包括黄顶菊在内的多种检疫性杂草种子的主要传播方式。目前，国外学者对其他杂草种子传播的研究较多，研究主要侧重于风、动物、人类活动等方面；国内在这方面的研究较少。黄顶菊结实量大，一株黄顶菊能产数万至数十万粒种子（樊翠芹等，2010，2008），因此，明确黄顶菊种子的定殖能力和传播途径，是阻止其进一步扩散蔓延，制定可持续的控制措施的重要科学依据。

　　1）主动传播

　　主动传播也称为自体传播或机械传播，是指杂草种子仅依赖自身而无需通过外部媒介来完成的传播，如豆科植物的荚果，果实成熟开裂时能将种子弹出。自体传播种子的散布距离有限，但部分自体传播的种子，在掉落地面后，可经历二次传播，鸟类、蚂蚁、哺乳动物都是可能的二次传播者。

图版 5.V 黄顶菊的扩散方式

A. 黄顶菊成熟期河水水位升高（滏阳新河，2011 年 8 月 20 日）；B. 初冬河水水位下降（小漳河，2011 年 11 月 1 日）；C. 黄顶菊成熟后种子从总苞片内脱落；D. 落地的种子量足够大；E. 图 D 局部；F. 图 E 局部（C～F，河北献县，2011 年 10 月 31 日）；G～H. 羊可取食黄顶菊（河北献县，2009 年 8 月 12 日；2009 年 11 月 27 日）；I. 种子可附着于羊皮毛（河北献县，2009 年 11 月 29 日）；J. 交通运输有利于公路两侧黄顶菊的传播（河北保定，2009 年 11 月 24 日）；K. 加油站可成为黄顶菊远途传播的中转地（河北衡水湖，2011 年 3 月 9 日）；L. 自然风力以及交通工具产生的风力有助于黄顶菊种子的附着（河北巨鹿，2011 年 3 月 8 日）；M～O. 在发生地（图 B）行走后，清理鞋内黄顶菊种子，搭乘交通工具（图 M，信息同图 B）到达他地后，鞋内仍有数粒种子（图 N～O，北京，2011 年 11 月 2 日）。G～J：李瑞军。

A	B	C
D	E	F
G	H	I
J	K	L
M	N	O

　　黄顶菊的果实为瘦果，种子个体小，无冠毛或翅等结构，主动传播能力差。秋末头状花序因干枯而开裂，部分果实脱落，散布在植株附近地面。野外调查发现，秋冬季在黄顶菊成熟植株的地表有大量的黄顶菊种子和果实（图版 5.V-D ～ F），为翌年春季有效萌发提供了前提。因此，主动传播的范围仅局限于植株附近的区域。

　　2）被动传播

　　（1）气流（风）传播　有些植物的种子可以借助风力传播，这类种子会长出形状如翅膀或羽毛状的附属物，随风迁移，如杨、柳及木棉等的种子。另外，一些细小的种子表面积与质量的比例相对较大，能够随风飘散，如兰科植物的种子。许多杂草的种子可以借助风力传播，已明确可通过气流传播的杂草有蒲公英（*Taraxacum mongolicum*）、紫茎泽兰（*Ageratina adenophora*）、小飞蓬（*Conyza canadensis*）、一年蓬（*Erigeron annuus*）、飞机草（*Chromolaena odorata*）、飞廉（*Carduus nutans*）、马兜铃（*Aristolochia debilis*）和何首乌（*Fallopia multiflora*）等（李儒海和强胜，2007）；李善林等（2000）在 4 ～ 7 级风时，在距地面 2m 的空中截获过稗（*Echinochloa crus-galli*）、马唐（*Digitaria sanguinalis*）、反枝苋（*Amaranthus retroflexus*）等植物的种子。

　　许多菊科杂草的种子具冠毛，且种子较轻，能被微风轻易吹起而随风传播。风力越大，种子传播的距离越远。黄顶菊虽属菊科，但其种子无冠毛和刺等结构，不具备被风力长距离传播的前提。

　　自然风力很难刮断黄顶菊的枝干和花序。通过模拟试验发现，在 24.9m/s 的 10 级狂风条件下，黄顶菊的枝干和花序仍未被刮断。2010 年 3 月 20 日和 4 月 26 日，保定、邢台地区两次遭受达 10 ～ 11 级的大风天气，许多直径 20 ～ 30cm 的树木被刮倒、枝干折断。然而，前一年的黄顶菊残株依然直立，并未折断，可见黄顶菊枝干具有较好的韧性，此外，黄顶菊枝干稀疏、不挡风，可能是不易被风力折断的另一个重要原因。如果不受其他外因干扰，黄顶菊的枝干和花序在翌年 5 ～ 7 月仍可保持完整、直立的状态。干枯的花序中还带有大量具有萌发活力的种子。

　　外力折断的干枯枝干、花序和脱落的种子可以被风刮走（表 5.1），移动的距离与风速的大小、地形和植被等有关，通常在几十至几百米之内，风速大、地势平坦、植被稀少则移动的距离远，风速小、地形复杂、植被稠密则移动的距离近。模拟试验显示，黄顶菊种子通过风力迁移的距离约为 10m（表 5.2）。实地调查也发现，在前一年发生黄顶菊的植株附近，顺风（东南）方向 2 ～ 6m 距离会有较多新的植株发生，10m 以外出苗极少，30m 以外未发现有黄顶菊出苗，而前一年在上述新的发生地并无黄顶菊发生。这说明，脱落至地表的种子随风漂移的距离并不远。由此可以推断，风力是黄顶菊种子近距离传播的重要途径。

表 5.1　黄顶菊脱落部位开始移动的风速

脱落部位	大枝	小侧枝	花序	种子
风速 /（m/s）	1.9	2.8	2.0	4.4

表 5.2 黄顶菊种子在不同高度、风力下迁移的距离

风速 /（m/s）	高度 /cm	最远迁移距离 /m
	150	7.2
13	100	6.8
	50	5.7
	150	6.9
9	100	5.8
	50	4.9
	150	4.5
3	100	4.3
	50	3.4

（2）**水流传播** 流水对有些种子的传播起重要作用。在灌溉频繁的农田，灌溉水流传播大量杂草种子，据 Qiang（2005，2002）报道，包括异型莎草（*Cyperus difformis*）、稗（*Echinochloa crus-galli*）、看麦娘（*Alopecurus aequalis*）、泥胡菜（*Hemisteptia lyrata*）、小藜（*Chenopodium serotinum*）、马齿苋（*Portulaca oleracea*）、牛筋草（*Eleusine indica*）等 34 种杂草种子可以随农田灌溉传播。检疫性杂草三裂叶豚草（*Ambrosia trifida*）种子也可随流水传播，因而在水沟旁分布相对广泛。

研究发现，较大的黄顶菊鲜活植株落入水后，一级、二级等主干分枝很快下沉，三级以下分枝等较小的植株部分能不没于水面，在下沉前可维持 2 ～ 3 天。这种能力在植株干枯后表现得更为突出。干枯的枝干、花序和种子可以在水面漂浮 7 ～ 30 天，当植株体全部被浸润后才下沉（表 5.3）。

表 5.3 黄顶菊成熟植株不同部位在水中的漂浮时间（d）

	全株	一级分枝	二级分枝	花序	种子
新鲜	0.01	0.5	5	8	—
干枯	14	12	3	30	11

注：表中"新鲜"是指割断后放入水中的鲜活黄顶菊成熟植株，"干枯"是指自然成熟后变干的黄顶菊植株，"—"表示无数据

在野外，漂浮于河面的黄顶菊植株，在入水后不久即被风刮至岸边，或随河流的转向冲到岸边，通过水流传播的过程旋即停止。通过这一途径传播的距离通常在数米至上百米之间，与河水流速、水面宽度、河道的弯曲度及风速有关。

2009 年 8 月和 11 月，在河北省沧州献县陌南镇的两次野外调查中，在东风干渠陌南村段近 3km 的干渠两岸，黄顶菊的发生密度很高，但沿下游方向，黄顶菊发生密度逐

渐减少。在 2km 外的杏园村段的河堤上，已不见有黄顶菊发生。由此可见，黄顶菊可以随流水传播，但扩散的距离仍然有限。

　　尽管如此，黄顶菊通过这一途径的扩散并不可忽视。陆秀君等（2009）将黄顶菊种子进行持续浸水和极端低温处理，并观察了这些处理对种子萌发能力的影响。结果表明，经 –20℃低温冰冻处理 90 天后，仍有部分种子萌发（表 5.4）。而黄顶菊种子在进行冬季野外持续浸水处理后，翌年春季也能观察到部分种子萌发，说明黄顶菊种子具有很强的抗逆能力。

表 5.4　花穗浸水对种子萌发的影响

时间 /d	平均发芽率 /%	时间 /d	平均发芽率 /%
CK1	59.0	60	26.5
15	47.0	75	13.5
30	43.0	90	10.5
45	32.0	CK2	58.5

注：CK1，室温 15 天种子；CK2，室温 90 天种子

　　综上所述，流水也是黄顶菊近距离传播的重要途径。在洪水发生时，是否能造成黄顶菊的远距离传播，仍有待进一步研究。

（3）动物传播　动物有很强的移动能力，植物繁殖体以动物为传播媒介，可以显著扩大其扩散范围。许多动物都是植物的传播媒介，其中，蚂蚁和脊椎动物是主要传播者（马绍宾和李德铢，2002）。有些种子的传播在这些动物对其的搬运活动中完成，如硬直黑麦草（*Lolium rigidum*）和野萝卜（*Raphanus raphanistrum*）（Jacob et al., 2006）。有的杂草种子具有芒、刺或钩，如苍耳（*Xanthium sibiricum*），能通过黏附于动物皮毛和人的衣服进行传播。有些杂草种子通过被草食动物取食而被传播，如稗、马唐、看麦娘、野燕麦（*Avena fatua*）等（李儒海等，2007），或通过鸟类摄食随其排泄物传播。

　　动物内携传播可以成为黄顶菊的重要传播途径。滕忠才等（2011）发现，牛、驴、羊、家兔、鸡取食含有黄顶菊种子的饲料后，粪便中均有完整的、有发芽力的种子（表5.5、表 5.6）。由此可见，黄顶菊可以通过动物过腹传播。

表 5.5　5 种动物取食黄顶菊种子后不同时间单位粪便中种子数量（粒）的变化情况

时间 /d	动物				
	牛	羊	驴	兔	鸡
1	157.7 ± 10.50	9.5 ± 0.70	217.3 ± 13.32	3.5 ± 0.30	21.3 ± 2.08
2	40.0 ± 2.45	5.8 ± 0.53	179.0 ± 6.24	0.3 ± 0.20	0
3	9.3 ± 2.05	1.6 ± 0.35	110.0 ± 4.36	0	0
4	6.3 ± 1.25	0.2 ± 0.00	13.33.00 ± 1.53	0	—

时间 /d	动物				
	牛	羊	驴	兔	鸡
5	0	0.2±0.03	1.0±1.00	—	—
6	0	0.02±0.01	0	—	—
7	—	0	0	—	—
8	—	0	—	—	—

注：粪便的单位驴是块，牛粪是指与一块驴粪相同体积的牛粪，羊、兔粪是粒，鸡粪是 10g；黄顶菊种子粒数取平均值，保留一位小数；"—"表示停止观察

　　黄顶菊种子经 5 种动物过腹后，排空时间及数量存在一定差别（表 5.5）。多数种子于第一天排出体外，这些过腹的种子仍具有发芽能力，但发芽率均显著低于对照（表 5.6）。对于牛和驴等大型动物，随着时间推移，尽管饲喂 4～6 天后仍有黄顶菊种子排出，但已失去萌发能力。这可能是由于种子长期存在于动物消化道内，动物的消化液对种子萌发产生了影响所致，说明过腹种子发芽能力与过腹时间有关。

表 5.6　黄顶菊种子经 5 种动物过腹后的发芽率（%）变化

动物	饲喂后天数					
	1	2	3	4	5	6
牛	25.3±6.03	20.3±3.06	10.0±0.00	0	—	—
羊	31.3±4.51	18.7±1.53	14.0±1.00	10.3±2.89	6.7±0.00	0
驴	19.3±2.08	13.7±4.04	8.3±2.52	4.0±0.00	0	—
兔	10.0±1.73	5.0±1.00	—	—	—	—
鸡	11.7±3.06	—	—	—	—	—
CK	49.0±1.00					

"—"表示无数据

　　将各种饲喂黄顶菊种子的动物的粪便撒施于田间，均有黄顶菊幼苗出现，但以驴、羊的出苗较多（表 5.7）。由试验结果可知，黄顶菊种子在羊、驴、兔、牛、鸡等动物肠胃内分别滞留 5 天、4 天、2 天、1 天、1 天后，依然有田间出苗能力。结合取食黄顶菊种子的排空时间，建议对接触过黄顶菊的羊、驴、牛、兔和鸡分别隔离检疫至少 6 天、5 天、4 天、2 天和 1 天后，再进行贸易外运。

表 5.7 黄顶菊种子过腹后的田间出苗动态（株）

动物	饲喂后天数					
	1	2	3	4	5	6
牛	6	0	0	0	0	0
羊	84	67	6	3	5	0
驴	186	149	4	2	0	0
兔	31	19	—	—	—	—
鸡	43	—	—	—	—	—

"—"表示无数据

试验中还发现，牛、羊不喜食干枯黄顶菊果枝，而驴、家兔比较喜食。此外，鸡较喜食黄顶菊干枯的花序。由此说明，驴、家兔（野兔）、鸡（鸟类）内携传播黄顶菊种子的风险较大，牛、羊过腹传播的概率较小。

牛、驴、家兔、鸡均为圈（庭院）养，缺少与野外黄顶菊枯干植株接触的机会，所以自然传播的概率较小。在河北一些地方，羊多为放牧饲养，虽然羊不喜食黄顶菊枯干的果枝，但是，放牧会增加其与黄顶菊干枯果枝的接触。调查发现，羊毛中夹杂有黄顶菊种子，说明其可以通过体表毛发近距离外附传播，也使通过皮毛贸易远距离传播成为可能。而衡水的枣强皮毛市场、武邑牲畜市场曾有大量黄顶菊滋生，显然由上述传播方式所致（图版 5.V-G ~ I）。但两者间是否存在直接联系，还有待进一步研究。

调查还发现，蚂蚁可以搬运黄顶菊的种子，这些种子是否有机会萌发、生长结实，这一搬运行为对黄顶菊种子的传播是否有利，还有待进一步深入研究。

3）人为传播

人为传播是植物扩散的重要途径，很多检疫性恶性杂草的扩散都是人类活动无意传播的结果，如长途运输、农产品贸易、农事操作等，黄顶菊的人为无意传播多通过附着于传播载体表面得以实现。

（1）交通工具　李瑞军等（未发表）调查了部分地区黄顶菊的蔓延和分布特点，发现道路两旁（老发生区出行一侧明显发生重，如献县县城以西的陌南村至县城的河堤路南侧）、废弃物堆放场（保定南市区北勾头村、北市区太保营村）、客货运集散地（保定南市区客运检查站、永年标准件城南侧、隆尧县华龙方便面厂区、唐海县化肥厂旧址）等场所在当地发生最严重，特别是唐海县化肥厂旧址，周围几百千米内无黄顶菊入侵点，为一个孤立的发生点。

黄顶菊在上述地区的发生情况表明，交通工具可能是其传播的主要载体，更有可能是远距离传播的主要方式。

（2）农事操作　研究发现，作物轮作和收割等农事活动均可以短距离传播扩散杂草种子。调查发现，侵入玉米田的黄顶菊，秋季随秸秆收获被带回村镇，可导致村镇居民区的大发生。可见，农事操作可以在近距离传播黄顶菊。

（3）**其他方式** 随着大规模的基础设施建设，通过建筑施工机械跨区作业夹带，已经成为检疫性杂草传播的可能途径。在跨地区、跨省市的工程作业中，尤其是挖掘机等工程机械在跨区运输的过程中可将疫区的泥土带至新的施工地，这些泥土中就可能携带了恶性杂草的种子。

在访问调查中，不少被访专家都提到建筑工地及周边扰动生境，并讨论了其作为传入和传播来源的可能性。在实地考察中，发现在不少地区的建筑垃圾堆积处有黄顶菊生长。但是，在黄顶菊已严重发生地区施工的机械，是否在转场施工的过程中导致了黄顶菊的传播，尚无相关研究加以证实。

另外，曾有文献报道（郑云翔和郑博颖，2007），由于黄顶菊花冠鲜艳，花枝被游人采摘，而带到外地弃置导致其无意传播，或采种种植得以有意传播。早年在黄顶菊尚未报道时，上述无意传播有一定可能性。近年来，随着科学普及工作的深入，在有关部门的重视下，防范黄顶菊的公众意识大幅提高，这一传播途径有望被切断。

在自然界中，各种传播机制之间并没有明确的界限，一种植物繁殖体的传播方式并不是唯一的，有很多植物的繁殖体同时具有多种传播机制，其具体的传播方式取决于植物生活的环境条件。黄顶菊种子可以通过气流（风）、流水及动物携带近距离传播，也可以通过农产品贸易、交通工具等人类活动远距离传播，甚至是几种方式组合式传播。因此切断黄顶菊种子的传播途径，是控治黄顶菊发生最有效的措施，多管齐下，不放过任何可能的传播环节，才能起到事半功倍的效果。

2. 黄顶菊在我国的扩散路径

如前文所述，人为传播是黄顶菊远距离扩散和成功入侵的重要途径。交通工具的发展，使得植物扩散的速度加快，同时也使扩散的路径更加复杂化，给外来有害生物的检疫工作和遏制措施的部署带来很大困难。基于同一原因，单一依靠疫区临近地区有无发生来推测扩散路径，已经无法满足预警工作的需要。

依靠植物在扩散过程中发生的变异，可以重构其扩散路径。在这些变异中，最直接也是最易观察到的为遗传变异。李红岩等（2010，2009）在邢台、石家庄、沧州、保定四地采集黄顶菊样本，比较扩增片段长度多态性（amplified fragment length polymorphism，AFLP）。根据结果得出推论，黄顶菊入侵四地的先后顺序依次为石家庄、邢台、保定、沧州。这一路径的跨度和迂回的范围比较大，要解释四者在扩散路径上的联系需要进一步深入的研究。

马继伟等（Ma et al.，2011）在河北、河南、山东、天津等省（直辖市）采集了 28 个黄顶菊居群样本，并对其中 26 个居群共 605 个个体基因组 DNA 的简单重复序列间多态性（inter-simple sequence repeat，ISSR）进行了分析比较。结果显示，黄顶菊种内遗传多样性丰富，Nei 基因多样性指数（He）和 Shannon 多样性指数（I）分别为 0.279 和 0.415。而居群内的遗传多样性表现不一，He 和 I 值的范围分别为 0.095～0.263 和 0.160～0.383。

通过非加权组平均法（unweighted pair group method with arithmetic mean，UPGMA）对上述样本进行聚类，26 个居群可聚为两类（图 5.2），一组（组 2）集中在 106 国道沿线，另一组（组 1）集中在 107 国道沿线（图 5.3）。然而，对 605 个样本进行主坐标分析（principal coordinates analysis），其界限并不明晰，来自同一居群的样本并未聚在一起。进一步，利用 Mantel 测验（Mantel test）考察遗传距离和地理距离的关系，结果显示两者并不明显相关。

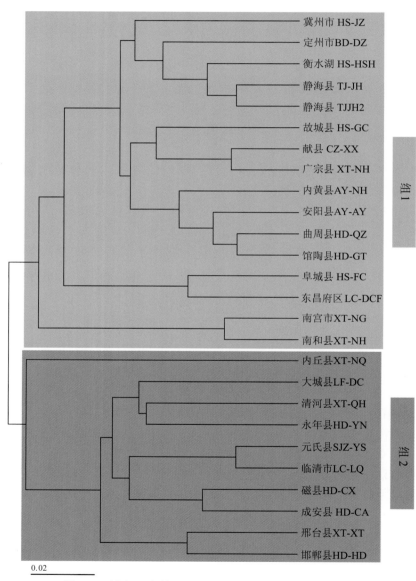

图 5.2　利用 26 个黄顶菊居群 ISSR 多样性构建的聚类图

根据 Nei 遗传距离，节点支持率使用 1000 次自展检验（bootstrap permutation）

由于这 26 个居群采集地大致覆盖我国黄顶菊发生区域，根据上述结果可以得出初步结论，在华北地区，黄顶菊主要沿 106 国道及 107 国道进行扩散。这一扩散方式也使黄顶菊多次、重复引入至发生地成为可能。

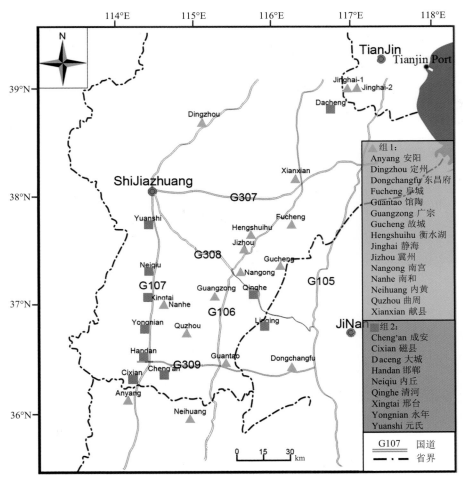

图 5.3　26 个黄顶菊黄顶菊居群的分布图

组 1 和组 2 所指与图 5.1 中一致

　　这一可能性不仅直接提高了居群内的遗传多样性水平，也对推断始入侵地及预测扩散趋势构成障碍。采集自黄顶菊始发现地衡水湖和天津的居群，其遗传多样性水平最高，He 值为 0.26～0.27，说明在这些地区黄顶菊重复侵入的可能性较其他地区更大。黄顶菊自交亲和（Powell，1978），重复引入可能是防止种群内遗传多样性在定殖地退化的重要策略之一。因此，无论这些地区是否为始入侵地，遏制黄顶菊扩散的工作不可轻视。

（李瑞军　耿世磊　郑　浩　张瑞海　王保廷　吴鸿斌）

图版 5.VI 黄顶菊发生为害农田生境

A	B	C
D	E	F
G	I	J
H	K	

A. 田缘是黄顶菊发生的主要农田生境，示黄顶菊在玉米田周缘大量发生（河北冀州，2011 年 8 月 20 日）；B. 黄顶菊侵入玉米田，玉米与黄顶菊同为 C_4 植物，都喜光，能有效同化 CO_2，发育成高大植株（河北邯郸，2009 年 9 月 24 日）；C. 黄顶菊可对玉米品质造成影响（河北邯郸，2009 年 9 月 24 日）；D. 示在棉田田缘大量发生的黄顶菊（河北冀州，2011 年 8 月 20 日）；E. 黄顶菊入侵棉田后，如不进行有效的控制，即使增加化学防治的频次，也难以从棉田中彻底移除黄顶菊高大植株（河北献县，2011 年 8 月 21 日）；F. 在植株高度上，黄顶菊较棉花占优势，但棉花叶片较大，能对黄顶菊形成较大程度的遮蔽（河北冀州，2009 年 9 月 23 日）；G. 黄顶菊侵入花生田（河北邯郸，2009 年 9 月 24 日）；H. 侵入花生田内的黄顶菊发生较密集（河北邯郸，2009 年 9 月 24 日）；I. 在胡萝卜田发生的黄顶菊（河北冀州，2011 年 8 月 20 日）；J. 栽种胡萝卜的小畦被黄顶菊植株包围，散落在地里的黄顶菊种子萌发，成簇发生（河北冀州，2011 年 8 月 20 日）；K. 黄顶菊单株种子产量极高，在田缘发生的大量黄顶菊是其入侵农田主要来源（河北邯郸，2009 年 9 月 24 日）。B、C、F、G、H、K：韩颖。

第三节　黄顶菊入侵经济危害

黄顶菊一旦侵入农田，由于其中后期生长速度快，植株高大，与作物争光、争水、争肥，会严重抑制作物生长，导致作物减产。通过田间试验，研究人员掌握了黄顶菊在冬小麦、棉花和玉米等作物生产过程中的发生动态及其对作物的影响，确定了不同作物田黄顶菊的防治阈值。

1. 黄顶菊对冬小麦的危害

在华北地区，黄顶菊的发生对冬小麦不会造成危害。黄顶菊一般在 4 月中下旬开始萌发，此时冬小麦正处于拔节期，生长迅速。黄顶菊萌发后，得不到充足的光照，生长缓慢，植株细弱矮小。由表 5.8 可知，黄顶菊不会对小麦的生长和发育造成明显的影响。河北农业大学的试验结果显示，即使黄顶菊密度达 160 株 $/m^2$，冬小麦的株高、叶面积指数和产量并未受到显著影响。

表 5.8　不同黄顶菊密度对小麦生长及产量性状的影响

密度 /（株 $/m^2$）	株高 /cm	叶面积指数	产量 /（kg/hm^2）
0	73.4	5.75	6841
10	73.4	5.74	6843
20	73.2	5.66	6841
40	73.3	5.72	6839
80	73.3	5.71	6842
160	73.3	5.75	6841

2. 黄顶菊对棉花的危害

在华北地区，黄顶菊入侵棉田后，对棉花的生长、发育和产量造成严重的影响（图 5.4）。河北省农林科学院粮油作物研究所的试验结果显示，当黄顶菊密度为 1 株 $/m^2$ 时，棉花的产量损失达 30% 以上；当黄顶菊的密度为 2 株 $/m^2$ 时，棉花产量损失达 60% 以上；当黄顶菊的密度为 6 ～ 10 株 $/m^2$ 时，棉花产量损失高达 80% 以上；当黄顶菊的密度在 20 株 $/m^2$ 以上时，棉花产量损失达 95% 至绝产（表 5.9，图 5.5）。图 5.4 示黄顶菊密度（x）与棉花产量损失率（y）之间的关系，模型如式（5.1）所示。

A. 黄顶菊密度为 1 株 $/m^2$ 条件下　　　　　　B. 黄顶菊密度为 10 株 $/m^2$ 条件下

图 5.4　黄顶菊对棉花产量的影响

表 5.9　黄顶菊对棉花产量的影响

黄顶菊密度 /（株 /m²）	皮棉产量 /（g/11.2m²）	产量损失率 /%	株高 /cm	果枝数 / 株	铃数 / 株	单铃重 /g
0	586.0	0	120.7	6.5	8.0	2.4
1	400.5	31.7	111.5	3.5	3.6	2.4
2	201.8	65.6	109.6	2.1	2.1	2.4
6	115.0	80.4	83.4	2.1	2.4	2.7
10	85.8	85.4	82.9	2.0	2.2	3.0
20	35.0	94.0	85.0	1.5	1.5	2.3
30	24.0	95.9	66.7	0.8	0.9	3.0
40	28.8	95.1	62.0	1.0	1.1	2.6

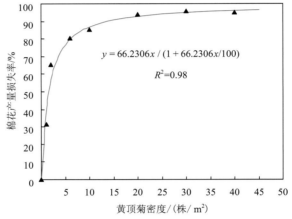

图 5.5　黄顶菊密度与棉花产量损失的关系

$$y = \frac{66.2306x}{1 + \dfrac{66.2306x}{100}} \tag{5.1}$$

3. 黄顶菊对玉米的危害

1）黄顶菊对玉米生长的影响

（1）对玉米株高的影响　试验发现，黄顶菊较强的生长竞争能力，可对玉米的生长产生较大影响，如表 5.10 所示。随着黄顶菊密度的增加，玉米的生长势减弱。在黄顶菊密度为 0 ～ 10 株 /m² 的处理下，玉米株高差异不显著。当黄顶菊密度为 20 株 /m² 时，玉米的株高为 242.17cm，显著高于 30 株 /m²、40 株 /m² 的处理。结果表明，在低密度条件下，黄顶菊对玉米株高的抑制作用不显著，只有在较高的密度时，形成具有一定规模的群体，才能发挥优势，从而对玉米株高的抑制作用加强。

表 5.10　不同密度黄顶菊对玉米生长及产量性状的影响

密度 /（株 /m²）	株高 /cm	叶面积指数	透光率 /%	水分利用效率	鲜重 /g
0	273.84 a	3.80 a	84.23 a	0.0069 a	1853.56 a
5	270.12 a	3.77 a	80.17 a	0.0067 a	1789.65 a
10	267.37 a	3.51 b	73.24 b	0.0066 a	1623.56 b
20	242.17 b	3.02 c	61.56 c	0.0059 b	1426.32 c
30	202.02 c	1.61 d	24.24 d	0.0052 c	1236.95 d
40	196.47 c	1.46 e	21.23 d	0.0042 d	1203.35 d

注：表中字母为多重比较的结果

（2）对玉米叶面积指数的影响　随着黄顶菊在玉米田中密度的增加，玉米叶面积指数逐渐减小。当黄顶菊密度为 5 株 /m² 时，玉米的叶面积指数为 3.77，与无黄顶菊处理差异不显著，但显著高于 10 株 /m² 的处理。此外，10 株 /m²、20 株 /m²、30 株 /m²、40 株 /m² 的处理之间差异显著（表 5.10）。

（3）对玉米田间透光率的影响　随着黄顶菊密度的增加，郁闭程度上升，透光率显著下降。调查结果表明，当黄顶菊的密度增至 10 株 /m² 时，田间透光率与无黄顶菊对照相比显著下降。随着黄顶菊密度的进一步增大，田间透光率迅速降低，降低幅度最高可达 78.32%（表 5.10）。试验结果表明，黄顶菊的密度越高，越能有效地发挥群体优势，增强自身与玉米的光能及生长空间的竞争，使玉米植株间的透光条件大幅降低。

2）黄顶菊对玉米水分利用效率的影响

随着黄顶菊密度的增加，玉米的瞬时水分利用效率呈下降趋势。黄顶菊密度在 0～10 株 /m² 范围内，水分利用效率下降不明显，各处理之间差异不显著；在 10～40 株 /m² 范围内，水分利用效率下降幅度较大，各处理之间差异显著（表 5.10）。

3）黄顶菊对玉米养分利用效率的影响

黄顶菊密度的变化对玉米的磷和钾元素利用效率基本没有影响，但玉米的氮素利用效率随着黄顶菊密度的增加而降低（表 5.11）。

表 5.11　不同黄顶菊密度对养分利用率的影响

密度 /（株 /m²）	氮利用率 /%	磷利用率 /%	钾利用率 /%
0	29.35a	10.02a	32.21a
5	29.15a	10.04a	32.12a
10	28.12ab	9.87a	31.21a
20	27.75b	9.79b	31.24a
30	24.23c	9.18b	30.79a
40	24.12c	8.95b	31.12a

4）黄顶菊与玉米竞争临界期的测定

（1）不同时期播种黄顶菊对玉米产量的影响　在玉米种植后每 15 天播种黄顶菊，

发现不同时期播种的黄顶菊对玉米产量影响不同。随着黄顶菊播种时期的推移,其对玉米产量的影响逐渐降低。分别在玉米播种当日(0 天)及之后 15 天、30 天、45 天、60 天撒播黄顶菊种子,与空白对照相比,各处理单位面积减产率依次为 41.15%、31.53%、23.62%、15.53%、5.23%(表 5.12)。

表 5.12 玉米播种后不同时期播种黄顶菊对玉米产量的影响测定结果

播种时间 /d	株高 /m	穗数 / (穗 /667m²)	单穗重 /g	穗重减产率 /%	产量 / (kg/667m²)	单位面积减产率 /%
0	2.28	4458	78.42	39.95	349.45	41.15
15	2.21	4512	90.13	30.98	406.52	31.53
30	2.37	4523	100.34	23.16	453.67	23.62
45	2.49	4479	112.12	14.15	501.54	15.53
60	2.58	4537	124.21	4.89	562.82	5.23
对照	2.62	4546	130.60	—	—	—

注:表中数据为三次重复平均值

对玉米产量损失与黄顶菊不同时期播种间的关系进行曲线拟合,结果显示二次曲线函数模型的拟合效果较好,幂函数、直线和指数函数的拟合效果较差。

回归分析结果表明,拟合模型的 R^2 值表现为二次曲线>直线>指数函数>幂函数>对数函数。对回归模型进行 F 测验,结果与曲线实际拟合的趋势一致(表 5.13)。因此,二次曲线模型 $y=0.0029x^2+3.2158x+302.82$ 能较好地反映黄顶菊密度与玉米产量损失之间的关系。

表 5.13 黄顶菊不同时期播种与玉米产量的回归分析

拟合方式	回归模型	R^2
直线	$y = 3.4787x + 298.22$	0.9978
对数	$y = 126.25\ln(x) - 8.0108$	0.9436
二次曲线	$y = 0.0029x^2 + 3.2158x + 302.82$	0.9980
幂函数	$y = 157.08x^{0.2863}$	0.9728
指数函数	$y = 316.49e^{0.0078x}$	0.9942

(2)黄顶菊与玉米不同共生期对玉米产量的影响 在玉米生长不同时期拔除黄顶菊对玉米产量均有不同程度的影响,黄顶菊与玉米共生期越长,玉米减产越严重。将黄顶菊与玉米同期混种,分别在播种后 15 天、30 天、45 天、60 天、75 天后拔除处理区内黄顶菊,玉米的单穗重依次为 125.8g、117.2g、106.5g、92.6g、79.2g,相比玉米单种对照(单穗重 130.2g),单位面积减产率依次为 2.98%、9.95%、18.93%、29.53%、38.41%(表 5.14)。

表 5.14　黄顶菊与玉米不同共生期对玉米产量的影响测定结果

共生天数	株高 /m	穗数 /（穗 /667m²）	单穗重 /g	穗重减产率 /%	产量 /（kg/667m²）	单位面积减产率 /%
15	2.65	4527	125.8	41.15	569.4	2.98
30	2.56	4516	117.2	31.53	528.5	9.95
45	2.48	4467	106.5	23.6	475.8	18.93
60	2.35	4468	92.6	15.53	413.6	29.53
75	2.21	4564	79.2	5.26	361.5	38.41
0	2.65	4516	130.2	—	586.9	—

　　对玉米产量损失与黄顶菊不同时期播种间的关系进行曲线拟合，结果显示二次曲线函数模型的拟合效果较好，幂函数、直线和指数函数的拟合效果较差。

　　回归分析结果表明，拟合模型的 R^2 值表现为二次曲线＞直线＞指数函数＞对数函数＞幂函数。对回归模型进行 F 测验，结果与曲线实际拟合的趋势一致（表 5.15）。因此，二次曲线模型 $y=-0.0101x^2-2.6266x+613.02$ 能较好地体现黄顶菊密度与玉米产量损失之间的关系。

表 5.15　有草天数与玉米产量的回归分析

拟合方式	回归模型	R^2
直线	$y = -3.538x + 628.97$	0.9956
对数	$y = -126.74 \ln（x）+ 934.32$	0.9172
二次曲线	$y = -0.0101x^2 - 2.6266x + 613.02$	0.9982
幂函数	$y = 1254.9x - 0.2717$	0.8833
指数	$y = 655.3e - 0.0077x$	0.9861

　　（3）黄顶菊与玉米竞争临界期　对玉米产量损失与黄顶菊存在天数的关系进行曲线拟合，结果显示有草条件下多项式拟合较好，$y = -0.0101x^2 - 2.6266x + 613.02$，$R^2 = 0.9982$，无草条件下二次曲线拟合较好，$y = 0.0029x^2 + 3.2158x + 302.82$，$R^2 = 0.9980$，其中 y 是玉米产量损失率（%）；x 是保持有黄顶菊或无黄顶菊的天数（d）。玉米田黄顶菊危害的最小经济允许水平（economic injury levels，EIL）为 5%，由此可计算得出，黄顶菊与玉米的竞争临界期为玉米播种后 15.12 ～ 42.65 天（图 5.6）。

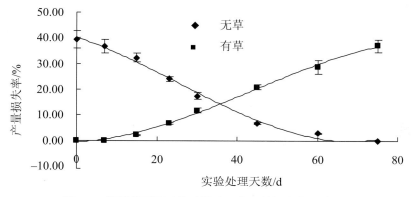

图 5.6　黄顶菊不同干扰时期对玉米产量损失的影响

5）黄顶菊对玉米产量的影响

在华北地区，黄顶菊的发生对玉米造成危害，其危害程度随着黄顶菊密度的增加而趋于严重。黄顶菊发生密度为 5 株 /m²、10 株 /m²、20 株 /m²、30 株 /m² 和 40 株 /m² 时，玉米产量损失率分别为 4.8%、12.3%、21.1%、28.4% 和 33.7%。但黄顶菊发生密度在 40 株 /m² 以下时，对玉米株高和单位面积的穗数并无明显影响，产量损失主要为单穗重降低所致（表 5.16）。黄顶菊密度与玉米产量之间的函数关系为 $y = -0.0113x^2 + 1.3013x - 0.3604$，$R^2 = 0.9979$。该模型能很好地预测黄顶菊发生对玉米产量造成的损失（图 5.7）。

表 5.16　黄顶菊发生密度对玉米产量的影响

黄顶菊密度 /（株 /m²）	株高 /m	穗数 /（穗 /667m²）	单穗重 /g	产量 /（kg/667m²）	产量损失率 /%	预测损失率 /%
0	2.64	4489	130.51	585.84	—	—
5	2.60	4589	121.51	557.52	4.8	5.9
10	2.55	4467	115.15	513.63	12.3	11.5
20	2.48	4524	102.32	462.86	21.1	21.1
30	2.39	4459	94.14	419.54	28.4	28.5
40	2.28	4521	85.95	388.62	33.7	33.6

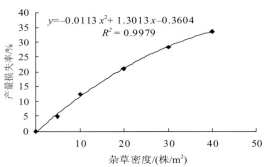

图 5.7　黄顶菊密度与玉米产量损失的关系

6）玉米田黄顶菊防除的经济阈值

经济危害允许水平（EIL）主要受作物的产量和价格以及杂草的防除费用等因素的影响，确定黄顶菊经济危害允许水平的计算方法如式（5.2）所示。

$$\text{EIL}(\%) = \frac{CC}{Y \times P \times E} \times 100\% \qquad (5.2)$$

式中，CC 为黄顶菊防除费用。以在玉米 3～4 叶期，用 4% 烟嘧磺隆悬浮剂茎叶喷雾处理为例，费用为 240 元 /hm²，用工费 60 元 /hm²，玉米田黄顶菊防除费用总计 300 元 /hm²；Y 为玉米单产，目前一般为 6200kg/hm²；P 为玉米价格，为 1.5 元 /kg；E 为防除效果，防效为 90%。由式（5.2）得出黄顶菊经济危害允许水平为 5%（图 5.8）。在黄顶菊经济危害允许水平的基础上，根据黄顶菊密度与玉米产量损失的关系模型 $y=-0.0113x^2+1.3013x-0.3604$ 得出玉米田黄顶菊的防除阈值为 3.5 株 /m²。

A. 黄顶菊密度为 20 株 /m² 条件下　　　　　B. 黄顶菊密度为 5 株 /m² 条件下

图 5.8　黄顶菊对玉米产量的影响

（倪汉文）

第四节　黄顶菊对土壤生态环境的影响

1. 黄顶菊根系分泌物对土壤理化性质和生物活性的影响

1）对土壤理化性质的影响

研究人员从河北省黄顶菊发生地最早发源地献县、国家自然保护区衡水湖畔采集 5 个主要经济作物种植地的土壤样品做盆栽试验，模拟研究自然状态下黄顶菊入侵对土壤环境的影响。这些所选择的不同生境地理化性质的本底值是有差异的，其中献县枣林土，营养状况最好；献县棉花土、献县玉米土、衡水玉米土营养状况相对较差。

研究发现，黄顶菊根系分泌物在苗期和生长期对土壤理化性质的影响不大；在不同生境地条件下的开花期，黄顶菊根系分泌物对土壤理化性质都有影响，pH 相对于本底值略有升高，献县枣林土、衡水棉花土、献县棉花土、献县玉米土、衡水玉米土，全氮相对于本底值分别为 120.7%、118.7%、105.1%、157.0%、160.0%，均略有上升；速效钾相对于本底值分别为 57.5%、50.6%、50.9%、44.9%、51.9%，均降为原来的一半左右；有机质分别为本底值的 68.3%、88.7%、101.3%、98.3%、111.2%，变化不明显；全盐含量分别为本底值的 398.8%、535.3%、140.0%、275.7%、326.9%，均有较大的提高。只有有效磷指标表现较不一致，其他 6 个指标表现较为一致（表 5.17）。从总体上看，黄顶菊根系分泌物对土壤理化性质的影响表现为消耗了一部分有效钾，在开花期积累了大量的盐，改变了土壤的性质，使土壤盐碱化加剧。

表 5.17　黄顶菊根系分泌物对土壤理化性质的影响

不同 生境地	不同 生长期	pH	全氮 /%	有效 P /（mg/kg）	速效 K /（mg/kg）	有机质 /%	全盐含量 /（Ms/cm）
献县枣林土 （xz）	未种	8.0	0.095	21.8	215	1.96	0.323
	苗期	8.3	0.102	42.4	245	1.45	0.450
	生长期	8.5	0.109	44.4	242	1.49	0.364
	开花期	8.6	0.115	27.1	124	1.34	1.288
衡水棉花土 （hm）	未种	8.3	0.083	20.7	129	1.28	0.232
	苗期	8.6	0.088	29.0	156	1.37	0.273
	生长期	8.7	0.090	25.3	144	1.31	0.247
	开花期	8.7	0.099	21.8	65	1.14	1.242
献县棉花土 （xm）	未种	8.4	0.053	7.4	76	0.80	0.562
	苗期	8.7	0.058	13.9	86	0.86	0.412
	生长期	8.7	0.071	3.7	44	0.86	0.300
	开花期	8.7	0.056	3.8	39	0.81	0.787
献县玉米土 （xy）	未种	8.2	0.071	2.1	116	1.38	0.416
	苗期	8.4	0.073	2.8	110	1.28	0.378
	生长期	8.5	0.070	2.1	60	1.16	0.526
	开花期	8.6	0.112	5.2	52	1.36	1.147
衡水玉米土 （hy）	未种	8.6	0.050	1.8	208	0.69	0.294
	苗期	8.6	0.068	6.6	227	0.93	0.412
	生长期	8.4	0.069	7.6	232	0.89	0.425
	开花期	8.6	0.084	10.2	108	0.77	0.961

2）对土壤微生物群落的影响

相关人员还研究了不同时期黄顶菊根系微生物的分布规律，发现在没有种黄顶菊的土壤上，苗期、生长期、开花期的微生物数量变化不大。而种植黄顶菊后，黄顶菊根系分泌物对土壤微生物群落产生了一定影响。细菌数目在苗期激增，高达对照的 10.89 倍，但在开花期，出现急剧下降现象，甚至低于本底值；真菌、放线菌数目在苗期也比较高，分别为对照的 2.84 倍、3.12 倍，与细菌一样，这些微生物在开花期也表现下降趋势，但仍高于本底（图 5.9）。

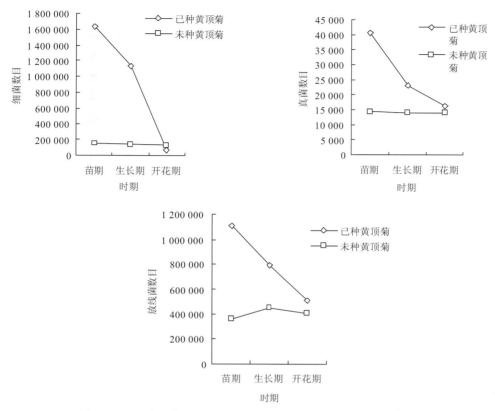

图 5.9　不同时期黄顶菊根系分泌物对衡水棉花土壤微生物的影响

另外，通过对不同生境地黄顶菊根系分泌物对土壤微生物群落影响研究还发现，供试不同生境地土壤中各种微生物数量都存在明显差异，在数量上表现为细菌较多，放线菌略低，真菌最少。但细菌、放线菌数目接近，是真菌数目的数倍。这可能由于土壤本身偏碱性，而真菌适宜在酸性条件下生长，所以真菌数目最少。5 种不同生境地，黄顶菊根系分泌物微生物对土壤刺激程度不同，总量是衡水玉米土最少，献县枣林土最多，种群结构变化不显著。这主要是由于献县枣林土营养状况最好，衡水玉米土营养状况最差，可能因为黄顶菊在肥沃的土地上生长旺盛，根系分泌物多，从而刺激了根系微生物的生长繁殖。

不同生境地黄顶菊根系分泌物对土壤微生物群落的影响，不同时期表现也有差异。细菌数目在献县枣林土苗期达到最高，约是其他几种生境地同期数目的 2 倍。细菌数目在 5 种生境地生长期间黄顶菊根系分泌物对土壤微生物群落表现一致，在苗期，微生物生长繁殖迅速，特别是献县枣林土，苗期高达对照的 21 倍，从苗期到开花期，细菌数目均显著下降。真菌数目变化趋势与细菌类似。真菌数目衡水棉花土苗期达到峰值，为空白对照的 2.5 倍（图 5.10）。细菌、真菌在土壤有机物和无机物转化过程中起重要作用。细菌在氨化过程中作用十分显著，而真菌则在土壤碳素和能源循环过程中起巨大的作用。

一般认为放线菌与土壤腐殖质含量有关，它能同化无机氮，分解碳水化合物及脂类、单宁等难分解的物质，在土壤中对物质转化也起一定作用。再者放线菌数目也与农田病害防治有密切关系。结果表明，放线菌数目在献县枣林生长期达到峰值，为空白对照的 40.6 倍。而其他几种供试土在苗期放线菌数目最多。

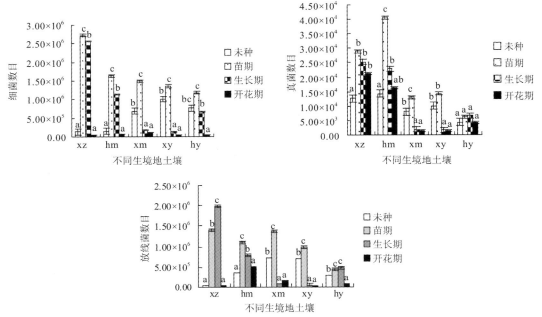

图 5.10　不同生境地黄顶菊不同生长期根系分泌物对土壤微生物的影响

xz 代表献县枣林土；hm 代表衡水棉花土；xm 代表献县棉花土；xy 代表献县玉米土；hy 代表衡水玉米土

3）对土壤影响机理探索

（1）土壤理化性质与土壤微生物类群、土壤酶活性的相关性分析　相关研究表明，土壤微生物细菌的变化与土壤有效磷、速效钾的含量变化极显著相关，与土壤全盐含量显著负相关（表 5.18）。分析其原因，磷是微生物遗传所需要的重要物质，所以微生物数量的变化与土壤有效磷含量极显著相关，细菌的耐盐性比较差，所以和全盐含量呈显著负相关。土壤微生物真菌的变化与有效磷含量相关性达极显著水平，与土壤全氮、有机质含量达显著相关水平；土壤微生物放线菌的变化与土壤有效磷含量极显著相关。土壤蛋白酶活性的变化与土壤速效钾含量显著相关。土壤碱性磷酸酶活性的变化与土壤有效磷、有机质含量极相关，与土壤 pH、全氮、速效钾含量显著相关；其原因是磷酸酶在磷循环中占有重要地位。它能促进土壤中的有机磷水解生成无机磷，与有效磷、pH 相关。土壤过氧化氢酶活性的变化与土壤 pH、全盐含量显著相关。其原因在于，过氧化氢酶是一种非常重要的生物酶，广泛存在于土壤和微生物体内，能够分解生物代谢过程中产生的有害的过氧化氢，具有保护酶的作用。而 pH 的增高和全盐含量的增加，刺激了过氧化氢酶活性的增强。综上所述，土壤养分与土壤酶活性及土壤微生物三者之间关系密切。

表 5.18　土壤微生物数量、酶的活性与土壤理化性质之间的相关系数

项目	细菌	真菌	放线菌	蛋白酶	脲酶	碱性磷酸酶	过氧化氢酶
pH	−0.107	−0.083	−0.045	0.082	0.088	−0.599*	0.544*
全氮含量	0.108	0.506*	0.112	−0.231	0.436	0.489*	0.403
有效磷含量	0.571**	0.834**	0.594**	−0.433	0.441	0.580**	0.200
速效钾含量	0.589**	0.419	0.409	−0.541*	0.001	0.460*	−0.325
有机质含量	0.219	0.526*	0.195	−0.180	0.281	0.816**	−0.048
全盐含量含量	−0.475*	−0.185	−0.393	−0.209	0.239	−0.244	0.545*

* 代表差异显著，** 代表差异极显著

　　（2）**不同生境地土壤微生物的聚类分析**　　土壤微生物与酶活性代表了主要的土壤生物特性，利用 5 个生境地土壤微生物量及各种酶活性不同时期变化的数据进行聚类分析，探讨黄顶菊根系分泌物对土壤生物特征在不同生境地影响的变化相似性（图 5.11、图 5.12）。献县玉米土和献县棉花土微生物数量和酶活性最类似，与衡水玉米土比较接近，归为一类。这一类与衡水棉花土类似，与献县枣林土变化的相似度最远。与土壤理化性质聚类比较，生物活性的变化与理化特性变化相关，但略有不同，衡水玉米土与献县枣林土理化特性变化相类似。这说明生物活性变化与理化性质变化趋势大体相似，但也不是绝对的一致。献县枣林土和献县玉米土虽在同一地区，但变化趋势并不相近；献县棉花土和衡水棉花土虽然同种棉花，但变化趋势也不相近。通过聚类分析可以得出，黄顶菊入侵与农作物、地区相关性不大，主要与土壤本身理化性质有关。

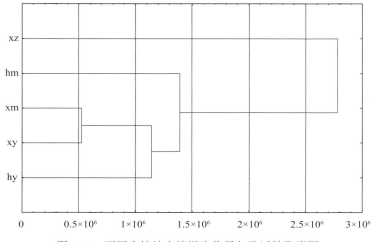

图 5.11　不同生境地土壤微生物量与酶活性聚类图

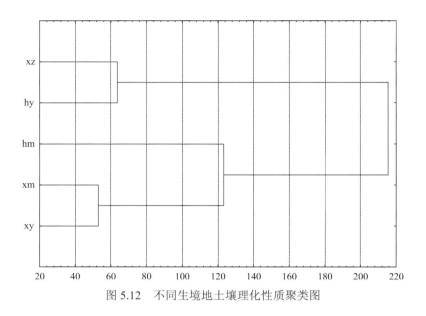

图 5.12　不同生境地土壤理化性质聚类图

2. 黄顶菊茎叶浸提液对土壤微生物数量和土壤酶活性的影响

1）黄顶菊茎叶浸提液对土壤微生物群落的影响

（1）黄顶菊茎叶浸提液对土壤细菌数目的影响　研究发现，与对照相比，在浸提液施加 1 天后，非根际土壤中细菌的数量受到明显抑制，且抑制率与浓度呈正相关，浓度越高，抑制作用越大。当浸提液浓度为 0.01g/mL 时，非根际细菌数目是对照的 62.19%；当浸提液浓度为 0.05g/mL、0.1g/mL 时，非根际细菌数目分别是对照的 47.39%、41.26%。而根际土壤相反，受刺激作用。当浸提液浓度为 0.01g/mL 时，根际细菌数目是对照的 121.94%；当浸提液浓度为 0.05g/mL、0.1g/mL 时，根际细菌数目分别是对照的 157.14%、259.14%。根际效应逐渐增大。这说明 1 天时浸提液对玉米根系主要表现为营养作用，而对非根系表现为化感抑制作用。但 7 天后对根系化感作用明显，细菌随浓度增大，抑制效果明显，有显著性差异，7 天时，根际细菌数目随浸提液浓度的增大，分别为对照的 90.45%、45.52%、28.62%；28 天时，根际细菌数目随浸提液浓度的增大，分别为对照的 92.49%、81.94%、73.13%（表 5.19）。

表 5.19　黄顶菊茎叶浸提液对土壤微生物数量的影响

土壤微生物	浸提液浓度 /（g/mL）	土壤类型	处理时间 /d				
			1	7	14	21	28
细菌（10⁴/g 土）	CK	R	25.20±0.61 a	29.00±0.35 c	5.83±0.32 a	7.63±0.20 b	38.60±2.31 d
		S	39.67±0.88 d	15.00±0.58 c	7.60±0.29 a	8.50±0.40 c	12.87±0.26 b
		R/S	0.63	1.93	0.77	0.90	3.00

续表

土壤微生物	浸提液浓度 / （g/mL）	土壤类型	处理时间 d				
			1	7	14	21	28
	0.01	R	30.73±1.07 b	26.23±1.10 c	11.03±0.63 b	3.57±0.38 a	35.70±6.35 c
		S	24.67±0.32 c	12.90±0.58 b	13.90±0.32 b	7.37±0.14 b	13.60±0.06 bc
		R/S	1.26	2.03	0.79	0.46	2.62
	0.05	R	39.60±0.61 c	13.20±0.92 b	22.67±0.50 d	7.80±0.61 b	31.63±1.45 b
		S	18.80±0.40 b	18.20±0.58 d	19.53±0.17 c	6.57±0.34 ab	14.20±0.23 c
		R/S	2.11	0.72	1.16	1.19	2.23
	0.1	R	75.67±2.91 d	8.30±1.51 a	19.50±0.29 c	11.87±0.62 c	28.23±3.18 a
		S	16.37±0.18 a	9.47±0.43 a	27.80±1.15 d	6.00±0.11 a	9.47±0.32 a
		R/S	4.62	0.88	0.70	0.70	2.98
真菌（10²/g 土）	CK	R	14.00±0.57 b	12.00±1.15 b	10.00±0.57 a	18.00±1.15 a	6.00±0.57 a
		S	13.57±0.34 b	11.00±0.57 a	12.00±1.15 b	16.00±0.58 b	7.00±0.30 a
		R/S	1.12	1.09	0.83	1.12	0.86
	0.01	R	2.00±0.57 a	11.00±0.57 ab	10.00±0.57 a	15.67±0.88 a	5.00±0.58 a
		S	0.1±0.00 a	13.33±0.88 a	10.00±0.58 b	5.33±0.88 a	36.67±2.33 c
		R/S	20	0.82	1.00	2.94	0.14
	0.05	R	1.67±0.33 a	10.00±1.14 ab	9.67±0.33 a	27.00±1.73 b	10.00±1.15 b
		S	0.1±0.00 a	10.67±1.76 a	7.00±0.00 a	6.33±0.88 a	13.67±2.02 b
		R/S	16.7	0.94	1.38	4.26	0.73
	0.1	R	1.00±0.17 a	8.00±0.58 a	11.00±1.52 a	17.33±1.45 a	7.00±0.57 a
		S	0.1±0.00 a	10.33±1.45 a	7.00±0.00 a	14.33±0.88 b	16.00±0.58 b
		R/S	10	0.77	1.57	1.21	0.44
放线菌（10⁴/g 土）	CK	R	9.56±0.12 c	9.57±0.55 a	9.33±0.32 a	11.60±0.23 b	10.60±0.52 a
		S	10.47±0.20 c	13.33±0.72 b	10.70±0.06 b	13.73±0.09 b	12.97±0.20 b
		R/S	0.91	0.72	0.87	0.84	0.82
	0.01	R	5.40±0.29 b	12.97±0.35 b	14.00±0.46 c	7.07±0.38 a	13.57±0.26 b
		S	2.00±0.06 a	16.90±0.35 d	14.77±0.32 d	11.60±0.69 a	17.50±0.69 c

续表

土壤微生物	浸提液浓度 /（g/mL）	土壤类型	处理时间 d				
			1	7	14	21	28
		R/S	2.7	0.77	0.95	0.61	0.77
	0.05	R	3.23±0.20 a	14.40±0.17 c	11.10±0.40 b	13.03±0.32 c	11.70±0.46 a
		S	3.23±0.27 b	15.30±0.12 c	9.43±0.26 a	12.93±0.57 ab	16.57±0.29 c
		R/S	1	0.94	1.18	1.01	0.71
	0.1	R	2.63±0.08 a	13.30±0.12 bc	10.40±0.17 ab	13.00±0.46 c	11.20±0.23 a
		S	1.97±0.47 a	10.00±0.29 a	13.73±0.26 c	16.93±0.20 c	10.13±0.32 a
		R/S	1.33	1.33	0.76	0.77	1.10

注：表中土壤类型，R 代表根际土，S 代表非根际土，R/S 代表在两种土壤类型中生长的微生物数量比值；表中字母为多重比较的结果

（2）黄顶菊茎叶浸提液对土壤真菌数目的影响　相关研究表明，浸提液对真菌的抑制作用要大于对细菌的抑制作用。尤其对非根际的土壤，在浸提液施加 1 天时，抑制效果相当显著。根际真菌数目随浸提液浓度的增大，分别为对照的 14.29%、11.93%、7.14%，非根际的真菌数目为对照的 0.73%。根际效应逐渐降低。根系真菌对浸提液的化感作用表现出一定的缓冲效果。7 天后真菌的数量才慢慢恢复；对根际真菌数目抑制效果随着浓度的增加而明显。这可能是由于浸提液对土壤中某些种类的真菌产生了一定的急性毒性，真菌很难适应外界的强烈干扰，从而抑制了微生物的生长与繁殖，但这种抑制是可以恢复的。

（3）黄顶菊茎叶浸提液对土壤放线菌数目的影响　研究发现，浸提液处理对根系放线菌影响随浓度的增加而减少，根系放线菌数目分别为对照的 56.48%、33.79%、27.51%；对非根系表现为降 - 升 - 降趋势。7 天后，放线菌数目恢复。

与对照相比，根际土中的微生物总数均显著减少，非根际土中的微生物总数有所增加；根际土中放线菌数目在微生物总数中所占比例有所增加，说明黄顶菊茎叶浸提液改变了微生物的群落结构和组成。

在茎叶浸提液作用下，根际效应对 3 种群落数量的影响都有所减弱，说明在茎叶浸提液的影响下，根际土中的生物活性有所下降，受影响最大的为真菌，细菌次之，放线菌最小。

2）黄顶菊茎叶浸提液对土壤酶活性的影响

（1）黄顶菊茎叶浸提液对土壤碱性磷酸酶活性的影响　利用黄顶菊茎叶浸提液处理土壤，发现土壤中的碱性磷酸酶活性有随浸提液浓度增加而缓慢下降的趋势，但随着浓度的增加，其下降幅度减小；与对照相比，施加 0.05g/mL 浓度叶浸提液的土样中的碱性磷酸酶活性下降了 24%（$P<0.05$）。非根际土中的碱性磷酸酶的活性随茎叶浸提液浓度升高呈升 - 降 - 升趋势。非根际土碱性磷酸酶活性除对照的土样外，都高于根际土，且根际效应随茎叶浸提液浓度升高呈降 - 升 - 降趋势。

　　该研究还发现，在茎叶浸提液处理后的 1 天，土壤中碱性磷酸酶的活性受到浸提液的抑制作用，低浓度（0.01g/mL）和对照无明显差异，高浓度（0.05g/mL、0.1g/mL）显著受抑制。直到 21 天，大体表现为抑制作用。到 28 天时，非但没有抑制土壤中碱性磷酸酶的活性，反而对酶活产生微弱的刺激作用，总体表现出抑制 - 恢复 - 刺激的过程（图 5.13）。

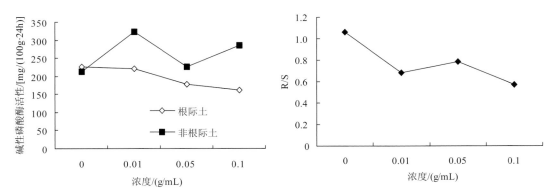

图 5.13　黄顶菊茎叶浸提液对土壤碱性磷酸酶活性和根际效应的影响

　　（2）黄顶菊茎叶浸提液对土壤脲酶活性的影响　利用黄顶菊茎叶浸提液处理土壤，会发现随着黄顶菊浸提液浓度的上升，处理后的土壤中非根际土脲酶活性有先上升再下降的趋势，而根际脲酶活性一直呈下降趋势。未洒浸提液时根际脲酶活性大于非根际脲酶活性。总体根际效应随茎叶浸提液浓度升高呈下降趋势。

　　研究发现，土壤中脲酶活性在洒浸提液处理后的 1 天受到一定的抑制作用，7 天、14 天降到最低水平，21 天后慢慢恢复，28 天时，低浓度（0.01g/mL、0.05g/mL）表现为促进，高浓度（0.1g/mL）表现为抑制，未恢复到对照水平（图 5.14）。

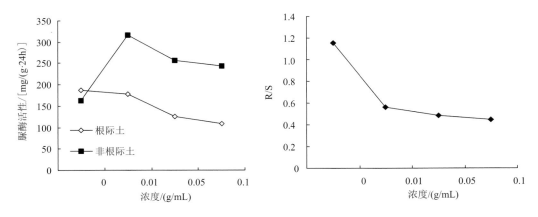

图 5.14　黄顶菊茎叶浸提液对土壤脲酶活性和根际效应的影响

　　（3）黄顶菊茎叶浸提液对土壤过氧化氢酶活性的影响　利用黄顶菊茎叶浸提液处理

土壤，并测定土壤过氧化氢酶活性，发现随着浸提液浓度上升，非根际土过氧化氢酶活性有先下降再上升的趋势。根际过氧化氢酶活性一直呈上升趋势。未洒浸提液时根际过氧化氢酶活性低于非根际。根际效应随浓度升高呈上升趋势。

由图 5.15 可以看出，与对照试样相比，在洒上浸提液 1 天后，各处理对土壤中过氧化氢酶的活性均表现出刺激作用，并且这种刺激作用与浸提液的浓度呈正相关。在 21 天时过氧化氢酶活性降低，不同浓度处理间无显著性差异。28 天后随浓度的增高表现出刺激作用。

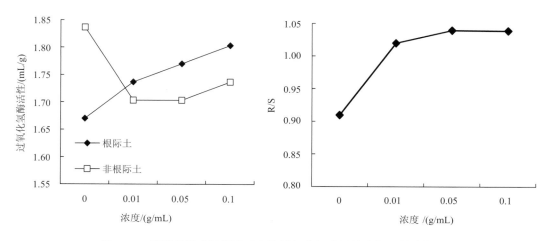

图 5.15　黄顶菊茎叶浸提液对土壤过氧化氢酶活性和根际效应的影响

3）黄顶菊茎叶浸提液对土壤生物活性影响机理探索

（1）土壤酶活性与微生物数量相关性　相关试验证实，黄顶菊根际土壤脲酶活性与碱性磷酸酶、细菌、微生物总数呈显著正相关，而与土壤过氧化氢酶活性和多样性指数呈显著负相关（表 5.20），说明土壤酶活性不仅受微生物数量的影响，而且相关酶类也可对其产生间接影响。与此相似，碱性磷酸酶活性与过氧化氢酶活性呈显著负相关，与真菌以及微生物总数呈显著正相关。说明增加微生物总数对提高土壤脲酶活性和碱性磷酸酶活性有重要意义。过氧化氢酶活性和真菌数目呈显著负相关。浸提液的添加，导致过氧化氢酶的活性增加。过氧化氢酶活性与作物根系呈反向关系，即离作物根系越近，活性越小；相反，离作物根系越远，活性越大。而脲酶活性则是根系大于非根系。所以，在分解有机质的总过程中，过氧化氢酶先参与转化过程，紧接着是脲酶参与转化过程。所以土壤物质转化过程，以过氧化氢酶为一级分解，脲酶为二级分解，一级旺盛，则二级衰竭，所以脲酶活性降低。过氧化氢酶活性和真菌数目呈显著负相关，说明过氧化氢酶对真菌有抑制作用；而碱性磷酸酶活性和真菌数目呈显著正相关，有资料表明解磷菌中的真菌解磷作用是细菌的 10 倍，所以碱性磷酸酶活性降低。脲酶活性和碱性磷酸酶活性呈正相关，而和过氧化氢酶活性呈负相关。脲酶活性和碱性磷酸酶活性呈正相关，而和过氧化氢酶活性呈负相关。脲酶和碱性磷酸酶活性的降低会大大降低土壤对玉米的营养元素氨氮和有效磷的供给，这也很可能是导致黄顶菊入侵地的玉米营养不足的重要原因。

表 5.20　土壤酶活性与微生物的相关性

指标	脲酶	碱性磷酸酶	过氧化氢酶	细菌	真菌	放线菌	总数	多样性指数
脲酶	1							
碱性磷酸酶	0.491**	1						
过氧化氢酶	−0.542**	−0.457**	1					
细菌	0.766**	0.231	−0.170	1				
真菌	0.078	0.686**	−0.453**	−0.293 *	1			
放线菌	−0.024	0.230	−0.202	−0.039	0.256*	1		
微生物总数	0.761**	0.258 *	−0.195	0.992**	0.260	0.083	1	
多样性指数	−0.545**	0.169	0.136	−0.793**	0.569	−0.036	−0.795**	1

*代表差异显著，**代表差异极显著

　　研究发现，土壤微生物总数同时受土壤酶活性和微生物类群的双重调节。细菌数目不仅显著地受脲酶活性的激增作用，而且微生物总数的增加对细菌的数量同样存在显著激增作用；土壤真菌数目主要受到碱性磷酸酶活性、放线菌数目和微生物总数的促进作用。与另外两类微生物不同，放线菌数目只与真菌数目呈显著相关，而与细菌和微生物总数的相关性均不显著。

　　（2）黄顶菊浸提液对土壤生物活性的影响因子主成分分析　　为进一步探讨土壤微生物量与各土壤酶活性对土壤特性改变的贡献及其它们之间的关系，利用不同时期所获得的土壤的数据进行主成分分析（表 5.21）。选择前 3 个主成分时，累计贡献率可达 86.11 %，这 3 个主成分可以代表该区域土壤生物特性的 3 个方面。第一主成分中，细菌、微生物总数、辛普森多样性指数和脲酶具有最大的贡献率；第二主成分是碱性磷酸酶、真菌和过氧化氢酶具有最大的贡献率；第三主成分是放线菌具有最大的贡献率。可见，微生物量及各种酶活性均对土壤生态特性起到很大的作用，尤其是细菌和脲酶在第一主成分中，可作为该地区土壤生物特性的重要因子来考虑。第一主成分的累计贡献率最大，脲酶在第一主成分内，可以用脲酶活性反映土壤总体生物活性水平。脲酶经添加浸提液后，随浓度升高显著下降。脲酶与土壤有机质含量呈正相关，说明土壤肥力下降。

表 5.21　供试土壤主成分的特征向量

测定项目	第一主成分	第二主成分	第三主成分
细菌	0.965	0.088	−0.065
微生物总数	0.963	0.110	0.055

续表

测定项目	第一主成分	第二主成分	第三主成分
辛普森多样性指数	−0.905	0.263	−0.103
脲酶	0.780	0.517	−0.139
碱性磷酸酶	0.113	0.887	0.063
真菌	−0.410	0.847	0.120
过氧化氢酶	−0.228	−0.716	−0.119
放线菌	0.004	0.172	0.980

（宋　振　王　蕾　张国良　付卫东）

参 考 文 献

樊翠芹, 王贵启, 李秉华, 等 . 2008. 黄顶菊生育特性研究 . 杂草科学, (3): 37–39.

樊翠芹, 王贵启, 李秉华, 等 . 2010. 黄顶菊的开花和成熟特性研究 . 河北农业科学, 14 (2): 27–29.

高贤明, 桑卫国, 李振宇 . 2004a. 外来杂草二齿黄顶菊入侵我国华北腹地! 中国生物入侵警报, (1): 1–2.

高贤明, 唐廷贵, 梁宇, 等 . 2004b. 外来植物黄顶菊的入侵警报及防控对策 . 生物多样性, 12 (2): 274–279.

李红岩, 高宝嘉, 南宫自艳, 等 . 2010. 河北省黄顶菊 4 个地理种群遗传结构分析 . 应用与环境生物学报, 16 (1): 67–71.

李红岩, 高宝嘉, 南宫自艳 . 2009. 河北省 4 个黄顶菊种群的遗传多样性和遗传分化 . 中国农学通报, 25 (10): 29–35.

李善林, 倪汉文, 张丽 , 2000. 杂草种子以风为动力移动特性研究 . 生态农业研究, 8 (2): 51–53.

李儒海, 强胜 . 2007. 杂草种子传播研究进展 . 生态学报, 27 (12): 5361–5370.

李香菊, 王贵启, 张朝贤, 等 . 2006. 外来植物黄顶菊的分布、特征特性及化学防除 . 杂草科学, (4): 58–61.

刘全儒 . 2005. 中国菊科植物一新归化属——黄菊属 . 植物分类学报, 43 (2): 178–180.

陆秀君, 董立新, 李瑞军, 等 . 2009. 黄顶菊种子传播途径及定植能力初步探讨 . 江苏农业科学, (3): 140–141.

马绍宾, 李德铢 . 2002. 高等植物的散布与进化 I. 散布体类型, 数量, 寿命及散布机制 . 云南植物研究, 24 (5): 569–582.

滕忠才, 李瑞军, 陆秀君, 等 . 2011. 动物过腹对黄顶菊种子活力的影响 . 植物检疫, 25 (2): 14–17.

王青秀, 李俊红, 王金水 . 2008. 河南省内黄县黄顶菊的综合防控 . 植物检疫, 22 (5): 326.

张国良, 付卫东, 韩颖 . 2010a. 黄顶菊的识别与防控 . 北京: 公益性行业 (农业) 科研专项新外来入侵植物黄顶菊防控研究项目组 .

张国良, 付卫东, 韩颖, 等 . 2010b. 黄顶菊应急防控指南 . 见: 张国良, 曹坳程, 付卫东 . 农业重大外来入侵生物应急防控技术指南 . 北京: 科学出版社 : 70–85.

张国良, 付卫东, 刘坤, 等 . 2010c. 外来入侵植物监测技术规程——黄顶菊 (NY/T1866-2010) . 北京: 中国农业出版社 .

郑云翔, 郑博颖 . 2007. 黄顶菊的传播及对生态环境的影响 . 杂草科学, (2): 30–31.

中华人民共和国农业部 . 2010.NY/T1866-2010 外来入侵植物监测技术规程——黄顶菊 . 北京: 中国农业出版社

Britton N L, Brown H A. 1913. An illustrated flora of the northern United States, Canada and the British possessions. Vol. 3. New York: Charles Scribner's Sons: 504.

Hoffmann O. 1894. Flaveria. *In:* Engler A, Prantl K. Die natürlichen Pflanzenfamilien. Vol. 4（5）. Leipzig: Verlag von Wilhelm Engelmann: 258–259.

Jacob H S, Minkey D M, Gallagher R S, et al. 2006. Variation in postdispersal weed seed predation in a crop field. Weed science, 54（1）: 148–155.

Ma J W, Geng S L, Wang S B, et al. 2011. Genetic diversity of the newly invasive weed *Flaveria bidentis*（Asteraceae）reveals consequences of its rapid range expansion in northern China. Weed Research, 51（4）: 363–372.

Powell A M. 1978. Systematics of *Flaveria*（Flaveriinae Asteraceae）. Annals of the Missouri Botanical Garden, 65（2）: 590–636.

Qiang S. 2002. Weed diversity of arable land in China. 한국잡초학회지（Journal of Korean Weed Science）, 22（3）: 187–198.

Qiang S. 2005. Multivariate analysis, description, and ecological interpretation of weed vegetation in the summer crop fields of Anhui Province, China. Journal of Integrative Plant Biology, 47（10）: 1193–1210.

Vander Wall S B, Forget P M, Lambert J E, et al. 2005. Seed fate pathways: Filling the gap between parent and offspring. *In:* Forget P M, Lambert P M, Hulme P E, et al. Seed fate: Predation, dispersal and seedling establishment. Wallingford: CABI Publishing: 1–8.

第六章　黄顶菊解剖学特征 [①]

20 世纪 70 年代末至 90 年代初，为探究植物 C_3-C_4 中间型 CO_2 代谢性状的形成以及尝试使非 C_4 植物获得 C_4 性状，研究人员开展了大量的黄顶菊属内植物杂交实验。尽管这一方向已不是现在的研究热点，但它们为理解黄菊属植物生物学作出了一定贡献，也为黄菊属植物的可杂交性及是否得以产生新物种提供了理论依据。黄顶菊生长发育周期和繁殖特性是生物学研究的重要范畴之一，但从解剖结构的角度来揭示黄顶菊营养和生殖生长的特性，是解释黄顶菊竞争优势的结构组成基础和进化前提，对黄顶菊的治理措施的选择、决策的制定和具体行动方案的实施有着重要的指导意义。

南开大学江莎实验室于 2007 年黄顶菊生长季节期间，对黄顶菊营养器官及繁殖器官的解剖结构和发育进行了细致的研究（江莎等，2011；郑书馨等，2009a，2009b；任艳萍等，2009，2008）。此外，时丽冉等（2006）报道了中国发生的黄顶菊染色体核型。结果表明，研究对象的染色体数与国外报道的一致（Darlington and Wylie，1955；Covas and Schnack，1946）。张凤娟等（2009）报道了对黄顶菊次生木质部细胞结构的研究。近年来，加拿大的黄菊属系统进化研究也涉及黄顶菊显微结构方面的内容（McKown and Dengler，2009，2007；Kocacinar et al.，2008）。

第一节　营养器官解剖特征

1. 根

黄顶菊的根呈倒圆锥形，由一条主根和多条侧根组成。

1）初生结构

黄顶菊根的初生结构从外到内由表皮、皮层和维管柱（即中柱）3 部分组成（图 6.1-A）。

表皮细胞排列紧密，细胞壁较薄。

皮层位于表皮层内侧，由 3～4 层薄壁细胞组成，细胞排列疏松，有明显的细胞间隙，可分为外皮层、皮层薄壁细胞区及内皮层（图 6.1-A）。外皮层为紧靠表皮的 1 层细胞，排列整齐紧密；皮层薄壁细胞区为皮层的主要部分，主要是薄壁组织，排列疏松，细胞间隙较大；最内 1 层为内皮层，细胞排列整齐紧密、细小，无细胞间隙，可见明显的凯氏带（Casparian strip）（图 6.1-B）。靠近内皮层的部位，有分泌结构正在或已经形成（图 6.1-A 中箭头所示）。侧根的皮层细胞破裂解体，成为发达的通气组织，内部充满染色较深的物质（图 6.1-C）。

中柱鞘位于内皮层内侧，紧接内皮层，由 1 层薄壁细胞组成。初生木质部和初生韧皮部相间排列。初生木质部多为六原型或八原型，排列呈辐射对称状。导管孔径大，但木质化程度低（图 6.1-B～C）。由于为外始式的发育方式，根中央木质化充塞，无髓。

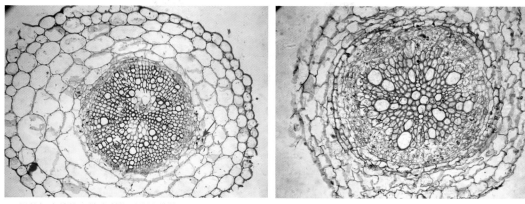

A．根的初生结构（箭头所指示分泌结构）　　　B．根的基本结构

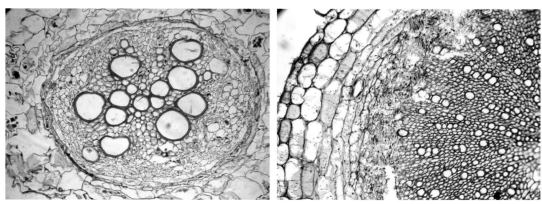

C．示初生木质部　　　　　　　　　　　　　D．根的次生结构

图 6.1　黄顶菊根的显微结构

2）次生结构

在初生生长完成后，根继续生长发育形成次生结构（图 6.1-D）。由于维管形成层细胞分裂和分化产生的次生木质部远远多于次生韧皮部，可见根横切面上次生木质部明显，同时可观察到明显的木射线。

2. 茎

黄顶菊茎直立，具数条纵沟槽，被微绒毛，在生长后期或受到环境胁迫时，常呈紫红色。

1）初生结构

幼茎横切面近圆形。茎的初生结构从外向内，也可分为表皮、皮层和维管柱 3 部分（图 6.2-A）。

表皮由 1 层近长方形或长椭圆形、大小较相近的细胞组成，外壁具角质层，表皮外偶见表皮毛结构（图 6.2-A～B）。

　　皮层为多层细胞，紧贴表皮内方的1～2层为连续的厚角组织，细胞较小、略扁圆、不规则。厚角组织内侧的薄壁细胞较大，形状不规则，排列疏松，有明显的胞间隙（图6.2-B）。

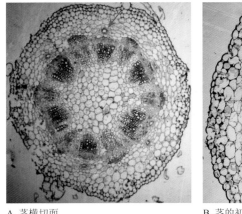

A. 茎横切面

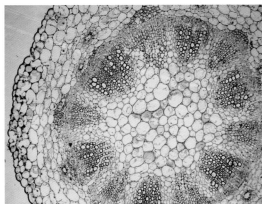

B. 茎的初生结构

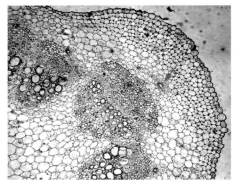

C. 茎的次生结构

D. 茎次生结构发达的髓组织

图 6.2　黄顶菊茎的显微结构

各图中箭头所指示分泌结构；D. 张瑞海，河北巨鹿，2012 年 7 月 24 日

　　维管柱由维管束、髓及髓射线组成。维管束发达，通常 6 大 6 小共 12 个维管束相间分布，环形排列于皮层内侧。大的维管束由初生韧皮部、束中形成层和初生木质部组成，是典型的外韧维管束；木质部导管发达，排列成数列，但木质化程度较低。小维管束正在形成中，木质部导管孔径小，木质化很弱或还未进行木质化，韧皮纤维在初生韧皮部外侧成团分布（图6.2-B）。在大维管束外侧还有分泌结构（图6.2 各图箭头所示）。茎中心有髓，由较大的薄壁细胞组成，细胞排列疏松。髓射线穿过维管束间，连接髓与皮层（图6.2-B）。

　　2）次生结构

　　老茎横切面近规则的六棱形，棱角处有 7～10 层紧密排列的厚角组织层。次生生长开始时，束间、束中形成层特化形成一个环状形成层，但该形成层不进行细胞分裂活动或只进行微弱的活动后即停止。因此，黄顶菊茎的次生构造不明显。髓较发达，占据了茎整个横切面的 3/5（图6.2-D）。加之周围分布的维管组织发达，使得黄顶菊对水分的输导效率及抵抗风沙和人为折断等破坏的能力增强（图6.2-C）。

3. 叶

黄顶菊叶片长椭圆形至披针状椭圆形，无毛或密被短柔毛，叶厚纸质或近肉质，边缘具锯齿或刺状锯齿，基生三条主脉，侧脉在叶背面明显突出（刘全儒，2005；高贤明等，2004；Powell，1978）。

黄顶菊叶片为异面叶[①]，可分为表皮、叶肉和叶脉 3 个部分（图 6.3-D）。

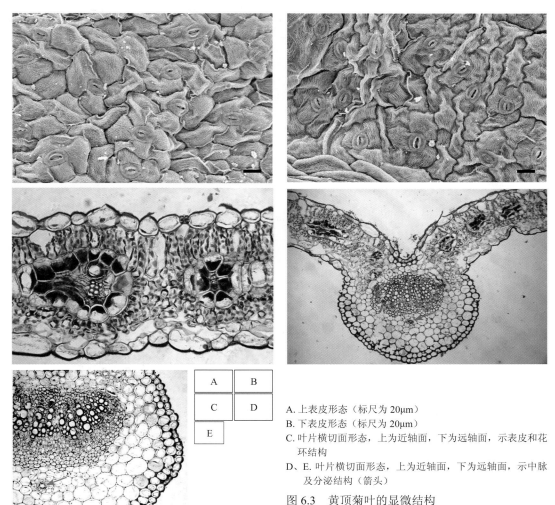

A	B
C	D
E	

A. 上表皮形态（标尺为 20μm）

B. 下表皮形态（标尺为 20μm）

C. 叶片横切面形态，上为近轴面，下为远轴面，示表皮和花环结构

D、E. 叶片横切面形态，上为近轴面，下为远轴面，示中脉及分泌结构（箭头）

图 6.3　黄顶菊叶的显微结构

1）表皮

叶上下表皮细胞均为一层，细胞扁平、大小不等、略呈长椭圆形、排列紧密，外壁上覆盖有较厚的角质层（图 6.3-C）。在表皮细胞之间有气孔分布，气孔深陷于表皮细胞之下，且下表皮较上表皮多（图 6.3-A～B）。

2）叶肉

叶肉组织近轴面为栅栏组织，表现为细胞较长、排列紧密。远轴面下表皮内有连续

①　据任艳萍等（2009）报道，黄顶菊叶片为等面叶。实际上，叶肉仅近轴面为栅栏组织，远轴面为海绵组织，故为异面叶（McKown and Dengler，2007）。这一特征的获得在黄菊属植物进化上的意义见第三章第二节讨论。

或不连续的海绵组织，沿向近轴面的方向逐渐过渡为栅栏组织（图6.3-C）。

　　3）叶脉

　　主脉为基生三出脉，且末端向叶尖聚集（basal arcodromous）；支脉较密，分支可达7级（McKown and Dengler，2009）。叶脉由维管束和基本组织组成。维管束由维管束鞘、初生木质部和初生韧皮部组成，其中有些细胞是黏液细胞（图6.3-E）。叶肉中小维管束密集分布，维管束鞘细胞为较大的薄壁细胞，内含叶绿体，鞘细胞周围有叶肉细胞紧密环绕，是典型的C_4植物花环结构（Kranz anatomy）（图6.3-C）。黄顶菊主脉为双韧维管束，机械组织发达，初生木质部内方和初生韧皮部外围都有厚壁组织分布，导管较多（图6.3-D～E）；在主脉维管束外侧有分泌结构（图6.3-D～E）。

第二节　花 的 发 育

　　黄顶菊的花序比较复杂。花序分枝总体按二歧聚伞花序排列（图6.4-D），每一个分枝的顶端由中心的一个头状花序（图6.5-D）和周围紧密聚集的数个蝎尾状聚伞

图 6.4　黄顶菊植株的分枝

A. 黄顶菊植株侧面观，示同级分枝对生(河北巨鹿，2011年11月1日)；**B.** 黄顶菊植株顶面观俯视，示同级分枝交互对生（河北巨鹿，2011年11月1日)；**C.** 黄顶菊顶部分枝，新分出的分枝短于前一同级分枝，但仍高于轴顶部，L为花序主轴下的一对叶（河北献县，2011年8月21日)；**D.** 黄顶菊分枝示意简图 [根据郑书馨等（2009b）图2A]

图例
　━━ 主干　　● 近团伞花序
　━━ 一级分枝（Fob）
　━━ 二级分枝（Sob）
　━━ 三级分枝（Tob）

花序（图 6.5-C）组成，后文将顶端的这种结构称作近团伞花序（subglomerule）（图 6.5-A、图 6.5-E），蝎尾状聚伞花序中的每一个"小花"实际上是一个头状花序（图 6.5F）。

图例　　▇▇▇ 1个蝎尾　　　▇ 1个头状花序

图 6.5　黄顶菊植株的花序

A. 一个近团伞花序，顶面；B. 一个近团伞花序，腹面，示"花序托"（R）下一对"苞叶"（b）；C. 近团伞花序分解为数个蝎尾状聚伞花序；D. 一个尚在发育阶段中的近团伞花序，中央独立的头状花序最先发育成熟，可见已有 4 个蝎尾状聚伞花序形成（A～D. 天津，南开大学，2011 年 9 月 23 日）；E. 近团伞花序示意图；F. 一个蝎尾状聚伞花序示意图 [E～F 根据郑书馨等（2009b）图 2B～C]

　　黄顶菊头状花序小，小花包被于总苞片内。因此，单个花序形似 1 小花（图 6.6-A）。总苞片略长，3～4 枚，具棱（图 6.6-A、图 6.6-C，phy），外部常有 1 对小苞片（图 6.6-A、图 6.6-C，brl）。小花多为两性管状花，花冠 5 裂，辐射对称（图 6.6-E）；鲜舌状花，雌性，且花冠短于管状花，不暴露于总苞片外（图 6.6-F）；两种小花花冠皆为黄色。管状花雄蕊 5 枚，花丝较短，花药较长。雌蕊 1 枚，柱头二裂（图 6.6-G），表面有大量乳突，内表面细胞较小，且排列紧密；子房（图 6.6-G）下位，1 室。

　　在天津地区（下文描述基于的研究观察所在地），黄顶菊的花期为 7 月下旬至 9 月下旬，但自花芽分化开始至花器官形成仅历时约半个月。在花期内，花芽分化并非在短时期内同步完成，而是一个连续的、逐次发生的过程。在同一时间点上，花器官的发育进度因花芽分化的起始时间早晚而异。黄顶菊花期较长，导致在同一居群内甚至同一植株上表现出花不同发育时期相互重叠的现象（郑书馨等，2009b）。

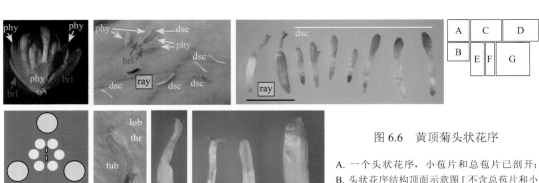

图例
■ 头状花序
□ 第1轮小花
□ 第2轮小花
□ 第3轮小花

dsc：管状花；brl：小苞片；lob：花冠裂片；ova：子房；phy：总苞片；ray：舌状花；sty：花柱及柱头；thr：花冠檐部；tub：花冠冠筒

图 6.6　黄顶菊头状花序

A. 一个头状花序，小苞片和总苞片已剖开；B. 头状花序结构顶面示意图 [不含总苞片和小苞片，根据郑书馨等（2009b）图 2D]；C. 分解的头状花序；D. 组成（图 A）头状花序的小花，管状花尚未成熟；E. 花冠裂片张开的管状花，可见冠筒基部有丝状毛；F. 舌状花；G. 剖开的舌状花（A、C~G；北京，中国农业科学院，2011 年 9 月）

黄顶菊营养茎端转为生殖茎端时，标志着花芽分化的开始。首先形成花序主轴原基，随后形成花序侧轴原基。主轴原基分化为花序原基，侧轴原基继续分化为下一级侧枝的主轴原基和侧轴原基。无论是主轴原基还是侧轴原基，其中心分化为单个头状花序原基，四周分化为蝎尾状聚伞花序原基。头状花序在各蝎尾状聚伞花序"小花"的位置上按有限花序发育的顺序逐一形成，各个头状花序分化的顺序为小苞片、总苞片、小花。管状（小）花分化的顺序为花冠、雄蕊和雌蕊。本小节内容涉及的观察在 2007 年 7 月 25 日至 9 月进行，观察对象不包括舌状花（江莎等，2011；郑书馨等，2009a，2009b）。

1. 花芽分化

2007 年 7 月下旬，黄顶菊营养茎顶端分生组织呈锥状突起（V）（图 6.7-A），其两侧产生一对叶原基（L），后将发育为（二歧聚伞状）花序主轴下的一对叶（图 6.4-C）。中央锥状突起部分快速膨胀为圆形，即花序原基（I）。

2. 主轴原基和侧轴原基的形成

上述圆形的花序原基（I）进一步发育，顶部呈扁圆形，两侧内缘逐渐凸起，最终形成近团伞花序"花序托"下一对"苞叶"（图 6.5-B）的原基（b），主轴原基分化完成（图 6.7-B）。于对生叶原基（L）（在图 6.7-C~D 中已剥除）腋部各产生一个侧轴原基，并各自继续分化形成一对一级分枝（Fob）（图 6.7-C~D）。

各个侧轴原基进一步分化为 3 个圆球状突起（图 6.7-D）。顶部突起（2′）的分化与主轴原基类似，而两侧突起（1′ 和 3′）的分化与侧轴原基类似，继续分化形成二级分支（Sob）（图 6.4-D）。类似的，在二级分枝的基础上可分化为三级分枝（Tob）。实际上，分枝级数可达四级。对于每一级分枝（原基），其顶端最终形成近团伞花序。

随着植株的继续生长，在主轴和各个分枝的主轴近末端两侧，会形成新的侧轴或下一级分枝，这些新的成对分枝与之前形成的分枝交互对生（图6.4-B）。

A. 营养茎顶端（标尺为10μm）

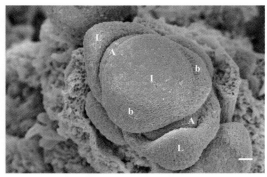

B. 花序主轴原基分化完成（标尺为20μm）

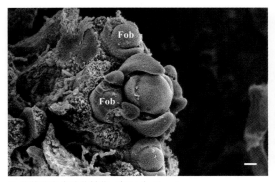

C. 营养茎向生殖茎转化（标尺为40μm）

D. 侧轴原基的分化（标尺为20μm）

图6.7　黄顶菊花芽分化及主轴原基和侧轴原基的形成

A. 顶端分生组织；b：近团伞花序"花序托"的"苞叶"原基；Fob：一级分枝；I：花序原基；L：叶原基

3. 近团伞花序的形成

无论是花序主轴原基，还是侧轴原基，在分化完成后，其中央分化为头状花序原基（Ca），周围分化为蝎尾状聚伞花序原基（Sc），后者沿离心方向在每一个将要形成"小花"的位置上逐渐分化为多个头状花序原基（图6.8-A～B）。蝎尾状聚伞花序原基先分化为两个圆球状凸起，记为 Ca_0 和 Ca_1（图6.8-C）。前者先发育为头状花序原基，后者则分化为两个新的圆球状凸起，记为 Ca_1' 和 Ca_1''（图6.8-D）。两者进一步进行相似的分化，Ca_1' 形成 Ca_2' 和 Ca_3'，Ca_1'' 形成 Ca_2'' 和 Ca_3''（图6.8-E）。Ca_2' 和 Ca_2'' 发育为头状花序原基，Ca_3' 和 Ca_3'' 继续进行类似 Ca_1' 和 Ca_1'' 的分化（图6.8-F）。

如此分化，对于有上标标记的原基，下标为奇数的 Ca_i^j（$i=1, 3, 5, \cdots$；$j='$ 或 $''$）分化为两个凸起 Ca_{i+1}^j 和 Ca_{i+2}^j。其中，得到的下标为偶数的 Ca_{i+1}^j 原基发育为头状花序原基（即 Ca_2^j、Ca_4^j、Ca_6^j，$\cdots$）（图6.9-A），对于得到的下标为奇数的 Ca_{i+2}^j 原基（Ca_3^j、Ca_5^j、Ca_7^j，$\cdots$）则重复 Ca_i^j 的分化。最终，它们将发育成一对（相邻的）蝎尾状聚伞花序（分别由上标为 $'$ 和 $''$ 头状花序原基发育为而来），Ca_0 处于上述这1对蝎尾状聚伞花序分叉处的基部（图6.9-D）。2～3（最多可达4）对这样的蝎尾状聚伞花序即组成一个近团伞

A. 花序轴原基顶端分化（标尺为20μm）

B. 花序轴原基顶端分化（标尺为20μm）

C. Sc 的分化（标尺为20μm）

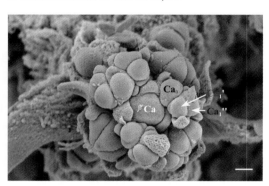

D. Ca₁ 的分化（标尺为50μm）

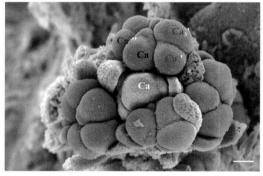

E. Ca₁′ 和 Ca₁″ 的分化（标尺为40μm）

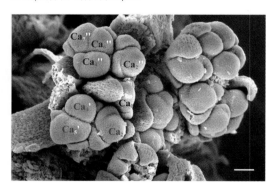

F. 蝎尾状聚伞花序雏形的形成（标尺为40μm）

图 6.8 黄顶菊蝎尾状聚伞花序的形成

Ca：头状花序原基，下标红色示形成头状花序的原基，白色示继续分枝的原基，字母颜色相同的原基位于同一蝎尾，另见图 6.9-D；Sc：蝎尾状聚伞花序原基

花序（图 6.9-E），Ca 发育而来的头状花序（F）位于近团伞花序中央处（图 6.9-B～C）。有些近团伞花序由奇数个蝎尾状聚伞花序组成。本节作者认为，这可能由于奇数对蝎尾状聚伞花序的其中一个，在发育时受到抑制，而未能形成蝎尾状聚伞花序。这一现象的形成原因有待进一步研究。

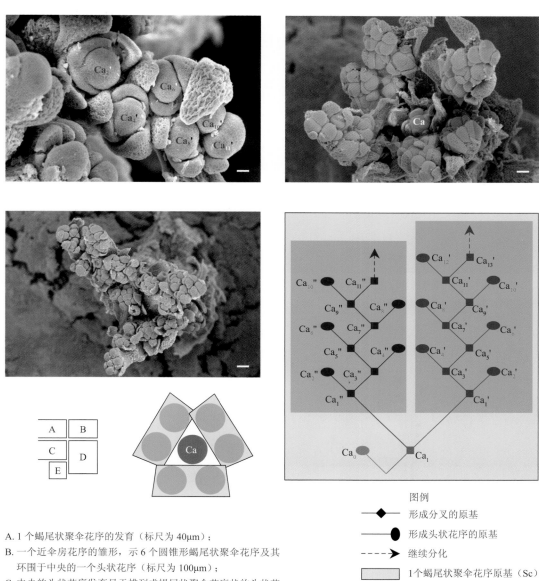

A. 1 个蝎尾状聚伞花序的发育（标尺为 40μm）；

B. 一个近伞房花序的雏形，示 6 个圆锥形蝎尾状聚伞花序及其
环围于中央的一个头状花序（标尺为 100μm）；

C. 中央的头状花序发育早于排列成蝎尾状聚伞花序状的头状花
序（另见图 6.5-D），示已形成镊合状排列的小花原基（另
见图 6.10-C）（标尺为 20μm）；

D. 黄顶菊蝎尾状聚伞花序发育的模式；E. 近伞房花序示意图。

图 6.9 黄顶菊近伞房状花序的形成

Ca：头状花序原基，下标红色示形成头状花序的原基，白色示继续分枝的原基；F：小花原基

4. 头状花序原基的分化

头状花序原基形成后，即开始向花原基分化。圆形的头状花序原基外侧先形成 3～4
个总苞片原基（B），中央则变得扁平，并由总苞片原基内侧腋处向心逐渐分化出 2～3 轮
扁圆球状的小花原基（图 6.10-A）。第一轮小花原基约有 3 个（图 6.10-B），第二轮 3～

6 个，中央一轮分化出 1～2 个（图 6.10-C，另见图 6.6-B），舌状花多出现在第一轮。在形成新的小花原基的过程中，已形成的小花原基已开始继续分化，表现为发育的不同步（图 6.10-C～D）。

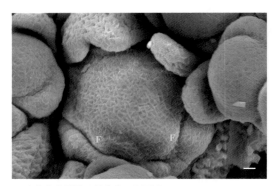

A. 头状花序原基开始分化（标尺为 10μm）

B. 第一轮小花原基的形成（标尺为 10μm）

C. 小花原基的形成（标尺为 20μm）

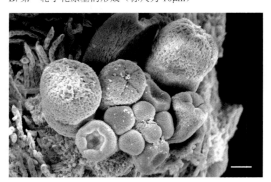

D. 同一头状花序中小花原基发育的不同步（标尺为 40μm）

图 6.10　黄顶菊头状花序原基的分化

B：总苞片原基；F：小花原基，图 C 中黄色加框为第一轮小花，浅黄为第二轮小花，浅绿加框为第三轮小花，示意图另见图 6.6-B

5. 小花原基的形成

黄顶菊的小花无花萼，小花原基形成后，即开始进一步分化，先后分化形成花瓣原基（P）（图 6.11-A）、雄蕊原基（S）（图 6.11-B）和雌蕊原基（心皮原基）（C）（图 6.11-E）。

管状花花冠原基的形成和发育具体为，小花原基中央凹陷，周缘逐渐形成 5 个突起，即花瓣原基（P）（图 6.11-A）。花瓣原基向心生长，逐渐呈顶部开口的筒状，顶部的 5 个花瓣原基更加明显（图 6.11-B）。随着发育进行，5 花瓣原基顶部呈镊合状排列（图 6.11-C），基部联合形成较长的管。

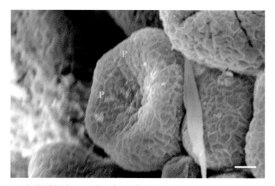

A. 小花原基中心凹陷（标尺为 10μm）

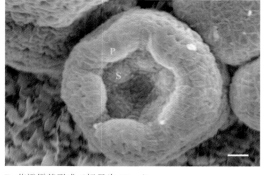

B. 花瓣原基形成（标尺为 10μm）

C. 花瓣原基闭合呈镊合状（标尺为 10μm）

D. 发育中的雌蕊和雄蕊（标尺为 20μm）

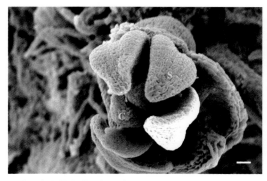

E. 向心弯曲的花药（标尺为 20μm）

F. 花药顶部并不呈镊合状排列（标尺为 10μm）

图 6.11　黄顶菊头状花序小花原基的发育

C：雌蕊原基（心皮原基）；P：花瓣原基；S：雄蕊原基；St：花柱；Stg：柱头

第三节　黄顶菊生殖生物学

1. 雄蕊的发育

1）雄蕊原基的形成

管状花花瓣原基形成后 1～2 天，其内侧同步分化出 5 个圆球状雄蕊原基（S），与花瓣原基（P）互生（图 6.11-B）。雄蕊原基进一步分化，下部发育成花丝，上部发育成略向心弯曲的花药（图 6.11-E）。与花瓣原基的发育（图 6.11-C）不同，5 枚花药不在顶部汇合呈锲合状排列（图6.11-F）。

2）花药早期发育

雄蕊原基逐渐伸长为椭圆形，外侧细胞组成原表皮，内侧为基本分生组织细胞（图6.12-A）。随原基发育，横切面四角方向细胞分裂较快，逐渐形成近梯形状（图6.12-C）。原表皮逐渐分化为花药表皮，从横切面上看，在其内侧，梯形的各角隅处分化出较其他细胞大的孢原细胞（ac）。孢原细胞径向延伸，有明显的细胞核（图6.12-D）。但是，四角的孢原细胞出现时间并不同步（图6.12-B），因此导致随后的发育也不同步，将使得花药的4个花粉囊大小不同。

孢原细胞经过一次平周分裂，在外侧形成初生壁细胞（pp），在内侧形成初生造孢

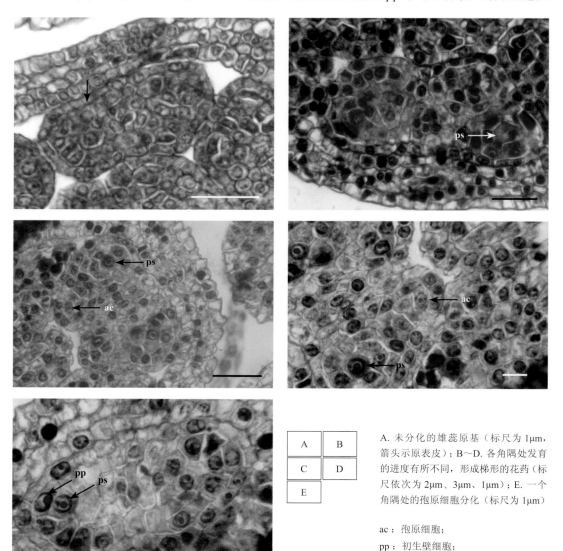

A. 未分化的雄蕊原基（标尺为1μm，箭头示原表皮）；B～D. 各角隅处发育的进度有所不同，形成梯形的花药（标尺依次为2μm、3μm、1μm）；E. 一个角隅处的孢原细胞分化（标尺为1μm）

ac：孢原细胞；

pp：初生壁细胞；

ps：初生造孢细胞

图6.12　黄顶菊花药早期发育

细胞（ps）（图 6.12-E）。前者将发育为除表皮外花药壁层的其他层次部分，后者将发育为花粉粒。

　　3）花药壁的形成

　　花药壁的发育属基本型（Davis，1966）。

　　初生壁细胞经过一次平周分裂和多次垂周分裂，产生内外两层细胞（图 6.13-A）。内层细胞不再进行平周分裂，发育为绒毡层（ta）（图 6.13-B），外层细胞继续一次平周分裂和多次垂周分裂，在外侧形成药室内壁（en），内侧形成中层（ml）。自此，花药壁分化完成。花药壁共 4 层，由外向内分别为表皮（ep）、药室内壁、中层、绒毡层（图 6.13-C）。

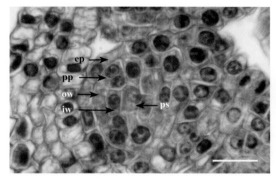
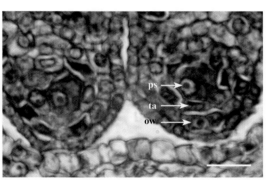

A. 初生壁细胞经过分裂（pp），产生内（iw）外（ow）两层细胞（标尺为 1μm，ps：初生造孢细胞）

B. 内层壁细胞不再进行平周分裂，发育为绒毡层（ta）（标尺为 2μm，ps：初生造孢细胞，ow：外层壁细胞）

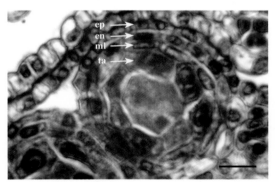
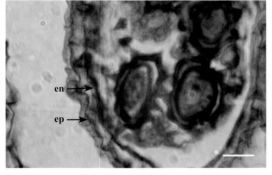

C. 花药壁分化完全，示表皮（ep）、药室内壁（en）、中层（ml）、绒毡层（ta）（标尺为 1μm）

D. 当花粉释放出来时，花药壁只剩表皮（ep）和药室内壁（en）（纤维层）（标尺为 1μm）

图 6.13　黄顶菊花药壁的形成

　　发育初期，表皮细胞为方形，药室内壁与其界限明显（图 6.12-A）；中层细胞呈长方形（图 6.13-C）；绒毡层细胞与上述几层细胞在形态上差别不大，且为单核（图 6.13-B）。随着小孢子细胞的发育，中层和绒毡层逐渐解体。当花粉成熟时，花药壁仅剩表皮及纤维层（图 6.13-D）。

　　4）小孢子的发生及花药壁的发育

　　在初生壁细胞分裂逐渐形成花药壁的同时，初生造孢细胞经过有丝分裂形成多边形的次生造孢细胞（ss）（图 6.14-A[①]）。在这一时期，花药壁绒毡层细胞体积开始增大

　　　　　　　　　　　　　　　　　

　　① 郑书馨等（2009a）图版 I-6 对此图的标注为"一个花粉囊是初生造孢细胞（ps），另一花粉囊是次生造孢细胞时期（ss）"。

（图 6.14-C）。

　　次生造孢细胞进一步发育，细胞体积明显增大，形成圆形的小孢子母细胞（即花粉母细胞），细胞质浓，细胞核大，但无液泡。

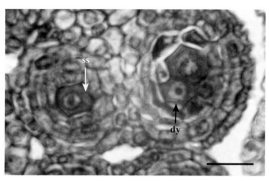

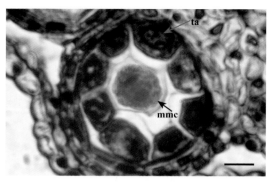

A. 处于不同时期的花粉囊，示次生造孢细胞（ss）和二分体（dy）（标尺为 3μm）

B. 刚进入减数分裂 I 的小孢子母细胞（mmc），绒毡层单核变为双核（ta）（标尺为 1μm）

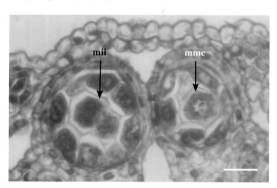

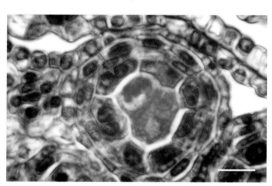

C. 处于不同时期的花粉囊，示花粉母细胞（mmc）和刚进入减数分裂 II（mii）的小孢子（标尺为 2μm）

D. 示绒毡层双核细胞（标尺为 1μm）

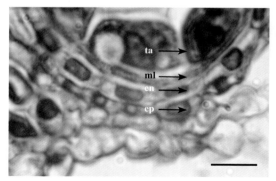

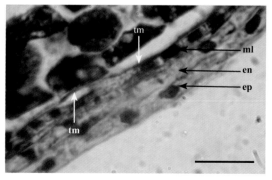

E. 示中层（ml）细胞扁平化（标尺为 1μm；en：药室内壁；ep：表皮；ta：绒毡层）

F. 示外绒毡层膜（tm）（标尺为 2μm；en：药室内壁；ep：表皮；ml：中层）

图 6.14　黄顶菊小孢子发育前期

　　小孢子母细胞时期很短，很快即开始减数分裂（图 6.14-B～C）。花药壁绒毡层细胞不仅体积增大，而且细胞质变浓，并由单核变为双核（图 6.14-B、图 6.14-D），花粉壁中层细胞沿着切向延长呈扁平状（图 6.14-E），并逐渐在毗邻绒毡层的一侧产生外绒毡层膜（tm），将绒毡层及小孢子母细胞包围于其中（图 6.14-F）。

　　在小孢子母细胞减数分裂期间，细胞质分裂的方式为连续形，可观察到二分体（图 6.15-A）和四面体形的四分体[①]（图 6.15-C）。在减数分裂 I 期间，药室内壁细胞沿径向膨大，可见液泡化发生，除外切线壁外皆产生带状加厚，形成纤维层。绒毡层细胞也发生液泡化，且细胞间开始分离，呈变形型。在此阶段，表皮也因细胞沿切向伸长而变薄（图 6.15-E）。

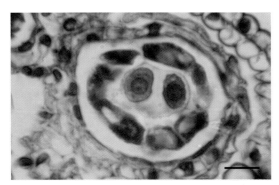

A. 二分体（标尺为 1μm）

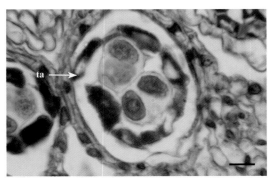

B. 四分体，示在降解的绒毡层（ta）（标尺为 1μm）

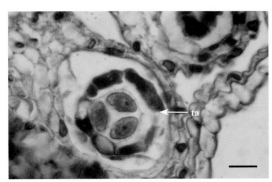

C. 四分体呈四面形（标尺为 1μm）

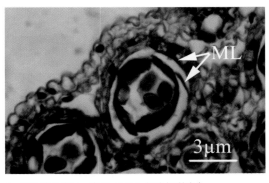

D. 四分体形成时，中层（ML）细胞仅剩残余

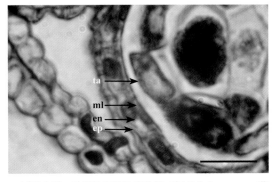

E. 减数分裂 I 时期结束时的花粉壁（标尺为 1μm，en：药室内壁；ep：表皮；ml：中层；ta：绒毡层）

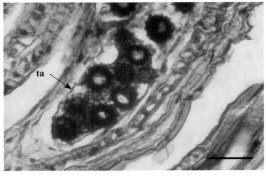

F. 单核花粉粒时期，绒毡层（ta）开始解体（标尺为 5μm）

图 6.15　黄顶菊小孢子发育后期

---

① 四面体形的四分体常为同时型细胞质分裂的结果，但据观察，黄顶菊细胞质分裂的方式实为连续型。

　　在四分体形成的过程中，绒毡层细胞逐渐解体（图 6.15-B～C）。由于细胞受到来自内外两侧的不断挤压，中层细胞已经解体，仅剩残余（图 6.15-D）。四分体形成时，4 个细胞为四面体形排列，包围于胼胝体壁中（图 6.15-C）。

　　在四分体后期，胼胝体壁溶解消失，每个四分体的 4 个细胞被释放出来，成为单核小孢子。小孢子（单核花粉粒）刚释放出时呈梭形，逐渐变为球形，细胞壁薄，细胞质浓，细胞核明显，位于细胞中央。在这一时期（单核花粉粒初期），小孢子可以获得来自解体绒毡层细胞的营养和水分，而外绒毡层膜也开始降解（图 6.15-F）。此时，绒毡层细胞壁除外切方向外皆已溶解，原生质体（包括胼胝体酶和营养）释放到花粉囊中（图6.15-D）。

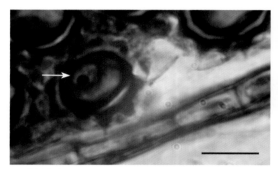

A. 单核靠边期小孢子（箭头所示）（标尺为 1μm）

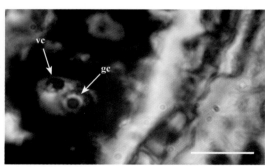

B. 二细胞时期的花粉粒，示营养细胞（vc）和生殖细胞（gc）（标尺为 1μm）

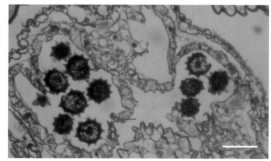

C. 花粉囊裂开（箭头所示），释放出成熟的花粉粒（标尺为 1μm）

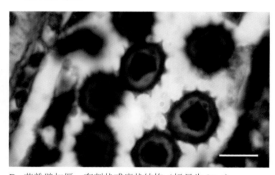

D. 花粉壁加厚，有刺状或瘤状结构（标尺为 1μm）

E. 花粉粒（标尺为 2μm）

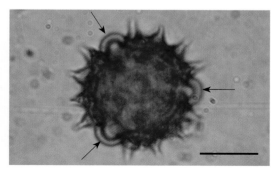

F. 花粉粒，箭头示萌发孔（标尺为 1μm）

图 6.16　黄顶菊花粉的形成

5）雄配子体的发育及花粉的形成

经过短暂的收缩期，小孢子很快变为球形。期间细胞壁加厚，液泡明显，核仁向细胞边缘靠近，进入单核靠边期（图 6.16-A）。然后，单核小孢子经过一次有丝分裂和不均等的胞质分裂，形成较大的营养细胞（vc）和小的生殖细胞（gc），最终发育成为二细胞花粉粒（图 6.16-B）。

当花粉粒成熟时，花粉外绒毡层膜完全解体，纤维层及表皮裂开，释放出花粉（图 6.16-C）。

小孢子从四分体胼胝体释放出时外壁平滑，花粉成熟时外壁具有很多小刺凸起（图 6.16-D～E），并具有 3 个萌发孔（图 6.16-F）。成熟的花粉为 2-细胞型花粉。

2. 雌蕊的发育

1）雌蕊原基的生长和发育

雄蕊原基形成后 1～2 天，其中心出现两个半圆球状光滑凸起，即心皮原基（C）（图 6.11-E～F）。心皮原基进一步发育为雌蕊，基部联合形成子房，中部形成花柱（St），顶端形成柱头（Stg），柱头顶端 2 裂（图 6.17-A）。柱头表面有大量乳突，内表面细胞小，且排列紧密（图 6.17-B）。

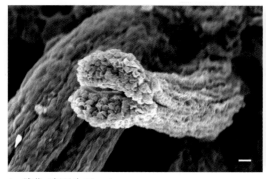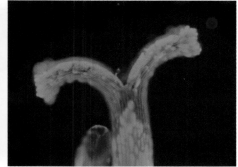

A. 雌蕊（标尺为 10μm）　　　　　　　　　B. 雌蕊 2 裂柱头

图 6.17　雌蕊原基的形成

2）胚珠的发育和大孢子的发生

胚珠原基形成于子房基部。珠心形成初期呈乳突状，直立稍有弯曲。由于珠心一侧细胞分裂较另一侧快，使得胚珠在发育过程中不断弯曲。同时，胚珠原基基部外侧细胞分裂频率加快，分化成为珠被原基，并逐渐向端部扩展，形成由 7～8 列细胞组成的单珠被。当胚珠弯曲 90° 时，珠心顶端表皮下一层细胞中分化出单个孢原细胞。该细胞体积较大，细胞质浓，核大，核仁明显（图 6.18-A）。孢原细胞不分裂，而是进一步增大体积并伸长，直接发育成为大孢子母细胞（即胚囊母细胞）（图 6.18-B）。

胚珠在发育过程不断弯曲，直至 180°，最终形成倒生胚珠。在此过程中，大孢子母细胞已经过减数分裂，在第一次分裂中形成二分体（图 6.18-C），进一步分裂形成四分体。四分体的 4 个大孢子排列呈线状。靠近合点的 3 个大孢子在发育过程中逐步退化，仅珠孔端的大孢子形成功能大孢子①（图 6.18-D）。

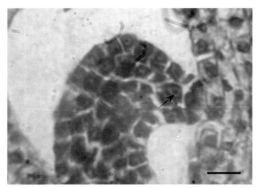
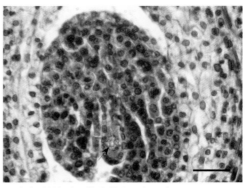

A. 孢原细胞（箭头所示）（标尺为 20μm）　　　　B. 大孢子母细胞（箭头所示）（标尺为 20μm）

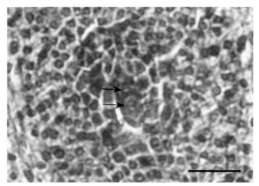
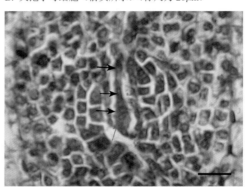

C. 二分体阶段（箭头示细胞核）（标尺为 20μm）　　D. 四分体阶段（红箭头示珠孔端的功能大孢子，黑箭头示正在退化的合点端 3 个大孢子）（标尺为 20μm）

图 6.18　胚珠的发育和大孢子的发生

　　3）雌配子体的发育及胚囊的形成

　　功能大孢子继续发育成单核胚囊（图 6.19-A），经过第一次有丝分裂形成二核胚囊，但体积并未显著变大（图 6.19-B）。在二核胚囊形成初期，二核位于胚囊中央，后分别移向两极。经过第二次有丝分裂，形成了四核胚囊（图 6.19-C），之后经过第三次有丝分裂形成八核胚囊，两极各有 4 核。在后两次分裂过程中，胚囊体积迅速增大。

　　分裂完成后，两极各有 1 核移至胚囊中央，成为极核。两极剩下的各核之间将产生细胞壁。珠孔端形成 1 个卵细胞和 2 个三角形助细胞，合点端形成 3 个反足细胞。自此，胚囊成熟，呈狭长状（图 6.19-D）。

3. 胚胎发育

　　1）花粉管的形成和受精

　　雌蕊的柱头伸出花冠之外（图 6.20-A），落在柱头内表面的花粉粒萌发，自萌发孔突出伸长为花粉管（图 6.20-D）。在花粉管的产生过程中，生殖细胞分裂产生两个精细胞。花粉管进入胚囊后即释放出两个精细胞，其中 1 个与卵细胞受精形成合子，另 1 个

----

①　通常情况下，合点端的一个大孢子发育为功能大孢子。

与极核融合形成受精极核，即初生胚乳核，而反足细胞和助细胞逐渐退化（图 6.22-A）。

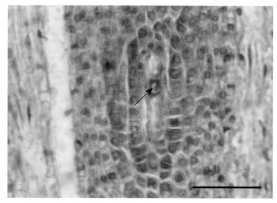

A. 单核胚囊（箭头示细胞核）（标尺为 20μm）

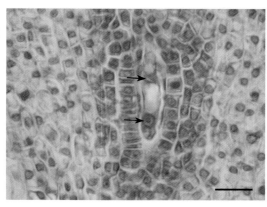

B. 二核胚囊（箭头示细胞核）（标尺为 20μm）

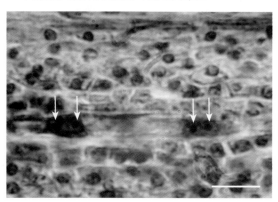

C. 四核胚囊（箭头示细胞核）（标尺为 40μm）

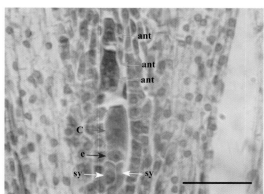

D. 成熟胚囊 [示极核（C）、卵细胞（e）、助细胞（sy）和反足细胞（ant）]（标尺为 40μm）

图 6.19　雌配子体的发育及胚囊的形成

A. 柱头伸出（已伸出总苞片的）管状花花冠之外

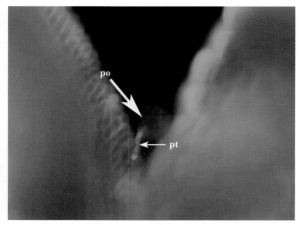

D. 花粉粒（po）落到柱头上萌发出花粉管（pt）

A. 河北冀州，2011 年 8 月 20 日；B、C. 北京，中国农业科学院，2011 年 9 月 22 日

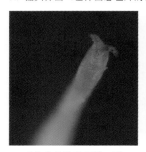

B. 舌状花的柱头顶端 2 裂

C. 落满花粉的柱头

图 6.20　花粉管的形成和受精

2）胚乳的发育

初生胚乳核的细胞分裂早于合子，胚乳发育属于细胞型胚乳（胡适宜，1982）（图6.21-A）。在球形胚时期（详见下段），胚乳细胞即已充满整个胚囊（图6.21-B）。在整个胚发育过程中，有许多解体退化的胚乳细胞离散于胚体周围，其降解物为胚的发育提供营养。

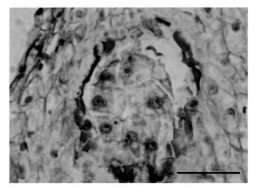
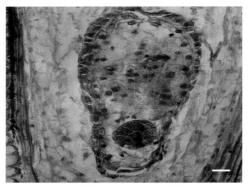

A. 细胞型胚乳（标尺为 20μm）

B. 球形胚时期，珠被绒毡层有退化迹象（标尺为 20μm）

图 6.21　黄顶菊胚乳的发育

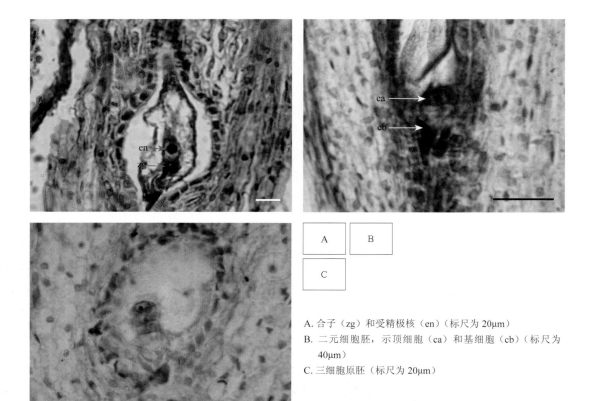

A. 合子（zg）和受精极核（en）（标尺为 20μm）

B. 二元细胞胚，示顶细胞（ca）和基细胞（cb）（标尺为40μm）

C. 三细胞原胚（标尺为 20μm）

图 6.22　黄顶菊胚的发育（Ⅰ）

3）胚的发育

黄顶菊胚的发育属紫菀型（胡适宜，1982）。在受精形成合子时，胚囊在胚珠端的体积增大，但合子的分裂晚于初生胚乳核（图 6.22-A）。合子经过 1 次横向分裂，形成顶细胞和基细胞（图 6.22-B）。基细胞再经过 1 次横向分裂，与顶细胞一起形成三细胞原胚（图 6.22-C）。而后，随着顶细胞不断分裂，成为多细胞胚（图 6.23-A），直至形成球形胚（图 6.23-B）。在珠孔端，可见明显的胚柄，由 3 个细胞组成。

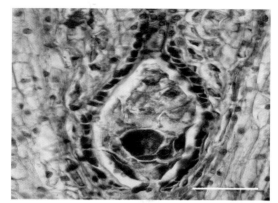

A. 多细胞胚（标尺为 20μm）

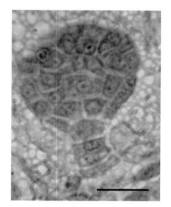

B. 球形胚和胚柄细胞（标尺为 20μm）

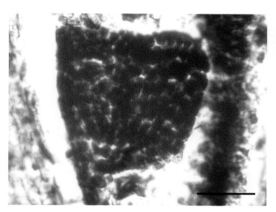

C. 心形胚（标尺为 20μm）

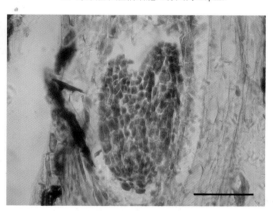

D. 心形胚（标尺为 20μm）

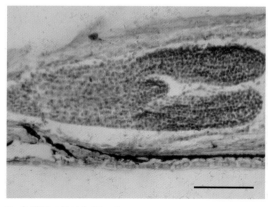

E. 鱼雷胚（标尺为 20μm）

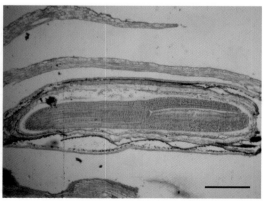

F. 成熟胚，示胚乳外套层（标尺为 20μm）

图 6.23　黄顶菊胚的发育（II）

球形胚细胞进一步分裂，在顶部分化出子叶原基，形成心形胚（图 6.23-C～D）。此时，胚柄已经退化。子叶原基细胞分裂较胚其他部位快，因而伸长生长，由此胚发育成为鱼雷胚（图 6.23-E）。鱼雷胚进一步发育，形成成熟胚。成熟胚子叶间基部可见茎端生长点（图 6.23-F）。

4）珠被绒毡层的发育

大孢子二分体时期，毗邻珠心的一层珠被内表皮细胞逐渐径向伸长，排列整齐而紧密，体积较大，细胞质变得浓厚，形成珠被绒毡层。随着珠心细胞的退化，珠被绒毡层开始直接接触胚囊。双受精完成后仍可见发达的珠被绒毡层（图 6.22-A），它的解体发生在球形胚以后，成熟果实中未发现珠被绒毡层（图 6.23-F）的存在。

第四节　果实与种子

A. 成熟的瘦果落地状，或尚未与花冠分离

B. 成熟的瘦果

C. 瘦果剖面图

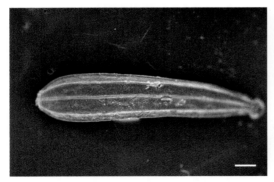

D. 黄顶菊果实（种子）显微形态（标尺为 200μm）

E. 果实顶部，可见花冠脱落痕迹（标尺为 40μm）

图 6.24　黄顶菊瘦果形态

图 A：河北献县，2011 年 10 月 31 日；B、C：北京，中国农业科学院，2011 年 7 月 21 日

黄顶菊果实为瘦果①，舌状花瘦果（边花果）早于管状花瘦果（盘花果）成熟，且相

---

① 据 Yarborough 和 Powell（2006）对黄顶菊的描述，其果实为 Cypselae，即连萼瘦果。连萼瘦果的连生花萼多发育成果实的冠毛。而黄顶菊小花花萼不可见，且果实无冠毛。因此，黄顶菊的果实并非连萼瘦果。

对较长。种子扁平，顶部较基部阔，且较钝，呈倒披针形，表面有 10 条纵棱，种皮黑色（图 6.24-B）。

瘦果成熟后，顶部同与之相连的花冠冠筒脱离。在果实顶部[①]由外向中心分别有花冠冠筒、雄蕊及花柱脱落的痕迹（图 6.24-E）。

种子基部（底端）可见种阜，种脐位于其内。种阜有两种形态，一种呈螺旋状，一种呈环状（图 6.25）。环状的种阜较为常见，在种子成熟前即可观察到这一结构的形成（图 6.6E～G）。

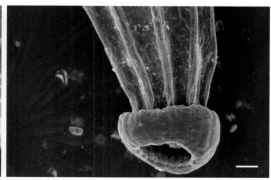

A. 示螺旋状种阜（标尺为 20μm）　　　　B. 示环状种阜（标尺为 40μm）

图 6.25　黄顶菊瘦果底部特征

种子 1 粒，包被于果皮内，与果实同形。种皮由一层细胞组成，包被在胚及胚乳外套层外侧（图 6.23-F、图 6.26-A），胚直立，乳白色（图 6.24-C）。果实成熟时，外围的胚乳细胞未降解，形成胚乳外套层。而胚周围的胚乳细胞已降解，因而形成由胚乳外套层包围的空腔（图 6.23-F）。

第五节　分泌结构及其他

如本章前面几节所述，在黄顶菊营养器官中可观察到分泌结构，如在根内皮层附近（图 6.26-F）、茎（图 6.2-A～C、图 6.26-D）以及叶中脉（图 6.26-E）维管束的外侧。这些结构或以腔体的形式存在，形似油室。植物分泌结构中的物质多为次生代谢物质，这些物质多为挥发性精油。黄顶菊精油类物质主要成分以噻吩类和萜类为主，噻吩类物质是黄菊属植物地下部分的分泌物主要成分，地上部分则以黄酮类物质的硫酸酯和葡萄糖氧苷为主（见第十二章第二节）。这些物质与所观察到的分泌结构中的物质是否一致，还有待进一步研究。

类似的分泌结构可能在黄菊属植物中广泛存在，McKown 和 Dengler（2007）在多数 C_4 及具有不完全花环结构的黄菊属植物叶片中观察到树脂道（resin canals），并且树脂道也分布在维管束鞘外侧。

黄顶菊进入成熟胚阶段后，在种皮（图 6.26-A）、胎座（图 6.26-B）和苞片（图 6.26-C）内均可观察到较大的分泌结构，并以囊状的形式存在，其中含有大量的

---

① 即郭琼霞和黄可辉（2009）文中所指衣领。

分泌物。上述次生代谢物质成分在花中含量最高，而噻吩类物质在黄顶菊花中的含量仅次于根。这些物质都是强抗氧化剂，它们很有可能储存在这些囊状分泌结构之中，有利于延长种子的寿命、抗病虫，并在种子萌发阶段发挥化感作用。

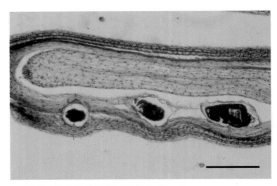

A. 示种皮内分泌的物质（标尺为 40μm）

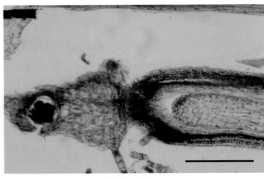

B. 示胎座内分泌的物质（标尺为 20μm）

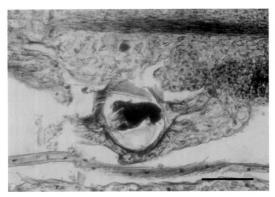

C. 示苞片内分泌的物质（标尺为 20μm）

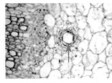

D. 示茎内的分泌结构

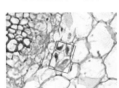

F. 示根内的分泌结构

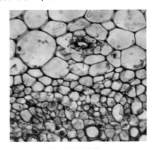

E. 示叶内的分泌结构

图 6.26　黄顶菊的分泌结构

　　在已描述的 20～23 种黄菊属植物中（包括麦氏黄菊），已知染色体数的有 18～19 种。这些植物的染色体基数为 18，可认为黄菊属植物染色体基数即为 18（详见附录 III）。实际上，黄菊亚族三属植物的染色体基数都为 18（Robinson et al.，1981）。在这些已报道染色体数的标本中，染色体大多数为二倍体，但是也有个别表现为多倍单倍体（碱地黄菊）（Anderson，1972）或多倍体（普林格尔黄菊）（Powell，1978）。

　　对黄顶菊染色体数目的研究最早发表于 1946 年，观察的标本采集于阿根廷（Covas and Schnack，1946）。随后，先后有对采集自秘鲁（Diers，1961）、美国（Long and Rhamstin，1968）、多米尼加共和国、厄瓜多尔（Powell and Powell，1978）黄顶菊标本的染色体数观察的报道。

　　时丽冉等（2006）对在我国发生的黄顶菊染色体进行了全面的核型分析。结果表明，研究对象的染色体数与国外报道的一致。此外，研究还对黄顶菊的染色体量化特征进行了描述，对核型不对称性进行了评价（详见图版 6.I），并列出了核型公式（6.1）：

$$K(2n) = 2x = 36 = 24m + 8sm + 4st \tag{6.1}$$

式中，*m* 的着丝点在染色体中部区域（median region）；*sm* 的着丝点在近中部区域（submedian region）；*st* 的着丝点在近端部区域（subterminal region）（李懋学等，1985；Levan et al.，1964）。黄顶菊无随体染色体。

（江　莎　古　松　任艳萍　郑书馨　郑　浩）

图版 6.I 黄顶菊染色体形态

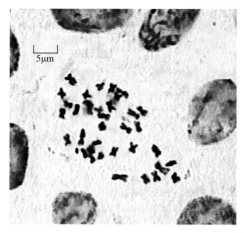

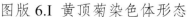

A. 黄顶菊核型图（上）顶行由左至右为 1～8 号染色体，底行为 9～16 号染色体

B. 黄顶菊中期染色体形态图（左）图中四周椭圆状物为其他间期细胞中的细胞核

C. 黄顶菊染色体核型参数比较图（下）

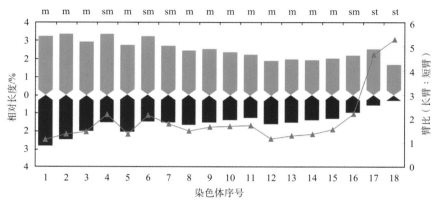

■ 短臂　■ 长臂　▲ 臂比　　m. 中部着丝点染色体；sm. 近中部着丝点染色体；st. 近端部着丝点染色体

A、B. 原载时丽冉等（2006），由衡水学院生命科学学院时丽冉老师惠赠，在此特表感谢；C. 韩颖，根据上文表 1 数据和图 3 改编，文字说明所罗列数据也来自该文。相关凭证标本保存于衡水学院生命科学学院细胞生物学实验室。

黄顶菊染色体核型的不对称性

　　黄顶菊染色体 18 对，总长 81.16μm，平均长度 2.25μm，按我国标准（李懋学和陈瑞阳，1985），略长于小染色体（平均长度 <2μm）。

　　染色体长臂总长 25.2μm，根据荒野久雄（1963）的计算方法，染色体核型不对称度（index of the karyotypic asymmetry，As·K%）为 62.1%。

　　染色体中最长和最短的染色体比值为 3.01，臂比大于 2∶1 的染色体为 5 对（分别为 4 号、6 号、16 号、17 号和 18 号），占染色体总数的 27.78%，根据 Stebbins（1971）的划分标准，属于"2B"型（即最长和最短的染色体长度比为 2∶1～4∶1，臂比大于 2∶1 的染色体占染色体总数的百分比为 1%～50%）。

　　由此可见，黄顶菊染色体核型不对称程度较高。更多染色体核型不对称性的评价指标见 Paszko（2006）。

参 考 文 献

高贤明，唐廷贵，梁宇，等．2004．外来植物黄顶菊的入侵警报及防控对策．生物多样性，12（2）：274–279.

郭琼霞，黄可辉．2009．检疫性杂草——黄顶菊．武夷科学，25（1）：13–16.

胡适宜．1982．被子植物胚胎学．北京：人民教育出版社：185.

江莎，郑书馨，刘龙会，等．2011．黄顶菊的大孢子发生、雌配子体与胚胎发育．热带亚热带植物学报，19（1）：26–32.

李懋学，陈瑞阳．1985．关于植物核型分析的标准化问题．武汉植物学研究，3（4）：297–302.

刘全儒．2005．中国菊科植物一新归化属——黄菊属．植物分类学报，43（2）：178–180.

任艳萍，古松，江莎，等．2008．温度、光照和盐分对外来植物黄顶菊种子萌发的影响．云南植物研究，30（4）：477–484.

任艳萍，古松，江莎，等．2009．外来植物黄顶菊营养器官解剖特征及其生态适应性．生态学杂志，28（7）：1239–1244.

时丽冉，高汝勇，芦站根，等．2006．黄顶菊染色体数目及核型分析（简报）．草地学报，14（4）：387–389.

张风娟，李舒芳，赵辉，等．2009．3 种入侵杂草次生木质部的细胞结构．河北科技师范学院学报，23（4）：1–6.

郑书馨，古松，江莎，等．2009a．黄顶菊小孢子发生与雄配子体发育的研究．热带亚热带植物学报，17（4）：321–327.

郑书馨，古松，江莎，等．2009b．外来物种黄顶菊花器官分化的初步研究．热带亚热带植物学报，17（1）：17–23.

Anderson L C. 1972. *Flaveria campestris*（Asteraceae）: A case of polyhaploidy or relic ancestral diploidy? Evolution, 26（4）: 671–673.

Covas G，Schnack B. 1946. Número de cromosomas en Antófitas de la región del Cuyo（República Argentina）. Revista Argentina de Agronomia, 13: 153–166.

Darlington C D，Wylie A P. 1955. Chromosome atlas of flowering plants. New York: Macmillan Company: 265.

Davis G L. 1966. Systematic embryology of the angiosperms. New York: John Wiley: 6–27.

Diers L. 1961. Der Anteil an Polyploiden in den Vegetationsgtirteln der Westkordillere Perus. Zeitschrift für Botanik, 49: 437–488.

Kocacinar F，McKown A D，Sage T L，et al. 2008. Photosynthetic pathway influences xylem structure and function in *Flaveria*（Asteraceae）. Plant Cell and Environment, 31（10）: 1363–1376.

Levan A，Fredga K，Sandberg A A. 1964. Nomenclature for centromeric position on chromosomes. Hereditas, 52（2）: 201–220.

Long R W，Rhamstin E L. 1968. Evidence for the hybrid origin of *Flaveria latifolia*（Compositae）. Brittonia, 20（3）: 238–250.

McKown A D，Dengler N G. 2007. Key innovations in the evolution of Kranz anatomy and C_4 vein pattern in *Flaveria*（Asteraceae）. American Journal of Botany, 94（3）: 382–399.

McKown A D，Dengler N G. 2009. Shifts in leaf vein density through accelerated vein formation in C_4 *Flaveria*（Asteraceae）. Annals of Botany, 104（6）: 1085–1098.

Paszko B. 2006. A critical review and a new proposal of karyotype asymmetry indices. Plant Systematics and Evolution, 258（1）: 39–48.

Powell A M. 1978. Systematics of *Flaveria*（Flaveriinae Asteraceae）. Annals of the Missouri Botanical Garden, 65（2）: 590–636.

Powell A M, Powell S A. 1978. Chromosome numbers in Asteraceae. Madroño, 25（3）: 160-169.

Robinson H，Powell A M，King R M，et al. 1981. Chromosome Numbers in Compositae, XII: Heliantheae. Smithsonian Contribution to Botany, 52: 1–28.

Stebbins G L. 1971. Chromosomal evolution in higher plants. London: Edward Arnold: 88.

Yarborough S C，Powell A M. 2006. Flaveriinae. *In*: Flora of North America Editorial Committee. Flora of North America. Vol. 21. New York: Oxford University Press: 245–250.

荒野久雄（Arano H）. 1963. 邦産キク亜科植物の細胞学的研究 IX. *Pertya, Ainsliaea* 両属の核型分析と系統の考察（2）[Cytological Studies in Subfamily Carduoideae（Compositae）of Japan IX. The Karyotype Analysis and Phylogenic Considerations on *Pertya* and *Ainsliaea*（2）]. 植物學雑誌（The Botanical Magazine, Tokyo）, 76（895）: 32–39.

第七章 黄顶菊入侵生物学

第一节 种子的休眠与寿命

休眠是指新成熟的植物种子由于内在原因，即使给以合适的生态条件也不能发芽的特性。植物的休眠是在长期自然选择中形成的对不良环境的适应性。由于杂草休眠期长短不同，在田间形成了发芽出土的不整齐性，也给防除工作带来很大困难。

实验表明，成熟黄顶菊种子无生理休眠，但温度和土壤深度对种子寿命有一定的影响（李少青等，2010）。研究黄顶菊种子的这些特性有利于增进对黄顶菊越冬和种群维持机制的理解。

1. 种子的休眠

1）成熟度和结籽部位对萌发率的影响

分别从未枯萎的植株（小花花冠仍为鲜黄、花序和叶片水分充足饱满）和枯萎的植株（开花时间较长、小花花冠已经枯黄、花序和叶片自然干枯失水）上采集种子进行萌发实验，萌发率分别为86.0%和71.8%，萌发高峰均为5～11天。

植株上部、中部和下部采集的种子达到萌发高峰的时间和萌发率均没有显著性的差异，说明不同结籽部位的黄顶菊种子也不存在明显的休眠。

在华北地区自然条件下生长的黄顶菊7月下旬至8月上旬即可见到成熟的种子，由于黄顶菊无休眠，上述种子在一定光照强度下即可萌发，在田间表现出世代重叠现象。这一时期新成熟的种子和晚期出苗种子发育时期接近，但即使在夏末可以分枝，也是处于夏末分枝的后期，植株矮小，种子产量很低，萌发率甚至低于10%。因此，黄顶菊种子在成熟后立即落地萌发不利于种群自身的维持。种子休眠实验结果说明，黄顶菊种子成熟的时间较早，但成熟后并不立即离开植株，并将种子活力保持到环境不利于种子萌发的生长季节末期。对于离开植株的种子，由于黄顶菊种子小，易于传播，扩散期间的环境或不适于其立即萌发，如果扩散到纬度较低的地区，立即萌发或能完成生活周期。由此可见，黄顶菊种子成熟早、不立即离株、无休眠的特性有利于种群的建立和维持。

2）储藏温度对黄顶菊种子萌发的影响

新鲜采集的成熟黄顶菊种子虽然萌发率较高，但仍存在一定的后熟现象，黄顶菊种子在低温和室温条件下4个月后可以基本完成后熟阶段，而在冷冻条件下则和新采集种子一样，不能完成后熟阶段。

采集的新鲜黄顶菊种子萌发集中在5～9天，萌发率达80%所需的时间为9天；室温（12～28℃）处理下的黄顶菊种子，处理后8天、1个月、4个月和8个月达到80%萌发率所需的时间分别为11天、8天、6天和3天；低温（4℃）处理下的黄顶菊种子，处理后8天、1个月、4个月和8个月达到80%萌发率所需的时间分别为9天、8天、6天和4天；冷冻（−18℃）处理下的黄顶菊，处理后8天、1个月、4个月和8个月达到

80% 萌发率所需的时间均为 9 天。总的来看，在低温（4℃）和室温（12～28℃）处理下的黄顶菊种子，随着处理时间的增加，所需萌发时间逐渐缩短，并且萌发逐渐集中，而冷冻（−18℃）处理下的黄顶菊种子萌发时间变化不大（图 7.1）。

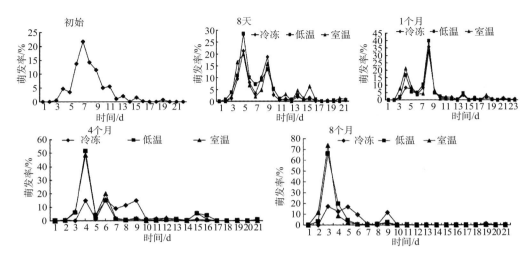

图 7.1　不同储藏温度处理后黄顶菊种子每日萌发率

黄顶菊种子成熟较早，在适宜生长的季节结束前有充足的时间后熟。尽管后熟的机制尚不清楚，但一旦后熟过程完成以后，储藏环境的温度对种子的萌发在下一生长季节到来之前并无影响。在另一实验中，采集 3 天后，黄顶菊种子发芽率即达 95% 以上，直至采集后 120 天基本无变化（表 7.1），也不会因储藏条件的不同导致二次休眠，而且产地之间也不存在差异。

表 7.1　黄顶菊种子采后不同时间的发芽率（%）

采样地	采后天数 /d						
	3	30		60		120	
	室温	室温	地下	室温	地下	室温	地下
邯郸	99.6	96.7	98.3	96.9	95.4	99.0	97.3
衡水	97.9	97.4	97.0	99.0	96.7	98.7	95.5
沧州	99.0	98.9	98.3	97.7	97.9	97.5	96.7

3）植物激素的作用

脱落酸抑制种子的萌发，而赤霉素对种子萌发有一定促进作用。黄顶菊种子储藏 4 个月后，生长素、玉米素核苷、赤霉素和脱落酸等激素水平发生变化，冷冻处理的赤霉素含量显著低于低温和室温处理，而脱落酸的含量则显著高于低温和室温处理，冷冻处理的赤霉素 / 脱落酸的值更是显著低于低温和室温处理（表 7.2）。

表 7.2　温度处理 4 个月后种子内源激素水平（ng/g·FW）

处理温度	生长素	玉米素核苷	赤霉素	脱落酸	赤霉素/脱落酸
冷冻	21.27 b	13.23 a	14.61 c	87.56 a	0.1668 c
低温	21.00 b	11.34 b	18.72 a	84.55 b	0.2214 a
室温	22.00 a	10.50 c	16.28 b	80.85 c	0.2014 b

注：表中字母为多重比较的结果

2. 种子寿命

1）温度对种子寿命的影响

长时间的冷冻处理（–18℃）使黄顶菊种子的寿命显著缩短（表 7.3）。处理 4 个月后，黄顶菊种子的寿命即出现显著下降，并且显著低于同期的低温（4℃）和室温（12～28℃）下种子萌发率，及至处理 12 个月后，黄顶菊种子的萌发率已经显著下降至 64.8%。低温和室温处理下，黄顶菊种子的萌发率出现先上升后下降的趋势，但是处理 12 个月后与初始萌发率比起来并没有显著下降。综上所述，在 12 个月的处理时间内，室温（12～28℃）和低温（4℃）对黄顶菊种子的寿命没有显著影响，但是冷冻（–18℃）的黄顶菊种子寿命显著缩短。

表 7.3　不同温度储藏一定时间后黄顶菊种子存活率（%）

处理时间	冷冻（–18℃）	低温（4℃）	室温（12～28℃）
初始	86.0 a	86.0 c	86.0 cd
8 天后	81.0 ab	96.5 a	92.0 bc
1 个月后	84.0 a	96.8 a	97.0 ab
4 个月后	75.8 bc	94.0 ab	93.8 ab
8 个月后	71.8 c	97.3 a	99.5 a
12 个月后	64.8 d	88.0 bc	84.5 d

注：表中字母为多重比较的结果

室温下不同储藏时间的黄顶菊种子之间，萌发率没有显著性差异。储藏 4 年后，其萌发率仍然维持在一个很高的水平。由此可以看出，在室温下，黄顶菊种子的生命力很强，种子寿命较长。

2）土壤深度对种子寿命的影响

在土壤表面或土壤中，黄顶菊种子约有 30% 可存活 1 年以上。在北京的试验结果显示，黄顶菊种子在土表和 10cm 深土层中 3 个月后，存活率与初始时相比差异不显著，都维持在一个较高的水平。但在 6 个月后，不论是在土表还是在 10cm 深土层，黄顶菊种子存活数量显著减少；12 个月后，土表上和在 10cm 土层中的黄顶菊种子存活率下降至约 30%（表 7.4）。

表 7.4　黄顶菊种子在不同土层中的存活率（%）

处理时间/月	室内对照	土表	土中 10cm
初始	96.8 a	96.8 a	96.8 a
3	86.8 a	91.9 a	97.8 a
6	93.8 a	33.7 b	78.8 b
9	90.3 a	32.5 b	54.5 c
12	82.8 a	29.1 b	30.7 c

注：表中字母为多重比较的结果

表 7.5　网室盆栽黄顶菊植株的生长发育周期及其可塑性（2008 年，北京）

发育阶段	生育期	样本容量	均值(d)	表现型可塑性指数	变异系数
播种—出苗		20	5.0	0.625	0.2974
出苗—1对真叶		20	4.7	0.846	0.7463
1对真叶—1对分枝		16	25.5	0.652	0.3370
1对分枝—现蕾		16	35.1	0.736	0.4215
现蕾—成熟		15	45.4	0.333	**0.1126**
1对分枝—成熟		15	81.9	**0.316**	0.1228
1对真叶—成熟		15	108.0	0.351	0.1348
出苗—成熟		15	111.9	0.379	0.1451
播种—成熟		15	116.6	0.377	0.1478
出苗—1对分枝		16	34.1	0.639	0.3143
播种—现蕾		16	69.2	0.664	0.3211
1对真叶—现蕾		16	60.6	0.674	0.3257
出苗—现蕾		16	64.5	0.683	0.3297
出苗—1对分枝		16	29.4	0.655	0.3383
播种—1对真叶		20	9.7	0.75	0.4219

生育期阶段划分：营养生长期（出苗至现蕾期）含出苗期（幼苗前期）、大苗期（幼苗后期、大苗期）；生殖生长期含现蕾—开花（蕾期、现蕾期）、开花—成熟（盛花期、花期）、结实—成熟、成熟—枯死（后期）。

注：本书推荐的生育期阶段划分在表头中以加黑字体表示，即出苗期、幼苗前期、幼苗后期、大苗期和生殖生长期；未以加黑字体列出的，是在本章第二节中提及的所有根据其他标准划分的生育期；可塑性指数（Valladares et al., 2006, 2000）和变异系数值大致逐渐增大，箭头指向方向系数值增大

表 7.4 数据显示，随着处理时间延长，在土表的黄顶菊种子存活率下降较快，其原因之一是有大量种子在处理结束前因自然萌发而导致了理论上的种子流失。黄顶菊在10cm 深土层中不能萌发，而存活率也显著下降，是部分黄顶菊种子死亡的结果。

（倪汉文　李香菊）

第二节　黄顶菊在我国的生长发育周期

根据黄顶菊植株生育特性，结合易于识别的形态特征，可将其生命周期划分为"出苗期"、"出苗至现蕾期"、"蕾期"、"开花至种子成熟期" 4 个生育时期，每个时期的发育及其与环境的关系各有特点。前两个时期为营养生长时期，后两者为生殖生长时期（表 7.5）。

在营养生长时期初始，黄顶菊生长缓慢，在后期生长快速。因此，可将"出苗至现蕾期"分为三个阶段，将出苗至出现第 1 对真叶称为"幼苗前期"，将第 1 对真叶出现至第 1 对分枝出现称为"幼苗后期"，将第 1 对分枝出现至现蕾称作"大苗期"。在前两个阶段黄顶菊生长缓慢，可合称为"幼苗期"。黄顶菊营养生长各个阶段的定义见表 7.6。

表 7.6　黄顶菊营养生长发育周期

发育阶段	起始标志	结束标志	生长时期
出苗期	种子萌发（不可见）	子叶出土	4 月 / 上旬至 4 月 / 中下旬
幼苗前期	子叶出土	产生第 1 对真叶	4 月 / 中下旬至 5 月 / 上旬
幼苗后期	产生第 1 对真叶	产生第 1 对分枝	5 月 / 上旬至 6 月 / 上旬
大苗期	产生第 1 对分枝	花芽分化（或现蕾）	6 月 / 上旬至 7 月 / 下旬

在生殖生长阶段，相对于开花至种子成熟期，黄顶菊现蕾时期较短，因此黄顶菊自现蕾以后的发育阶段也可分为"现蕾—开花期"、"结实—成熟期"、"（种子）成熟—（植株）枯死期"（图 7.2）（张米茹和李香菊，2008）。

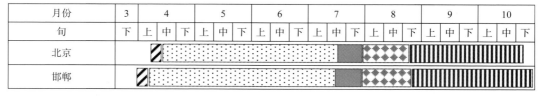

图 7.2　黄顶菊生育节律（2007 年，北京）

由于在生殖生长时期，黄顶菊的有性繁殖器官的发育进度不一致，导致同一植株上的花自蕾期以后的各个时期相互重叠，营养生长在这一时期并未完全停止。在"成熟—枯死期"仍有繁殖器官处于生殖生长早期各阶段，直接导致种子在成熟时间上的不一致。因此，在花芽分化之后，自现蕾开始划分的各阶段，仅适合于描述植株单个头状花序的发育。

　　黄顶菊种子无休眠特性，当年成熟的种子条件适宜即可萌发。自然条件下，4月初出苗的黄顶菊植株产生的种子，8月中下旬即可成熟。这些种子经风吹雨淋落到地面后土壤墒情适宜即可萌发，在8月底至9月初出苗形成新的植株，10月中旬、下旬仍可产生少量成熟种子。因此，黄顶菊植株在田间表现世代重叠现象（图7.3）。黄顶菊出苗期的不一致及世代重叠现象，延长了黄顶菊在入侵地发生的时间，增加了防除难度。

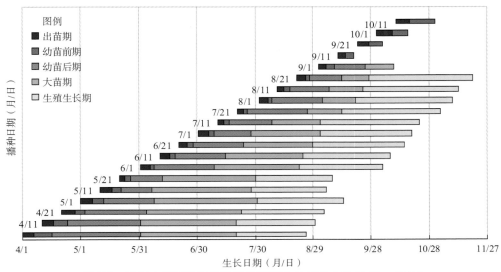

图 7.3　网室内不同时间播种的黄顶菊生长动态（2008 年，北京）

1. 黄顶菊的出苗动态

　　黄顶菊种子无休眠特性，且黄顶菊发芽的起点温度较低，终止萌发的极限温度较高，在自然条件下，种子萌发的适宜温度范围较宽。盆栽试验表明，在北京地区，4月1日至10月11日播种的黄顶菊均能出苗（图7.3）。当最高气温连续5天达18℃以上时，如果土壤墒情适宜，田间黄顶菊即可出苗。室外调查结果显示，春季出苗从4月初开始，直到6月中旬均有新苗出土（图7.4、图7.5）。

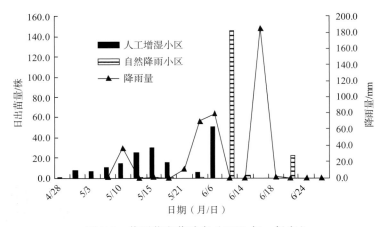

图 7.4　黄顶菊出苗动态（2009 年，保定）

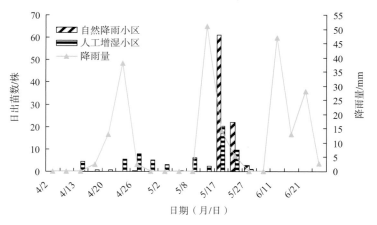

图 7.5　黄顶菊出苗动态（2009 年，曲周）

除气温因素外，黄顶菊出苗时间的早晚与降雨量的变化相关。在人工增湿条件下，黄顶菊出苗较早；自然降雨小区出苗高峰均出现在较大降雨之后，且出苗相对集中（图 7.4、图 7.5）。

2. 出苗到现蕾期的生长动态

黄顶菊春季出苗后，幼苗初期生长比较缓慢，随着气温的上升，生长速度加快，后期又减缓，植株叶数和株高均呈现出"S"形变化（图 7.6、图 7.7）。

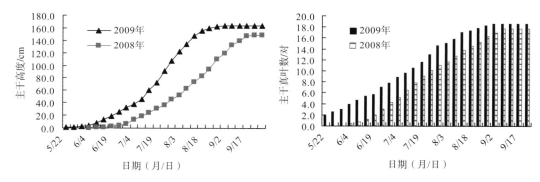

图 7.6　黄顶菊主干高度生长动态（保定）　　　　图 7.7　黄顶菊主干叶数增长动态（保定）

综合分析黄顶菊的生长特点，发现其营养生长期明显分为两个阶段：缓慢生长阶段和快速生长阶段。前者从出苗开始，到加速生长开始时结束，即"幼苗期"；后者从加速生长开始，到主干顶芽现蕾结束，即"大苗期"。

在河北一些地方，早春出苗的植株幼苗期在 5 月底（或更早）至 6 月初结束。当 5 日滑动平均气温达到 22℃（气象学夏季开始的温度）时，主干高度和主干叶数可以作为预测田间黄顶菊加速生长开始的参数，指导适时除治工作。

以第 1 对真叶出现的日期为界，"幼苗期"又可以分为两个阶段。在网室内，5 月下旬至 9 月中旬，最高气温为 27.3～32.6℃，在此期间播种的黄顶菊出苗及第 1 对真叶出现所需时间最短，之前或之后播种的黄顶菊，其出苗及第 1 对真叶出现所需的天数增加。此外，田间调查结果也显示，植株的发育速度因出苗时间不同而异，夏季出苗的植株发育速度明显快于春季出苗植株，樊翠芹等（2008）的观察结果与此一致（表7.7）。

表7.7 春季出苗黄顶菊真叶生长情况（2007年，石家庄）

出苗日期	出苗后天数/d					
	17	21	24	28	35	42
4月3日	—	1	—	—	3	4
4月14日	1		3	—	—	—
7月17日	—	—	—	—	6	—
8月8日	—	—	—	5	—	—
8月28日	—	—	—	4	—	—

注：根据樊翠芹等（2008）。表中数字为真叶对数，—代表无数据

而网室盆栽实验显示，幼苗期与大苗期分界时期实际上与黄顶菊植株分枝初始日期一致（图7.3、图7.8）。换言之，出苗至分枝初始阶段即为幼苗期，分枝出现至现蕾阶段即为大苗期。樊翠芹等（2008）的田间试验结果与此也大致吻合（表7.8）。

表7.8 春季出苗黄顶菊分枝情况（2007年，石家庄）

出苗日期	出苗天数/d	分枝日期	真叶数/对	分枝部位（真叶叶腋）
4月3日	35	5月8日	3	1
6月19日	42	7月31日	5	2~3
7月17日	42	8月28日	7	2~5
8月8日	28	9月5日	5	3
8月28日	28	9月25日	4	1

注：根据樊翠芹等（2008）

进入"大苗期"，分枝由真叶叶腋处而出，形成一级分枝。随着时间的推移，一级分枝上再分出二级分枝，二级分枝上还可分出三级分枝，最多可到四级分枝。同一级分枝间交互对生，各级形成方式相同。黄顶菊幼苗分枝初始的时期和分枝节位与出苗期也有一定关系。如表7.8所示，夏季出苗的黄顶菊分枝开始形成所需的时间比春季、秋季出苗的长，分枝节位高。

黄顶菊的生育期长短变化很大，相对于生殖生长期，营养生长期的生长发育具有很强的可塑性。出苗晚的植株株高、叶片数、分枝数、生物量等指标明显低于出苗早的植株，这些差异最终将影响黄顶菊生殖生长期发育。出苗晚的植株营养生长期最短只需要10℃以上有效积温300日·度左右就可以现蕾开花，极大地加快了其繁育进度。

3. 蕾期

在营养生长后期，随着苗龄的增加和根系、叶片、茎秆的不断增长，黄顶菊生殖器官开始分化，逐渐向生殖生长阶段过渡。

在自然条件下，黄顶菊现蕾时间与环境温度和光周期有关。营养积累到一定程度，在适宜的光周期下黄顶菊即可现蕾。河北省中南部地区，黄顶菊于7月下旬开始现蕾，8月上旬达到高峰期，群体现蕾可以持续到秋末；白昼长度由长变短，达14.98h时开始现蕾，达14.80h时可有50%的黄顶菊现蕾，白昼越短越有利于现蕾（表7.9）。小花由现蕾到开花称为蕾期，各地蕾期6~10天，平均7.5天；蕾期需要高于10℃的有效积温

93.55～174.62 日·度，平均约为 130 日·度（表 7.10）。

表 7.9　2009 年不同地点黄顶菊现蕾时的光周期变化

地点	北纬	东经	夏至日昼长 /h	始见现蕾		50% 现蕾时昼长 /h
				日期	昼长 /h	
曲周	36°46′	114°56′	15.37	7 月 21 日	14.98	14.68
石家庄	38°02′	114°30′	15.48	7 月 28 日	14.90	14.80
献县	38°11′	116°07′	15.50	7 月 29 日	14.90	14.70
保定	38°52′	115°27′	15.57	8 月 8 日	14.62	14.52
唐山	39°37′	118°10′	15.65	8 月 2 日	14.88	14.65

表 7.10　2009 年不同地点黄顶菊蕾期的温度条件（发育起点温度取 10℃）

	曲周	石家庄	唐山	保定	平均
现蕾	7 月 21 日	7 月 28 日	8 月 2 日	8 月 8 日	—
开花	7 月 31 日	8 月 4 日	8 月 11 日	8 月 14 日	—
蕾期 /d	10	7	9	6	7.5
日均温 /℃	27.46	26.45	25.22	25.59	26.74
有效积温 /（日·度）	174.62	115.18	136.98	93.55	130.08

黄顶菊株高随着出苗时间的后移而呈逐渐降低的趋势，后期出苗的植株株高仅 5～20cm，约在 6 片叶时即可现蕾开花。

4. 开花至种子成熟期

黄顶菊现蕾后，经历一定的时期和营养积累即可开花。由于黄顶菊花器官发育的不齐性，同一植株、甚至同一头状花序内小花的发育进度不尽相同，这一现象导致在某一时间点上，同一头状花序内各个种子的成熟程度有所差异。

黄顶菊开花 10 天后，即能产生有萌发能力的种子（图 7.8）。根据对河北省 5 个市、县黄顶菊花序中种子萌发率达 15% 及 50% 的统计结果（表 7.11），结合当地的气象资料，估算出相应的有效积温分别为 52.32 日·度和 155.73 日·度。

表 7.11　黄顶菊不同开花日期种子发育进度（发育起点温度取 10℃）

开花始期	达 15% 萌发率所需日数 /d	达 15% 萌发率日均温 /℃	有效积温 /（日·度）	达 50% 萌发率所需日数 /d	达开花 50% 日均温 /℃	有效积温 /（日·度）
8 月 15 日	2.6	26.83	43.76	14.7	24.46	212.50
8 月 30 日	4.4	20.64	46.83	15.1	21.00	166.10
9 月 14 日	5.8	19.90	57.42	13.8	19.10	125.58
9 月 15 日	4.5	21.00	49.80	18.9	20.50	198.40
9 月 29 日	9.5	17.30	69.38	21.5	15.50	118.25
9 月 30 日	5.5	18.50	46.80	13.7	18.30	113.50

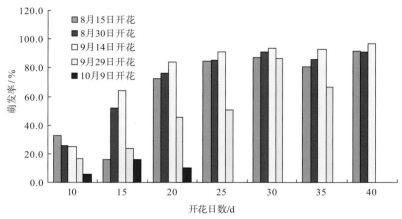

图 7.8　黄顶菊开花后种子萌发率的变化（2009 年，保定）

5. 黄顶菊发育期可塑性与适应策略

1）发育期的可塑性（表 7.5）

黄顶菊植株全发育期历期表现出一定的可塑性，表现型可塑性指数（phenotypic plasticity index，PPI）和变异系数（CV）分别为 0.377 和 0.1478。出苗较晚的植株可依靠缩短营养生长的天数实现开花结实。与之相反，如图 7.9 所示，黄顶菊现蕾至种子开始成熟需要的时间（生殖生长期）变化不大，为 36～54 天，波动性小（PPI = 0.3，CV = 0.1126），略低于全生育期。显然，黄顶菊在发育期上的可塑性体现在营养生长阶段（PPI = 0.664，CV = 0.321）。

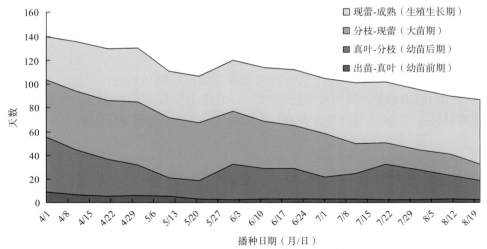

图 7.9　网室内不同时间播种的黄顶菊各生育阶段所需时间（2008 年，北京）

（1）幼苗前期的可塑性　在营养生长期各阶段中，可塑性最高的是幼苗前期（PPI = 0.846，CV = 0.7463）。由于气温相对较低，在早春和 9 月后出苗的黄顶菊，生长出第 1 对真叶的时间可达一周甚至更长，而在夏季，这一过程仅需 2～3 天。

尽管如此，幼苗前期发育时期在出苗后全生育期中所占比例较小，小于 7%。

（2）幼苗后期和大苗期 与幼苗前期不同，幼苗后期和大苗期历期的均值分别可达约 26 天和 35 天，两者之和占整个生育期的一半以上，且可塑性水平也较高（PPI > 0.65）。秋季出苗的黄顶菊无法进入这两个阶段，表现出的可塑性实际程度更高。

幼苗后期和大苗期以分枝的出现为界，这也是黄顶菊进入快速生长时期的标志。分枝可直接影响种子产量，而黄顶菊植株一级分枝主要在大苗期形成，换言之，大苗期是出苗后营养生长时期最重要的阶段。网室盆栽实验结果显示（图 7.10），早期出苗的黄顶菊植株大约在 6 月上旬开始分枝，进入大苗期的时间较为集中。对比进入幼苗后期和大苗期的日期，可以发现，5 月 27 日之前进入幼苗后期的植株，集中在 6 月 1~12 日进入大苗期（两日期线性斜率约为 0.254）。而 5 月 27 日之后进入幼苗后期的植株进入大苗期的日期比较分散（两日期线性斜率约为 0.893）。这说明，在该实验中，5 月 27 日之于幼苗后期，或 6 月 12 日之于大苗期，是黄顶菊在当年营养生长过程中的第一个拐点，后文将称之为"前期拐点"（图 7.10 中绿箭头所示）。

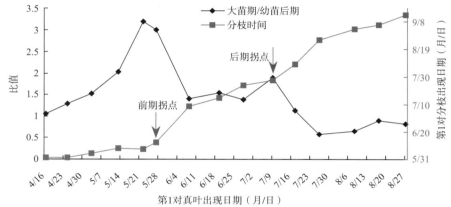

图 7.10　黄顶菊进入快速生长时期的可塑性（2008 年，北京）

箭头所指为进入大苗期的拐点

在"前期拐点"之前，随出苗时间的推移，幼苗后期历期逐渐缩短，自 46 天缩短至 16 天，变化幅度较大，大苗期历期则先升后降，但仅在 48~51 天范围内变化（图 7.11 夏初分枝）。因此，黄顶菊大苗期历期相对于幼苗期处于不断上升的趋势（图 7.10）。

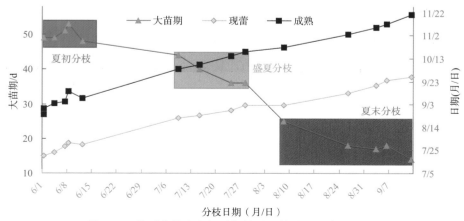

图 7.11　黄顶菊快速生长时期的可塑性（2008 年，北京）

在拐点之后，6月8日进入幼苗后期的植株历经1个月才进入大苗期，之后虽有1次历期为31天的现象（7月26日进入大苗期），但整体波动趋势较小，幼苗后期历期集中在17～26天。而在此期间，大苗期历期逐渐缩短，且幅度较大，自48天降至14天。所以，大苗期与幼苗后期的历期比值则表现为阶段性的剧烈下降，7月9日之于幼苗后期，7月28日之于大苗期，成为黄顶菊在当年营养生长过程中的第二个拐点，后文将称之为"后期拐点"（图7.10中红色箭头所示）。

两个拐点实际上将当年黄顶菊进入大苗期的日期段分为3个阶段（图7.11）。这三个阶段之间间隔明显，阶段内分枝的植株大苗期历期相似。6月上旬，即"前期拐点"前，为夏初分枝期，是黄顶菊分枝初始集中的时期。7月中旬至下旬，即两个拐点之间，为盛夏分枝期，大苗期历期逐渐缩短，但相对于幼苗后期略长（图7.10）。8月中旬至9月上旬，即"后期拐点"之后，为夏末分枝期，大苗期明显缩短，并逐渐远短于幼苗后期。9月下旬进入大苗期的黄顶菊可以现蕾，但种子已无法成熟。而9月11日后播种的黄顶菊不能进入幼苗后期。

从图7.11还能看出，由于黄顶菊生殖生长时期的可塑性较小，其种子是否能达到成熟取决于大苗期结束（即现蕾）的日期。因此，在一定程度上，黄顶菊大苗期发育历期的长短直接影响生殖生长期的发育质量。

（3）生殖生长期的可塑性　在生长季节内，黄顶菊能进行生殖生长的时期较长。此外，由于黄顶菊花器官的发育表现出不齐性，很难确定进入生殖生长的黄顶菊植株处于何一具体阶段。不仅如此，即使在同一日期播种，黄顶菊植株进入繁殖生长阶段的时间也不完全一致。据樊翠芹等（2010）研究，在生长季节不同时期播种的黄顶菊，在进入生殖生长后，从10%植株开花至50%植株开花需10～15天，之后至终花则需49～59天。

但是，总的来说，黄顶菊生殖生长期历期可塑性较小。如图7.11所示，不同时期进入大苗期的黄顶菊，从现蕾至成熟所需天数随时间推移逐渐增长，但整体变化很小。与同网室实验观察结果相似，上述研究中，从10%植株开花至终花所需天数的可塑性（PPI = 0.189）明显低于出苗至10%植株开花所需天数（PPI = 0.479）。

2）一般环境因素对发育进程的影响

如前文所述，黄顶菊的生长周期，尤其是早期的发育进程与温度和降雨密切相关。在华北地区，常年温度条件下，如果土壤墒情适宜，3月底至10月初黄顶菊均可出苗，而且一次降雨就有一次发生高峰。

黄顶菊出苗后，尤其是自营养生长过渡到生殖生长，光照显然发挥着重要的作用，早在近半个世纪前，就有关于黄顶菊生长和光周期关系的研究报道（Sivori，1969）。

在该报道引述的一项研究中，17℃恒温，长光周期（光：暗 = 18：6）的环境下，黄顶菊可持续生长约2年之久，植株高达2m以上，但不开花，即不进入生殖生长阶段。但在相同的温度，短光周期（光：暗 = 6：18）的环境下生长，黄顶菊的开花率在半年内即可达到100%。

温度对黄顶菊进入生殖生长也有很大的影响。将上述生长2年之久的黄顶菊植株置于室外21～27℃的变温环境，尽管是在（阿根廷布宜诺斯艾利斯附近地区）光周期较长的夏季，但植株很快便开花。

因此，环境因素对黄顶菊发育进程的影响，除体现在营养生长阶段植株生物量的积累质量好坏外，还可能为发育进程的过渡提供信号。

3）发育期过渡的可塑性

图 7.12 所示为 2008 年黄顶菊进入各发育时期的范围。黄顶菊出苗的时间范围很宽，长达 194 天，其中能完成全生育期的有 140 天，但每进入下一生长阶段，这个日期范围逐个变短。因此，随着时间的推移，黄顶菊因出苗时间不同而导致的发育进度差异逐渐缩小，这一紧缩过程在进入生殖生长期时达到极致，开始现蕾的日期范围仅 69 天。可以看出，这一缩短的过程对于早期出苗的黄顶菊，主要体现在开始分枝的过程，即进入大苗期；对于后期出苗的黄顶菊，则主要体现在开始现蕾的过程；而中期出苗的黄顶菊，开始分枝和现蕾的缩短程度相当。晚期出苗（灰色）的植株，因环境温度降低，能完成的生育阶段逐渐减少。

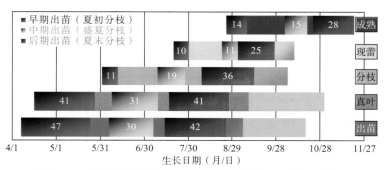

图 7.12　黄顶菊各发育阶段起始日期范围（2008 年，北京）

条状图带数字方框为不同时间出苗的植株（见左上方图例）开始某一生长行为（见右方图例）的阶段范围，数字为范围宽度

对于早期出苗（即"前期拐点"之前分枝）的黄顶菊，上述缩减现象或许可以用积温来解释。从春季到夏季，温度迅速上升，有效积温积累所需时间逐渐变短，5 月 27 前进入幼苗后期（图 7.10）的植株在 6 月上旬全部进入大苗期，将近 50 天的播种日期差距缩小至 11 天。之后，现蕾日期差距 10 天，发育进度基本一致。

对于夏季出苗的黄顶菊，进入幼苗后期后并未很快进入大苗期，在夏初分枝期与盛夏分枝期之间近 1 个月的时间内无新的黄顶菊植株进入大苗期（图 7.11）。夏季环境温度较高，且处于相对稳定的水平，处于幼苗后期的植株，其历期的变化随播种日期推移并无规律，波动相对较小，用积温积累无法解释。

这一现象说明，黄顶菊是否进入大苗期，可能还受其他因素影响。例如，对于黄顶菊幼苗后期，可能存在最适发育温度，若气候条件高于这一水平，该阶段的历期延长。而且，环境温度并未达到使其致死的高温温度，整个夏季播种的黄顶菊都能完成幼苗后期阶段，且幼苗后期历期的波动相对较小。因此，"前期拐点"之后（图 7.10）进入幼苗后期的植株（进入），播种日期差异 81 天，进入大苗期的日期差异为 66 天，缩小的幅度较小。

尽管高温因素可能不利于分枝的起始，但是对大苗期的发育有利。盛夏分枝的黄顶菊植株，分枝开始越早，大苗期历期越长，反之越短，这使得现蕾日期差距由分枝时期的 19 天缩短至 11 天。在夏末分枝阶段早期分枝（图 7.11 中 8 月 8 日分枝）的植株，现蕾时期（9 月 2 日）与盛夏分枝阶段末期分枝（8 月 26 日分枝）的植株一致，大苗期历期不仅缩短，而且逐渐短于幼苗后期。由此可见，在"后期拐点"分枝的黄顶菊植株在现蕾时，可能出现有利于黄顶菊现蕾的环境因素，其中最有可能的则是变温和渐短的光周期。对于夏末分枝的黄顶菊，这一外部刺激通过大幅缩短大苗期历期，使其提前进入生殖生长期。因此，对于夏末分枝的黄顶菊，出现真叶的时期范围（41 天）与开始分枝的时期范围（36 天）之间差距不大，而现蕾日期则大幅缩短至 25 天。

进入生殖生长期的植株，同时还保持相当程度的营养生长。在黄顶菊生殖生长的时期，环境温度逐渐下降，光周期逐渐缩短，这些都不利于营养生长。能完成生殖生长阶段的黄顶菊，现蕾越晚，种子成熟所需时间越长。因此，相对于现蕾，黄顶菊成熟日期的差距不仅没有缩小，反而扩大。

4）地理分布的影响

纬度较高地区的黄顶菊相对纬度降低地区的黄顶菊出苗时间晚，枯死时间早，整个生命周期相对较短。通过北京网室种植黄顶菊及河北邯郸田间自然发生的黄顶菊发育进程时间比较发现，2008 年，北京地区黄顶菊 4 月 7 日开始出苗，苗后 9～10 天出现第一对真叶，苗后 54～55 天出现第一对分枝，7 月中旬、下旬植株现蕾，8 月上旬进入开花期，8 月下旬主茎种子开始成熟，10 月上旬北京地区部分黄顶菊植株开始枯萎。而邯郸地区由于春季、秋季温度较北京同期高，黄顶菊表现早出苗和晚枯死的生育规律。

5）黄顶菊在生育期期间的适应策略

黄顶菊发育期历期的可塑性体现在营养生长时期。将全生育期各个阶段进行组合，不包括生殖生长期的组合的可塑性水平显著高于包括生殖生长期的组合（PPI，$p<10^{-6}$；CV，$p<10^{-4}$，未进行数据转换）。所以，不同时间出苗的植株个体生育进程有差异，植株从出苗至现蕾和开花所需要的天数随着播种时间的延后逐渐缩短。4 月上旬出苗的植株，苗后 104 天现蕾；9 月 1 日播种的植株，出苗至现蕾仅需 35 天。

由此可以看出，上述不同日期出苗的黄顶菊植株生育期为 87～140 天，出苗越晚生育期越短；黄顶菊生命周期长短主要靠营养生长期调节，营养生长期可塑性较大，生殖生长期可塑性则相对较小。9 月 1 日播种的黄顶菊虽然能够出苗和现蕾，但不能产生成熟种子，不能完成其生活史；9 月 11 日至 10 月 11 日播种（出苗晚期）的黄顶菊能够出苗，但不能现蕾；10 月 21 日及以后播种的黄顶菊，由于最高气温降至 18℃以下，不能出苗。

随着出苗时间的推移，能完成这个生育期的黄顶菊植株生殖生长的比重逐渐增大，而营养生长的比重逐渐减小（图 7.13）。这一变化显然是应对环境变化的重要策略，为黄顶菊在不同纬度入侵地的生存及不同时间出苗并繁衍后代奠定了基础，也为黄顶菊的防除增加了难度。

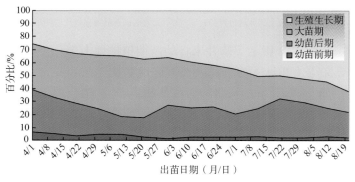

图 7.13　黄顶菊生长各阶段对总发育期的贡献（2008 年，北京）

（李瑞军　李香菊　郑　浩　张瑞海）

第三节　黄顶菊繁殖特性

外来物种的繁殖能力对于其能否成功入侵具有重要的意义。繁殖能力强是外来入侵物种的特征之一，在某种意义上，繁殖能力越强，入侵物种的入侵性越强。传播特性也常与繁殖器官的特性相关。例如，靠种子繁殖的外来入侵植物种子一般都具黏附性、拟态性、质量轻、体积小、数量多等利于传播的特点。

黄顶菊繁殖方式为有性繁殖，种子小，单株结实量大，利于传播扩散。此外，据观察，黄顶菊也有一定的无性繁殖能力。这些特性为该入侵植物在不利的环境下自保，在人为干扰的情况下得以繁衍后代奠定了基础。该特性也使黄顶菊的防除和控制难度增加，尤其是在化学控制和人为割除不能有效杀除全株的情况下，黄顶菊的上述特性仍可为再次入侵积蓄力量。这些事实也表明，控制黄顶菊发生，应在其苗后至进入生殖生长期（即现蕾）前的营养生长阶段采取铲除措施。防治策略应以降低本地土壤黄顶菊种子库为目的，为遏制黄顶菊扩散提供前提。

1. 黄顶菊无性繁殖特性

黄顶菊植株有较强的无性繁殖潜力。取幼苗期至生殖生长期一些阶段的植株，将地上部全株进行扦插，均可再生成新的植株，并能开花结实（张米茹，2010）。其中，幼苗期及现蕾期植株地上部扦插成活率最高，再生植株可开花结实。进入生殖生长后，植株扦插成活率逐渐下降，在盛花期（现蕾—开花期的后期）与花后期（结实—成熟期），地上部插条的成活率分别为 33.3% 和 16.7%；花后期分段扦插植株不能成活（表 7.12）。

表 7.12　不同扦插时期及部位对插条成活率的影响（北京，2008 年）

扦插时期	成活率 /%			
	地上部	上段	中段	下段
幼苗期[①]	100.0 a	\	\	\
现蕾期	100.0 a	100.0 a	100.0 a	100.0 a
盛花期	33.3 b	0.0 b	16.7 b	0.0 b
花后期	16.7 b	0.0 b	0.0 b	0.0 b

①对于幼苗期的植物材料，仅取地上部分进行扦插；"\" 表示无数据；字母为多重比较结果

值得注意的是，表 7.12 所示实验并未将幼苗期植株地上部分分成上中下三段，分别进行扦插，而宋思文等（2011）的研究填补了这一空缺。在后者的实验中，待黄顶菊生长至 3～5 片叶时（与表 7.12 所示实验的幼苗期相当），从植株地上部分由上至下剪取三段，分别进行扦插实验。结果显示，7～15 天后，三者的再生存活率发生分化，下部最高，达 80%，上部最低，仅 10%。

未经摘顶的上部嫩梢应是生长最旺盛的部位，但扦插再生存活率远低于其他部位。实际上，3～5 片叶时期的黄顶菊植株地上部分茎秆长势较弱，节间短，对上部枝条扦插的操作造成一定困难，或许是导致这一现象的原因。若全面了解黄顶菊生长初期的无性繁殖能力，在宋思文等（2011）初步研究的基础上，还需延长观察时限，考察再生根的

发育情况等。

在我国有种植历史的恶性外来入侵杂草南美蟛蜞菊（*Sphagneticola triloba*）在整个生长期中均具有营养繁殖的能力，扦插、压条试验表明：一段茎只要带节就有成功发展扩大种群的潜力（吴彦琼等，2005）。虽然通过扦插，黄顶菊也能进行一定程度的无性繁殖，但到目前为止，尚未在野外发现以此方式繁殖扩散的现象。

2. 黄顶菊营养生长特性

黄顶菊单株结实量大，落入土壤的种子密度高（图版 5.V-D～E），有充足的数量确保繁殖所需，但也可能使种内竞争的压力增大，可对黄顶菊发育进程和发育质量造成影响。由于无休眠特性，黄顶菊种子在生长季节较长的时间范围内都能萌发，从而导致出苗不齐，因而受气象因素的影响有所不同。此外，由于地理分布、发生生境以及分布格局不同，导致在自然条件下，黄顶菊营养器官的数量性状表现出较大的差异（表 7.13）。这些差异最终直接影响黄顶菊的有效结实量，即有性繁殖的发育。

表 7.13　河北省不同地区非耕地自然条件下黄顶菊的繁殖能力（2005～2006 年）

地点	出苗时间 （月/旬）	最高密度 /（株/m²）	株高 /cm	分枝数 /（个/株）	生物量 /（g/株）	花果期 （月/旬）	种子量 /（万粒/株）
邯郸	4/下	439	4～199	0～20	5～501	7/下～11/上	21
石家庄	5/上	240	73～201	6～18	157～473	7/下～11/上	29
沧州	5/上-中	273	107～190	10～16	211～769	7/下～11/上	18
衡水	5/上-中	165	15～233	0～28	79～1025	7/下～11/上	36

注：引自李香菊等（2006），有修改。密度为花果期调查数据，种子量为调查点植株最高结实数量

在上述可影响黄顶菊营养生长的因素中，出苗日期的效应十分明显。北京地区盆栽试验和石家庄地区的田间实验（表 7.14）表明，随着黄顶菊播种时间的推迟，植株的各项生物学指标均表现下降趋势（图 7.14～图 7.16）。其中叶片数、分枝数、株高及单株种子量与播种日期呈显著正相关。

表 7.14　本节讨论的黄顶菊繁殖特性研究

观察年份	实验地点	实验方法	单位	观察指标	代表文献
2005～2006	河北中南	野外调查	中国农业科学院植物保护研究所	株高、分枝数、种子数、发育进程、生物量、密度	李香菊等（2006）
2007	石家庄	同质园	河北省农林科学院粮油作物研究所	株高、分枝数、种子数、发育进程	樊翠芹等（2008）
2008	北京	网室盆栽	中国农业科学院植物保护研究所	株高、叶片数、分枝数、茎粗、生物量、种子数、发育进程	未发表
2009	石家庄	野外调查	河北农业大学	株高、叶片数	未发表
2009	石家庄	同质园	河北省农林科学院粮油作物研究所	株高、叶片数、分枝数、生物量、种子数、花序数、小花数、发育进程	樊翠芹等（2010）

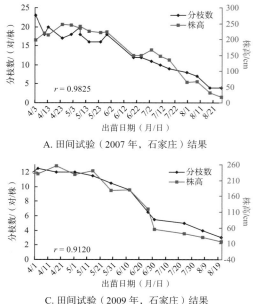

A. 田间试验（2007 年，石家庄）结果

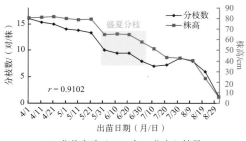

B. 盆栽实验（2008 年，北京）结果

C. 田间试验（2009 年，石家庄）结果

图 7.14　黄顶菊株高和分枝的关系

各图中 r 值为相关系数。图 A 原载自樊翠芹等（2008），根据河北省农林科学院粮油作物研究所樊翠芹研究员惠赠的数据重构，在此特表感谢；图 B 分枝阶段同图 7.11；图 C 原载自樊翠芹等（2010），根据发表数据重构

1）株高与分枝数

春季出苗的黄顶菊主干高度及真叶数的变化很大（表 7.15），植株主干高度最低 59cm，最高可达到 240cm 以上（图 7.14），形同小树，植株主干高度分布在 150～199.5cm 的植株占总量的 64.9%。与自然生境条件下不同，盆栽实验中的黄顶菊成株株高最高 80～100cm（图 7.14-B、图 7.15-C）。

表 7.15　春季出苗黄顶菊生长情况统计（2009 年，保定）

主干高度		主干真叶数	
高度 /cm	分布频率 /%	真叶数 / 对	分布频率 /%
<60	0.5	<12	1.6
60～99.5	4.1	13～15	9.3
100～149.5	21.7	16～18	24.2
150～199.5	64.9	19～21	54.1
200～250	8.8	22～24	10.8
最低	59	最少	11
最高	242	最多	24

保定地区调查结果显示，春季出苗的黄顶菊成株主干真叶数为 11～24 对，其中真叶数为 19～21 对的植株比例最大，占总量的 54.1%（表 7.15）。

黄顶菊的分枝程度对黄顶菊植株形态有很大的影响。常见的黄顶菊高大植株形态大致有三种——黄顶菊分枝起始位置较高，呈"高脚"状；或分枝以一级为主，形似菊芋植株，曾有群众误以为此并将其加以"保护"；而较典型的形态是，第 1 对分枝位置相对较低，并有三级或更多分枝，使植株达到一定的阔度。

第 1 对真叶的形成标志着幼苗前期的结束，若植株在幼苗前期生长迅速，第 1 对真叶形成较晚，会导致第一种情形。对于这种情况，若幼苗后期生长迅速，在大苗期期间主干节间伸长的过程中，还未充分地进行分枝时，出现不适宜营养生长的环境条件，植物转入生殖生长，营养生长主要体现在主干的伸长而非分枝的生长，这时会出现第二种情形。发育前期温度较高而中期骤降时易发生这两种情形，这一时期在华北地区发生于7~8月，从北京盆栽实验的结果看，当年6月初至7月初出苗的黄顶菊于这一时期进入分枝（图7.3）。从上一节讨论可知，这一时期气温较高而且稳定，出苗的黄顶菊生长迅速，幼苗后期阶段相对延长，而以分枝为主的大苗期正好相反（图7.10），这些在盛夏分枝的植株（图7.11）于8月中旬即提前进入生殖生长阶段。尽管植株还能继续分枝，但其1~2级分枝的基数少，其阔度小于早期出苗的高大植株。

　　早期出苗（北京当年6月末之前）的黄顶菊于6月上旬进入大苗期，时间相对一致（图7.10），于7月末结束大苗期的分枝生长，株高相似，盆栽植株株高可达80cm，在室外植株株高可达2m以上（图7.14），且有较多的分枝数，形成较典型的第三种情形。

　　晚期出苗（北京当年7月以后）的黄顶菊营养生长时间短（图7.3），植株较矮，但尽快转入生殖生长，分枝反而相对较多，与第三种情形类似（图版1.IV-C）。

　　在自然条件下，植株早期出苗密度较大，种内竞争程度高，当不至于影响发育进度时，也会导致上述前两种株型，而此时单位面积内植株的累计分枝数也能达到相对高的水平，但是否与密度较低植株相当，还有待进一步研究。在一些扰动生境中，黄顶菊在早期发育阶段中植株基部为建筑垃圾或覆土掩埋，也会导致基部分枝较少，形成第一种株型。

　　2）真叶数和茎粗

　　黄顶菊主干分枝数与株高有较高的相关性（图7.14），但与株高相关性最高的并非分枝数。2008年北京盆栽实验和石家庄2009年田间实验的结果都显示，主干茎生的真叶数与株高的相关性最高，前者的相关系数达0.9770。这一结果并非意外，在营养生长阶段，一级分枝发自基生真叶腋部，进入生殖生长阶段，植株顶部近团伞花序下仍有新的对生叶片生出，而从叶腋部发出的分枝并非大苗期形成的营养枝（尽管将来成为花序枝），而是新生的花序枝。这些新生的对生叶片也常被计入真叶数中，而有些花序分枝尚未形成或并未继续分枝，因此未被计入分枝数中。所以，株高与茎生叶片数的相关性（图7.15-A）高于与原营养分枝的相关性。

　　在2008年的盆栽实验中，研究人员对黄顶菊茎粗进行了观察（图7.15-B）。与茎粗相关性最高的是分枝数（$r = 0.9692$），反之亦然。黄顶菊植株为直立状，分枝较多，这一性状需有强壮的茎干支持。从解剖结构上看，黄顶菊次生茎茎秆为六棱形，在棱角处有排列紧密的厚角组织层，中央髓组织发达，有较强的支撑和抗风能力。

　　营养茎的伸长和加粗主要集中在生殖生长开始之前，即大苗期分枝生长阶段。在某种程度上，茎粗决定了分枝程度。自盛夏始分枝的植株，随着出苗日期推移，株高降低幅度增大（图7.14-B），一级分枝的数量在之后的时期虽远少于早期出苗的植株，但期间（盛夏分枝至夏末分枝前期）的差异并不大（图7.15-B）。这说明植株的节间逐渐变小，此外，在盛夏分枝的植株没有充分的时间进行二级以下的分枝，而对于株高较矮的夏末初期分枝植株，则较早地转入生殖生长，在温度和光照条件较低的情况下，集中于主干两侧分枝的伸展。因此，盛夏分枝与夏末初期分枝的植株相比，（与支撑分枝相关

（的）茎粗程度差别较分枝数更小（图 7.15-B）。

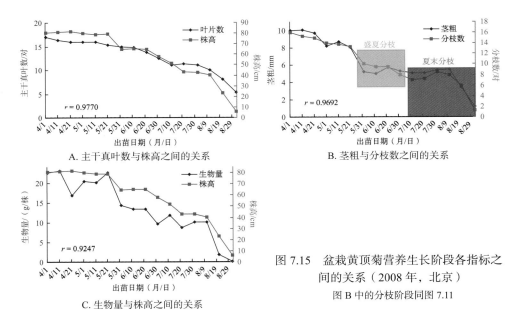

A. 主干真叶数与株高之间的关系

B. 茎粗与分枝数之间的关系

C. 生物量与株高之间的关系

图 7.15　盆栽黄顶菊营养生长阶段各指标之间的关系（2008 年，北京）

图 B 中的分枝阶段同图 7.11

3）生物量

黄顶菊不仅分枝众多，而且叶片（细）叶脉密度大，维管束发达，作为典型的 C₄ 植物，能更有效地对 CO_2 进行同化，获得更多的生物量。盆栽实验中，成株黄顶菊生物量与分枝数的相关性最好（$r=0.9247$）（图 7.15-C），而在 2009 年田间试验中与茎叶数相关性最好（$r=0.9861$），略高于与分枝数的相关性（$r=0.9481$）。

3. 黄顶菊有性繁殖特性

黄顶菊靠种子繁殖，繁殖系数高，种子万粒重仅为 1.50～1.97g。河北省中南部非耕地生长的黄顶菊群落，7 月下旬开始出现花序，8 月底至 11 月上旬为种子成熟期，单株繁殖系数为 21 万～36 万粒（表 7.13）。种子变黑成熟后，部分种子脱落，但仍有一大部分种子存留在头状花序的总苞片内，直至翌年仍保持萌发能力。

盆栽实验中，4 月 7 日出苗的黄顶菊单株种子数为 7.499 万粒。随出苗时间变晚，黄顶菊单株结实数下降，8 月 25 日出苗的黄顶菊，单株仅结实 0.051 万粒。

因生境、营养条件和气候等因素的差异，植株形态不同，导致单株种子产量的差异（樊翠芹等，2010）。李香菊等（2006）报道种子量为 1 万～36 万粒 / 株（表 7.13），樊翠芹等（2008）在石家庄的研究结果为 16 万粒 / 株至 200 多万粒 / 株，后者后续研究中的黄顶菊结实多则 10 万粒以上，少则十几粒（樊翠芹等，2010）（图 7.16）。有关黄顶菊种子产量的数据描述不一，有待于进一步调查。尽管如此，这些研究结果足以说明黄顶菊单株产生的成熟种子量大，有利于其繁殖和进一步扩散。

从前文讨论可知，分枝数是影响种子产量的重要因素之一。将 2007～2009 年 3 年的观察结果做相关分析，2008 年盆栽实验与 2007 年田间试验的结果相一致，黄顶菊单株种子产量与一级分枝数相关性最高。但 2009 年的田间试验的结果与前两者结果正好相反，分枝数与种子数量的相关性最低（表 7.16）。

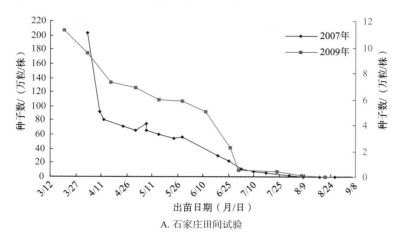

A. 石家庄田间试验

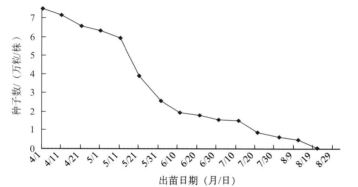

B. 北京盆栽实验（2008 年）

原载樊翠芹等（2008），根据河北省农林科学院粮油作物研究所樊翠芹研究员惠赠的数据重构，在此特表感谢

图 7.16　不同出苗期的黄顶菊单株种子数

表 7.16　单株种子量与其他营养生长指标的相关系数

研究时间地点	茎生叶数	一级分枝数	株高	茎粗	生物量
2008 年，北京	0.8783	**0.9717**	0.8885	0.9575	0.8855
2009 年，石家庄	0.9362	0.9175	0.9255	na	**0.9908**
2007 年，石家庄	na	**0.8658**	0.6428	na	Na

na 表示无数据；字体加黑示同一行数据的最大值

　　黄顶菊有性繁殖能力与出苗时期关系密切。在石家庄耕地非人为干扰条件下，对黄顶菊单株栽培的研究数据表明：4 月 3 日至 8 月 28 日出苗的黄顶菊分枝数为 8～46 个。其中，5 月 29 日以前出苗的植株分枝数为 32～46 个，6 月 19 日至 7 月 10 日出苗的植株分枝数为 20～24 个，7 月 17 日至 8 月 28 日出苗的植株分枝数只有 8～18 个。8 月 28 日之前出苗的黄顶菊均能产生种子，但种子数量差异很大，出苗越早的植株产生的种子

越多（图 7.16）。4 月 3 日出苗的黄顶菊产生的种子数量达 203 万粒 / 株，7 月 10～31 日出苗的植株产生种子 1.5 万～7.2 万粒，而 8 月 28 日出苗的植株仅产生 16 粒种子。不同时期出苗的黄顶菊植株产生的种子发芽能力也有差别。7 月 17 日之前出苗的黄顶菊产生的种子发芽率达 90% 以上，该日期之后出苗的植株种子发芽率降低，7 月 31 日至 8 月 18 日出苗的黄顶菊所结种子的发芽率仅为 2.5%～22%，8 月 25 日以后出苗的黄顶菊产生的种子无发芽能力（图 7.17）。

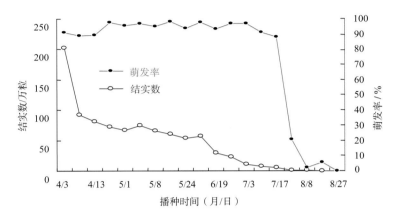

图 7.17 不同时间播种的黄顶菊结实数及种子萌发率（2007 年，石家庄）

（李香菊 李瑞军 郑 浩）

参 考 文 献

樊翠芹，王贵启，李秉华，等 . 2008. 黄顶菊生育特性研究 . 杂草科学，（3）：37–39.
樊翠芹，王贵启，李秉华，等 . 2010. 黄顶菊的开花和成熟特性研究 . 河北农业科学，14（2）：27–29.
李少青，倪汉文，方宇，等 . 2010. 黄顶菊种子休眠与种子寿命研究 . 杂草科学，（2）：18–21.
李香菊，王贵启，张朝贤，等 . 2006. 外来植物黄顶菊的分布、特征特性及化学防除 . 杂草科学，（4）：58–61.
宋思文，沈佐锐，倪汉文，等 . 2011. 外来入侵植物黄顶菊残体的恢复再生能力和在土壤中的分解特性 . 中国生态农业学报，19（6）：1359–1364.
吴彦琼，胡玉佳，陈江宁 . 2005. 外来植物南美蟛蜞菊的繁殖特性 . 中山大学学报（自然科学版），44（6）：93–96.
张米茹，李香菊 . 2008. 入侵性杂草黄顶菊生育节律的初步研究 . 见：成卓敏 . 植物保护科技创新与发展 . 中国植物保护学会 2008 年学术年会论文集 . 北京：中国农业科学技术出版社：456–459.
张米茹 . 2010. 入侵性杂草黄顶菊生态学特性研究 . 中国农业科学院硕士研究生学位论文 .
Sivori E. 1969. Croissance et photopériodisme de *Flaveria bidentis* L. [Growth and photoperiodicity of *Flaveria bidentis* L.]. Comptes Rendus Hebdomadaires Des Seances De L Academie Des Sciences Serie D, 269（24）：2345–2346.
Valladares F，Wright S J，Lasso E，et al. 2000. Plastic phenotypic response to light of 16 Congeneric shrubs from a Panamanian rainforest. Ecology, 81（7）：1925–1936.
Valladares F，Sanchez-Gomez D，Zavala M A. 2006. Quantitative estimation of phenotypic plasticity: Bridging the gap between the evolutionary concept and its ecological applications. Journal of Ecology, 94（6）：1103–1116.

第八章　黄顶菊入侵生态学

第一节　光照对黄顶菊发育的影响

光照对于黄顶菊生长发育具有重要影响，Sivori（1969）的研究表明，短光周期是黄顶菊进入生殖生长的必要条件。张米茹和李香菊（2010）及温莉娜（2008）利用综合指标较为系统地评估了光照对黄顶菊生殖生长期发育的影响，乔建国等（2008）对黄顶菊在营养生长时期所受光照影响进行了初探。

1. 光照对黄顶菊萌发的影响

研究表明，黄顶菊为光敏感型种子，即种子发芽需要有光的刺激才能完成，在黑暗条件下黄顶菊种子萌发率很低或不发芽。光照对黄顶菊种子萌发的影响体现在两个方面，除光照强度以外，光照持续时间对萌发也有一定影响。

1）光照强度及覆土深度的影响

在实验室控制条件下，黄顶菊种子对光照强度的响应范围较宽。以光照强度 400～12 000lx 持续光照以及 12 000lx/0lx 光暗交替（光：暗 =12：12）处理 5 天，黄顶菊种子萌发率为 92.5%～98.3%（图 8.1-A）（张米茹和李香菊，2010），黄顶菊种子萌发所需光照强度的下限较低。图 8.1-B 显示，黄顶菊种子对光照强度的响应存在上限。在光照培养箱内，800lx（1 根灯管）弱光处理下黄顶菊种子萌发率与发芽指数均高于在 22 000lx（27根灯管）全光照处理下的水平。周君（2010）在实验中也发现，黄顶菊种子在最大光照强度设置下的萌发率较其他光照强度设置下的低。

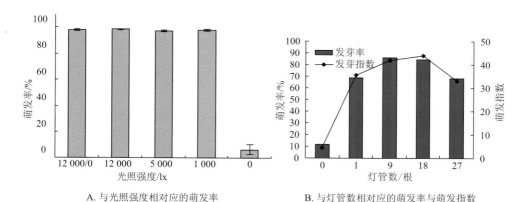

A. 与光照强度相对应的萌发率　　　　B. 与灯管数相对应的萌发率与萌发指数

图 8.1　不同光照强度对黄顶菊种子萌发的影响

在 7000lx（9 根灯管）与 14 000lx（18 根灯管）条件下，萌发率与萌发指数均能达到较高水平。7000lx 条件下萌发率达最高；14 000lx 条件下萌发指数达最大值。

在自然条件下，光照强度对黄顶菊种子的影响则表现为种子在不同深度覆土条件下的出苗情况。置于土壤表面和覆有浅层土的种子出苗率最高，随着覆土深度的增加，黄顶菊萌发率逐渐降低，当覆土深度达 0.5cm 时，由于种子不能受到光刺激，多无法出苗（张米茹和李香菊，2010；张凤娟等，2009；温莉娜，2008；乔建国等，2007）。

　　2）光照时间及光周期的影响

　　在实验室控制条件下，如图 8.2 所示，全黑暗条件下，即使温度适宜，黄顶菊种子萌发率也不足 7%。在 1000lx 低光照强度条件下，经过不同时间的持续光照，再转入暗培养，观察 5 天后黄顶菊种子萌发率。结果显示，萌发率随持续光照刺激时间增加而上升，光照处理时间长达 1 天时，5 天后种子萌发率即可达 95% 以上（张米茹和李香菊，2010）。

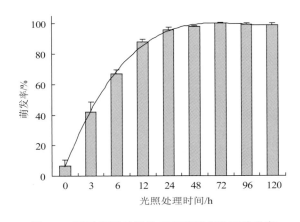

图 8.2　不同光照时间处理下黄顶菊种子萌发率

　　在自然条件下，光照刺激时间的长短对黄顶菊种子的影响表现为种子对光周期的响应。在相关的研究当中，光周期多设置为全光照（即光∶暗 = 24∶0）、全暗（即光∶暗 = 0∶24）、光暗对半（即光∶暗 = 12∶12）（张米茹和李香菊，2010；王贵启等，2008；任艳萍等，2008），而张凤娟等（2009）的实验还添加了短光周期设置（光∶暗 = 6∶18），但并无全光照设置。

　　除任艳萍等（2008）的结果外，上述各研究结果显示，相对无光照的处理，有光周期设置（即非光∶暗 = 0∶24）处理的种子萌发率较高。随着光周期设置时间的延长，萌发率呈上升趋势，当光周期达到 12h 时，累积萌发率上升至 90% 以上（张凤娟等，2009），张米茹和李香菊（2010）及王贵启等（2008）的研究在这一光周期设置条件下所得到的结果与其相似。黄顶菊种子的萌发必须经过一定长度时间的光照刺激。

　　在全光照条件下的表现，上述研究结果各有不同，王贵启等（2008）的结果显示，在全光照设置下的（3～10 天）累积萌发率低于光暗对半的设置；而张米茹和李香菊（2010）的结果显示，在 12 000lx 条件下，全光照和光暗对半处理的种子（5 天）累积萌发率之间无显著差异（图 8.1-A），任艳萍等（2008）研究的（8 天）累积萌发率结果与之相似。根据上述不一致的研究结果，很难对黄顶菊种子萌发是否需要暗周期作出初步结论。

　　根据萌发动态及相应的种子萌发指数指标（图 8.3），可以发现，光暗对半设置下的种子萌发高峰在前两天，其中第一天种子萌发数最多，萌发率近 50% 或更高（王贵启等，2008；任艳萍等，2008）。在王贵启等（2008）的研究中，在全光照条件下，首日萌发率远低于光暗对半处理，而萌发高峰持续至第三天，以第二天萌发率最高，尽管如此，全光照条件下的累积萌发率低于光暗对半处理（图 8.3-A）。在任艳萍等（2008）的研究中，全光照条件下的萌发率也在第二天达到最高，尽管萌发高峰未能延续至第三天，但由于第一天萌发率即达到相当的水平，其累积萌发率与其他处理无显著差异，但萌发指数低于光暗对半处理（图 8.3-B）。

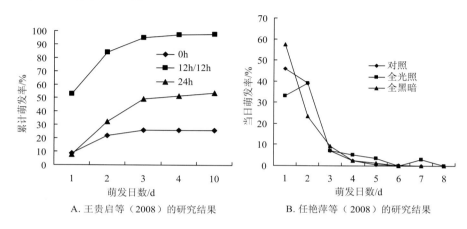

A. 王贵启等（2008）的研究结果　　　　　　B. 任艳萍等（2008）的研究结果

图 8.3　不同光周期下黄顶菊种子的萌发动态

图 A 根据王贵启等（2008）图 1，图 B 根据任艳萍等（2008）图 4

任艳萍等（2008）的研究结果与其他研究结果的最大不同在于，其结论为光照对黄顶菊累积萌发率无影响。这一结果可能与实验设计和实验材料有关。该实验的黄顶菊种子在进行光周期处理之前，已在消毒及浸种处理后于光照培养箱中经过了 24h 培养。尽管文中未对这一培养时期是否在光照条件下进行加以说明，但前期处理过程可能已使种子获得适合萌发的环境，使得在正式实验第一天即达到相当高的种子萌发率（近 60%），进一步使种子萌发计数的时间延长。对于全暗的处理，种子有一定长时间的光照刺激，第二天萌发率仍能达到 20% 以上，最终使得累积萌发率高达 95% 以上。

实际上，由于全暗处理无光周期设置，不能为实验提供简单计数的时期，在这一条件下，萌发动态是难以统计的。尽管如此，对于王贵启等（2008）的研究，由于未进行前期处理及培养，全暗环境下第一天萌发率较低（近 10%），因计数而导致光照刺激的时间缩短，第二天萌发率与第一天相当，之后再无变化。

在芦站根和周文杰（2008）的实验中，光照和黑暗对黄顶菊种子萌发率影响的差异也不显著，但文中缺乏数据呈现和相关讨论，在此不做分析比较。

根据这一系列实验的结果，不难看出，在有相当长度光照刺激的前提下，相当长度的暗周期不仅使得黄顶菊种子萌发率上升，也使得萌发高峰提前。

2. 光照对黄顶菊生长的影响

光照对黄顶菊营养生长和生殖生长都有很大的影响，此外，自营养生长转入生殖生长的过程与光周期的变化有关（张米茹和李香菊，2010；乔建国等，2008；温莉娜，2008；Sivori，1969）。

1）光照强度对苗期生长的影响

在图 8.1-B 所示的实验中，黄顶菊在弱光条件下（1 根、9 根灯管）萌发率可达到较高的水平，但萌发后子叶发黄，叶片、胚轴及胚根较细弱；而在强光条件下（18 根、27根灯管），黄顶菊子叶显深绿色，全苗均较弱光下的幼苗苗壮。在 27 根灯管光照条件下，黄顶菊萌发率下降，这一光强（约 22 000lx）可视作光照强度曲线上黄顶菊种子萌发所需光强的上限拐点。但对于苗期生长而言，类似拐点是否存在还不得而知，但至少这一光照强度水平（约 22 000lx）并不能构成黄顶菊苗期生长所需光照强度的拐点。

周君（2010）的实验也利用人工气候箱控制光照强度。在强度较大的 3 组设置间，株高增长和根颈直径无显著差异，但两者并不随光照强度增加而增大，反而有下降的趋势。但是，光合速率、可溶性蛋白及色素含量随光照强度上升而增加。

2）光照强度对苗期后生长发育的影响

光照强度对黄顶菊植株的生物量及繁殖力有影响。在 35% 自然光照条件下生长时，黄顶菊植株茎粗、生物量和单株种子数比自然光处理的黄顶菊分别降低 26.2%、55.0% 和55.6%（表 8.1），但是株高相当，叶片数和一级分枝数相似（张米茹和李香菊，2010）。由于茎干直径显著降低，这一条件下生长的黄顶菊植株整体呈细长状，与发生密度密集的植株相似。由于光照强度不足，可能导致二级及以上分枝不充分，生物量和种子数偏低。

表 8.1　不同光照强度下生长的黄顶菊的生物量及繁殖力

处理[①]	叶片数/（对/株）	分枝数/（对/株）	株高/cm	茎粗/mm	生物量/（g/株）	种子数/（粒/株）
自然光	12.0 ± 0.3 a	8.0 ± 0.6 a	55.7 ± 2.4 a	4.5 ± 0.1 a	6.5 ± 0.2 a	4592.0 ± 69.7 a
透光率 35%	12.0 ± 0.3 a	7.0 a	56.1 a	3.3 ± 0.1 b	2.9 ± 0.2 b	2038.0 ± 30.4 b
透光率 12%	8.0 ± 0.3 b	0 b	10.1 ± 0.2 b	1.4 ± 0.1 c	0.2 c	未开花
透光率 2%	1.0 c	—	—	—	—	—

①自然光光强（不遮光）为 66 000～80 000lx

注：表中字母为多重比较的结果

乔建国等（2008）的实验中也出现类似现象，在透光性仅次于自然条件的处理（遮光率 20%）中，黄顶菊株高略低于自然光照下的植株，但（全株）分枝少，以致全株叶片数和顶芽数减少。但是，在这一水平下，黄顶菊单叶长宽较自然光照处理下的更长，单叶面积因而相对较大。

随着遮光程度的增强，植株矮弱，不分枝，也不能开花，所有评测指标表现下降。如表 8.1 所示，当黄顶菊生长在 12% 自然光照条件时，发育被严重抑制，植株可以生长，但不能开花结实；在 2% 自然光照条件下，黄顶菊种子虽然能出苗，但出苗后植株不能正常生长（张米茹和李香菊，2010）。

乔建国等（2008）与张米茹和李香菊（2010）的研究结果趋势一致，但具体遮光设置不同。与在室内人工气候箱实验相比，室外遮光实验更接近自然状况，也更宜于黄顶菊生长发育，但是对光照强度干预的精度不易控制。乔建国等（2008）遮光水平最高的处理为 60%，可视作透光率 40%，但性状表现与张米茹和李香菊（2010）的透光率 2%和 12% 处理水平相似。由于实验设计不同，乔建国等（2008）的实验中 60% 遮光率处理的透光水平或最多仅达到张米茹和李香菊（2010）实验中 20% 透光设置的水平。

3）光周期对黄顶菊生长发育的影响

Sivori（1969）观察了在不同光周期条件下黄顶菊的生长情况。在所有温度设置实验中，长光周期（光：暗=16：8）条件下生长的黄顶菊长势较在短光周期（光：暗=8：16）条件下好，植株高，一级分枝数多，节间长，叶大，但无一开花。而在短光周期条件下，因温度设置不同，黄顶菊开花率为50%～100%。

这一结论与温莉娜（2008）的实验结果有所不同。该实验利用自然采光、氙气灯给光、透气黑布遮光等手段在日光温室实现10个光周期处理水平（图8.4），在2007年5～12月观察黄顶菊在这些光周期下的现花日数和开花数。研究发现，现花日数与开花数的相关性很高（$r = 0.9885$）（图8.5），两者与光照时长呈正相关，以三次曲线拟合程度最好，决定系数（r^2）分别可达0.991和0.981。

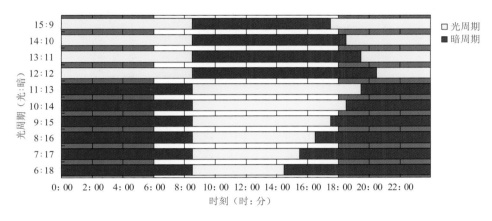

图 8.4 温莉娜（2008）实验的光周期设置

背景颜色：灰色为春分时节室外夜间，白色为日间

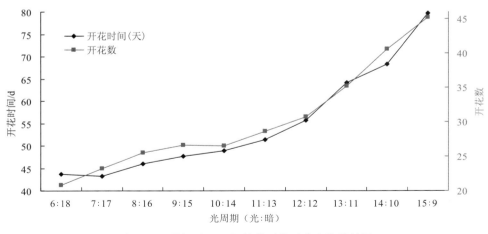

图 8.5 温莉娜（2008）的黄顶菊开花生物学结果

这一实验的结果表明，光周期对黄顶菊进入花期没有实质性的影响，所有光周期设置下栽种的黄顶菊都能开花，开花数与现花时间仅与获得光照的净累积时间有关。但是，该实验在设计上存在缺陷，难以成为否定Sivori（1969）结论的依据。

表 8.2　光照对黄顶菊发育影响的研究

评测时期	实验地点（材料来源）	实验方式	处理设计	评测范畴及指标	参考文献
萌发期	河北石家庄（河北石家庄、衡水、冀州）	室内气候箱	两个水平，分别为光照、黑暗	种子萌发率（15天萌发率）	乔建国等（2007）
	未知（河北衡水）	室内气候箱	250μmol/（m²·s）（12 500~15 625lx）条件下3个光周期（光：暗）分别为12:12, 6:18, 0:24	种子萌发率	张凤娟等（2009）
	北京（河北邯郸）	室内气候箱	不同光照强度下5个光周期（光：暗）处理：12 000lx条件下3个，分别为0:24, 12:12, 24:0; 1 000lx和5 000lx条件下24:0	种子萌发率（5天萌发率）	张米茹和李香菊（2010）
	北京（河北邯郸）	室内气候箱	1 000lx条件下9个水平的光照时间处理，0~120h	种子萌发率（5天萌发率）	张米茹和李香菊（2010）
	天津	室内气候箱	3个光周期（光：暗），分别为24:0, 12:12, 0:24	种子萌发动态（萌发率、萌发指数、活力指数）	任艳萍等（2008）
	河北石家庄（河北衡水）	室内气候箱	5 000lx条件下3个光周期（光：暗），分别为24:0, 12:12, 0:24	种子萌发动态	王贵启等（2008）
	河北石家庄（河北石家庄、衡水、冀州）	室内气候箱/室外盆栽	两个水平湿度（高，低）条件下，覆土深度5个水平，0~1cm	种子出苗率（20天出苗率）	乔建国等（2007）
	未知（河北衡水）	室内温室	覆土深度11个水平，0~3cm	种子出苗率	张凤娟等（2009）
	北京（河北邯郸）	室内气候箱	12 000lx光周期（光：暗）12:12条件下覆土深度7个水平，0~5cm	种子出苗率（30天出苗率）	张米茹和李香菊（2010）
营养生长期	河北石家庄	同顶园	自然光照和3个水平的遮光处理，分别为20%, 40%, 60%	综合指标（株高、顶芽数、叶长、叶宽、叶面积、叶片数）	乔建国等（2008）
生殖生长期	阿根廷	人工气候室	3个水平（17℃, 21℃, 27℃）温度条件下2个光周期（光：暗），分别为16:8, 8:16	综合指标（株高、节数、节间长、开花率、干重、同温度水平下、长光周期与短光周期下生长植株干重比）	Sivori (1969)
	北京（河北邯郸）	室外网室	自然光照（60 000~80 000lx）和3个水平的透光处理，分别为35%, 12%, 2%	综合指标（株高、一级分枝数、叶片数、茎粗、生物量、种子数）	张米茹和李香菊（2010）

注：芦站根和周文杰（2008）、温莉娜（2008）、陆秀君等（2009）、周君（2010）的有关研究未收录于表中

在实验中，对于短光周期的处理（光照设置小于 12h），植物接受的光为自然光，而长光周期（光照设置大于 12h）处理所受光照为强度仅 50μmol/（m² · s）（2500～3125lx）的人工给光，远低于自然光，而导致植物所受光照强度不足（图 8.4）。在这种情况下，即使植物开花不受光周期影响，也会对实际光照强度的降低作出响应。然而，在实验中，黄顶菊开花数仍随日光照时间延长而增加，并存在较高的相关性，不符合自然条件下观察到的喜光特性。

Sivori（1969）的实验在人工气候室内进行，仅设置两个光周期。温莉娜（2008）的实验设计增加了光周期的设置水平，日光温室更接近自然状况，在每日 8：30～20：80 进行人工干预（图 8.4），利于实验的操作，但仍不能达到实验设置所需的要求。同时，Sivori（1969）的结果对解释黄顶菊在自然条件下的生长和分布情况更有说服力，因此，温莉娜（2008）研究中的相关实验有待在更严格的人工气候控制下进行，以阐明光周期对黄顶菊开花的具体影响。

3. 讨论及其他

黄顶菊种子萌发及生长与光照关系密切，即表现为喜光的特性，因此黄顶菊最初入侵地为荒地、弃耕地、道路两旁等光照较强的生境；但是黄顶菊出苗及生长对光照强度要求不严的特性也使其能入侵到农田、林地等弱光环境。该外来入侵植物对光照要求的可塑性是其能大面积成功入侵的原因之一。在满足上述光照条件的生境，只要其他生态因子适宜，大部分黄顶菊种子都可以萌发。黄顶菊种子在土壤表面萌发率最高的特性也使该入侵性杂草在不翻动土层的条件下更具有竞争力，同时处于土壤下层的种子进入环境休眠，为条件适宜时的进一步入侵保存实力。

光照强度和光周期对黄顶菊营养生长和生殖生长都有很大的影响。建立光照强度、光周期与黄顶菊发育进程及数量性状之间的关系模型，对实施应急控制措施及高秆密植替代植物的选择具有重要的理论指导意义，因此值得进一步研究论证。

第二节　温度对黄顶菊发育的影响

温度的变化在黄顶菊的不同发育时期发挥着重要的作用。目前，国内有关温度对黄顶菊发育影响的研究多侧重于种子萌发期，相关研究简要见表 8.4。

1. 温度对黄顶菊萌发的影响

温度是决定黄顶菊萌发与否及萌发速率的因子之一。利用恒温和变温等人工控制手段，可观察到黄顶菊萌发的适温范围。

1）恒温条件下黄顶菊萌发的温度范围

根据张米茹（2010）的研究（图 8.6-A），将黄顶菊种子置于恒温环境，在 12.5℃ 条件下 30 天后未见种子萌发；当培养温度从 15℃ 上升到 22.5℃ 时，黄顶菊种子萌发率从 2.7% 提高到 95% 以上，表现为随着温度提高，种子发芽数增加；在 22.5～35℃ 温度范围内，黄顶菊种子萌发率与温度变化关系不大，各处理种子萌发率均在 95% 以上；35℃ 以上，随温度升高，种子萌发率逐渐下降；当温度达到 40℃ 时，虽然仍有少部分黄顶菊种子萌发，但胚根长度明显变短；45℃的处理中未见黄顶菊种子萌发。由此可见，黄顶菊种子萌发的"三基点温度"分别为，发育最低温度为15℃、最适温度为22.5～35℃、发育最高温度为40℃，并可求出到黄顶菊种子萌发的起点温度为14.73℃，90%种子萌发需要的有效积温为40.36日·度（Leon et al.，2004）。李瑞军等（待发表）调查田间黄顶菊的出苗情况，统计初黄顶菊在田间的发育起点温度为10℃，有效积温为43日·度。

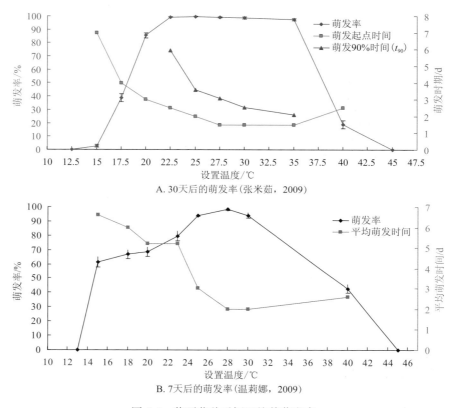

A. 30天后的萌发率（张米茹，2009）

B. 7天后的萌发率（温莉娜，2009）

图8.6　黄顶菊种子恒温培养萌发率

（1）**低于最适温度时黄顶菊的萌发情况**　张米茹（2009）实验的温度设置在12.5～30℃的步长（即等差，后同）为2.5℃，较好地反映出黄顶菊种子从萌发起始温度至最适温度的变化趋势。由图8.6-A可见，在到达最适萌发温度的平台期[①]前，萌发率在15～20℃的变化趋势一致，曲线斜率较大，表现出萌发率随恒温升高快速上升的趋势。到20℃时，萌发率水平已接近90%，因此，20～22.5℃形成的曲线斜率相对之前降低，表现为萌发率增速趋缓。然而，这一变化趋势与温莉娜（2008）研究的结果有所不同。

温莉娜（2008）与张米茹（2009）研究的温度设置在一定程度上相似，在13～30℃的步长为2～3℃。从图8.6-B可见，实验中，黄顶菊种子在13℃时不能萌发，而在15℃时可萌发，说明萌发起始温度为13～15℃，与张米茹（2009）实验的结果并不矛盾。但15℃条件下萌发率高达61.4%，接近张米茹（2009）实验曲线18～19℃的水平。之后，在15～23℃，随着温度上升，萌发率变化趋势较缓，至25℃达到曲线的平台期，萌发

_____
① 在本节指种子萌发率持续在90%以上的最适温度范围。

率由 23℃ 的 79.6% 上升至 94%。

由于温莉娜（2008）的实验未能观察到接近萌发起始温度的萌发率，且到达曲线平台期前萌发率的变化趋势异于张米茹（2009）实验的观察结果，根据两组数据分别建立的"温度 - 萌发率"模型必然不同。

在相似的研究中，除王贵启等（2008）和乔建国等（2007）的研究在 15℃ 条件下未能观察到黄顶菊种子萌发外，其他研究在此温度设置条件下均可见种子萌发（岳强等，2010；张凤娟等，2009；芦站根和周文杰，2008；任艳萍等，2008）。其中，芦站根和周文杰（2008）与任艳萍等（2008）的研究以 15℃ 为最低设置，此条件下种子萌发率低于 10%，表现与张米茹（2009）的实验类似。岳强等（2010）（图 8.7-A）和张凤娟等（2009）的研究最低设置分别为 10℃ 和 5℃，分别在 12℃ 和 10℃ 可见种子萌发，而后者在 10℃ 条件下的萌发率高达 12%，到 15℃ 时更达 36%，可使理论萌发起点温度降至 10℃ 以下。但是，后者采用的方法涉及适温浸种的环节，浸种时间更长达 24h，无疑促进了各温度设置下种子的萌发，而可能使萌发起点温度的推算值降低。

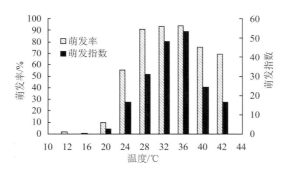

图 8.7　不同温度下黄顶菊种子的萌发情况（岳强等，2010）

除任艳萍等（2008）、岳强等（2010）、王贵启等（2008）的研究外，在其他相似的研究中，仅观察到萌发最高温度，而非形成如图 8.6 曲线平台期的稳定萌发率范围。岳强等（2010）的研究温度设置在 12～40℃ 的步长为 4℃。如图 8.7 所示，尽管部分种子在 12℃ 时即可萌发，但直至 20℃ 时萌发率才达约 10%，之后，萌发率快速上升，在到达曲线平台期前增速较为一致。

（2）最适温度范围内黄顶菊的萌发情况　因设置不同，不同研究的结果反映出的黄顶菊种子萌发最适温度范围也有所不同（表 8.3）。张米茹（2009）实验得出的最适温度范围为 22.5～35℃，萌发率皆高于 95%，而在两肩温度条件下则分别为 85.5%（20℃）和 19%（40℃），从曲线看，形成一个明显的平台（图 8.5-A）。

任艳萍等（2008）研究得出的最适温度范围也很宽，为 25～40℃，整个范围区间较张米茹（2009）等结果向高温方向推移，但仅涉及 3 个设置温度。其中 25℃ 和 40℃ 条件下，种子萌发率约为 90%，而在 35℃ 时约为 99%，从曲线看，形成一个单峰。

岳强等（2010）、王贵启等（2008）、温莉娜（2008）等实验得到的黄顶菊种子萌发最适温度范围大致位于张米茹（2009）结果的区间之内，前两者靠后，后者靠前。

根据其他研究的结果未能得出连续的最适温度范围，其中，张凤娟等（2009）实验的萌发率最高仅近 90%；而在芦站根和周文杰（2008）研究中，在无 NaCl 的蒸馏水条件下，25℃和 35℃时，种子萌发率可达 95% 以上，而在 30℃时，萌发率却低于 70%。

表 8.3　不同研究得出的黄顶菊最适萌发温度或范围

研究出处	范围类型[①]	指标数值 /℃
张米茹（2009）	连续范围	22.5～35
温莉娜（2008）	连续范围	25～30
岳强等（2010）	连续范围	28～36
任艳萍等（2008）	连续范围	25～40
王贵启等（2008）	连续范围	30～35
张凤娟等（2009）	最高值	25
乔建国等（2007）	最高值	30
芦站根和周文杰（2008）	不连续值	25、35

① "连续范围"是指萌发率持续在 90% 以上的最适温度范围，"最高值"所指萌发率或低于 90%

（3）高于最适温度时黄顶菊的萌发情况　由图 8.6-A 可见，当温度升至 40℃时，黄顶菊种子萌发率由 97.5% 降至 19%，说明萌发最适温度的上限为 35～40℃。当温度升至 45℃时，种子不能萌发。

温莉娜（2008）及任艳萍等（2008）实验的最高设置温度为 45℃，也未观察到种子萌发，而岳强等（2010）研究的最高设置温度为 44℃，即已观察不到种子萌发，这些与张米茹（2009）实验所得结果相符。

对最适温度上限的估计及温度更高时黄顶菊种子萌发的情况，其他研究各有不同。根据温莉娜（2008）的结果可知，上限为 30～40℃（图 8.6-B），但在 40℃时，萌发率仍高达约 42%。40℃是一些研究的最高温度设置，在这一条件下王贵启等（2008）研究中的黄顶菊种子萌发率最高，达 86.7%，芦站根和周文杰（2008）的约为 20%，而张凤娟等（2009）的小于 1%。尽管在数值上差别较大，这些研究都显示，当温度升至 40℃时，黄顶菊种子萌发率已呈下降趋势。

2）恒温条件下温度对黄顶菊萌发动态的影响

15～35℃范围内，随温度升高，从播种至开始萌发所需时间变短。在 22.5～35℃环境下培养，36～60h 即可见种子萌发，2～6 天后种子的萌发率达 90% 以上（图 8.6-A）。

从岳强等（2010）的实验结果也能看出，温度对黄顶菊种子的萌发进度有重要影响。如图 8.8 所示，当温度为 12～16℃时，开始萌发所需时间较长，需经 6 天以上，而且萌发很不整齐，历时达 17 天；在 20～28℃时，种子开始萌发需 2 天，6 天后萌发结束。32～36℃时种子开始萌发仅需要 1 天，3 天后不再有新的种子萌发，萌发所需时间最短，且萌发特别整齐。在 40℃、42℃时，种子开始萌发分别需要 2 天、3 天，而且可观察到种子萌发持续时间延长，达 10～13 天，萌发不整齐。由此可见，当温度低于最适萌发温度时，黄顶菊种子萌发起始时间较晚，持续时间较长，且到达萌发高峰的时期晚。随着温度升高，种子萌发起始时间及达到萌发高峰时期提前，且萌发高峰日种子萌发率高，因而萌发持续时间逐渐缩短。在温度接近最适萌发温度上限时，萌发起始时间延迟，萌发高峰日萌发率下降，萌发持续时期延长，累积萌发率变化不大。当高于最适萌发温度时，随着温度升高，累积萌发率不断下降，直至不能萌发。

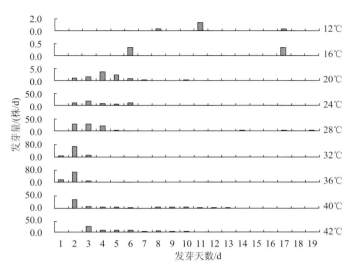

图 8.8　不同温度下黄顶菊种子发芽动态（岳强等，2010）

3）变温条件下温度对黄顶菊萌发的影响

相对于恒温实验，变温设置条件下的实验与自然状况下更接近。图 8.9 所示为在恒温与均温相同的变温条件下黄顶菊种子的萌发情况比较，在平均温度为起点温度或低于起点温度时，恒温条件下种子不能萌发（如 12.5℃时）或萌发率低（如 15℃时），变温可提高黄顶菊种子的萌发率，尤其是当温度提高到 20℃时，种子萌发率显著提高，可达 90% 以上。

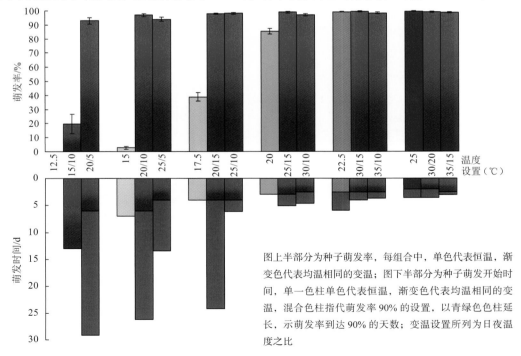

图上半部分为种子萌发率，每组合中，单色代表恒温，渐变色代表均温相同的变温；图下半部分为种子萌发开始时间，单一色柱单色代表恒温，渐变色代表均温相同的变温，混合色柱指代萌发率 90% 的设置，以青绿色色柱延长，示萌发率到达 90% 的天数；变温设置所列为日夜温度之比

图 8.9　黄顶菊种子恒温和变温环境下培养 30 天后的萌发率（张米茹，2010）

在其他各温度组合中，黄顶菊种子在变温条件下培养的萌发率均达 90% 以上。

图 8.9 各组所设温度不高于黄顶菊萌发最适恒温的上限（35℃，图 8.6-A），在均温相同的组中，温差加大时，黄顶菊萌发率达到 90% 所需时期越短。这一现象在均温为 12.5～17.5℃各组中尤为明显。在这些组中，萌发率达到 90% 的各变温设置的高温为 20℃或 25℃，黄顶菊萌发最适恒温的下限（22.5℃，图 8.6-A）位于其间。由此可见，在均温达到最适萌发恒温之前，黄顶菊种子暴露在最适恒温条件下一段时间即可显现出较大的萌发潜力。

随着均温升高，变温及温差大小对黄顶菊种子萌发的促进作用逐渐减弱，当培养均温在最适温度范围时，恒温与变温条件对种子萌发率及发芽速率无影响。

2. 温度对黄顶菊出苗的影响

温度对黄顶菊出苗也具有重要影响。温度不但影响黄顶菊的出苗情况，对黄顶菊出苗动态的影响也较大。张米茹（2009）及岳强等（2010）的研究都对黄顶菊出苗受温度的影响进行了观察。

1）恒温条件下黄顶菊的出苗情况

在不同温度条件下，黄顶菊破土出苗的数量不同。如图 8.10 所示，在岳强等（2010）的研究中，黄顶菊在 10℃条件下未见出苗，在 12～42℃均可出苗，但在 24℃以下时出苗率与出苗指数均较低，24～32℃时出苗率与出苗指数随温度上升迅速升高，出苗率均在 80% 以上。32℃时出苗率与出苗指数均达最大值，分别为 95.33% 和 39.68%。36～42℃时出苗率与出苗指数随温度升高开始逐渐降低，40℃时出苗率仍高于 70%，至 44℃时不出苗。

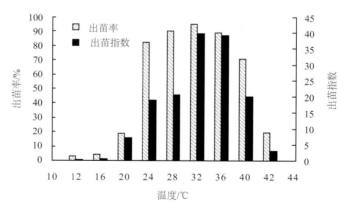

图 8.10　不同温度下黄顶菊出苗情况（岳强等，2010）

在不同温度条件下，黄顶菊破土出苗所需时间也不同（图 8.11）。12℃时，种子在第 9 天开始出苗；随温度升高，开始出苗所需天数逐渐减少；温度达 28℃时，第 2 天即开始破土出苗，但群体出苗历时较长；在 32℃和 36℃条件下出苗整齐，群体可在 2 天内完成出苗；40℃时始出苗时间为第 2 天，但出苗完成历时达 12 天；42℃条件下出苗情况不整齐，出苗量明显减少。

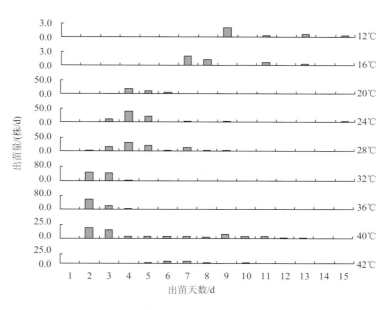

图 8.11　不同温度下黄顶菊出苗进度（岳强等，2010）

从张米茹（2009）的实验结果（图 8.12）也可看出，15～40℃范围内，黄顶菊均可出苗。随温度升高，从播种至出苗的天数缩短。在 35℃ 和 40℃ 时，黄顶菊播种后 1.5 天，出苗率就可达 95% 以上。

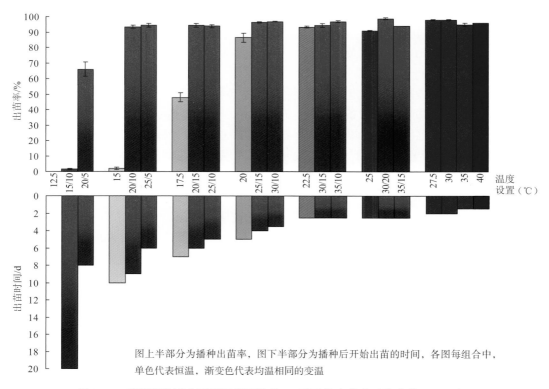

图上半部分为播种出苗率，图下半部分为播种后开始出苗的时间，各图每组合中，单色代表恒温，渐变色代表均温相同的变温

图 8.12　黄顶菊种子在不同温度下培养 30 天后的出苗率（张米茹，2010）

从观察结果看，温度对黄顶菊出苗的影响与对种子萌发的影响相似，也存在一定范围的最适出苗温度。由于在恒温条件下，实验中的土壤温度低于设置的培养环境温度，萌发及出苗的最适温度范围可向高温方向扩展。如在40℃时，黄顶菊萌发实验中的种子萌发率骤降（图8.6-A），而在相同温度条件下，黄顶菊种子破土出苗的比率仍高于95%（图8.12）（张米茹，2009）。

在同一研究中，尽管最适温度的下限并未下降，但在相对低温条件下，黄顶菊种子的出苗率高于相同温度条件下的萌发率。例如，在17.5℃时，黄顶菊种子萌发率为38.8%（图8.6-A），破土出苗率为48%（图8.12）（张米茹，2009）。而在岳强等（2010）的实验中，24℃低于实验所得出的黄顶菊种子萌发最适温度下限（图8.7），在这一温度条件下，在室内萌发实验中能观察到的萌发率不及60%，而种子破土出苗的比率则高于80%（图8.10），与张米茹（2009）实验结果的表现趋势一致。

2）变温条件下黄顶菊的出苗情况

如图8.12所示，平均温度不大于20℃时，黄顶菊在变温条件下较恒温条件下出苗率高，播种至出苗的时间也相应缩短。而在均温大于20℃的两组中，变温并未使出苗时间提前。换言之，20℃为变温对出苗产生影响的拐点，类似的，变温对种子萌发影响（图8.9）的拐点为15℃。由此可见，变温对出苗影响的温度范围略宽于对种子萌发的影响。

3. 温度对黄顶菊生长发育的影响

通过人工控温的手段研究温度对黄顶菊发育的研究有很多困难，尽管一些条件下，黄顶菊可以生长甚至可以开花，但整体长势较弱，不易对形态指标进行客观的比较。迄今为止，仅有Sivori（1969）及岳强等（2010）等少数研究就温度对黄顶菊营养及生殖发育时期的影响进行了探讨。

Sivori（1969）发现，在恒定的高温设置下，黄顶菊植株高大，但在短光周期（光：暗＝8：16）时，开花率较低温设置条件下低。在讨论中，作者提到变温对开花的决定作用，即在长日照条件下，已类似于多年生的未开花植株在经过变温处理后，即进入花期。

岳强等（2010）将适温下培养、处于苗期和现蕾开花期的黄顶菊植株置于不同的温度环境，并估计其光合速率。结果显示，在8～40℃，两个时期的光合速率随着温度上升而加快，当温度高于40℃时，光合速率呈下降趋势。在温度较低的水平（8～16℃），黄顶菊在苗期的净光合速率大于现蕾开花期，在温度较高的水平（20～48℃），现蕾开花期的净光合速率高于苗期。因此，黄顶菊在现蕾开花期对温度的响应程度高于苗期。上述结果表明，在黄顶菊发育早期，低温或高温对黄顶菊光合速率的影响有限，如迅速回复适温，则不影响营养生长期的正常发育，如果逆境持续（尤其是低温），黄顶菊不能正常发育。而在发育晚期，黄顶菊转入生殖生长，对光合作用的需求较为灵活。对于轴末先发育的黄顶菊花结构，对营养器官提供的养分需求下降，但在适温条件下，光合作用提供的能量有利于满足后发育的轴末及下一级分枝花结构发育的需求。由此可见，黄顶菊在不同时期对温度变化表现出不同响应，整体而言对其自身发育有利。

表 8.4　温度对黄顶菊发育影响的研究

评测时期	实验地点（材料来源）	实验方式	处理设计	评测范畴（评测指标）	参考文献
萌发期	河北石家庄（河北石家庄、衡水、冀州）	室内气候箱	7个恒温水平，为15~45℃，步长5℃	种子萌发率（15天萌发率）	乔建国等（2007）
	北京（河北）	室内气候箱	10个恒温水平，分别为13℃、15℃、18℃、20℃、23℃、25℃、28℃、30℃、40℃、45℃	种子萌发率（萌发率）	温莉娜（2008）
	未知（河北衡水）	室内气候箱	7个恒温水平，分别为5℃、10℃、15℃、25℃、35℃、40℃、45℃	种子萌发率（萌发率、根长、苗长）	张凤娟等（2009）
	河北衡水	室内气候箱	7个盐度条件下各6个恒温水平，为15~40℃，步长5℃	种子萌发动态（萌发率）	芦站根和周文杰（2008）
	天津	室内气候箱	5个恒温水平，分别为15℃、25℃、35℃、40℃、45℃；1个变温水平，25/15℃	种子萌发动态（萌发率、萌发指数、活力指数）	任艳萍等（2008）
	河北石家庄（河北衡水）	室内气候箱	6个恒温水平，为15~40℃，步长5℃	种子萌发动态（萌发率）	王贵启等（2008）
	北京（河北邯郸）	室内气候箱	11个恒温水平，分别为12.5℃、15℃、17.5℃、20℃、22.5℃、25℃、27.5℃、30℃、35℃、40℃、45℃；12个变温水平，分别为15/10℃、20/5℃、20/15℃、25/5℃、25/10℃、25/15℃、30/10℃、30/20℃、35/10℃、35/15℃	种子萌发率（30天萌发率）	张米茹（2009）
	北京（河北邯郸）	室内气候箱	同上	种子出苗动态（30天萌发率）	张米茹（2009）
	河北保定（河北献县）	室内气候箱	11个恒温水平，分别为10℃、12℃、16℃、20℃、24℃、28℃、32℃、36℃、40℃、42℃、44℃	种子萌发动态（萌发率、萌发指数）	岳强等（2010）
	河北保定（河北献县）	室内气候箱	同上	种子出苗动态（出苗率、出苗指数）	岳强等（2010）
苗期-开花期	河北保定（河北献县）	室外培养，实验前移入室内气候箱	11个恒温水平，8~48℃，步长4℃	光合作用（净合速率）	岳强等（2010）
生殖生长期	阿根廷	人工气候室	3个恒温水平，分别为17℃、21℃、27℃	综合指标（株高、节数、节间长、开花率、干重、同温度水平下，长光周期与短光周期下生长植株干重比）	Sivori（1969）

第三节　水分对黄顶菊发育的影响

黄顶菊对水分的响应研究多侧重于土壤含水量变化对黄顶菊各生育期的影响。大气相对湿度对黄顶菊生长发育的影响研究较少，仅王贵启等（2008）发现，空气相对湿度为 50%～80% 时，黄顶菊种子的萌发无显著差异。

1. 土壤含水量对黄顶菊萌发的影响

黄顶菊种子萌发对土壤水分要求不严，具有很强的抗旱、耐涝能力。有关研究的汇总见表 8.5。

表 8.5　土壤水分对黄顶菊发育影响的研究

评测时期	实验地点（材料来源）	实验方式	处理设计	评测范畴（评测指标）	参考文献
萌发期	河北衡水	室内气候箱	农田和公路两种生境土壤，各 10 个水平，为 10%～55%，步长 5%	种子萌发动态（萌发率）	芦站根和周文杰（2008）
	北京（河北）	室内气候箱	于玉米地土壤上，6 个水平，为 20%、40%、60%、80%、100%、110%	种子萌发率（在土表的萌发率）	温莉娜（2008）
	未知（河北衡水）	室内气候箱	于砂子上，4 个水平，分别为 5%、15%、50%、100%	种子萌发率（在土表的萌发率、萌发指数、萌发活力、根长、苗长）	张凤娟等（2009）
	河北石家庄（河北衡水）	室内气候箱	于细沙中，5 个水平，为 10%～90%，步长 20%	种子萌发动态（在土壤中萌发率）	王贵启等（2008）
	北京（河北邯郸）	室内气候箱	于生土∶黄沙∶凯因营养土（1∶1∶1）上，12 个水平，分别为 5%、10%、12.5%、15%、17.5%、20%、22.5%、25%、27.5%、30%、35%、40%	种子萌发率（30 天在土表的萌发率）	张米茹（2009）
	河北保定（河北沧州、衡水）	室内气候箱	于滤纸上，20g 细土下，7 个水平，分别为 15%、20%、25%、30%、40%、50%、60%	种子萌发率（在土壤中萌发率）	陆秀君等（2009）
	未知（湖北武汉）	室外盆栽	于细土／沙／蛭石上，4 个水平，分别为 15%、25%、35%、淹水 70 天后保持 60%	种子萌发动态（出苗率）	褚世海等（2010）
生长期	河北石家庄（河北石家庄）	同质园	3 个水平，即自然降水、见干见湿、隔天浇水	综合指标（株高、顶芽数、湿重、干重、干湿比）	乔建国等（2008）
	未知（湖北武汉）	室外盆栽	于细土／沙／蛭石上，4 个水平，分别为 15%、25%、35%、淹水 70 天后保持 60%	综合指标（株高、根长、分枝数、生物量、花数等）	褚世海等（2010）

如图 8.13-A 所示，在 10%（低含水量）和 40% 含水量时（饱和含水量），黄顶菊种子萌发率仍分别可达 8.0% 和 58.0%。黄顶菊种子在土壤相对含水量 10%～40% 的沙壤土中均能萌发。在 10%～25% 范围内，随土壤相对含水量升高，黄顶菊种子萌发率提高；在含水量约为 25% 的水平，黄顶菊萌发率达到最高值，为 98.0%。在土壤含水量为 27.5%～40% 的范围内，种子萌发率逐渐下降。在 5% 含水量条件下，种子不能萌发（图 8.13-A）（张米茹，2009）。

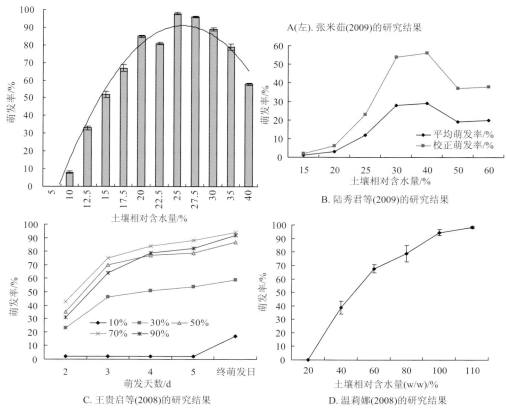

图 8.13　土壤含水量对黄顶菊种子萌发的影响

　　陆秀君等（2009）的研究也发现（图 8.13-B），当土壤含水量低至 15% 时，仍有 2% 的黄顶菊种子萌发；在 20%～30% 范围内，种子萌发率随土壤含水量增大而升高；至 30% 和 40% 时，种子萌发率达最高；湿度为 50% 和 60% 时，种子萌发率有所下降，但仍高于湿度为 25% 时的水平。这一现象与张米茹（2009）观察到的相似，但陆秀君等（2009）实验中的种子萌发率远低于前者的水平。这可能与实验策略有关，张米茹（2009）是将种子播于事先准备好的土壤基质表面，而陆秀君等（2009）是先将种子置于滤纸，再均匀地覆细土 20g。芦站根和周文杰（2008）观察到的结果也与陆秀君等（2009）的相似，最高萌发率甚至低于 50%，种子萌发率也随着土壤含水量升高而表现出先升高，达到最高值后趋于平稳至下降的趋势。

　　在王贵启等（2008）和温莉娜（2008）的研究中，黄顶菊种子的萌发率最终都达到 90% 以上，但萌发率随土壤含水量的变化趋势与上述研究不同（图 8.13-C～D）。两者的差异主要体现在种子在高土壤含水量环境下的表现，大致都是随含水量增多而升高，但并无下降的趋势。在王贵启等（2008）的实验中，土壤含水量为 90% 时黄顶菊种子的终萌发率虽较 70% 时略低，但也能达 90% 以上，而温莉娜（2008）的实验结果显示，土壤含水量升高并不导致种子萌发率下降，反而可达 95% 以上。在张凤娟等（2009）的实验中，100% 相对含水率条件下，萌发率也达到了 89%。而褚世海等（2010）在武汉进行的盆栽实验中，尽管各个指标以 25% 和 35% 两个处理最高，但出苗率都低于 30%，这是否与气候的差异有关还有待进一步研究。

　　除温莉娜（2008）实验外，上述各实验的结果都显示，黄顶菊种子在土壤含水率较低时即可以萌发，在这些研究中，以张凤娟等（2009）实验的现象最为明显，在含水量为5%时，种子萌发率即已达68%，但这可能与实验前的24h浸种有关。根据上述所有实验的结果，尚不能得出在短期内使黄顶菊种子萌发终止的最高土壤含水率。尽管如此，这些结果表明，黄顶菊种子有较强的耐干旱和耐涝能力。

2. 浸泡预处理对黄顶菊种子萌发的影响

　　黄顶菊种子在不同恒温水浴中浸泡处理15min后，萌发差异明显，适度的热水处理可促进黄顶菊种子萌发，萌发率最高的为45℃处理，最终萌发率为97.33%，其次为55℃和35℃处理，经75℃处理的黄顶菊种子萌发率极低，仅为1.67%（图8.14）。

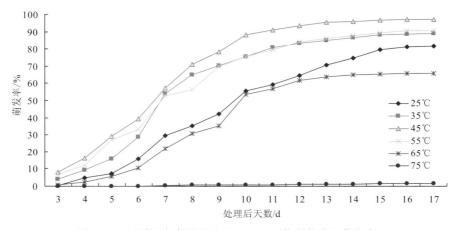

图8.14　不同温度水浸泡处理15min后黄顶菊种子萌发率

3. 淹水对黄顶菊种子出苗的影响

　　黄顶菊种子对湿度表现出较强的适应能力，在短时期内可承受水浸的胁迫。陆秀君等（2009）发现，将黄顶菊成熟的花结构在水中浸泡，在15天后，所得种子萌发率能保持相对于无浸泡对照约80%的水平。随着浸泡时间的延长，所得种子萌发率降低，但在90天后，仍保持相对于无浸泡对照约18%的水平。这一结果可为黄顶菊种子随果枝随水流远距离传播提供依据。

　　在武汉地区进行的一项实验中（未发表），黄顶菊种子播后淹水，水深保持3cm。在淹水1~40天后，仍具有活力，出苗率甚至与未经淹水处理相当。而这一研究与在北京地区进行的实验结论不同，黄顶菊种子对长时间淹水环境并不具耐受能力，种子因腐烂而难以存活。

4. 干旱胁迫对黄顶菊生长发育的影响

　　当降水量持续低于常年平均降水量时，土壤水分含量易降至导致干旱的水平。作为典型的 C_4 植物，黄顶菊对干旱环境的适应能力较强。这一能力既可以满足在干旱地区定殖的部分要求，同时也可能使其在持续干旱条件下，在与本地植物竞争中占有优势。近年来在我国开展的相关研究见表8.6。

表 8.6　干旱胁迫对黄顶菊生长影响的研究

评测时期	实验地点（材料来源）	实验方式	处理设计	评测范畴（评测指标）	参考文献
萌发期	未知（河北衡水）	室内气候箱	PEG（8000）处理，5个水平，为0~0.2g/mL，步长0.05g/mL，形成渗透压（MPa）分别为0、–0.1、–0.2、–0.4、–0.6	种子萌发率（在土表的萌发率、萌发指数、萌发活力、根长、苗长）	张凤娟等（2009）
	天津（天津）	室内气候箱	PEG（6000）处理，5个水平，分别为0g/mL、0.1g/mL、0.2g/mL、0.4g/mL、0.8g/mL，形成渗透压（MPa）分别为0、–0.2、–0.6、–1.4、–3.0	种子萌发率（萌发指数、活力指数、萌发胁迫指数）	张天瑞等（2010）
	河北保定（河北辛集）	室内气候箱	PEG（6000）处理，5个水平，分别为0、2%、5%、10%、15%	种子萌发率（萌发率、干重、鲜重）	王秀彦（2011）
营养生长期	北京（河北献县）	室外遮雨棚	草炭：黄土：蛭石（3：1：1）基质，2个水平，分别为正常供水（CK）和停止供水	生理指标[胁迫]（脯氨酸、丙二醛、可溶性糖、过氧化物酶、超氧化歧化酶、过氧化氢酶）	周君（2010）
	河北保定（河北辛集）	室外遮雨棚	土壤相对含水量，3个水平，80%（CK）、60%（轻度干旱）、30%（中度干旱）	生理指标[光合]（净光合速率、蒸腾速率、胞间CO_2浓度、水分利用效率等）、[胁迫]（同上）、生长指标（株高、生物量等）	王秀彦（2011）、王秀彦等（2011）

1）干旱胁迫对黄顶菊种子萌发的影响

一些研究利用相对分子质量约为8000或6000的聚乙二醇（PEG）溶液处理黄顶菊种子，人为在种子外产生负压，以期对组织细胞造成失水胁迫，从而导致细胞器异常。

张凤娟等（2009）的研究结果显示，在低浓度设置的PEG（8000）环境下，黄顶菊萌发率可达100%，略高于无PEG处理的对照，包括胚根长和胚芽长在内的各指标也高于对照，在王秀彦（2011）的研究中，在PEG（6000）浓度为2%的条件下，种子萌发率也略高于蒸馏水对照，说明一定的渗透压显然对黄顶菊种子的萌发有一定的促进作用。实际上，在PEG浓度为0.15g/mL以下时，黄顶菊种子萌发率、萌发指数、活力指数等指标均无显著差异（张凤娟等，2009），或在浓度不大于5%时，随PEG浓度上升，萌发率无明显上升现象（王秀彦，2011）。这一现象说明，黄顶菊萌发对水分的需求并不高，在干旱条件下，一旦对水分的基本需求得以满足即可萌发。

值得注意的是，随着PEG浓度水平上升，萌发种子的根茎比大致呈下降趋势（张凤娟等，2009），但PEG对萌发生长而成的幼苗的干重并无大的影响，仅在PEP浓度不低于5%时对鲜重产生影响（王秀彦，2011）。

张天瑞等（2010）采用在果园、路边、河边、荒地等不同生境内发生的黄顶菊种子，并分别加以不同浓度的 PEG（6000）干旱胁迫，得到与张凤娟等（2009）研究类似的结果，各个生境条件下发生的黄顶菊种子能耐受高至 0.1～0.2g/mL 的 PEG 处理，但在不同浓度条件下，包括种子萌发率在内的各指标的表现有显著差异。对这些指标进行综合评价，发现生于不同生境的黄顶菊种子耐旱能力不同，依次为果园 > 路边 > 河边 > 荒地。在这些采样生境中，果园的土壤干燥板结，路边的较干燥，而河边的湿润，荒地的较湿润。可见，黄顶菊种子对干旱胁迫的耐受性与发生生境土壤的干旱程度存在一定关系，这种对土壤的适应在短期内表现出一定程度的可遗传性。

黄顶菊种子萌发对干旱胁迫的适应，是否存在结构方面或其他方面的保护机制，还有待进一步研究。

2）干旱胁迫对黄顶菊萌发后生长发育的影响

王秀彦（2011）观察了黄顶菊幼苗在水分控制处理后株高、叶片、基径、叶面积等指标的动态变化，结果显示，不同指标对水分干旱胁迫处理的响应程度有所不同。各指标在胁迫初期（2～4 周内）的分化不明显，尤以株高和叶片数为甚。约 10 周后，轻度干旱处理对叶片数及基径几无影响，与对照差异不明显，株高和叶面积随干旱程度增加而逐渐降低或缩小。

在干旱程度较轻的环境下，黄顶菊植株株高虽然小于对照，但茎粗和总叶片数与对照相当。黄顶菊为茎生对生叶，分枝及花序发于叶腋，因此，在满足光照和温度条件的前提下，总叶片数与分枝程度及开花数量有关。换言之，轻度干旱对黄顶菊营养生长的影响有限。

尽管如此，随着植物生长，干旱造成的影响逐渐明显。在不同干旱处理（及对照）条件下，黄顶菊在花期的生物量有显著差异，到种子成熟期更加明显。此外，结果还显示，干旱胁迫并不促进黄顶菊地下部分的生长。

3）干旱胁迫对黄顶菊光合特性的影响

王秀彦等（2011）在 2009 年 7 月中旬某日观察了干旱处理对黄顶菊光合作用的日动态变化。观察当日光照辐射最高值出现在上午 11：30，次高值出现在下午 3：30，在日变化曲线上形成双峰，相应的，形成大气 CO_2 浓度日变化曲线的两个低峰。此外，大气温度最高值与相对湿度最低值也出现在上午 11：30。

净光合速率、蒸腾速率及水分利用效率等观察指标受处理影响而显现出的差异主要集中在当日上午。在这一阶段，各指标对干旱处理的响应也最为明显。在当日上午 11：30 温度达最高时，干旱处理的植株气孔导度小于对照。干旱程度越大，气孔开闭程度越小，导度越低，这是植物维持水分的常规策略。相应的，植物的蒸腾速率随干旱程度加重而下降。气孔开闭程度的下降，也阻碍 CO_2 进入叶肉细胞。但是，在 11：30 时，两种程度干旱处理的水分利用效率与对照一致，而在此前（9：30），水分利用效率对干旱处理的响应已经发生。

实际上，在当日上午 9：30 时，对照和两种干旱处理的气孔导度及净光合速率已经发生分化，但三者蒸腾速率并未分化，因此导致在当日上午 9：30 时，随干旱处理程度加重，水分利用效率降低。

尽管如此，在当日有效辐射程度较高的时段，即上午 11：30 至下午 3：30 期间，不同程度干旱处理和对照植株的水分利用效率处于同一水平，此外，胞间 CO_2 浓度也维持于相似水平。由此可见，黄顶菊在高温干燥的环境下，仍能有效地使 CO_2 进入叶片内，这一现象符合 C_4 植物 CO_2 代谢的特征。

4）干旱胁迫对黄顶菊其他生理特性的影响

在干旱胁迫对黄顶菊影响的研究中，除对光合指标进行测定外，还考察了常见的保护酶及与渗透调节物质相关的生理生化指标对干旱处理的响应（王秀彦，2011；周君，2010）。

（1）长期干旱胁迫对黄顶菊常见生化指标的影响 王秀彦（2011）考察了黄顶菊在苗期、花期及种子成熟期的各项指标对干旱处理的响应。环境胁迫对这些生理指标的影响主要体现在黄顶菊苗期，花期居于其次，对种子成熟期的影响甚微。

对于保护酶指标，在黄顶菊苗期和花期，超氧化物歧化酶（SOD）和过氧化物酶（POD）受干旱处理的影响很小，而过氧化氢酶（CAT）在干旱处理条件下的活性高于对照，但中等干旱程度处理的结果低于轻度干旱处理。对于与渗透调节物质相关的指标，在苗期，脯氨酸和可溶性糖含量受干旱胁迫的影响较小，可溶性蛋白在干旱胁迫条件下含量较低。

（2）短期干旱胁迫对黄顶菊常见生化指标的影响 周君（2010）的研究是在断水15天期间，每隔5天对处理和对照组各项指标进行一次测量。研究发现，在断水处理过程中，植株地上部分含水量并未发生大的波动，处于约75%的水平，而地下部分，含水量随着断水时间的延长，由76.7%降至6.72%，说明黄顶菊在遭遇短期干旱胁迫时，地上部分和地下部分含水量的平衡被打破。在缺水的条件下，地下部分含水量降低，可以是地下干物质比例增加的结果，也可以是因地上部分相对过度的蒸腾作用所致，或因培养基质含水量持续下降，渗透压改变而失水所致；而地上部分的含水量不变则说明，在此情况下，黄顶菊维持正常的代谢水平需要优化水分利用率。

事实上，黄顶菊在断水约10天后难以存活，周君（2010）实验中考察的各生理生化指标在这一时间点的水平陡增，而在此之前，除过氧化氢酶外，其他指标对断水处理的响应显现得较为平缓。

上述指标表现水平陡增的现象在王秀彦（2011）实验中出现得更早，在断水7天时，过氧化氢酶水平较断水前升高约3倍，在断水9天时脯氨酸含量升高约2倍。该研究中，在断水第9天时，黄顶菊已表现为萎蔫状态。

从上述研究结果可以看出，黄顶菊在苗期对突发性干旱并不具备较强的耐受能力，在生长和其他生理机制上无有效的应对策略。在自然状况下，黄顶菊多分布于沟渠、河溪岸边、低洼地、弃耕地等土壤水分条件较好的生境，因而免遭此类胁迫。

第四节 土壤物理性状对黄顶菊发育的影响

在自然状况下，黄顶菊能在盐碱地发生，说明具有相当程度的耐受盐碱土壤的能力，使之具有广泛的生境，尤其是在其他植物难以生存的盐碱地也可生长良好并开花结实，繁衍后代。根据周君（2010）的研究结果，黄顶菊的耐盐性与盐蒿子（即翅碱蓬，*Suaeda heteroptera*）相当，强于棉花和甜菜等耐盐能力很强的作物，较碱地肤（*Kochia scoparia* var. *sieversiana*）弱，属于耐盐性很强的盐生植物。目前，我国有多项研究涉及黄顶菊对盐碱胁迫的响应，这些研究多以 NaCl 等中性盐溶液模拟盐渍化土壤状况，或以 Na_2CO_3 和 $NaHCO_3$ 模拟碱性土壤状况，其实验方法简要见表 8.7。

1. 黄顶菊种子萌发的 pH 适应范围

生测试验表明，在缓冲液 pH 4.0～10.0 范围内，黄顶菊种子的萌发率为 97.0%～98.5%（图 8.15），与种子在蒸馏水中（pH 6.5）的萌发率差异不显著（张米茹，2010）。张凤娟等（2009）的研究也显示，黄顶菊种子在 pH 5.07～8.61 范围内的萌发率皆在 90% 以上，而且在 pH 低于 7 的各水平中，胚根长于胚芽，而在 pH 高于 7 的各水平中，则相反。

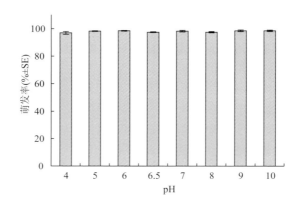

图 8.15　pH 对黄顶菊种子萌发的影响

2. 不同类型土壤对黄顶菊萌发的影响

与生长在采自华北地区的土壤相比，生长在从广西、广东、四川等地采集到的土壤中的黄顶菊幼苗未见异常。由此推断，黄顶菊对土壤的 pH 适应范围可能较宽。然而，在河北进行的一项初步试验显示，不同土壤对黄顶菊萌发率有一定影响，播种于同一深度的种子，在壤土中的萌发率高于黏土，而后者的萌发率又高于沙土（倪汉文，未发表）。

3. 黄顶菊的耐盐性

1）NaCl 对黄顶菊种子萌发的影响

张米茹（2010）的研究显示，在浓度范围为 0～160mmol/L 的 NaCl 溶液中，黄顶菊种子发芽基本不受影响，萌发率为 93.3%～99.3%。在浓度 200～320mmol/L 范围内，黄顶菊种子萌发率随着 NaCl 浓度的升高而递减。溶液浓度为 240mmol/L 时，仍有 50% 以上的种子萌发，溶液浓度升高到 320mmol/L 时，种子的萌发率为 2.3%（图 8.16）。由此看出，黄顶菊有较强的耐盐性。

在耐受范围方面，其他研究的结果与上述内容有所不同。例如，芦站根和周文杰（2008）的研究显示，在适温条件下，当 NaCl 浓度不高于 50mmol/L 时，种子萌发率为 90% 以上，在浓度为 100mmol/L 和 150mmol/L 时，萌发率降至 60%～70%，而当浓度提升至 200mmol/L 时，萌发率陡降至约 10%，当浓度为 300mmol/L 时，种子不能萌发，这一结果和此前任艳萍等（2008）研究的研究结果相似。张凤娟等（2009）的结果显示，在NaCl浓度为0～100mmol/L的各水平中，黄顶菊种子萌发率在95%以上，而浓度200mmol/L时，萌发率则降至66%。尽管如此，根据这些研究结果所得出的耐受NaCl浓度范围略低于张米茹（2010）的结果。但是，根据冯建永等（2010）"复杂盐碱"对黄顶菊种子萌发影响的研究结果，种子在NaCl含量最高、酸碱度偏中性的组合（D组）中萌发情况最好，在总盐度为200mmol/L时，萌发率仍可达约80%。

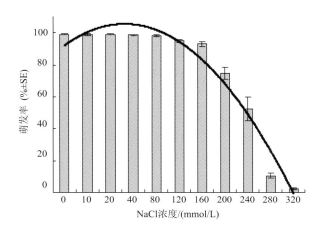

图 8.16　NaCl 对黄顶菊种子萌发的影响

根据张凤娟等（2009）的研究结果，NaCl胁迫对胚芽长度的影响略小于对胚根长度的影响。与同一研究中pH对种子萌发研究的结果不同，NaCl胁迫实验中的胚根长于胚芽（此时pH应大于7）。NaCl浓度为0～100mmol/L各水平间，胚芽无差异，而胚根仅对照与50mmol/L间无显著差异。而冯建永等（2010）D组的表现则完全不同，盐度为50mmol/L时，胚根长度略大于对照，且长于胚芽；当盐度为100mmol/L时，胚根长度降至对照的约1/2，且短于胚芽。任艳萍等（2008）的研究结果也显示，在NaCl浓度为10mmol/L时，胚根略长于对照。

2）NaCl 对黄顶菊苗期发育的影响

周君（2010）、柴民伟等（2011）、郭媛媛（2011）在黄顶菊营养生长期对NaCl胁迫下植株的形态特征进行了观察。

周君（2010）发现，在处理前21天，各浓度水平之间的黄顶菊株高差别不大。21天之后，分化逐渐明显。在处理后第35天时，最低浓度100mmol/L处理水平下的植株显著高于对照。随着浓度的增高，株高降低，在处理后28天时，浓度为300mmol/L处理水平下的植株增长明显减慢，而300mmol/L处理水平下的植株全部死亡。

郭媛媛（2011）研究的盐度范围为0.1%～0.6%（为17～100mmol/L），在0.3%和0.4%水平下植株略高于0.1%，但仍低于对照，而叶面积、鲜重和干重等各指标随着NaCl浓度上升而下降。在浓度为0.4%条件下，植株在处理6～8天后即出现叶片部分卷曲，15天后，大部分叶片萎蔫脱落。

柴民伟等（2011）发现NaCl胁迫对黄顶菊幼苗含水量并未造成影响，但地下部分生长所受影响大于地上部分。总的来说，这一结果显示，NaCl胁迫对黄顶菊幼苗影响并

表 8.7　盐碱胁迫对黄顶菊生长影响的研究

评测时期	实验地点（材料来源）	实验方式	处理设计	评测范畴（评测指标）	参考文献
萌发期	河北衡水	室内气候箱	中性盐 NaCl 溶液（分别在 15~40℃条件下），6 个水平，0~250mmol/L，步长 0.05mmol/L	种子萌发动态（萌发率）	卢站根和周文杰（2008）
	天津	室内气候箱	中性盐 NaCl 溶液，8 个水平，分别为 0mmol/L、10mmol/L、50mmol/L、100mmol/L、150mmol/L、200mmol/L、250mmol/L、300mmol/L	种子萌发动态（萌发率、萌发指数、活力指数）	任艳萍等（2008）
	未知（河北衡水）	室内气候箱	中性盐 NaCl 溶液，4 个水平，分别为 0mmol/L、50mmol/L、100mmol/L、200mmol/L	种子萌发率（萌发率、萌发指数、根长、苗长）	张凤娟等（2009）
	北京（河北邯郸）	室内气候箱	中性盐 NaCl 溶液，11 个水平，分别为 0mmol/L、10mmol/L、20mmol/L、40mmol/L、80mmol/L、120mmol/L、160mmol/L、200mmol/L、240mmol/L、280mmol/L、320mmol/L	种子萌发率（30 天萌发率）	张米茹（2009）
	河北保定（河北衡水湖）	室内气候箱	中性盐 NaCl、Na2SO4 和碱性盐 NaHCO3、Na2CO3，不同比例形成 4 个组合，各组合 7 个（盐度）浓度水平，为 0~300mmol/L，步长 50mmol/L	种子萌发率（萌发率、萌发指数、根长、苗长）	冯建永等（2010）
营养生长期	河北保定（河北衡水湖）	室内种植	同上	生理指标（胁迫）（丙二醛、过氧化物酶、超氧化物歧化酶、过氧化氢酶）	冯建永等（2010）
	北京（河北献县）	室外遮雨棚	中性盐 NaCl，5 个水平，为 0~400mmol/L，步长 100mmol/L；碱性盐 Na2CO3/NaHCO3，7 个 pH 水平，为 7、8.77、9.12、9.50、9.90、10.28、10.57	生理指标（胁迫）（脯氨酸、丙二醛、可溶性糖、过氧化物酶、超氧化物歧化酶、过氧化氢酶）	周君（2010）
	天津（天津滨海地区）	室内种植	中性盐 NaCl 溶液（pH7.48~7.57），4 个水平，50~200mmol/L，步长 50mmol/L；碱性盐 Na2CO3（pH10.75~11.11），4 个水平，25~100mmol/L，步长 25mmol/L	综合指标（日相对生长量、含水量）、生理指标（胁迫）（电解质外渗率、丙二醛、可溶性糖、脯氨酸）	柴民伟等（2011）
	河北保定（河北石家庄）	室外遮雨棚	中性盐 NaCl 溶液，7 个水平，0~0.6%，步长 0.1%（约 17mmol/L）	综合指标（株高、叶面积等）、生理指标（胁迫）（丙二醛、过氧化物酶等）、光合（净光合速率、蒸腾速率等）	郭媛媛（2011）

不大，与周君（2010）和郭媛媛（2011）研究结论不同。事实上，从研究过程中对胁迫相关的各生理生化指标的观察结果来看，NaCl 胁迫造成的影响也不大。这一研究所用的种子材料采自天津滨海地区盐渍地，黄顶菊在这一生境的适应性是否是遗传分化的结果，还有待进一步研究。

3）NaCl 胁迫对黄顶菊苗期生理指标的影响

众多黄顶菊应对 NaCl 胁迫响应的研究都对可渗透调节及保护酶指标进行了观察。随着 NaCl 胁迫浓度增加，黄顶菊叶片膜通透性上升，随胁迫时间推移持续增大。可渗透调节物中，可溶性糖对胁迫响应较为明显，在处理 14 天时，浓度水平为 300mmol/L 和 400mmol/L 的可溶性糖含量达最高，然后下降，而浓度 200mmol/L 的处理，虽然在第 7 天即达到高峰，但整体维持在相对较低的水平，浓度 100mmol/L 的处理也在 14 天达到最高，但仅与 200mmol/L 处理的水平相当，且随后降低。脯氨酸的变化主要体现于 300mmol/L 及 400mmol/L 等高浓度 NaCl 的处理，在低浓度处理中的结果较为平缓。在保护酶活性方面，胁迫浓度越高，响应程度越强烈，到达高峰时间越早，之后下降程度强烈，对于低浓度处理，随胁迫时间推移，保护酶活性上升较缓慢，并维持于稳定的水平（周君，2010）。结合对生长指标的观察，可以看出，黄顶菊能耐受较低浓度的 NaCl 胁迫。

郭媛媛（2011）在 2009 年 7 月上旬至中旬对黄顶菊植株在 NaCl 胁迫下的光合指标进行了测量，由于未列出三天大气温度、CO_2 浓度、有效辐射等气候数据，很难归纳出黄顶菊植株当日对 NaCl 胁迫响应的实际趋势。从总体结果看，三天净光合速率和蒸腾速率的均值有较大的差异，第一天和第三天水平较低，第二天水平较高。但是，低浓度 NaCl 处理在不同程度上促进了上述两个指标的表现水平。

4. 碱性盐对黄顶菊生长发育的影响

周君（2010）、柴民伟等（2011）、冯建永等（2010）的研究涉及黄顶菊对碱性环境的耐受性考察。其中，柴民伟等（2011）采用 pH 11 以上的 Na_2CO_3 溶液，形成强碱性环境胁迫。在此条件下，黄顶菊植株矮化现象明显。尽管地下部分含水量影响不大，但根部脱水严重，颜色加深呈褐色，说明黄顶菊对极端碱性环境并不具较强的耐受能力。

在周君（2010）的实验中，在 pH 8.77 的碱性处理中，处理后 30 天黄顶菊株高高于对照，且各处理中，植株生长良好，未出现叶片黄化、萎蔫及植株死亡现象。冯建永等（2010）认为，盐浓度是影响黄顶菊种子萌发和幼苗生长的主导因素，而 pH 并无决定性作用。虽然周君（2010）设置的 pH 低于柴伟民等（2011）的实验，但 Na^+ 浓度范围为 110～190mmol/L，与后者设置（50～200mmol/L）相似，植株生长状况却完全不同，冯建永等（2010）的结论显然不能解释这一矛盾。

（李香菊　倪汉文　李瑞军　皇甫超河　杨殿林　郑　浩　张国良　付卫东）

参 考 文 献

柴民伟，潘秀，石福臣 . 2011. 不同盐胁迫对外来植物黄顶菊生理特征的影响 . 西北植物学报，31（4）：754–760.

褚世海，李儒海，倪汉文，等 . 2010. 土壤含水量对外来入侵杂草黄顶菊生长发育的影响 . 湖北农业科学，49（12）：

3069–3071，3075.

冯建永，庞民好，张金林，等．2010.复杂盐碱对黄顶菊种子萌发和幼苗生长的影响及机理初探.草业学报，19（5）：
　　77–86.

郭媛媛．2011.黄顶菊对土壤 NaCl 胁迫的响应.河北农业大学硕士研究生学位论文．

芦站根，周文杰．2008.温度、土壤水分和 NaCl 对黄顶菊种子萌发的影响.植物生理学通讯，44（5）：939–942.

陆秀君，董立新，李瑞军，等．2009.黄顶菊种子传播途径及定植能力初步探讨.江苏农业科学，（3）：140–141.

乔建国，张玉蕊，康利芬．2007.黄顶菊物候和种子发芽特征研究.农业科技与信息（现代园林），（12）：84–86.

乔建国，张英丽，常雁起，等．2008.土壤、水分和光照对黄顶菊生长的影响.农业科技与信息（现代园林），（6）：
　　87–89.

任艳萍，古松，江莎，等．2008.温度、光照和盐分对外来植物黄顶菊种子萌发的影响.云南植物研究，30（4）：
　　477–484.

王贵启，苏立军，王建平．2008.黄顶菊种子萌发特性研究.河北农业科学，12（4）：39–40.

王秀彦．2011.干旱胁迫下黄顶菊生理生化指标变化规律的研究.河北农业大学硕士研究生学位论文．

王秀彦，阎海霞，黄大庄．2011.干旱胁迫对黄顶菊光合特性的影响.安徽农业科学，39（13）：7653–7655.

温莉娜．2008.有害生物定量风险分析方法研究.中国农业大学博士研究生学位论文．

岳强，李瑞军，陆秀君，等．2010.温度对黄顶菊生长发育影响的研究.中国植保导刊，30（5）：15–18.

张凤娟，李继泉，徐兴友，等．2009.环境因子对黄顶菊种子萌发的影响.生态学报，29（4）：1947–1953.

张米茹．2010.入侵性杂草黄顶菊生态学特性研究.中国农业科学院硕士研究生学位论文．

张米茹，李香菊．2010.光对入侵性植物黄顶菊种子萌发及植株生长的影响.植物保护，36（1）：99–102.

张天瑞，皇甫超河，白小明，等．2010.不同生境黄顶菊种子萌发对干旱胁迫的响应.草原与草坪，30（6）：79–83.

周君．2010.黄顶菊（*Flaveria bidentis*）对其入侵生境的主要生态适应性分析.西南大学硕士研究生学位论文．

Leon R G，Knapp A D，Owen M D K. 2004. Effect of temperature on the germination of common waterhemp（*Amaranthus tuberculatus*），giant foxtail（*Setaria faberi*），and velvetleaf（*Abutilon theophrasti*）. Weed Science，52（1）：
　　67–73.

Sivori E. 1969. Croissance et photopériodisme de *Flaveria bidentis* L. [Growth and photoperiodicity of *Flaveria bidentis* L.].
　　Comptes Rendus Hebdomadaires Des Seances De L Academie Des Sciences Serie D，269（24）：2345–2346.

第九章 黄顶菊入侵的化感机制

在第四章中已经介绍了黄菊属植物产生的主要次生代谢物质及其性质，目前国内对于黄顶菊入侵化感机制的研究也沿用了用于这类物质研究的一些方法。通过人工模拟化感物质的淋溶、根系分泌和残株分解等途径对黄顶菊的化感潜势进行了评价；采用梯度溶剂逐步萃取、色谱分离和生物活性跟踪相结合的方法，对黄顶菊植株淋溶途径潜在化感物质进行了分离、筛选和初步鉴定。通过电镜观察等手段初步阐释了黄顶菊对部分作物的化感机理，为黄顶菊入侵机制的深入研究奠定了良好的理论基础。

第一节 黄顶菊对农作物的化感效应

1. 黄顶菊对小麦的化感作用

1）黄顶菊对小麦幼苗化感作用评价

利用新鲜和干枯的黄顶菊植株制备浸提液、新鲜黄顶菊根系水浸提液和黄顶菊根际土壤乙醇提取物对小麦幼苗进行处理，培养一段时间后观察生长状况。陈艳（2008）的研究结果表明：小麦幼苗生长受到的抑制作用随着新鲜黄顶菊植株水浸提液处理浓度的增加而增强。小麦幼苗根长、苗高、根鲜重和苗鲜重在低浓度 1% 和 5% 处理下与对照差异不大。当处理浓度达到 10% 时，抑制作用与对照相比达到显著水平（$P<0.05$），根长、苗高、根鲜重和苗鲜重的抑制率分别达 21.0%、23.6%、28.3% 和 20.2%（表 9.1）。

表 9.1 新鲜黄顶菊植株水浸提液对小麦幼苗生长的影响

浓度	根长 /cm	苗高 /cm	根鲜重 /（mg/ 株）	苗鲜重 /（mg/ 株）
10%	3.01 ±0.66 a	2.01±0.35 a	12.19±0.74 a	17.45±1.78 a
5%	3.41±0.50 ab	2.50±0.13 b	15.70±3.23 ab	19.97±1.30 b
1%	3.55±0.40 ab	2.69±0.26 b	15.91±2.25 ab	20.32±1.98 b
CK	3.81±0.57 b	2.75±0.34 b	17.00±3.85 b	21.98±1.29 b

注：表中数据为 3 次测定的平均值；不同字母表示彼此在 5% 水平上差异显著性（Duncan's），下同

与对照相比，小麦幼苗的生长受干枯黄顶菊植株水浸提液的抑制作用显著（$P<0.05$），且处理浓度越高抑制作用越强。在处理浓度为 0.01gDW/mL 时，小麦幼苗根长、苗高、根鲜重和苗鲜重的抑制率就达到 40.6%、25.2%、32.2% 和 29.4%。水浸提液不仅影响了小麦根系的伸长，而且影响了根的形态。黄顶菊水浸提液处理下的小麦幼根与对照相比数目明显减少、颜色呈现黄褐色，处理浓度越高黄褐色越深。幼苗根部畸形发育，根尖膨大（表 9.2）。进一步研究发现，新鲜黄顶菊根系水浸提液处理下的小麦幼苗的生长具有抑制作用，但与对照相比抑制作用不显著（$P>0.05$）。根系水浸提液处理浓度达到

10% 的处理对小麦的抑制作用最大，根长的抑制率为 16.9%，根鲜重的抑制率为 13.3%，苗高的抑制率为 8.8%，苗鲜重的抑制率为 13.5%（表 9.3）（陈艳，2008）。

表 9.2　干枯黄顶菊植株水浸提液对小麦幼苗生长的影响

浓度 /(gDW/mL)	根长 /cm	苗高 /cm	根鲜重 / (mg/ 株)	苗鲜重 / (mg/ 株)
0.04	0.27±0.05 a	0.48±0.05 a	2.33±0.21 a	4.60±0.22 a
0.03	0.42±0.10 a	1.02±0.19 b	3.30±0.16 ab	9.71±0.65 b
0.02	0.55±0.10 a	2.16±0.15 c	4.49±0.19 b	14.32±1.02 c
0.01	2.47±0.31 b	2.46±0.12 d	14.41±1.14 c	16.69±0.83 c
CK	4.16±0.36 c	3.30±0.24 e	21.25±1.48 d	23.66±2.89 d

表 9.3　新鲜黄顶菊根系水浸提液对小麦幼苗生长的影响

浓度	根长 /cm	苗高 /cm	根鲜重 / (mg/ 株)	苗鲜重 / (mg/ 株)
10%	2.61±0.42 a	2.29±0.23a	14.06±1.38a	18.38±1.67a
5%	2.65±0.37 a	2.39±0.16a	14.07±1.33a	19.14±1.37a
1%	2.92±0.50a	2.49±0.15a	16.18±1.51a	20.02±3.39a
CK	3.14±0.47 a	2.51±0.36a	16.22±1.91a	21.25±1.40a

小麦幼苗生长在根际土壤乙醇提取液为 1g/mL、2g/mL 和 3g/mL 时与对照相比抑制作用不显著。但当处理浓度达到 4g/mL 以上时，处理小麦幼苗根长、苗高、根鲜重和苗鲜重有显著的抑制作用（$P<0.05$），且随着处理浓度的增加抑制作用逐渐增强。在 5g/mL 处理浓度下，对小麦根长、苗高、根鲜重和苗鲜重的抑制率分别达 15.6%、23.6%、27.9% 和 35.8%（表 9.4）（陈艳，2008）。

表 9.4　黄顶菊根际土壤乙醇提取物对小麦幼苗生长的影响

浓度 / (g/mL)	根长 /cm	苗高 /cm	根鲜重 / (mg/ 株)	苗鲜重 / (mg/ 株)
5	3.79±0.34 a	2.29±0.20 a	17.61±0.96 a	17.19±0.45 a
4	3.93±0.31 a	2.46±0.14 a	18.57±1.23 a	18.74±0.97 ab
3	4.40±0.69 b	3.05±0.32 b	18.79±1.24 a	22.30±3.34 bc
2	4.55±0.53 b	3.15±0.38 b	20.61±4.36 ab	22.44±2.32 bc
1	4.38±0.10 b	3.56±0.27 b	21.60±2.12 ab	25.63±2.69 cd
CK	4.49±0.53 b	3.57±0.27 b	24.41±4.46 b	26.77±1.57 d

2）黄顶菊对小麦根系化感作用的评价

分别用蒸馏水和干枯黄顶菊植株水浸提液处理小麦根毛，一段时间后从显微观察可以看出，蒸馏水处理下生长的小麦幼苗根毛密集、均匀、长短一致。在干枯黄顶菊植株水浸提液为 0.01gDW/mL 浓度处理下，小麦幼苗根毛明显稀疏、长短不一。随着处理浓度的增加，小麦根毛的长度和数量逐渐下降。当浓度达到 0.04gDW/mL 时，小麦幼苗根毛不生长。说明干枯黄顶菊植株水浸提液对小麦幼苗根毛的形态、长度和密度有明显的抑制作用（图 9.1）（陈艳，2008）。

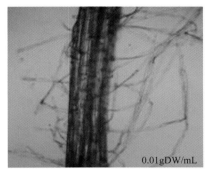
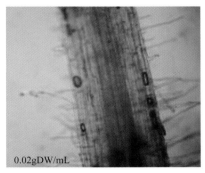

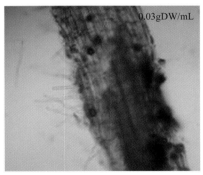
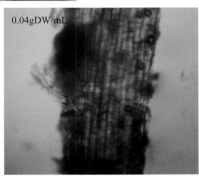

图 9.1　干枯黄顶菊植株水浸提液不同浓度处理下对小麦根毛生长的影响（×20）

3）干枯黄顶菊植株水浸提液对小麦幼苗生理指标的影响

用不同浓度干枯黄顶菊植株水浸提液处理的小麦幼苗，生长 7 天后，测定植物体内的丙二醛、可溶性糖、游离脯氨酸、叶绿素 a、叶绿素 b 和总叶绿素含量（陈艳，2008）。

（1）丙二醛含量　在处理浓度为 0.01gDW/mL 下，小麦根系中丙二醛与对照相比相对稳定。随着处理浓度的增加，小麦幼苗根系中丙二醛含量明显上升。在黄顶菊水浸提液质量浓度为 0.04gDW/mL 下达到最大值（3.99μmol/g），其丙二醛含量为对照的 19 倍（图 9.2）。

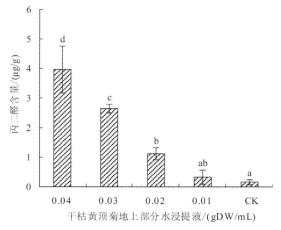

图9.2 干枯黄顶菊植株水浸提液处理后小麦幼根丙二醛含量的变化

（2）**可溶性糖含量** 不同质量浓度干枯黄顶菊植株水浸提液处理下，小麦幼苗根系可溶性糖含量与对照相比存在显著性差异（$P<0.05$），且根系中可溶性糖含量随着黄顶菊水浸提液质量浓度的增加而增大，在黄顶菊水浸提液质量浓度为 0.04gDW/mL 下其可溶性糖含量也达到最高（23.6μmol/g），为对照的 5.2 倍，也说明了高浓度处理下对小麦幼苗根系造成的氧化损害在增强（图9.3）。

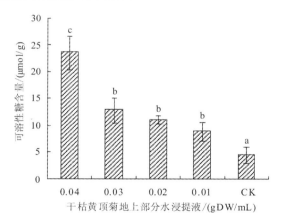

图9.3 干枯黄顶菊植株水浸提液处理后小麦幼苗可溶性糖含量变化

（3）**脯氨酸含量** 在黄顶菊水浸提液质量浓度为 0.01gDW/mL 和 0.02gDW/mL 条件下，小麦叶片脯氨酸含量的变化不大，说明小麦具有一定的耐受性。当处理浓度达到 0.03gDW/mL 和 0.04gDW/mL 时，脯氨酸含量急剧增加，分别为对照的 1.70 倍和 2.75 倍，与对照差异达到了显著水平（图9.4）（$P<0.05$）。

（4）**叶绿素 a、叶绿素 b 和总叶绿素含量** 小麦叶片是进行光合作用的场所，叶绿素含量的高低是叶片光合能力的体现。结果表明，在处理浓度为 0.02gDW/mL 以上时，干枯黄顶菊植株水浸提液处理下小麦幼苗叶片中的叶绿素 a、叶绿素 b 和总叶绿素含量显著降低（$P<0.05$）。当处理浓度为 0.04gDW/mL 时，叶绿素 a、叶绿素 b 和总叶绿素含量最低，分别为 0.21mg/gFW、0.06mg/gFW 和 0.27mg/gFW（图9.5~图9.7）。

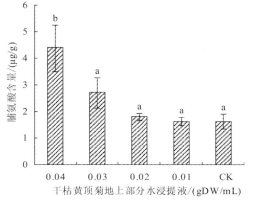

图9.4　干枯黄顶菊植株水浸提液处理后小麦幼苗
脯氨酸含量变化

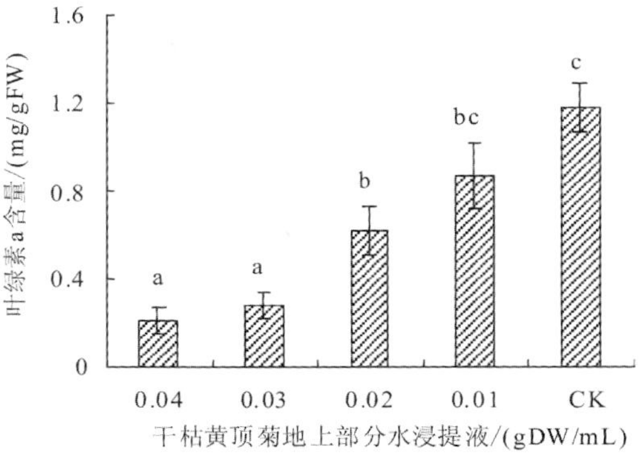

图9.5　干枯黄顶菊植株水浸提液处理后小麦幼苗
叶绿素a含量的变化

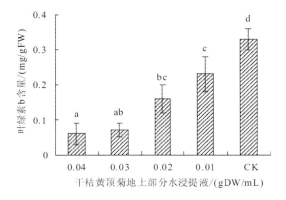

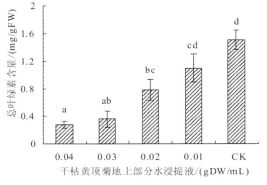

图9.6　干枯黄顶菊植株水浸提液处理后小麦幼
苗叶绿素b含量的变化

图9.7　干枯黄顶菊植株水浸提液处理后小麦幼
苗总叶绿素含量的变化

2. 黄顶菊对玉米的化感作用

黄顶菊对玉米具有较强的化感抑制作用，其植株水浸提液可抑制玉米种子的萌发和幼苗生长（唐秀丽，2012）。经水浸提液处理后，处于萌发状态中的玉米种子盾片、糊粉层、胚细胞和胚乳细胞等细胞结构被严重破坏，胚根整体解剖结构和幼苗根尖组织结构都发生异常变化，种子和幼苗细胞中赤霉素的含量显著降低而脱落酸含量则明显提高，这些结果明确地揭示了黄顶菊对玉米植物的化感抑制作用机理，为进一步研究和阐述黄顶菊的入侵性提供理论依据。

1）黄顶菊水浸提液对玉米种子萌发的影响

无菌条件下，用3种浓度黄顶菊水浸提液和蒸馏水（对照）分别处理玉米（纪元1号）种子后，测定种子的萌发率、胚根长、胚芽长及含水量。结果表明，不同浓度处理后每个萌发指标存在显著差异，处理后72～120h的种子萌发率仅为25%～30%，胚根和胚芽长度分别只有0.2cm和0.1cm以下，而对照种子发芽率则为85%～95%，胚根、胚芽的长度长于5.5cm和1.2cm。处理后胚根含水量为9.8%～30.5%，胚芽含水量为5.6%～21.8%，而对照中胚根、胚芽含水量达到90%以上。处理后每隔12h测定种子中可溶性蛋白（SP）、可溶性糖（WSS）、丙二醛（MDA）、过氧化物酶（POD）、超氧化物歧化酶（SOD）、过氧化氢酶（CAT）和脯氨酸（Pro）含量。SP 含量随着黄顶菊水浸提液质量浓度的增加呈下降趋势；MDA 和 WSS 含量高于对照，变化趋势一样，72h 后，不同浓度处理之间没有显著差异；POD 含量在整个萌发过程中明显少于对照，其含量随着处理浓度的增加和萌发进程逐渐增加；黄顶菊水浸提液低浓度（0.01g/mL、0.05g/mL）作用于玉米种子时，种子萌发前 72h 时，体内 CAT 和 SOD 明显高于对照，而在 72h 之后，玉米种子中两者含量明显低于对照。经黄顶菊水浸提液处理后的玉米种子萌发过程中 Pro 相比对照，含量明显增加，但 24～72h 期间，Pro 含量先降低后增加（唐秀丽，2012）。结果表明，随着黄顶菊水浸提液浓度增加，水浸提液胁迫作用明显，黄顶菊化感作用越明显。

2）黄顶菊水浸提液对玉米幼苗生长的影响

研究人员通过利用不同浓度的黄顶菊水浸提液处理无土栽培的玉米幼苗，每 4 天测定幼苗株高、主根长、侧根数，叶片中 SP、WSS、MDA、POD、SOD、CAT、叶绿素（Chl）和 Pro 含量及光合速率。结果表明，黄顶菊水浸提液对玉米幼苗株高、主根长和侧根数以及整株鲜重具有明显的抑制作用，且每个处理与对照相比差异显著（$P<0.05$）。幼苗叶片中 MDA、WSS 含量和 POD、SOD、CAT 活性均高于对照，而 SP 含量、Chl 含量和光合速率明显低于对照。16 天后，经黄顶菊水浸提液处理后的幼苗叶片中 SP 含量低于 1μg/g，而对照中 SP 含量（5.58μg/g）是最高浓度（0.1g/mL）处理后幼苗叶片含量的 13.23 倍；WSS 和 Pro 含量变化趋势基本一致，对照中 WSS 和 Pro 含量均低于处理，在整个测定过程中，两者含量增幅均小于 9%；而处理中 WSS 含量增幅达到 45% 以上，Pro 含量增幅为 30% 左右。经 0.1g/mL 黄顶菊水浸提液处理后的玉米幼苗叶片中 Chl 含量（0.68mg/g）仅为对照的 0.39 倍，幼苗叶片光合速率是对照 [108.01μmol · O^2/（dm^2 · h）] 的 0.26 倍。处理后 4～12 天，两个高浓度（0.05g/mL、0.1g/mL）处理后，幼苗叶片中 MDA 含量增幅分别达 29.3% 和 40.1%。整个生长过程中，黄顶菊水浸提液（0.01g/mL）处理后的幼苗叶片中 WSS 含量增幅为 45.9%，为最大。12～16 天时，最低浓度处理后 POD 活性增幅为 5.8%，两个较高浓度（0.05g/mL、0.1g/mL）处理后 POD 活性增幅分别为 12.0% 和 18.4%，高于对照中叶片 POD 活性增幅 5.5%。黄顶菊水浸提取液（0.01g/mL、0.05g/mL）处理后幼苗叶片中 SOD 活性明显升高，处理 12 天时，0.1g/mL 处理幼苗叶片中 SOD 活性开始显著下降。黄顶菊水浸提取液处理幼苗 4 天，两个较高（0.05g/mL、0.1g/mL）浓度作用的幼苗叶片 CAT 活性低于对照，随着幼苗生长，CAT 活性明显提高。经最高浓度处理叶片中 CAT 活性增幅最大，达到 129.4%（唐秀丽，2012）。结果表明，黄顶菊水浸提液能够抑制幼苗的生长，水浸提液浓度越大，黄顶菊的化感抑制作用越明显。

3）黄顶菊水浸提液对玉米种子和幼苗的形态结构影响

应用扫描电镜和透射电镜技术，观察比较黄顶菊水浸提液（0.1g/mL）处理后玉米种子和幼苗的形态结构变化。结果表明，玉米种子萌发表现为胚根、胚芽长度短小，侧根数目少，有的种子甚至不萌发。玉米幼苗植株表现出矮小，叶片数量稀少，根短小易破，侧根数量减少。观察处理后的种子内部结构，糊粉层和种皮之间明显出现断面，部分糊粉层严重溃陷变形，部分盾片细胞已经成为空室且有较大空隙，这些变化致使种子活性显著降低或几乎完全丧失。经黄顶菊水浸提液处理后的胚根横切面细胞排列不整齐，结构破坏甚至出现断层。玉米种子胚和胚乳细胞出现细胞壁分离，细胞质比较稀少，有大液泡或者空洞出现，相连细胞间有明显的空隙，胞间连丝数量稀少，胞内没有明显的油脂粒，而胚乳细胞中只有比较明显的淀粉粒，脂质体出现。玉米幼苗根系表皮脱落细胞很多，根冠顶部细胞干瘪，部分脱落，顶部表层细胞中很多仅剩下空的细胞腔。内层细胞已经基本暴露出来，细胞内细胞质明显变稀，有很多大液泡出现，液泡中可见有高电子密度颗粒，细胞核消融甚至没有，很多核仁已经消失，内质网和高尔基体数量减少，囊泡也减少，内质网和高尔基体膜结构模糊甚至消失，线粒体不发达，结构损伤，不完整，细胞质中含有较少量的油脂体（唐秀丽，2012）。

4）黄顶菊水浸提液对玉米种子和幼苗作用的内部机理

唐秀丽等（2012）的研究还发现，经黄顶菊水浸提液处理后的玉米种子和幼苗体内赤霉素（GA）和脱落酸（ABA）含量均发生了明显变化，与对照均有显著性差异，GA 含量随着处理浓度的增大而减少，ABA 含量则随着处理浓度的增大而增加。处理前期，GA 含量随着处理时间的延长明显降低，ABA 含量随着处理时间的延长明显上升。最低浓度（0.01g/mL）处理后的玉米种子中 GA 和 ABA 含量增幅分别达到 116.2% 和 234.9%。黄顶菊水浸提液处理幼苗叶片中 GA 含量增幅达 50%，ABA 含量增幅达 30%。这表明，黄顶菊水浸提液浓度越大，GA 和 ABA 含量变化越明显，黄顶菊植株的化感抑制作用越强。

5）黄顶菊对玉米幼苗生理指标的影响

在室内无菌条件下，利用不同浓度的黄顶菊水浸提液胁迫玉米种子萌发，结果表明，受体玉米种子经 3 个不同浓度黄顶菊水浸提液处理后，玉米种子萌发都受到了不同程度的显著抑制作用。随着黄顶菊水浸提液处理浓度的增大，对玉米种子萌发的化感作用越来越明显，对萌发过程中胚根、胚芽长度和含水量抑制作用越来越显著。在最高浓度（0.1g/mL）处理中，玉米种子基本不萌发。黄顶菊水浸提液处理玉米种子后，每隔 24h 的测定结果发现，玉米种子中可溶性蛋白、丙二醛（MDA）、可溶性糖（WSS）、脯氨酸（Pro）、过氧化物酶（POD）、过氧化氢酶（CAT）和超氧化物歧化酶（SOD）的含量在不同浓度和不同时间均有显著性差异。

用黄顶菊水浸提液处理无菌沙培条件下的玉米幼苗，发现随着处理浓度的增大和处理时间的延长，其对玉米幼苗株高和主根长、侧根数以及鲜重均表现出明显的化感效应。玉米幼苗生长过程中，每 4 天测定玉米幼苗叶片叶绿素含量，光合速率，可溶性蛋白、MDA、WSS、Pro、POD、CAT 和 SOD 含量同样发现不同浓度处理和不同时间有明显差异。

黄顶菊水浸提液胁迫处理后的玉米种子萌发过程中在形态和结构上均发生了明显的变化。表现为胚根、胚芽短小，胚根横切出现断层，玉米种子糊粉层与胚乳之间明显断层，糊粉层内含物明显减少，盾片细胞空洞，直接影响到种子萌发所需的能量和酶类。受黄顶菊水浸提液胁迫处理后，玉米幼苗根尖的皮层薄壁组织细胞变得短粗，表皮细胞明显脱落，并且细胞内容物渗透减少。幼苗根系横切细胞破坏，排列不规则，直接影响根系对水分和营养物质的吸收能力。利用透射电镜观察玉米种子胚部、胚乳细胞及玉米幼苗根尖结构发现，胞间连丝数目减少，细胞间出现明显空隙，细胞核消融，细胞内高尔基体失活，粗内质网和核糖体缺乏，线粒体发育不完整或者损坏，大液泡出现，这些现象均表明了细胞内的遗传物质丧失活性，蛋白质不能正常传输，传输能力受到限制，细胞内提供其生长和发育物质的输出能力降低，细胞的呼吸作用严重受到干扰，直接使得玉米种子的萌发进程缓慢以及玉米幼苗根系生长受到抑制。上述结果表明，黄顶菊水浸提液化感胁迫作用的机理相互关联且同时表现为多种模式（唐秀丽，2012）。

该研究同时发现，玉米在种子萌发和幼苗生长等发育过程中受到黄顶菊水浸提液胁迫后，植物激素赤霉素和脱落酸含量均发生了明显的变化。种子和幼苗中 ABA 积累，使生物体内产生了胁迫信号，阻碍了植物体的正常生理活动，使植物体不能正常生长和发育。而 ABA 在种子中含量明显多于在幼苗中含量，因此，种子在萌发过程中更容易受到黄顶菊胁迫。处理后生物体内赤霉素含量明显少于对照，糊粉层水解酶不能正常分泌，阻止胚顺利生长，幼苗生长发育过程中呼吸率和产热量明显降低，影响植株代谢活动，使植株发育减缓。

3. 黄顶菊对萝卜种子的化感作用

以白玉大根萝卜为受体植物，对黄顶菊不同方法的提取物进行了化感作用的生物测定，在为黄顶菊的入侵机理研究提供依据的同时也为综合利用黄顶菊提供参考资料。

1）黄顶菊对萝卜种子的化感作用

分别采集黄顶菊不同部位的水提物以及黄顶菊不同萃取溶剂的提取物，对健康饱满的萝卜种子进行处理，在 25℃，光周期为 16h/8h，相对湿度为 75%，光照强度为 80%的条件中培养，2 天后观察种子发芽情况，4 天后测其胚根长与胚轴长。根据植物种子在黄顶菊提取物中的发芽率和胚根胚轴受抑制程度，将黄顶菊提取物对受体植物种子的影响分为以下几种类型。①严重影响：种子发芽率 <25%。②影响大：种子发芽率为25%～50%，或胚根胚轴长抑制率 >50%。③影响较大：种子发芽率 >50%，且胚根胚轴长抑制率为 25%～50%。④影响小：种子发芽率为 75%～95%，且胚根胚轴长抑制率<25%。⑤无影响（或促进）：种子发芽率 >95%，且不影响（或促进）胚根生长。

研究表明，随着黄顶菊水提物浓度的增加，叶、茎、花部位的水浸提液使萝卜种子的萌发率逐渐降低，对胚根及胚轴长的抑制作用加强，不同部位水提物的化感作用大小为：叶 > 花 > 茎 > 根；低浓度叶花茎部位的水提物对于萝卜的化感作用影响较大，当浓度达到3% 时，影响大，当浓度增加到 5% 时，提取物对受体植物产生严重影响；由数据还可以看出，根部位的水提物对于受体植物的发芽作用无影响，水浸提液浓度为 3% 时会促进胚根及胚轴的生长，增大及减小浓度会产生影响较小的抑制作用（表 9.5）。基于此，得出结论：黄顶菊不同部位水提物对于萝卜种子具有化感作用，这一作用主要表现为对种子发芽和胚根胚轴伸长的抑制作用。

表 9.5 黄顶菊不同部位不同浓度水提物的生物测定（%）

萝卜受体植物	发芽率			胚根长抑制率			胚轴长抑制率		
	1	3	5	1	3	5	1	3	5
叶	100	48.1	7.8	36.9	79.5	无	2.7	41.8	无
花	100	63.0	13.7	36.4	73.9	无	17.3	33.7	无
茎	100	85.2	51.0	37.9	63.2	85.8	10.6	20.3	67.4
根	100	98.1	100	16.0	−3.6	14.2	7.3	−47.7	−19.5

通过观察不同萃取溶剂的提取物对萝卜种子的处理结果发现，浓度为 5mg/mL 的醇提液的化感作用略强于水浸液，但两者差别不大，对于萝卜种子的影响均较大，而不同溶剂萃取液对于萝卜种子的胚根及胚轴长的抑制作用都很强，但是对于萝卜种子发芽率的化感作用不同，影响大小为：正丁醇 > 石油醚 > 乙酸乙酯，由此可见，不同萃取溶剂萃取成分不同，对于受体植物的影响也不同，不同萃取溶剂所含不同化感作用物质的含量也不同（图 9.8）。同时还发现，随着浓度增加，各级萃取液的发芽率降低，胚根及胚轴长的抑制作用加强，在各级萃取中，化感物质会优先被一级萃取溶剂萃取，但是依然有不同的化感物质存在于次级及第三级萃取溶剂中，经过比较，对发芽率有抑制作用的化感物质会优先被石油醚萃取，但是同级萃取中正丁醇会萃取更多该化感物质（图 9.9～图 9.11）。

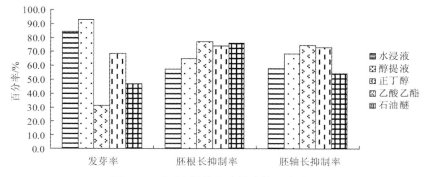

图 9.8　不同溶剂萃取液的生物测定结果

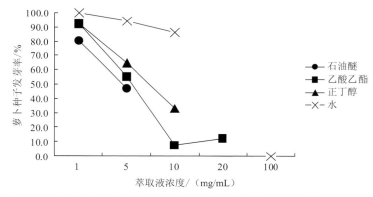

图 9.9　逐级萃取中不同溶剂不同浓度萃取液对萝卜种子发芽率的影响

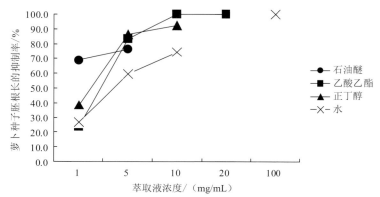

图 9.10　逐级萃取中不同溶剂不同浓度萃取液对萝卜种子胚根长抑制率的影响

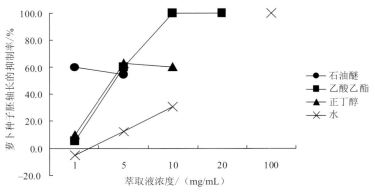

图 9.11 逐级萃取中不同溶剂不同浓度萃取液对萝卜种子胚轴长抑制率的影响

2）黄顶菊大孔树脂提取液对萝卜的化感效应

随着浓度的增加，大孔树脂纯化液对萝卜胚根及胚轴长的抑制作用加强，而低浓度的纯化液对其发芽影响较小，当浓度达到 5mg/mL 时，严重影响萝卜种子的发芽率，化感作用强烈。结果表明，大孔树脂残留液及大孔树脂纯化液均有明显的化感作用，而大孔树脂水洗液化感作用较小（图 9.12、图 9.13）。

通过进一步对不同浓度的 4 种高纯度单体溶液的生物测定可以看出，X2、X3 与 X4 号物质对于萝卜胚根及胚轴长有抑制作用，X4 号物质的抑制作用最强，且浓度达到 0.8mg/mL 时，3 种物质的抑制作用均达到最强，影响较大；而黄酮硫酸酯对于萝卜的影响作用较小，且该 4 种物质对于萝卜的发芽率没有任何影响，因此可以推出 X2、X3 与 X4 号物质主要是通过抑制萝卜胚根及胚轴的伸长进而影响到萝卜的生长（表 9.6）。

表 9.6 不同浓度的 4 种高纯度单体溶液生物测试

样品	浓度 /（mg/mL）	发芽率 /%	胚根长抑制率 /%	胚轴长抑制率 /%
X2	0.2	100	−17.7	−11.9
	0.4	100	18.4	9.5
	0.6	100	35.1	24.5
	0.8	100	41.6	39.4
	1.0	100	49.0	31.8
X3	0.2	100	8.4	3.1
	0.4	100	19.3	32.1
	0.6	100	19.3	30.9
	0.8	100	24.2	41.6
	1.0	100	34.4	34.9
X4	0.2	100	−6.6	1.5
	0.4	100	38.8	−0.9
	0.6	100	48.5	31.8
	0.8	100	59.4	41.6
	1.0	100	58.1	33.9
黄酮硫酸酯	0.2	100	7.6	5.8
	0.4	100	6.4	22.9
	0.6	100	17.3	8.6
	0.8	100	13.7	15.3
	1.0	100	34.3	19.9

由此结果可以看出，黄顶菊中不同物质的化感作用机理是不同的，进一步阐明其化感作用机理需分离纯化出各种化感物质进行单独试验和综合作用试验。

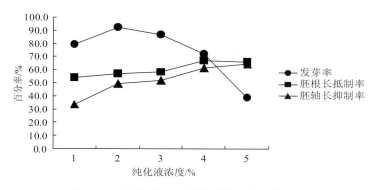

图 9.12 不同浓度大孔树脂纯化液的生物测试

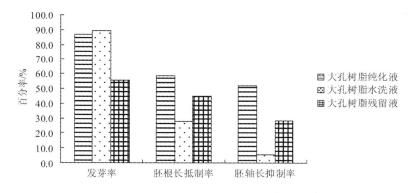

图 9.13 相同浓度的大孔树脂纯化液、水洗液和残留液的生物测试

（宋　振　陈　艳　唐秀丽　张国良　付卫东）

第二节　黄顶菊化感物质分离鉴定

1. 黄顶菊淋溶潜在化感物质的分离、筛选

１）潜在化感物质的分离、筛选

陈艳等（2008）将黄顶菊水浸提液的浓缩液分别用石油醚、氯仿、乙酸乙酯和正丁醇萃取，对不同萃取组分及回收液（水层）以 0.1mg/mL 浓度处理小麦，发现不同组分对小麦幼苗的生长有不同程度的抑制作用（图 9.14）。多重比较可见，正丁醇组分的抑制活性与对照的差异显著（$P<0.05$），正丁醇组分对小麦根长的抑制率为 22.6%，根鲜重的抑制率为 25.0%，苗高的抑制率为 21.0%，苗鲜重的抑制率为 17.7%，对幼根的抑制作用大于对幼芽的抑制作用，而其他组分则对小麦幼苗的生长影响较小。这些结果说明正丁醇萃取相中可能存在更多的活性化感物质。

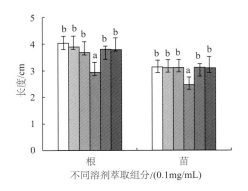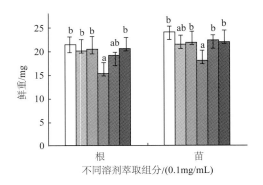

图 9.14　不同溶剂萃取组分对小麦幼苗生长的影响

每组柱从左至右代表：石油醚、氯仿、乙酸乙酯、正丁醇、水、对照

　　进一步将正丁醇萃取组分用硅胶柱色谱分离洗脱后，根据各个分离样 TLC 检测结果中相同 R_f 值的组分分类，最后共获得 6 个粗组分（F_1，F_2，…，F_6），分别测定它们对小麦幼苗生长的抑制作用，结果发现不同处理组分对小麦幼苗生长的抑制作用不同（图 9.15）。多重比较可见，组分 F_4 的抑制活性与对照相比差异显著（$P<0.05$），根长的抑制率为 31.5%，根鲜重的抑制率为 34.8%，苗高的抑制率为 43.3%，苗鲜重的抑制率为 46.4%。而其他组分对小麦幼苗生长的影响相对较小（陈艳，2008）。综合分析可以认为，正丁醇萃取物分离得到的 F_4 组分中含有起化感作用的潜在活性成分，是进一步纯化和鉴定活性化感物质的主要部位。

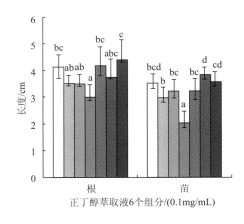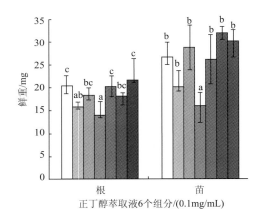

图 9.15　正丁醇萃取物 6 个组分对小麦幼苗生长的影响

每组柱从左至右代表：F_1、F_2、F_3、F_4、F_5、F_6、对照

2）潜在化感物质的纯化

　　应用高速逆流色谱法分离纯化 F_4 活性组分，收集到 1 个主要化合物组分（90min，2 号峰）和其他 5 个微量组分。采用 TLC 和 HPLC 检测 2 号峰物质的纯度。TLC 检测的展开剂为甲醇：水 =7∶3，TLC 板通过紫外检测和碘蒸气显色均显示为一个主要的点，在 254nm 处为蓝色荧光斑点，在碘蒸气中静置片刻为黄色斑点。HPLC 检测 2 号峰物质含有一个主要物质和其他微量成分（图 9.16～图 9.18）。

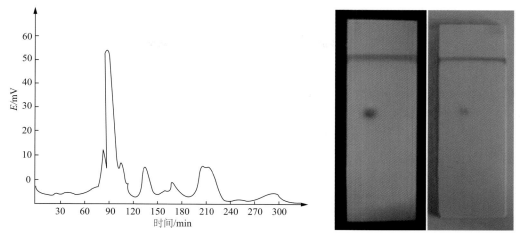

图 9.16　F_4 组分的 HSCCC 图　　　　图 9.17　TLC 对目标化感物质纯度检测

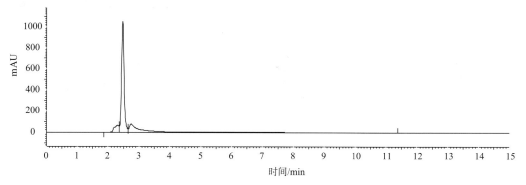

图 9.18　高效液相色谱对目标化感物质纯度检测

3）潜在化感物质对小麦幼苗生长的影响

将 2 号峰物质配成不同浓度对小麦幼苗进行生物测定，测定结果表明该物质对小麦幼苗根和苗的生长具有显著的影响（$P<0.05$），且抑制作用随着处理浓度的增加逐渐增强。在最高浓度（0.8mg/mL）处理时，化合物对小麦根长和苗高的抑制率达到最强。该潜在化感物质对小麦幼苗根长和苗高达到 50% 抑制作用的处理浓度分别为 0.352mg/mL 和 0.271mg/mL（图 9.19）（陈艳，2008）。

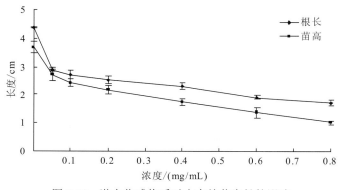

图 9.19　潜在化感物质对小麦幼苗生长的影响

4）潜在化感物质的初步鉴定结果

盐酸-镁粉还原反应是黄酮类化合物最常用，且专属性较强的显色反应。多数黄酮类物质化合物在盐酸-镁粉还原反应中显橙红色至紫红色，少数显紫色或蓝紫色。试验中该潜在化感物质处理试管中溶液的颜色变为橙红色，可初步推断该化感物质可能为黄酮类物质。在酸存在的条件下，5-羟基黄酮及2′-羟基查耳酮可与硼酸反应而呈现亮黄色。该潜在化感物质与硼酸反应不显色，说明该物质不是5-羟基黄酮和2′-羟基查耳酮。三氯化铁显色反应常用来检测酚羟基的存在。潜在化感物质处理试管中的颜色变为深墨绿色，说明该物质含有酚羟基。黄酮类化合物中的酚羟基遇适当的碱后可解离成负离子，使氧上的负离子电子对转移，重排成新共轭体系，使颜色发生变化。加入10%的氢氧化钠溶液后，处理试管中溶液变为亮黄色，进一步说明该潜在化感物质可能为黄酮类物质（图9.20）（陈艳，2008）。

图9.20　化感物质化学成分识别反应

（宋　振　陈　艳　付卫东　张国良）

参 考 文 献

陈艳. 2008. 外来入侵杂草黄顶菊对小麦的化感作用分析. 重庆：西南大学硕士研究生学位论文.

陈艳，刘坤，张国良，等. 2007. 外来入侵杂草黄顶菊生物活性及化学成分研究进展. 杂草科学，（4）：1–3.

孔垂华. 1998. 植物化感作用研究中应注意的问题. 应用生态学报，9（3）：332–336.

孔垂华，胡飞. 2001. 植物化感（相生相克）作用及其应用. 北京：中国农业出版社：165.

孔垂华，胡飞. 2002. 植物化感作用及其应用. 北京：中国农业出版社.

孔垂华，徐涛，胡飞. 1998. 胜红蓟化感物质之间相互作用的研究. 植物生态学报，22（4）：403–408.

孔垂华，徐效华. 2003. 有机物的分离和结构鉴定. 北京：化学工业出版社.

李寿田，周健民，王火焰，等. 2001. 植物化感作用机理的研究进展. 农业生态环境，17（4）：52–55.

唐秀丽. 2012. 黄顶菊对玉米植物的化感作用及其机理研究. 重庆：西南大学硕士研究生学位论文.

唐秀丽，付卫东，谭万忠，等. 2012. 黄顶菊浸提液对玉米幼苗抗氧化酶和叶绿素含量的影响. 中国农业气象，33（2）：226–231.

王朋，梁文举，孔垂华，等. 2004. 外来杂草入侵的化学机制. 应用生态学报，15（4）：707–711.

Bais H P, Vepachedu R, Gilroy S, et al. 2003. Allelopathy and exotic plants invasion: From molecules and genes to species interactions. Science, 301（5638）：1377–1380.

Barkosky R R, Einhellig F A. 1993. Effects of salicylic acid on plant-water relationships. Chemical Ecolology, 19:237–247

Bazivamakenga R R, Leroux G D, Simard R R. 1995. Effects of benzonic and cinnamic on membrane permeability of soybean roots. Chemical Ecology, 21（2）：1271–1285.

Bradow J M, Connick W J. 1990. Volatile seed germination inhibitors from plant residues. Journal of Chemical Ecology, 16（5）: 645–666.

Callaway R M, Aschehoug E T. 2000. Invasive plants versus their new and old neighbors: A mechanism for exotic invasion. Science, 290（5491）: 521–523.

Fitter A. 2003. Making allelopathy respectable. Science, 301（5638）: 1337–1338.

Hisashi K N. 2004. Allelopathic substance in rice root exudates: Rediscovery of momilactone B as an allelochemicical. Journal of Plant Physiol, 161（3）: 271–276.

Inderjit. 2006. Experimental complexities in evaluating the allelopathic activities in laboratory bioassays: A case study. Soil Biology & Biochemistry, 38（2）: 256–262.

Jensen L B, Courtois B, Shen L, et al. 2001. Locating genes controlling allelopathic effects against barnyardgrass in upland rice. Agronomy Journal, 93（1）: 261–264.

Kaur H, Inderjit, Kaushik S. 2005. Cellular evidence of allelopathic interference of benzoic acid to mustard（*Brassica juncea* L.）seedling growth. Plant Physiology and Biochemistry, 43（1）: 77–81.

Rice E L. Allelopathy. 1984. 2nd ed. New York:Academic Press.

Tang C, Young C C. 1982. Collection and identification of allelopathic compounds from the undisturbed root system of Bjgalta Limpograss（*Hemarthria altissima*）. Plant Physiology, 69（1）: 155–160.

Tang C S, Cai W F, kohl K. 1995. Plant stress and allelopathy. ACS Symposium Series, 582: 142–157.

第十章 黄顶菊检疫与监测技术

第一节 形态特征检验检疫方法

1. 黄顶菊活体植物的检验与鉴定要点

本书第一章第三节详细描述了黄顶菊活体植物的形态特征，并修订了黄菊属（*Flaveria*）植物检索表。这些信息可以作为黄菊属属以下植物的鉴定依据，在此不再赘述，以下仅指出黄顶菊的显著形态特征，及其与一些菊科植物的区别。

1）黄顶菊的一般形态特征

黄顶菊较显著的特征有如下几个。

（1）小花密集包被于苞片之内，形成头状花序，仅露出亮黄色的（花冠）端部。头状花序密集地以蝎尾状方式排列（节间短），形成头状花序状的团伞复合花序。在花期早期，复合花序呈辐射状，在后期呈顶部较平截的盘状。复合花序生于植株端部。

（2）为二歧式生长的草本植物，叶片、分枝、复合花序皆为对生。

（3）茎直立，具纵沟，老茎略带紫红色。

（4）叶片披针状椭圆形，基生三条主脉，叶缘具锯齿，齿尖或有微刺；植株下部叶具叶柄，上部叶无柄或近无柄。

2）根据检索表由科至种鉴定

与现代菊科分类不同（见第一章第二节），《中国植物志》（林镕，1979）将黄菊属置于菊科堆心菊族（Helenieae）。韩颖等（2010）依《中国植物志》的分类，循检索表，由科检索至种，各步骤关键特征如下。

（1）鉴定是否属菊科：头状花序；小花为舌状花或管状花，或两种都有；果实为瘦果。

（2）鉴定是否属管状花亚科（Carduoideae）：头状花序全部为同形的管状花，或有异形的小花，中央花非舌状；植物无乳汁。

（3）根据以下特征，鉴定是否属堆心菊族：无托片；头状花序辐射状，边缘常有舌状花，或盘状而无舌状花；花药的基部钝或微尖；花柱分枝通常呈截形，无或有尖或三角形附器，有时分枝钻形；无冠毛，或呈鳞片状、芒状，或冠状。详见《中国植物志》第 74 卷（林镕和陈艺林，1985）。

（4）我国堆心菊族植物包括三个属，即万寿菊属（*Tagetes*）、天人菊属（*Gaillardia*）和黄菊属。我国仅黄顶菊一种黄菊属植物，区别于其他两属植物的主要特征有茎或被毛，种子无冠毛。

3）黄顶菊与相关植物的区别

（1）与紫茎泽兰的区别：两者都是叶基出三脉、对生，且略带紫红色茎秆的植物。黄顶菊也曾被认为类似"泽兰"（Molina，1789；Feuillée，1725）。但两者花的特征显著不同，紫茎泽兰头状花序由管状花组成，花冠白色至粉紫色，雌蕊外伸呈发丝状；而黄顶菊小花有管状花和舌状花两种，小花大部包被于总苞片之内，花冠为黄色。紫茎泽兰植株茎干被腺毛，种子有明显的冠毛，而黄顶菊皆无。紫茎泽兰叶片呈卵形、三角形或菱形；而黄顶菊叶片呈披针状椭圆形。

（2）与飞机草的区别：两者都是叶基出三脉、对生的植物，但飞机草的茎不带紫色。飞机草的叶片性状、花冠颜色、雌蕊外伸呈发丝状（柱头长达 1cm，该特征较紫茎泽兰更加突出）等特征与紫茎泽兰类似。这些特征可以用于区分飞机草和黄顶菊。

（3）与近缘属黄光菊属（*Sartwellia*）和黄帚菊属（*Haploësthes*）植物的区别：这两属植物主要分布于美国南部与墨西哥北部交界的奇瓦瓦沙漠地区，叶的特征较适应该生境。两者叶的质地皆为半肉质（semisucculent），但前者为丝状、扁平或圆柱状，后者为线状。黄顶菊的叶与其显著不同，质虽厚，但远不及至半肉质，且为披针状椭圆形。黄顶菊的总苞片数为 3（～4），而两近缘属植物为 4～5。黄顶菊瘦果无冠毛，而两近缘属植物则有（Panero，2007）。

（4）与黄菊属杂草腋花黄菊（*F. trinervia*）的区别：腋花黄菊的花更加简化，总苞片数多为 2，头状花序簇生于叶腋，与黄菊属其他物种 [除澳洲黄菊（*F. australasica*）外] 显著不同。

（5）与近缘种狭叶黄顶菊（*F. haumanii*）的区别：狭叶黄顶菊产于阿根廷，叶较黄顶菊窄，多长 5～8cm，宽 3～5（7）mm。而黄顶菊叶宽不短于 1cm。狭叶黄顶菊头状花序形成的复合花序相对松散，且向端部延伸，而黄顶菊的复合花序呈辐射状或平顶状。此外，黄顶菊管状花冠筒基部有纤丝状毛，而狭叶黄顶菊冠筒基部表面光滑。

2. 农作物种子中黄顶菊果实和种子的检测方法

对从疫区调运的农作物种子应进行严格的检测，确保黄顶菊不扩散到非疫区。

1）农作物种子的抽样

对农作物种子的抽样依照《农作物种子检验规程 扦样》（GB/T 3543.2—1995）（以下简称《规程》）进行。检验员应向种子经营单位了解该批种子的生产情况，以确定抽样种子批[①]的质量基本一致。按《规程》表 1 列出的标准，确定农作物种子批的质量范围。依货品包装类型，按《规程》表 2（表 10.1）列出的标准确定袋装的抽样袋数，或按《规程》表 3 列出的标准确定散装的采样点数。抽样点的选取见《规程》5.3.1 小节的规定，对于小米、芝麻等粒径较小的种子，按同一小节的描述进行初次样品[②]的抽取[③]，获得的初次样品质量不少于 500g。

---

① 种子批指同一来源、同一品种、同一年度、同一时期收获的质量基本一致、在规定数量之内的种子（支巨振，2000）。②③来自同一信息来源。

② 初次样品是指从种子批的一个扦样点上所扦取的一小部分种子。

③ 具体为："单管扦样器适用于扦取中小粒种子样品，扦样时用扦样器的尖端先拨开包装物的线孔，再把凹槽向下，自袋角处尖端与水平成30°向上倾斜地插入袋内，直至到达袋的中心，再把凹槽旋转向上，慢慢拔出，将样品装入容器中。"

表 10.1 袋装的抽样袋数

农作物种子总袋数	抽取的最低袋数
1~5	每袋都检查
6~14	不少于 5 袋
15~30	每 3 袋至少取 1 袋
31~49	不少于 10 袋
50~400	每 5 袋至少取 1 袋
401~560	不少于 80 袋
561 以上	每 7 袋至少取 1 袋

注：1 袋为 100kg 包装

2）室内黄顶菊果实和种子的筛选

（1）工具。孔径最小为 1.0mm 的套筛、与应检农作物种子进行净化处理孔径相配的套筛、手持放大镜、双目立体显微镜。

（2）对于玉米、大豆等粒径较大的农作物种子，对抽取的种子进行整袋过筛，尤其注意包装袋底部的内容物，收集所有筛下物。筛子的选择以作物种子不通过筛孔为标准。将上述筛下物用孔径为 1.0mm 的套筛过筛，借助放大镜或双目立体显微镜检测筛下物是否有黄顶菊种子。

（3）对于小米、芝麻等粒径较小的种子，将取得的初次样品进行充分混匀后，铺在玻璃板上，样品厚度不超过 1cm，按《规程》6.2.2 描述的四分法取出待测样品 100g。用孔径为 1.0mm 的套筛对检测样品进行过筛，借助放大镜或双目立体显微镜检测筛下物是否有黄顶菊种子。

3）黄顶菊果实 / 种子的形态特征要点

以下黄顶菊果实和种子的形态特征依据郭琼霞和黄可辉（2009）的描述，并稍作改动。

（1）果实。果实为瘦果，黑色，稍扁，倒披针形或近棒状，无冠毛。果实上部稍宽，中下部渐窄，基部较尖；果实表面具 10 条纵肋，肋间较平，面上具细小的点状突起；直径可达 0.7~0.8mm；舌状花果较大，长约 2.5mm，管状花果较小，长约 2.0mm；果脐小，位于果实的基部，外围可见淡黄色的附属物。

（2）种子。种子单生，与果实同形，长 2~2.5mm，倒披针形或近棒状，横切面椭圆形，无冠毛。周边纵肋可见；胚直立、乳白色、无胚乳。千粒重为（0.2042±0.005）g。

3. 黄顶菊种子计算机辅助识别

与成株植物不同，植物种子个体小，形态简单，可用于描述的特征有限。而黄顶菊种子极小，不具备冠毛等可通过肉眼直接识别的组成结构。因此，不熟悉大量种子形态的人员，仅依靠文字描述来识别黄顶菊种子，难免因主观判断的差异而导致错误的判断。利用传统方法来识别黄顶菊种子，不仅重复性不高，而且工作量大、效率低。

利用计算机提取大量黄顶菊种子的表观特征，并加以合理的分析处理，可以得到均一化、不便于肉眼分辨的数量化特征。利用这些特征，计算机即可实现大量的针对黄顶菊种子的检验和鉴定工作。这一技术不仅能迅速地将黄顶菊种子从与其有一定差异的待检样品中检出，还为该技术的完善及更广泛的应用打下基础。

这项研究的成果已经发表，以下文字仅对该技术原理和实现进行简单的介绍，详情参见王艳春等（2011，2010）。

1）原理

如图 10.1 所示，所提取的黄顶菊种子特征主要分为两大类，即形态特征和颜色特征。

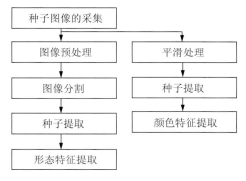

图 10.1　种子特征提取流程

对于形态特征的提取，首先对图像进行灰度化和平滑处理，再利用迭代法选择灰度化二值图像的最佳阈值。根据阈值，对图像进行分割，再采用区域标记法，根据不同标记将结果图像中的各个种子图像分别提取出来，以保证每个种子的外接矩形不相互重叠。然后，用背景色填充提取出的各个种子图像的所占区域，即得到用于形态特征提取的图像样本。王艳春等（2010）提取了 10 项特征。其中，3 项为大小特征，即种子的面积、周长与直径；7 项为形状特征，包括种子的圆形度、矩形度、伸长度及长轴、短轴和最小外接矩形的长度和宽度。根据相关分析，确认直径、周长、矩形度和圆形度可反映黄顶菊种子的形态。

对黄顶菊种子颜色的提取采用了 RGB 和 HLS 模型相结合的方法，共提取 8 个特征，即 R、G、B 三色向量的均值和标准差，以及明度（L）的均值和标准差。

此外，相关研究还从种子图像的灰度共生矩阵中提取了能量、相关、二阶矩和熵的均值和标准差等 8 个纹理特征指标（王艳春等，未发表）。

2）系统实现

上述用于黄顶菊种子特征提取的原始图像通过 Olympus SZ61 体视显微镜及与计算机直接相连的 Olympus DP12 显微数码相机采集，获得的部分特征值如表 10.2 所示。

表 10.2　黄顶菊种子的特征参数

参数类型	参数指标		参数估计值
形态	大小	直径（像素）	86.4
		周长（像素）	390.651 8
	形状	圆形度	0.482 534
		矩形度	0.761 039
颜色	R	均值	32.16
		标准差	13.57
	G	均值	30.86
		标准差	13.14
	B	均值	28.99
		标准差	13.26
	L	均值	2.88
		标准差	2.08

（郑　浩　王艳春　张瑞海　王思芳　郑长英）

第二节　分子生物学检验检疫方法

对于形态与黄顶菊种子相似的杂草种子，当难以从形态上进行确认时，可以通过分子生物学的方法进行鉴定。同时，这类方法也适用于针对其他生长阶段植物材料的检验检疫。

1. 基本原理和检验路线

1）内转录间隔区

如图 10.2 所示，细胞核核糖体 DNA（nuclear ribosomal DNA，rDNA）由高度重复的串联序列组成。在真核植物中，每个重复单位由 5′ 端开始，依次为 5′ 外转录间隔区（external transcribed spacer，ETS）、18S 基因、第一内转录间隔区（internal transcribed spacer，ITS）（ITS-1）、5.8S 基因、第二内转录间隔区（ITS-2）和 26S 基因，从而串联成 1 个转录单位。重复的转录单位由基因间隔区（intergenic spacer，IGS）隔开，这一区域也被称为非编码区（non-transcribed spacer，NTS）。

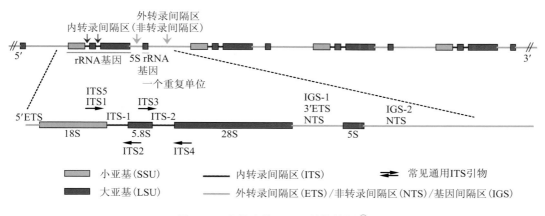

图 10.2　真核生物 rDNA 结构简图 [①]

转录单位的序列相对保守，差异主要体现在内转录间隔区。这一区域是 rDNA 的中度保守区，变异以相互独立的点突变为主，能反映属以下植物间的差异。

此外，对这一区域进行 PCR 扩增的可操作性强。首先，ITS-1 与 ITS-2 加上两者之间的 5.8S，总长度仅 600～700bp，在 PCR 扩增的最适长度范围内。其次，上述整体区域两端的 18S 与 28S，以及区域内的 5.8S 序列保守，存在通用 PCR 引物。最后，这一区域位于重复单位之内，拷贝数多，PCR 扩增的模板基数大。

因此，这一区域的序列信息可作为多数物种分子鉴定的依据，也常用于菊科属内（McKown et al.，2005；Loockerman et al.，2003）、近缘属间（Baldwin et al.，2002）乃至科内（Goertzen et al.，2003）的分子进化和系统发育研究。

McKown 等（2005）在进行黄菊属植物的系统研究时，对包括黄顶菊在内的 21 种黄菊属植物的 ITS 区域（即 ITS-1/5.8S/ITS-2）进行了测序。本节作者对我国黄顶菊发生地 36 个区域的黄顶菊种子进行了 ITS 测序工作，得到的序列与 McKown 等（2005）报道的完全一致。因此，可以确认我国发生的黄菊属植物即黄顶菊，同时也证明，这一技术可用于黄菊属种子及植株的分子检测。

2）检验路线

黄顶菊分子鉴定的过程从样品 DNA 的制备开始，根据不同实验条件，选择不同的策略对黄顶菊材料进行结论鉴定（图 10.3），如测序策略和多态性策略。在本节第二至第四小节将对测序策略主要步骤进行介绍，在第五小节简要介绍多态性策略中的两种方法。

2. 样品基因组 DNA 的制备

提取黄顶菊基因组 DNA，在我国曾用过的方法有 CTAB 法（Ma et al.，2011；李红岩等，2010），也有使用传统的 SDS 法和 Trizol 法。下文介绍的是为相关研究改进的 SDS 方法，读者可根据实验室条件和个人经验，对基因组 DNA 制备方法进行选择或进一步优化。

---

① 改编自 Vilgalys lab，Duke University（undated），为真核生物 rDNA 一般化示意图，包括 rDNA 的大部分组成构件。在一些低等真核生物（如有些酵母）中，5S 位于 28S 与 18S 之间区域，在同一个转录单位，即如此图所示，5′ ETS 即 IGS-2。而多数真核生物并非如此，5′ETS 和 18S～28S 构成一个重复的转录单位，各个重复单位由 3′ NTS 隔开。

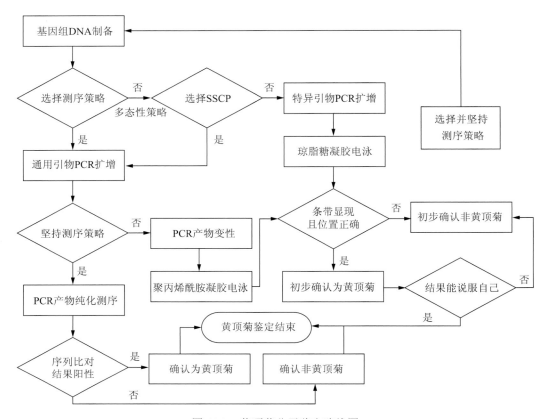

图 10.3 黄顶菊分子鉴定路线图

1）试剂与设备

乙酸钾（KAc）溶液：5mol/L；

异丙醇、无水乙醇、70% 乙醇、氯仿 - 异戊醇（24:1，V/V）；

SDS 提取（裂解）缓冲液：500mmol/L NaCl、100mmol/L Tris·HCl、50mmol/L EDTA、2% 十二烷基硫酸钠（SDS）、0.1% β- 巯基乙醇，pH 8.0；

TE 缓冲液：10mmol/L Tris·HCl，1mmol/L EDTA，pH 8.0；

核糖核酸酶 A（RNase A）：10mg/mL；

1.5mL Eppendorf 离心管；

微量移液器：0.5～10μL、20～100μL、100～1000μL；

液氮、研钵；

水浴、冰浴；

电子分析天平；

低温离心机。

2）操作步骤

（1）将 SDS 提取缓冲液预热至 65℃。

（2）称取种子约 0.2g，取样至少重复 3 次。液氮速冻后快速研磨至粉末。

（3）加入预热的 SDS 提取缓冲液 600μL，轻轻混匀。65℃水浴 10min。

（4）加入 5mol/L KAc 60μL，冰浴 30min。

（5）4℃条件下，12 000g 离心 10min。

（6）取上清液，加入异丙醇 600μL，混匀。4℃条件下，12 000g 离心 10min。

（7）弃上清液，加入 70% 乙醇 500μL 洗涤沉淀。4℃条件下，12 000g 离心 10min，重复 1 次。

（8）弃上清液，沉淀物干燥后溶于 100μL TE 缓冲液，加 0.5μL RNaseA，置于 37℃ 15min。

（9）将上述溶液用 100μL 氯仿：异戊醇（24:1）抽提。

（10）4℃条件下，12 000g 离心 5～10min。

（11）取上清液，加无水乙醇 400μL，置于 –20℃，过夜沉淀。

（12）4℃条件下，12 000g 离心 5～10min。

（13）弃上清液，75% 乙醇 500μL 洗涤沉淀 2 次。

（14）干燥后溶于 100μL TE 缓冲液，保存于 –20℃条件下备用。

3. ITS 片段的 PCR 扩增

White 等（1990）描述了数对用于真核生物 rDNA 的 ITS 区域 PCR 扩增的通用引物（图 10.2）。其中，最常用的为 ITS1/ITS4 引物对，McKown 等（2005）的研究采用的即为这对引物。除 ITS1/ITS4 引物对外，本节作者还使用了引物对 ITS5/ITS4，ITS5 位于 ITS1 略偏上游处（图 10.4），两对引物均可用于对 ITS-1/5.8S/ITS-2 区域的扩增，引物序列如下。

上游引物

  ITS1 序列：5' - TCC GTA GGT GAA CCT GCG G - 3'

  ITS5 序列：5' - GGA AGT AAA AGT CGT AAC AAG G - 3'

下游引物

  ITS4 序列：5' - TCC TCC GCT TAT TGA TAT GC - 3'

实验所需设备和耗材包括 PCR 仪、迷你离心机、200μL PCR 离心管、微量移液器及移液枪头。在 PCR 反应开始前，按表 10.3 所示的 PCR 反应体系，在各 PCR 离心管中配制好反应混合溶液。操作在冰上进行，配制完成后用迷你离心机低速离心 5～10s。将准备好的样品放入 PCR 仪，按以下程序进行扩增。具体的反应程序为：94℃预变性 5min；进入扩增阶段：94℃变性 1min，55℃退火 30s，72℃延伸 50s，循环 30 次；循环结束后，72℃延伸 7min，4℃保存待取出。

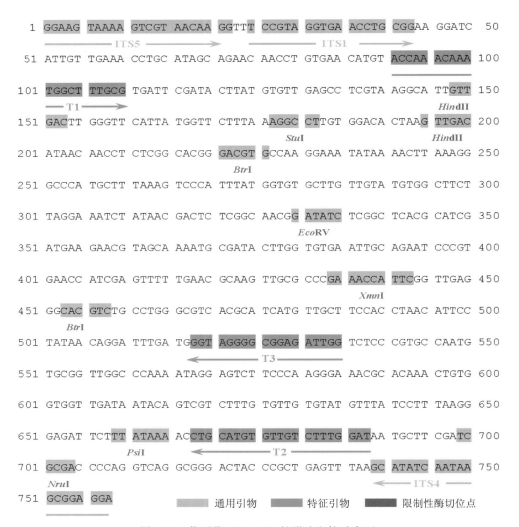

图 10.4 黄顶菊 rDNA ITS 扩增片段核酸序列

表 10.3 PCR 反应体系

反应成分	加入体积 /μL	终浓度
10×PCR Buffer	2.5	1×PCR 缓冲液
25mmol/L MgCl$_2$	2	2mmol/L
2.5mmol/L dNTP	2	0.2mmol/L
上游引物（25pmol/L）	0.5	0.5pmol/L
下游引物（25pmol/L）	0.5	0.5pmol/L
Taq DNA 聚合酶（5U/μL）	0.25	5U/100μL
模板 DNA	1	20～50ng/50μL
加灭菌 ddH$_2$O 至总体积为	25	

4. 黄顶菊 ITS 片段的测序与鉴定

在 PCR 扩增完成后，可以按相应说明书要求加入适量 ExoSAP-IT® 试剂，在 PCR 仪内继续反应，即得到待测序产物[①]。或采取传统方法，通过低熔点琼脂糖（low melt agarose）凝胶电泳对 PCR 产物进行分离，然后在紫外灯下回收条带，并按相应试剂盒说明书要求，过柱纯化，得到可送检测序的纯化 DNA 产物。相比之下，前者有易操作、省时、PCR 产物损失量低、测序结果好等优点（张华等，2006），但耗材费用可能略高于传统方法。

根据测序机构的要求，提交待测序产物和引物，进行双向测序。得到测序结果后，利用生物信息学工具软件（如 MEGA、Clustal 等），对双向测序的结果进行拼接，得到完整的 PCR 产物各重复序列。分别将拼接所得序列与黄顶菊 ITS 序列（图 10.4）的两侧部分（包括引物序列）移除，利用上述工具软件对两者进行比对（alignment）。

如果拼接所得序列重复之间差异小（相似率 >99.9%），即说明前述实验操作无误，且重复间同源性强。引物对 ITS1/ITS4 与 ITS5/ITS4 的扩增子（包括引物）长度分别为 734bp 和 758bp，移除引物后，则分别为 695bp 和 716bp。如果拼接所得序列与黄顶菊 ITS 序列相似率高（>99.9%），则说明待检样品为黄顶菊。

若应检样品序列与黄顶菊差别较大，则基本可以排除黄顶菊的可能。对于这样的序列，可通过向 NCBI GenBank/EMBL/DDBJ 数据库提交待检样品序列，进行 BLAST（basic local alignment search tool）分析，查找其鉴定信息。如果查询无果，则需进行更多工作（如培养至成株通过形态结构鉴定、对上述数据库未收录的候选目标植物 ITS 区段进行测序，并与应检样品序列进行比对等），才能得出结论。

5. 基于 ITS 片段的非测序鉴定方法

随着近年生物技术的飞速发展，核酸测序已经较以往更加便捷，费用也降至一般实验室可承受范围之内。但是，对于广大基层科研机构及实验室，这种便利难以企及。而且，在我国大多数地区，从待测序产物的提交到测序结果的返回，在一个工作日内尚不能完成。针对这些困难，可以利用其他途径来显示黄顶菊与其他植物在 ITS-1 和 ITS-2 区域的差异，进而实现对黄顶菊的分子鉴定。

1）ITS 片段的特异性扩增

不同植物的 ITS-1 和 ITS-2 区域序列存在差异，这种差异可能导致在这一区域内形成特异性序列。除此之外，序列长度也会发生变化。根据图 10.4 所示黄顶菊 ITS 序列，设计了两对特异性引物，即 T1/T2 和 T1/T3（引物所处位点见图 10.4，序列见表 10.4），进行特异性 PCR 扩增，然后利用琼脂糖凝胶电泳分离 PCR 产物，在紫外灯下检测结果。如果应检样品为黄顶菊，在电泳胶上则会显现与预测长度大小相同的单条特征条带，T1/T3 引物对扩增子长度为 446bp，T1/T2 扩增子长度为 599bp。

---

① ExoSAP-IT®是 USB Corporation的注册商标。

表 10.4　黄顶菊 ITS 特异引物

引物类型	引物	引物序列	所存在物种 *	特异性
上游引物	T1	5'-ACC AAA CAA ATG GCT TTG CG-3'	黄顶菊、腋花黄菊、柯氏黄菊、鞘叶黄菊、帕尔默黄菊等黄菊属植物	好
下游引物	T2	5'-ATC CAA AGA CAA CAC ATG CAG-3'	黄顶菊	很好
下游引物	T3	5'-CCA ATC TCC GCC CCT ACC-3'	包括 T1 所存在种在内、碱地黄菊、散枝黄菊、异花黄菊、显花黄菊、狭叶黄菊、普林格尔黄菊等黄菊属植物、黄光菊属及其他属若干植物	一般

　　* 结果根据NCBI GenBank nr/nt数据库megablast分析，分析网页地址：http://blast.ncbi.nlm.nih.gov/Blast. cgi?PROGRAM=blastn&BLAST_PROGRAMS=megaBlast&PAGE_TYPE=BlastSearch&SHOW_DEFAULTS=on&LINK_LOC=blasthome；访问日期：2011年3月10日。中文种名对应学名参见第一章第三节

　　但是，这种方法也有一定的局限性。如果目标条带未出现，则几乎可以肯定应检样品并非黄顶菊。特征引物根据已知黄菊属 ITS 序列设计，对其特异性的评估仅依靠已报道的核酸序列，但这不能排除未进行过测序的植物 DNA 也具有与这些引物相同的序列，且扩增子长度也与黄顶菊相仿（无论序列组成是否相同）。换言之，若条带的迁移距离与预测大致相同，也不能完全确认应检样品一定是黄顶菊。

　　根据现有的信息，对特异引物 T1 与 T2 序列所存在的物种进行交集运算，结果集合仅包括黄顶菊，而 T1 与 T2 的交集集合为包含有 T1 序列的黄菊属植物。这说明，T1/T2可以作为用于黄顶菊鉴定的特异性引物，由于我国仅有 1 种黄菊属植物，T1/T3 也可以用于另一些黄菊属植物的检测，其中包括尚未入侵至我国的全球性分布杂草腋花黄菊。

　　2）单链构象多态性分析

　　单链构象多态性（single strand conformation polymorphism，SSCP）是一种用来检测点突变和 DNA 多态性的技术。其基本原理在于单链 DNA 分子因链内碱基差异而形成不同的二级结构。双链 DNA 变性后，成为两条长度相等的单链 DNA，但因为序列不同，导致构形产生差异。反映在电泳上，则是迁移距离的不同，因而显现出两条条带。对于不同物种，即使双链 DNA 长度相等，也可能会因为序列组成不同，使得在单链 DNA 条带对之间存在明显的差异（图 10.5）。所以，相对检测双链 DNA 长度，利用单链构象多态性能更有效地判断应检样品是否为目标物种。因此，如果已知目标物种的标准谱图或标准样品，则可根据应测样品迁移率的表现，对比标准样品的表现或标准谱图，对应检样品进行鉴定。此外，SSCP 技术还被认为是目前唯一兼具快速、简单、灵敏且价格低廉等优点并适合大规模检测应用的检测微小差异的方法（魏太云等，2002），已较为广泛地运用于动植物基因突变检测、人体病毒变异分析及微生物种群调查等分析中。

　　基于 ITS 的 SSCP 分析基本步骤为：PCR 扩增，得到目标序列双链产物；PCR 产物变性，得到单链产物；通过凝胶电泳对单链 DNA 进行分离。将凝胶染色显影，即可以读带分析。PCR 扩增操作和所得 PCR 产物与本节第三小节"ITS 片段的 PCR 扩增"描述完全一致，在此不再赘述。

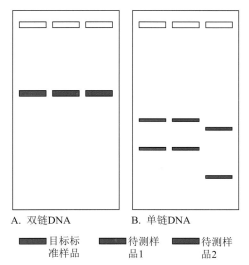

A. 双链DNA　　　B. 单链DNA

█ 目标标　　█ 待测样　　█ 待测样
　准样品　　　品1　　　　品2

图 10.5　利用 SSCP 技术鉴定

假设待测样品 1 和样品 2 的有关序列比较稳定，在种内水平不会发生变异。A. PCR 产物在电泳胶上的表现。待检样品 1 和 2 的双链 DNA 分子长度与目标样品相同，可导致误判，即样品 1 和 2 为目标物种。B. PCR 产物变性后在电泳胶上的表现。待检样品 1 与目标样品单链 DNA 对的迁移距离相同，可以大致认为样品 1 即目标物种。待检样品 2 与目标样品单链 DNA 对的迁移距离有明显差异，说明待检样品 2 并非目标物种

（1）试剂准备

10×TBE 缓冲液的配制：108g Tris 碱、55g 硼酸、40mL 0.5mol/L EDTA（pH8.0），定容至 1L。

SSCP 变性缓冲液：98% 去离子甲酰胺、10mmol/L EDTA（pH8.0）、0.025% 二甲苯青 FF、0.025% 溴酚蓝。

30% 聚丙烯酰胺（丙烯酰胺：N, N'- 亚甲基双丙烯酰胺之比为 29:1，交联度 29:1）的配制：分别称取丙烯酰胺 29g 和 N, N'- 亚甲基双丙烯酰胺 1g，溶于适量 ddH$_2$O，定容至 100mL，过滤除菌后转入棕色瓶，4℃保存。

10% 过硫酸胺的配制（APS）：称取 0.1g 过硫酸胺，溶于 1mL ddH$_2$O 中，4℃保存，2 周内使用。

封底胶：取 2mL 10×TBE，稀释成 20mL 1×TBE 缓冲液。称取 0.2g 琼脂糖溶于其中，微波炉加热至完全融化。

固定液（10% 乙醇 +0.5% 乙酸）：取适量 ddH$_2$O，加入无水乙醇 15mL 和冰乙酸 750μL，ddH$_2$O 定容至 150mL，现配现用。

10% 硝酸银：称取 10g 硝酸银，完全溶于适量 ddH$_2$O 中，定容至 100mL，转入棕色瓶，4℃条件下保存。

显色液（3%NaOH+0.5% 甲醛）：称取 NaOH 4.5g，完全溶于适量 ddH$_2$O 后，加入 750μL 甲醛，ddH$_2$O 定容至 150mL，现配现用。

四甲基乙二胺（TEMED）、双蒸水（ddH$_2$O）。

垂直板电泳槽，电泳仪。

（2）PCR 产物变性　得到 PCR 产物后，另取 PCR 管，加入 5～8μL SSCP 变性缓冲液，然后在缓冲液中央酌情加入 PCR 扩增产物 0.5～3μL。用迷你离心机低速离心 5～10s，使样品集中在管底。将 PCR 管置于 PCR 仪，95℃条件下变性 5～10min，结束后，立即取出 PCR 管，置于冰上静置 5min，以免变性的产物复性。

（3）电泳　操作与聚丙烯酰胺凝胶电泳（PAGE）类似，但不需分别制备压缩胶和

分离胶。首先固定好玻璃板，然后按表 10.5 配比制备 8% 聚丙烯酰胺凝胶电泳胶液。制备完成后，立即匀速灌胶，插上梳子。需要注意的是，在整个体系中不能有气泡产生。将电泳槽静置于水平桌面，等待其充分聚合。约 30min 后，加入 1×TBE（使用之前由 10×TBE 稀释），拔出梳子，即形成上样孔。打开电源，设置电压为 200V，预电泳 10min 左右。

表 10.5　8% 非变性聚丙烯酰胺凝胶配制

试剂	体积
30% 聚丙烯酰胺	8mL
10×TBE	3mL
10%APS	210μL
TEMED	21μL
ddH$_2$O	19mL

用微量进样器把变性的样品按顺序加到胶孔中。由于边缘效应带型不整齐，每块板中最边上的两个孔最好不要点样。保持电压 200V，4℃ 恒温电泳 4～5h。

（4）染色与显影　本方法采取银染。小心取下凝胶，先在固定液中固定 5min。然后，直接加入 10% 硝酸银溶液，至终浓度为 0.2%，染色 5min。结束后，将加入的溶液倒掉（需注意勿使凝胶滑出容器），用蒸馏水冲洗凝胶 2 次，每次 1min。加入显色液，显出清晰的条带后，弃显色液，再用蒸馏水冲洗凝胶 2 次，记录 SSCP 结果，封胶保存。

（迟胜起　郑　浩　郑长英）

第三节　黄顶菊监测技术

张国良等（2010）根据黄顶菊的入侵特点，结合黄顶菊生物学和生态学特性，制定了《外来入侵植物监测技术规程——黄顶菊》（NY/T 1866—2010）农业行业标准，2008～2010 年在华北平原地区开展的黄顶菊疫情普查和监测工作即以此标准为基础。从监测区划分、监测点选择、监测时间、调查方法、影响评估几个方面对黄顶菊的监测技术进行了规范，内容如下。

1. 监测区的划分

开展监测的行政区域内的黄顶菊适生区即为监测区。以县级行政区域作为发生区与潜在发生区划分的基本单位。县级行政区域内有黄顶菊发生，无论发生面积大或小，该区域即为黄顶菊发生区。潜在发生区的划分以详细的风险分析报告为准（具体内容详见本章第七节）。

2. 监测时间

发生区的监测时间为黄顶菊的花期和苗期，此时其植株相对高大、有鲜艳的花朵或大量的成熟花序，容易观察和识别。对于未发生区的监测，根据离监测区较近的黄顶菊发生区、气候特点与监测区相近的黄顶菊发生区或者根据现有的文献资料进行推算。

3. 调查方法

调查方法根据地形地貌可采用样方法和样点法。

样方法是在黄顶菊发生的典型生境设置样方，取样可采取随机取样、限定随机取样或代表性样方取样方法等。对样方内的所有植物种类、数量及盖度进行调查。

样点法在某些情况下是一种方便实用的种调查方法，不同生境样地的样线选取方案见表10.6。样点确定后，将取样签以垂直于样点所处地面的角度插入地表，插入半径5cm内的植物即为该样点的样本植物。

表10.6 样点法中不同生境中的样线选取方案（m）

生境类型	样线选取方法	样线长度	点距
菜地	对角线	20～50	0.4～1
果园	对角线	50～100	1～2
玉米田	对角线	50～100	1～2
棉花田	对角线	50～100	1～2
小麦田	对角线	50～100	1～2
大豆田	对角线	20～50	0.4～1
花生田	对角线	20～50	0.4～1
其他作物田	对角线	20～50	0.4～1
撂荒地	对角线	20～50	0.4～1
江河沟渠沿岸	沿两岸各取一条（可为曲线）	50～100	1～2
干涸沟渠内	沿内部取一条（可为曲线）	50～100	1～2
铁路、公路两侧	沿两侧各取一条（可为曲线）	50～100	1～2
天然/人工林地、天然/人工草场、城镇绿地、生活区、山坡以及其他生境	对角线，取对角线不便或无法实现时可使用S形、V形、N形、W形曲线	20～100	0.4～2

4. 发生面积

采用踏查结合走访调查的方法，调查各监测点中黄顶菊的发生面积与经济损失，根据所有监测点面积之和占整个监测区面积的比例，推算黄顶菊在监测区的发生面积与经济损失。

对发生在农田、果园、荒地、绿地、生活区等具有明显边界的生境内的黄顶菊，其发生面积以相应地块的面积累计计算，或划定包含所有发生点的区域，以整个区域的面积进行计算。

对发生在草场、森林、铁路、公路沿线等没有明显边界的黄顶菊，持GPS仪沿其分布边缘走完一个闭合轨迹后，将GPS仪计算出的面积作为其发生面积，其中，铁路路基、公路路面的面积也计入其发生面积。

对发生地地理环境复杂（如山高坡陡、沟壑纵横）、人力不便或无法实地踏查或使用 GPS 仪计算面积的，可使用目测法、通过咨询当地国土资源部门（测绘部门）或者熟悉当地基本情况的基层人员，获取发生地面积。

5. 影响评估

影响评估分为经济损失估算和生态影响评价。对于后者，不计算各种植物群落中的重要值，通过考察生物多样性来评估黄顶菊入侵后群落生物多样性的变化。此外，在监测过程中，纵向比较不同年份中黄顶菊和主要伴生植物的重要植物变化、群落生物多样性指数年变化，对于了解和掌握黄顶菊的入侵影响更有意义和说服力。

（张国良　付卫东　韩　颖）

第四节　黄顶菊发生预测模型的构建

黄顶菊发生预报是通过利用有效积温方法进行黄顶菊物候模型的计算得以实现的。这种方法经常用于有害生物种群动态建模，其中有效积温的计算方法有数种，如均减法（mean-minus method）、单正弦法（single sine）、双正弦法（double sine）、单三角法、双三角形法等（吕昭智等，2005；DeAngelis and Gross，1992；李典谟和王莽莽，1986；Higley et al.，1986；Pruess，1983）。

构建黄顶菊发生预测模型采用单正弦法，即单正弦法物候模型（single sine phonological model，SSPM）。该模型采取不同温度模拟技术，通过计算模拟函数积分值，获得每天日度值和生物发育到特定阶段的积累日度（accumulation degree-day），建立生物物候与有效积温的定量关系。

1. SSPM 模型的构建原理

单正弦法是将每天温度变化作为一个阶段，采用 Sine 函数拟合计算和分析日度的方法，参与计算参数有生物发育起点温度 T_L（low temperature threshold）、生物发育的上限温度 T_U（upper temperature threshold）和每天最高气温 T_{max}（maximum temperature）及最低气温 T_{min}（minimum temperature）（吕昭智等，2005）。

依据 T_{max}、T_{min} 和 T_U、T_T 的关系，SSPM 模型的计算公式如表 10.7 所示。

2. SSPM 模型在黄顶菊发生预测中的应用

黄顶菊生物学、生态学特性研究结果表明，在河北省，黄顶菊从 4 月初开始出苗，出苗高峰在 5 月中旬，黄顶菊出苗的发育起点温度为 10.0℃，有效积温为 43.43 日·度（岳强等，2010；王贵启等，2008）；幼苗期（出苗到主干叶数约为 4 对时）对 10℃ 以上温度的需求分别为 429.23 日·度；营养生长期（出苗到现蕾）对 10℃ 以上温度的需求为 1466.81 日·度；现蕾开始在 7 月下旬，8 月上旬达到高峰期，白昼长度（包括日出前半小时及日落后半小时）14.98h 时开始现蕾，白昼长度达 14.80h 时可有 50% 的黄顶菊现蕾。蕾期平均 7.5 天，蕾期（现蕾到开花）需要高于 10℃ 的有效积温平均为 130.08

表 10.7　不同条件下单正弦法日度计算方法

图例	条件限定	计算公式
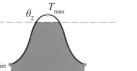	$T_U < T_{max}$ $T_L < T_{min}$	$DD = \dfrac{1}{\pi}\left[\left(\dfrac{T_{max}-T_{min}}{2}-T_L\right)\left(\theta_2+\dfrac{\pi}{2}\right)+(T_U-T_L)\left(\dfrac{\pi}{2}-\theta_2\right)-\alpha\cos\theta_2\right]^{-1}$
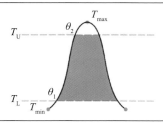	$T_U < T_{max}$ $T_L > T_{min}$	$DD = \dfrac{1}{\pi}\left[\left(\dfrac{T_{max}+T_{min}}{2}-T_L\right)(\theta_2-\theta_1)+\alpha(\cos\theta_1-\cos\theta_2)+(T_U-T_L)\left(\dfrac{\pi}{2}-\theta_2\right)\right]^{-1}$
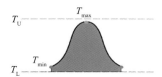	$T_U > T_{max}$ $T_L < T_{min}$	$DD = \dfrac{T_{max}+T_{min}}{2}-T_L$
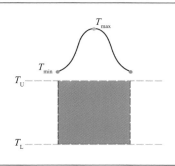	$T_U < T_{min}$	$DD = T_U - T_L$
	$T_L < T_{max}$	
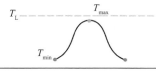		$DD = 0$
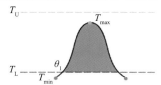	$T_U > T_{max}$ $T_L > T_{min}$	$DD = \dfrac{1}{\pi}\left[\left(\dfrac{T_{max}+T_{min}}{2}-T_L\right)\left(\dfrac{\pi}{2}-\theta_1\right)+\alpha\cos\theta_1\right]^{-1}$

注：表中：$\theta_1 = \sin\alpha^{-1}\alpha^{-1}\left(T_L-\dfrac{T_{max}+T_{min}}{2}\right)$；$\theta_2 = \sin\alpha^{-1}\alpha^{-1}\left(T_U-\dfrac{T_{max}+T_{min}}{2}\right)$；$\alpha = \dfrac{T_{max}+T_{min}}{2}$；$\pi$ 为 3.14；DD 为日度

日·度。黄顶菊种子没有休眠特性，开花 10 天时就有萌发能力；从开花到花序中种子发芽率达 15%、50% 所需 10℃ 以上有效积温分别为 52.32 日·度和 155.73 日·度（详见第七章第二节）。

黄顶菊出苗除了受温度的影响外，还受土壤湿度的影响，当土壤湿度低于 15% 时，黄顶菊的出苗率很低（陆秀君等，2009）。尽管如此，黄顶菊植株具有较强的干旱适应能力。

根据对黄顶菊生物学、生态学研究结果，种子发育起点温度、最高发育温度、种子成熟期土壤的凋萎系数、现蕾期的白昼长度、土壤酸碱度对黄顶菊生长发育的影响，可对黄顶菊是否能在该地区定殖进行初步的判断，流程如图 10.6 所示；如能在该地区定殖，再结合田间数据监测点，利用积温模型，可对黄顶菊不同生长期进行预测，如出苗时间、幼苗期、生长期、始花期进行预警，对黄顶菊的防控提供关键时间点。

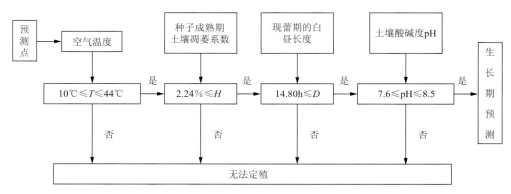

图 10.6　黄顶菊能否定殖初步判断流程图

3. 关于预测模型的讨论

前面说过，单正弦法物候模型对于本案例中的黄顶菊发生预报，是比较适合应用的。这里强调的"本案例"是指在我国黄顶菊发生预报研究刚刚起步的情况，同时与我们目前采取的监测技术也有关。随着野外（田间）监测数据量的增加，随着黄顶菊的生物学及其在我国入侵和发生生态学规律的研究获得更多认识，也许会出现一种更适合的预报模型或者一组适应不同条件的预报模型。

（沈佐锐　王忠辉）

第五节　黄顶菊发生监测预报网络平台构建

黄顶菊发生监测预报研究组应用因特网和通信网的数据融合技术，构建了黄顶菊监测预报网络平台；研发了用于黄顶菊监测的环境小气候数据采集器和疫情视频图像采集器，它们通过无线组网的方式与黄顶菊监测预报网络平台组成了一个传感器网；同时，用于黄顶菊发生预报的物候模型（SSPM）风险分析系统也可以在这个网络平台上使用。

1. 平台的整体设计

　　黄顶菊监测预警网络平台根据项目的需求，采用三层结构进行设计，平台整体设计图如图 10.7 所示。平台分前端和后台两个部分，前端为门户网站，后台为项目的管理和协作单位内部交流（Li et al.，2011；Ge et al.，2010）。前端网站包括了对项目的总体介绍，共包括：项目介绍、通知公告、研究进展、成果展示、文献资料、防治措施、可疑物种上报、疫情监测预警系统、杂草种子识别系统、黄顶菊风险分析系统，平台前端的整体设计如图 10.8 所示。平台后端是平台的核心部分，包括工作管理、经费管理、会议管理、成果库、服务资料库、文献库、项目信息库、综合考核、调查监测数据管理系统、地理信息系统、信息播报 11 个模块。平台后端的整体设计如图 10.9 所示。

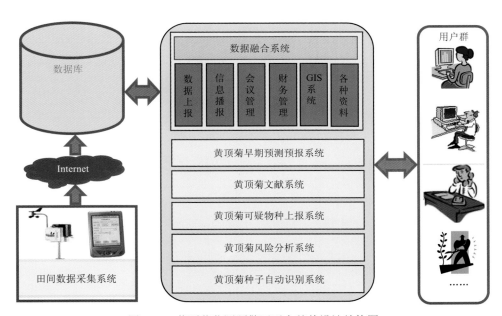

图 10.7　黄顶菊监测预警网平台整体设计结构图

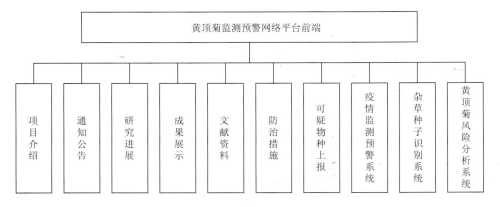

图 10.8　黄顶菊监测预警网络平台前端结构图

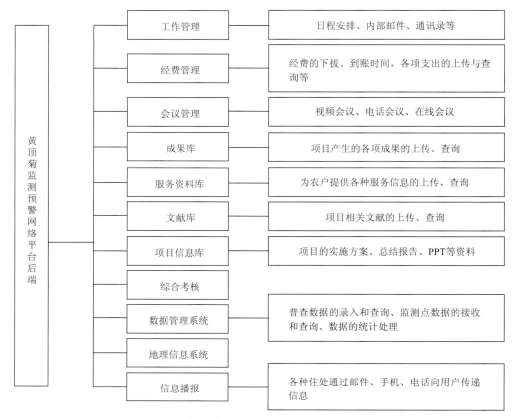

图 10.9　黄顶菊监测预警网络平台后端结构图

图中"服务信息"为农户信息、语音和短信服务、培训信息、示范信息、田间咨询信息;"综合考核"为对单位上报的成果、论文、服务信息对照考核指标进行考核评分

2. 网络平台开发的关键技术

1)因特网和通信网的数据融合概念

利用传统的数据传输方式,不同的终端设备有各自的传输网络,这些设备生成的数据不能被其他网络平台处理和利用(图 10.10 左)。

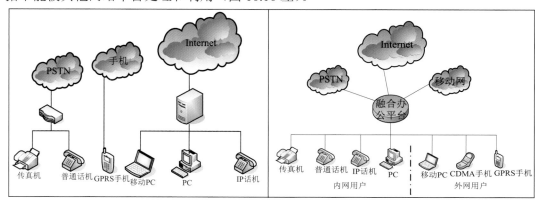

图 10.10　数据融合平台技术优越性

左:传统数据技术平台;右:数据融合平台

　　而黄顶菊监测预警网络平台采用数据融合平台技术定制开发，能够把分别在传统的电话网（PSTN）、现有的手机移动话网和因特网（Internet）上传输的数据在一个平台上存储和应用。这就使电话网和手机移动网的语音成为可以利用的数据，并和因特网的文字、图像、视频等数据综合利用，开展许多方面的数据业务（图10.10右）。

　　在数据融合平台技术，"统一"是一个重要的关键词，其含义有三层：统一处理，即各种信息由平台统一调动、处理；统一接入，即任何通讯终端都可接入到系统中；统一消息，即系统信息可以以用户想要的任意方式发送。

　　同时，数据融合平台的优点还包括：许多功能模块可以随意定制，即数据表自定义，工作流自定义，菜单权限自定义，统计分析自定义，这就保证了复杂项目的管理得以实现；与其他网络上的应用可以有接口，并且是开放式接口；具有强大的通信功能，可以实现语音、文字、图像、视频等数据。

2）数据融合的关键技术

　　上述"统一"的概念可体现在数据融合平台架构中的许多地方（图10.11）。之所以能够实现统一和融合，关键技术是数据层中具备许多与各种通信有关的统一协议组件。这些协议除常规的 TCP/IP、HTTP 外，还包括 SIP、H.264、H.323 等。

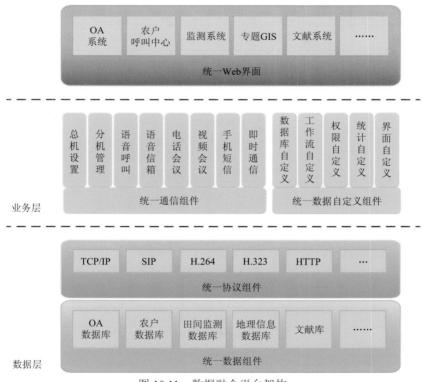

图 10.11　数据融合平台架构

　　SIP（session initiation protocol）是一个应用层的信令控制协议，用于创建、修改和释放一个或多个参与者的会话。其重要特点是：不定义要建立的会话的类型，而只定义应该如何管理会话。SIP 协议借鉴了其他因特网的标准和协议的设计思想，在风格上遵循因特网一贯坚持的简练、开放、兼容和可扩展等原则，比较简单。

SIP 是由因特网阵营提出的建议，而通信领域推出的 H.323 是国际电信联盟（ITU）的视频协议组合标准，符合通信领域传统的设计思想，进行集中、层次控制，便于与传统的电话网相连。

H.264 由国际电信联盟和国际标准化组织（ISO）的联合视频组（JVT）制定，是新一代的数字视频编码标准，其最大的优势是数据压缩比率高，在同等图像质量的条件下，压缩比是 MPEG-2 的 2 倍以上，能在相同的带宽下提供更加优秀的图像质量。

3）平台功能

黄顶菊监测预警系统平台的具体功能和对应的模块菜单如表 10.8 所示。

表 10.8　黄顶菊监测预警系统平台的模块功能

功能模块			主要功能及简介
项目组织管理	组织结构	机构	对项目机构的资料进行编辑，包括下列基础数据的维护：①单位简介，②考核标准，③经费情况
		人员	对项目组人员资料进行编辑，包括下列基础数据的维护：①姓名，②性别，③年龄，④学历，⑤政治面貌，⑥联系方式，⑦兴趣爱好等
	项目管理制度	分类制度	对项目组规章制度及公文模板进行维护管理
项目业务管理	通知公告	通知发布	发布通知，可设定发布时间、密级、发文部门、接收人等
		通知列表	列表显示已发布的通知，对通知进行维护操作
	数据查询	调查数据查询	在地图中点击省、市、县、乡、村等行政区域，对调查数据进行维护操作
	项目考核		对项目组单位的工作完成情况进行考核
	田间设备管理	原始采集数据	对采集设备上传数据进行维护管理，包括下列数据：①空气温湿度，②土壤温湿度，③风力风向，④光照强度，⑤设备地点，⑥设备编号等
		田间设备管理	对设备参数进行维护管理，包括下列数据：①设备 id，②设备名称，③外网地址，④访问端口，⑤web 端口，⑥注册时间等
项目财务管理	经费划拨	经费划拨表	对项目经费预算进行列表展示，添加经费下拨数据，包括以下条目：①拨款单位，②拨款单位负责人，③拨款日期，④拨款凭证号，⑤收款单位，⑥收款单位负责人，⑦到账日期，⑧到账凭证号，⑨经费类别，⑩金额等
		经费划拨记录	列表展示经费划拨记录，对数据进行维护操作，包括以下条目：①年度，②拨款单位，③收款单位
项目财务管理	经费支出管理	经费支出填报	按年度及单位对项目经费支出进行填报，包括以下条目：①设备费，②国际合作与交流费，③材料费，④出版及知识产权费，⑤测试化验加工费，⑥劳务费，⑦燃料动力费，⑧专家咨询费，⑨差旅费，⑩管理费，⑪会议费，⑫其他等
		经费支出查询	查看各单位经费支出，进行数据维护操作
		统计图形	图形展示、对比经费划拨及支出金额

续表

功能模块		主要功能及简介
学术行为管理	软件登记 / 软件登记上报	上报软件登记信息，包括以下条目： ①名称，②著作权人，③登记号，④批准日期， ⑤完成单位，⑥软件简介等
	软件登记 / 软件登记列表	列表展示软件登记信息，对数据进行维护操作
	新产品 / 新产品上报	上报新产品信息，包括以下条目： ①名称，②完成人，③完成单位，④产品号， ⑤认证单位，⑥认证时间，⑦简介等
	新产品 / 新产品列表	列表展示新产品信息，对数据进行维护操作
	专利 / 专利上报	上报专利信息，包括以下条目： ①名称，②完成人，③专利权人，④专利号， ⑤完成单位，⑥专利类别，⑦申请日期，⑧授权公告日， ⑨授权机构，⑩简介等
	专利 / 专利列表	列表展示专利信息，对数据进行维护操作
	奖励 / 奖励上报	上报奖励信息，包括以下条目： ①名称，②完成人，③完成单位，④编号，⑤奖项名称， ⑥奖励等级，⑦授奖部门，⑧授奖日期，⑨简介等
	奖励 / 奖励列表	列表展示奖励信息，对数据进行维护操作
	人才培养 / 人才培养上报	上报人才培养信息，包括以下条目： ①学生名称，②导师，③培养时间，④完成单位， ⑤学位论文题目，⑥简介等
	人才培养 / 人才列表	列表展示人才信息，对数据进行维护操作
	成果鉴定 / 成果鉴定上报	上报成果鉴定信息，包括以下条目： ①名称，②完成人，③完成单位，④成果登记号， ⑤组织鉴定单位，⑥批准日期，⑦简介等
	成果鉴定 / 成果鉴定列表	列表展示成果鉴定信息，对数据进行维护操作
功能配置	初始化 / 职务级别	添加编辑职务级别
	初始化 / 部门 / 岗位	添加部门 / 子部门，编辑部门 / 删除部门，添加 / 编辑主管岗位，编辑 / 删除岗位，下级岗位排序
	初始化 / 岗位 / 人员	编辑 / 删除岗位，添加 / 编辑 / 删除人员，岗位人员排序
	初始化 / 权限初始化	进行权限字符转换设置，如部门名称、职位名称等
	初始化 / 群组设置	进行自定义群组设置及条件组设置
	初始化 / 超级权限	为用户设置权限，主要条目包括： ①报表管理，②数据库管理，③流程管理， ④系统库管理，⑤资料库管理，⑥模块 / 菜单管理， ⑦帮助管理，⑧多索引目录管理，⑨统计报表， ⑩超级用户等

续表

功能模块		主要功能及简介
功能配置		
	数据库维护	
	系统数据库	添加系统数据库，包括数据库类型、数据库分类、数据库名称、关联图片、关联文件等
	普通数据库	添加普通数据库，包括数据库类型、数据库分类、数据库名称、关联图片、关联文件等
	资源数据库	添加资源数据库，包括数据库类型、数据库分类、数据库名称、关联图片、关联文件等
	工程动作	工程自定义动作管理，包括添加 / 编辑工程动作，添加 / 编辑 / 删除动作模板等
	数据恢复	根据备份进行数据恢复
	数据备份	按设定时间和周期进行数据备份
	工作流程	
	流程维护	添加 / 编辑 / 删除流程，并对流程进行高级设置
	公文流程	添加公文流程，主要条目包括：①方案名，②使用数据库，③是否允许启动时编辑，④启动权限，⑤管理权限，⑥流程描述等
	菜单 / 界面	
	菜单	对菜单方案进行添加 / 编辑 / 设置 / 删除操作
	桌面配置	进行用户桌面设置，包括方案名称 / 个人效率 / 我今天的项目等
	模块编辑	添加 / 编辑 / 删除系统模块
	其他功能	
	短消息设置	添加 SMS 设置，包括以下条目：①命令编号，②命令名称，③命令，④类型，⑤状态，⑥参数，⑦权限，⑧备注等
	EXCEL 导入	按照预先定制的模板进行 EXCEL 文件数据导入
	规章制度中心	对规章制度和公文模板中心进行分类管理
	统计方案	添加 / 编辑 / 删除统计报表方案，主要条目包括：①统计方案名称，②使用数据库，③查询字段，④分类，⑤历史副本间隔，⑥模板内容等
	控制面板	添加 / 编辑 / 删除操作面板，主要条目包括：①面板名称，②主数据库，③主索引等
	删除编辑缓存	删除编辑缓存
	删除 Word 缓存	删除 Word 缓存
	工作代理	建立新的工作交接
	用户密码查看	查看用户密码，包括系统管理员密码、用户的员工编号、用户的系统密码等

（沈佐锐　王忠辉　倪汉文　张国良　付卫东）

第六节　黄顶菊发生监测传感器网

黄顶菊发生监测传感器网是独立于黄顶菊发生监测预报网络平台的，但它构成了黄顶菊发生监测预报网络平台的前端，即黄顶菊野外发生的监测数据的采集端。

1. 拟解决的问题

由于入侵植物是区域性发生和蔓延的，不仅发生在农田生态系统中，而且发生在林地、牧场、公路沿线、河滩、荒郊等野外环境。所以，必须解决以往农田小气候数据采集器未遇到的问题：

（1）数据采集器在野外作业所需的非电线（电缆）供电问题；

（2）采集功能中增加风力、风速等入侵植物监测所特殊需要的小气候参数，并对采集的所有数据进行单机的预处理；

（3）将采集器单机集群化，建立入侵植物区域性监测所要求的传感器网，并解决由此带来的较大数据量的无线传输和管理问题；

（4）将小气候监测数据进行统计分析、数学建模和智能处理，以实现入侵植物的预报。

2. 技术解决方案

为解决上述问题，需要采用不同的技术方案。

1）非电线（电缆）供电问题的解决

供电系统由太阳能板、控制器、蓄电池组成，太阳能板通过控制器将太阳能转换的电能向蓄电池充电，蓄电池通过控制器向采集器主机供电。

2）入侵植物监测所需小气候因子的采集和预处理问题的解决

采集器采用多种传感器实现空气温度、空气湿度、土壤温度、土壤湿度、太阳光照、降水量、风向、风速 8 种小气候参数的数值获取；主机包含有一个 STC89C58 单片机及与单片机连接的多路数据转换器、非易失性存储器、时钟芯片，可将采集的小气候数据转换和打包等预处理。

3）传感器网的数据采集、较大数据量的无线传输和管理问题的解决

采集器单机通过其 GPRS 模块连接 Internet 网络将数据包及其相关的采集时间、仪器号传送到远程的网络数据库服务器，同时将数据保存在本地的 U 盘存储器中；网络数据库服务器建立于数据融合平台中，其核心技术在于该平台将数据库与必需的各种数据通信管理协议相结合形成统一处理数据层，这些协议包括 TCP/IP、HTTP、SIP、H.264、H.323、X.25 等，因此，数据融合平台是将电话网（PSTN）、无线网（GPRS）和因特网（Internet）三网数据统一处理的技术；内嵌手机模块的传感器在集群化组网后，可通过 GPRS 进行较大数据量的无线传输，进入数据融合平台的数据库；并且用户可对采集器实施远程操控，即通过数据融合平台具备的手机短信方式向前端采集器发出指令，重新设置数据采集器的编号、采集数据的时间间隔等，这可以有选择地进行，如统一设置全区域所有的采集器（传感器全网），或分片地设置采集器（传感器分网），或独立地设置采集器单机。

4）小气候监测数据用于入侵植物预报的问题

根据不同入侵植物的生物学特点和生态学规律，建立相应的植物生长发育模型和预测专家系统，并将它们集成到数据融合平台，调用其数据库中存储的监测数据，进行处

理后实现对入侵植物发生和蔓延的预报，再通过数据融合平台所集成的 WebGIS 图形、短信、语音等功能，对入侵植物的发生和蔓延作出预报。因此，计算机网络用户、手机用户、普通电话用户、传真机用户等均可得到预报信息。

黄顶菊监测数据采集器的整体设计结构如图 10.12 所示，系统采集前端整体装置外观如图 10.13 所示。

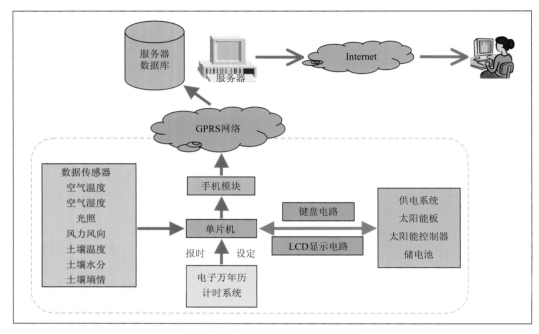

图 10.12　数据采集器总体结构图

3. 黄顶菊发生监测传感器网的建设现状

迄今为止，已在疫区（河北省及与该省邻接的已发生黄顶菊的区域）设置了 35 台小气候数据采集器，在非疫区（北京市及疫区周边有潜在发生风险的地区）设置了 15 台。它们在生长季节每天定时地通过 GPRS 模块向黄顶菊监测预警网络平台发送数据。

黄顶菊发生监测传感器网在实际应用中表现出如下优点。

（1）小气候数据采集器内嵌 GPRS 模块，同时数据融合平台将数据库与必需的各种数据通信管理协议相结合形成统一处理数据层，因此由小气候数据采集器组成的传感器网可进行监测数据的集群化采集和大数据量的无线传输，而数据采集器的工作参数也可实施远程设置。

图 10.13　数据采集器整体装置外观图

（2）其他优点包括：采用数据融合平台技术开发的入侵植物监测预警网络平台集成了小气候监测数据库、植物生长发育模型库、预报专家库等；由于数据融合平台是将电话网（PSTN）、无线网（GPRS）和因特网（Internet）三网数据统一处理的技术，因此预报发布的方式有 WebGIS 图形、短信和语音等多种；小气候数据采集器采用太阳能供电，适于野外工作。

（沈佐锐 王忠辉 张国良 付卫东）

第七节 黄顶菊在中国潜在适生区预测

1. 利用 CLIMEX 预测

CLIMEX 是我国用来预测非本地种在我国潜在适生区的传统软件，由澳大利亚联邦科学与工业研究组织昆虫研究所（CSIRO Entomology）开发，以气候特征为依据，能通过至少两种策略对入侵物种的潜在适生区进行估测。其一，通过比较物种已知发生地和待预测地区的气候信息（即软件中的 match climates），计算气候相似系数（climate match index，CMI），待预测区域的系数数值越高，则与已知发生地气候越相似，即成为潜在适生区的可能性越大；其二，根据与物种发育相关的部分环境因素（或生态生理学因素）设置相应的参数，用以筛选待预测地区各区域的气候信息（即软件中的 compare locations），适合参数条件的区域即潜在适生区。

白艺珍等（2009）根据上述第一种策略，选取美国阿拉巴马州、佛罗里达州、佐治亚州、密西西比州及波多黎各圣胡安（San Juan）和巴西马托格罗索州（Mato Grosso）为参考点，与我国 86 个气象站点的气象信息比较，发现我国秦岭淮河以南地区与之相似（图 10.14-A）。而根据第二种策略，调整温带地区模板各参数，对全球地区 61 076 个气象点进行筛选，发现黄顶菊在我国的高适生区在北纬 20°～30°，主要在岭南、云贵高原及四川盆地（成都平原）地区。适生区范围在秦岭和华北平原及以南，康巴地区以东（不包括上述成都平原地区），南岭以北的长江中下游平原地区。而黄顶菊在我国的实际分布地（河北南部、天津等）仅在预测所得的边缘区内（图 10.14-B）。

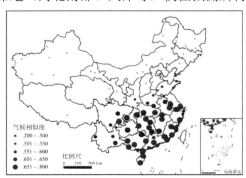
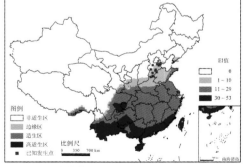

A. 我国与国外部分黄顶菊发生地气候相似度　　B. 根据设置参数筛选的我国黄顶菊适生区

图 10.14　基于 CLIMEX 预测的黄顶菊在我国陆地地区的潜在适生区（白艺珍，2009）

综合两种策略的估计结果，黄顶菊在我国的适生区位于我国广义的南方，与实际分布地有所不同。显然，在两种策略的采用上，有可以改进之处。对于第一种策略，作者选取的样点不具代表性。其中，黄顶菊在美国南方为入侵物种，并非本地种，波多黎各首都也是如此，而黄顶菊在巴西分布并不广，马托格罗索州标本采集地为该州西部临近玻利维亚和巴拉圭的科伦巴（Corumbá）（Powell，1978），该地位于南美洲黄顶菊分布的边缘区域。根据记载，南美洲西南部阿根廷、智利及秘鲁等地区被认为是黄顶菊主要原产地。黄顶菊拉丁学名首次被修订为 *Flaveria bidentis* 的凭证标本的采集地位于阿根廷科尔多瓦省（Córdoba）（Kuntze，1898），现代黄顶菊研究的种子不少也来源于这一地区（如第十二章所述阿根廷及加拿大实验室的研究）。本节作者尝试以该地区为参考点在低版本 CLIMEX 软件上运行，发现在我国与其相似的地区较白艺珍等（2009）的预测结果位置偏北，大致在西南（云南东部）至山东半岛一线为适生区（CMI > 0.5），但未包括华北平原北部。尽管如此，结果表明长江以北地区的气候特征与黄顶菊原产地相似，黄顶菊未发生地有一定的入侵风险。对于第二种策略，参数的赋值标准与实际情况不符，如对黄顶菊干旱胁迫进行赋值，预测结果会认为黄顶菊在其已知发生地埃及可能会受到干旱胁迫。然而，尽管黄顶菊表现出一定的耐旱能力，但在自然中，其发生地多靠近水源，在北非地区，黄顶菊甚至划分至水生植物（García et al.，2010）。此外，黄顶菊的生长发育历期具有相当的可塑性（见第七章第二节），变温环境为其完成发育周期所必需。环境因素对黄顶菊生长发育影响很大，需进一步研究，才可能构建两者之间关系的实际模型，进而为第二种策略参数赋值提供更为可靠的依据。

2. 利用 GARP 预测

GARP（genetic algorithm for rule-set production）是我国采用较多的潜在适生区预测策略，由 David Stockwell 在澳大利亚环境部环境资源信息网（ERIN Unit of Environment Australia）开发，后在美国加利福尼亚大学圣地亚哥超级计算机中心完善。与 CLIMEX 人为定义的环境（气象）参数不同，GARP 利用遗传算法（genetic algorithm）的规则集合训练数据，建立起物种已知分布地的环境因素模型。根据机器学习得到的模型，进一步对待预测区域的环境特征进行判别，得出物种的潜在适生区域。用于实现 GARP 预测的软件为 Desktop Garp。

刘丰等（2008）采用自美国乔治亚大学（University of Georgia，UGA）外来入侵生物数据库获取的黄顶菊分布数据及我国黄顶菊发生地的数据，根据 Desktop Garp 软件自带 14 个环境因素信息，分析得黄顶菊在我国发生的预测结果。结果显示，我国大部分地区为黄顶菊适生区，这些地区集中在我国人口密度较高的东南部，大致在胡焕庸线东南，山海关以内（不包括海南）地区，及辽宁大部及毗邻的内蒙古东部局部地区和新疆局部地区等（图 10.15-A）。

曹向峰等（2010）采用自全球生物多样性信息网络（Global Biodiversity Information Facility，GBIF）获取的黄顶菊全球分布信息，结合已发表文献和出版物中记载的我国黄顶菊分布信息，根据自 Worldclim 获得的生物气候、气候及海拔等 32 个环境因素信息，分析结果所得的高适生区（图 10.15-B）与本节利用 CLIMEX 分析我国与阿根廷科尔多瓦省气候相似性的结果相似。

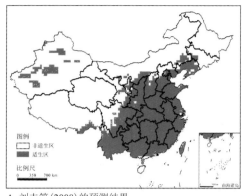
A. 刘丰等(2008)的预测结果

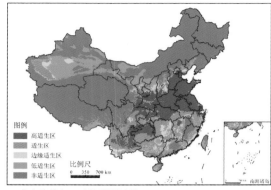
B. 曹向峰等(2010)的预测结果

图 10.15　基于 GARP 预测的黄顶菊在我国陆地地区的潜在适生区

3. 利用 Maxent 预测

Maxent 是近年来应用得最为广泛的适生区预测策略之一。与 GARP 相似，Maxent 也是根据发生地环境因素进行建模，获得最优的环境因素模型，进而通过此模型对待预测区域的环境特征进行评估，得出预测结果。两种策略都运用于仅有已知分布地的数据（presence-only data）。与 GARP 不同的是，Maxent 的机器学习是利用最大熵算法（maximum entropy algorithm）进行建模，然后估计目标物种待预测区域发生的概率。用于实现 Maxent 预测的软件为美国 AT&T 实验室和普林斯顿大学开发的同名软件。

曹向峰（2010）利用 Maxent 对黄顶菊在我国潜在适生区预测的结果接近黄顶菊的实际发生地范围，即河北中南部、京津地区、山东西北部及黄淮平原中部（图 10.16-B），这一结果与刘丰（2008）的预测结果相似（图 10.16-A）。曹向峰等（2010）通过比较多种策略预测的结果，接受以 Maxent 策略预测的结果（详见第 5 小节）。

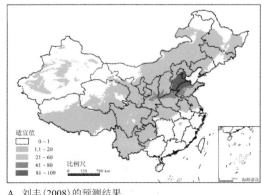

A. 刘丰(2008)的预测结果

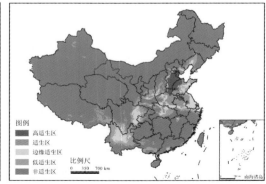
B. 曹向峰等(2010)的预测结果

图 10.16　基于 Maxent 预测的黄顶菊在我国陆地地区的潜在适生区

4. 利用 ENFA、Bioclim 和 Domain 预测

ENFA 即生态位因子分析（ecological niche factor analysis），与上述 GARP 和 Maxent 不同（两者为基于机器学习的策略），是一种基于主成分分析的策略，通过比较已知发生地和全区域环境因素之间的差异，得到影响物种分布的因素，即极化因子（marginality factor）和专化因子（specialization factor），计算物种在待预测区域的适生性指数（habitat suitablity index）（Srisang et al., 2006；Hirzel et al., 2002），即预测结果。ENFA 分析可通过 Biomapper 软件实现。

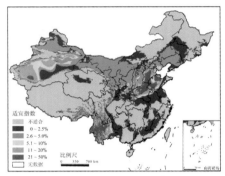

A. 刘丰（2008）基于Bioclim的预测结果

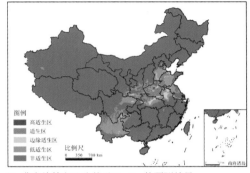

B. 曹向峰等（2010）基于Bioclim的预测结果

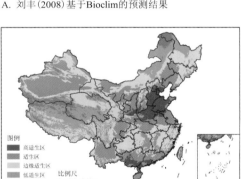

C. 曹向峰等（2010）基于Domain的预测结果

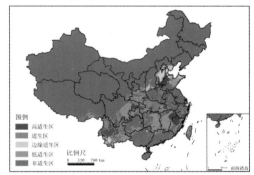

D. 曹向峰等（2010）基于ENFA的预测结果

图 10.17　基于概形分析（profile technique）预测的黄顶菊在我国陆地地区的潜在适生区

Bioclim 与 Domain 都是根据对物种分布地环境因素的归纳，按适生程度将各环境因素分为不同区间。投射到平面上，这些（一维）区间两两之间即形成一至多个层层镶嵌的闭合区间。这些区间被称作生物气候包络（bioclimatic envolope），中心区域为核心生物气候包络，将其环围的区域为边缘生物气候包络。将待预测地的环境因素投射到这样一个平面上，若各因素落在包络之内，则说明预测地为适生区。对于 Bioclim，假设环境因素相互独立，各环境因素的（一维）各个区间是连续的，因此（二维）包络边缘为矩形；对于 Domain，不假设环境因素相互独立，而是通过计算各点之间在（多维）欧氏空间中的距离，根据点与点之间的相似性来确定包络的边界，因此可能形成多个形

状不规则的（二维）包络。相对 Bioclim，Domain 更符合自然状况，两种策略都可以在 DIVA-GIS 软件上实现。

曹向峰等（2010）利用 ENFA 预测的黄顶菊在我国潜在适生区小而分散（图 10.17-D），而利用 Bioclim 预测的潜在高适生区小而集中，适生区主要为山东西部向西南方向至河南中南部及湖北北部（图 10.17-B）。而 Domain 预测的高适生区显然比 Bioclim 大很多，在北方主要为太行山至中条山以东的广大华北平原地区、关中盆地地区（图 10.17-C）。值得注意的是，这一结果与刘丰（2008）利用 Bioclim 策略预测的结果较为相似（图 10.17-A）。

5. 适生区预测结果的比较

曹向峰等（2010）用受试者工作特征曲线（receiver operating characteristic curve，ROC 曲线）评价 5 种模型的预测结果，计算 ROC 曲线下的面积（area under the curve，AUC）。结果如表 10.9 所示，Maxent 的 AUC 值均值最大，且标准差最小，说明采用这种策略预测的结果最好，且最稳定。Domain 和 ENFA 的 AUC 值低于 Maxent，但相互间并无显著差异。这三种方法的 AUC 值都在 0.9 以上，在医学诊断试验性能的评价中属于诊断价值较高的策略（王运生等，2007；宇传华，2002）。利用 GARP 和 Bioclim 结果 ROC 曲线计算的 AUC 值显著低于其他预测方法，为 0.7～0.9，按诊断标准，诊断价值中等。

表 10.9　五种模型预测结果的 AUC 值比较

AUC 项	最小值	最大值	估计值	显著性
Maxent	0.958	0.982	0.971 ± 0.009	Aa
Domain	0.928	0.988	0.96 ± 0.022	Aa
ENFA	0.858	0.98	0.938 ± 0.038	Aa
GARP	0.788	0.895	0.864 ± 0.036	Bb
Bioclim	0.555	0.835	0.702 ± 0.082	Cc

注：模型评价的 AUC 值在响应预测软件中获得，各重复 10 次

采用 Medcalc 软件对各策略预测结果随机取样获得的数据进行 ROC 曲线分析，尽管重新取样结果得到的 AUC 值与表 10.9 中结果略有不同，但是 Domain、ENFA 和 Maxent 依然明显高于 GARP 和 Bioclim（图 10.18）。刘丰（2008）也对三种策略的预测结果分别进行了 ROC 分析，表明 Maxent 的预测结果（AUC = 0.996）好于其他策略的结果（$AUC_{bioclim} = 0.914$，$AUC_{GARP} = 0.857$）。

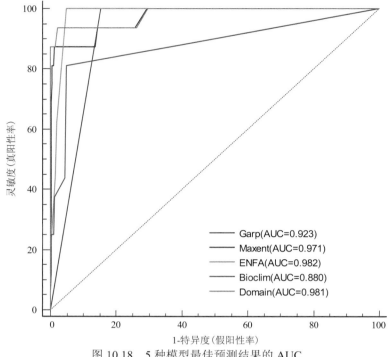

图 10.18　5 种模型最佳预测结果的 AUC

6. 讨论

1）适生区预测策略

适生区预测方法大致可以分为关联（correlative）和机理（mechanistic）两类。机理模型即生态生理模型（ecophysiological model）或过程模型（process model），这种方法考察环境与物种生物机理相关性状（如形态和行为、发育规律等）的关系，评价物种生存、发育、繁殖等的表现，依此来预测物种现在的地理分布（Kearney and Porter，2009）。这一策略不需要物种实际发生地的信息，预测结果准确度高，可估测时空两个维度的物种动态分布，适于环境变化对物种分布影响的评估。但是，构建和验证这一模型所需的实验需耗费大量的时间和资源，对于相关信息匮乏的外来入侵物种，操作难度较大。从某种意义上，CLIMEX 的设置参数策略（即 compare locations）即基于这一机理。尽管近年来我国对环境因素对黄顶菊发育的作用进行了较为广泛的研究（见第八章），但尚需进一步验证和完善。

对于外来入侵物种潜在适生区的预测采用的策略多属于关联模型。关联模型也可称现象模型（phenomenological model）（Gallien et al.，2010），考察的是物种实际发生与否与环境之间的关系，而这一关系通过"归纳"已知分布地（或包括未发生地）的环境因素来建立。如果已知信息包括分布地（presence）和未发生地（absence），可通过建立组别判别模型（group-discrimination technique）来实现预测，判别分析（discriminant analysis）、广义线性模型（generalized linear model，GLM）、广义可加模型（generalized additive model，GAM）、决策树法（decision-tree based method）都是用来实现这类建模的策略（Robertson et al.，2003）。

然而，用来建立关联模型的分布地信息多来自于标本的采集记录，即成为未发生地不明的数据（presence-only data）。针对这一类数据建立关联模型可采取两种策略，分别为概形分析（profile technique）和利用机器学习技术（machine learning technique）。这两种策略都被用于黄顶菊在我国的潜在发生范围的预测，各自都有预测结果可信度较好的具体方法。

在曹向峰等（2010）采用的 3 种概型分析中，Domain 的预测结果 ROC 分析 AUC 值最高，接近全部 5 种分析中 AUC 值最高的 Maxent。从预测结果看，用两种软件预测的在我国北方的适生区较为相似，除已有黄顶菊发生的华北平原以外，还有关中盆地地区。

GARP 和 Maxent 是最常用的两种基于机器学习技术的预测策略，对于未发生地不明的数据有不同处理。Maxent 的策略为：在坚持已知条件（限定）的前提下，不对条件未知的信息（包括可能无分布的未知分布）做有偏向性的臆测（因而未知信息为均匀分布），因此使预测偏差发生的风险降至最低；而 GARP 由软件自动加入假无分布（pseudo-absence）数据。Peterson 等（2007）对这两种方法进行评估，得到的结论是：在阈值较低的情况下，Maxent 可以重建广泛的实际分布区，而在较高阈值时，输出结果倾向与输入数据重合。利用 GARP 预测的我国黄顶菊适生区范围较广，而 Maxent 较窄，近似实际已发生区（曹向峰等，2010）。

2）有关输入数据的讨论

本节介绍的黄顶菊预测研究中，除 CLIMEX 以外，无一例外地将黄顶菊在我国发生地的数据作为已知发生地信息用于建模。如上所述，Maxnet 和 Domain 预测的黄顶菊在我国北方的适生区结果相似，且近似实际发生区。尽管这两种方法建模的策略有所不同，但在某种程度上，两者有一定的相似性，都是根据已知条件（分布地环境因子）对其作出最保守的归纳。这类模型一方面在最大限度上满足所有的已知发生地环境条件，另一方面也使目标生物的发生条件变得更为严格。依据我国黄顶菊发生地数据建立较为保守的模型，再以此来预测黄顶菊在我国的潜在发生区域，如此一来，在较高的阈值标准下，仅有已知发生地的环境条件与模型认为的适生条件最相符合。相应的，ROC 曲线评价的结果必然是保守预测策略的质量最好，反映的仅是一个虚像。

尽管关联策略期望建立的是适生性模型（habitat suitability model），但从某种意义上，预测得到的结果更倾向于物种的潜在分布区而非潜在适生区。首先，已知分布信息多来自采集的标本记录，间接地可能导致大量的失访，即已知分布地并不代表实际分布状况。如果遗漏分布地的环境特征有别于已知分布地，预测出的待预测区内潜在分布范围可能会小于实际情况。

用于建模的环境因素多与气候相关，土壤（类型、pH 等）及地形等其他生境因素未包含于其中，这一缺失使得对外来植物潜在发生地的预测具有一定程度的不确定性。

3）黄顶菊在我国的潜在适生区

综合上述预测的结果和对预测算法及输入数据缺陷的讨论，本节作者认为，广大华北平原地区及至关中盆地，都是黄顶菊的最适发生区。这些地区海拔不高，全年温差明显、土壤偏碱性、略为干旱但非极端干旱气候，有满足黄顶菊发生的光、温、水、气等条件。黄顶菊尚未发生的安徽省北部、河南省中部、山东省东部及陕西省中部及北京市、辽西走廊等地区遏制黄顶菊扩散的工作显得格外重要。西南具有喀斯特地貌的部分干旱地区也可能适于黄顶菊发生，值得进一步验证，以利于黄顶菊预防工作的开展。

（郑　浩　张国良　刘凤权　曹向锋）

参 考 文 献

白艺珍 . 2009. 外来入侵物种（红火蚁、黄顶菊）适生性风险评估技术研究 . 南京农业大学硕士研究生学位论文 .

白艺珍，曹向锋，陈晨，等 . 2009. 黄顶菊在中国的潜在适生区 . 应用生态学报，20（10）：2377–2383 .

曹向锋 . 2010. 外来入侵植物黄顶菊在中国潜在适生区预测及其风险评估 . 南京农业大学硕士研究生学位论文 .

曹向锋，钱国良，胡白石，等 . 2010. 采用生态位模型预测黄顶菊在中国的潜在适生区 . 应用生态学报，21（12）：3063–3069 .

郭琼霞，黄可辉 . 2009. 检疫性杂草——黄顶菊 . 武夷科学，25（1）：13–16 .

韩颖，张国良，付卫东，等 . 2010. 黄顶菊应急防控指南 . 见：张国良，曹坳程，付卫东 . 农业重大外来入侵生物应急防控技术指南 . 北京：科学出版社：70–85 .

李典谟，王莽莽 . 1986. 快速估计发育起点及有效积温法的研究 . 昆虫知识，23（4）：184–187 .

李红岩，高宝嘉，南宫自艳，等 . 2010. 河北省黄顶菊 4 个地理种群遗传结构分析 . 应用与环境生物学报，16（1）：67–71 .

林镕 . 1979. 中国植物志 . Vol. 75：菊科（二）旋覆花族 - 堆心菊族 . 北京：科学出版社 .

林镕，陈艺林 . 1985. 中国植物志 . Vol. 74. 北京：科学出版社：1–2 .

刘丰 . 2008. 外来生物入侵预警网络平台的设计与构建 . 中国农业大学硕士研究生学位论文 .

刘丰，张国良，高灵旺 . 2008. 外来生物入侵预警网络平台的设计构建及初步应用 . 杂草科学，（3）：17–21 .

陆秀君，董立新，李瑞军，等 . 2009. 黄顶菊种子传播途径及定植能力初步探讨 . 江苏农业科学，（3）：140–141 .

吕昭智，田建华，沈佐锐，等 . 2005. 有效积温 Sine 函数拟合模型及其应用 . 生态学杂志，24（12）：1549–1552 .

王贵启，苏立军，王建平 . 2008. 黄顶菊种子萌发特性研究 . 河北农业科学，12（4）：39–40 .

王艳春，迟胜起，郑长英 . 2010. 黄顶菊种子的图像分割及特征提取 . 青岛农业大学学报（自然科学版），27（4）：325–329 .

王艳春，迟胜起，郑长英 . 2011. 基于数学形态滤波算子的黄顶菊种子图像边缘检测 . 农机化研究，33（3）：39–42 .

王运生，谢丙炎，万方浩，等 . 2007. ROC 曲线分析在评价入侵物种分布模型中的应用 . 生物多样性，15（4）：365–372 .

魏太云，林含新，谢联辉 . 2002. PCR-SSCP 分析条件的优化 . 福建农林大学学报（自然科学版），31（1）：22–25 .

宇传华 . 2002. 诊断试验评价 . 见：余松林 . 医学统计学 . 北京：人民卫生出版社：167–178 .

岳强，李瑞军，陆秀君，等 . 2010. 温度对黄顶菊生长发育影响的研究 . 中国植保导刊，30（5）：15–18 .

张国良，付卫东，刘坤，等 . 2010. 外来入侵植物监测技术规程——黄顶菊（NY/T1866-2010）. 北京：中国农业出版社 .

张华，府伟灵，黄庆，等 . 2006. 测序反应中 PCR 产物纯化方法的比较 . 华南国防医学杂志，20（3）：1–3 .

支巨振 . 2000. GB/T3543.1-3543.7-1995《农作物种子检验规程》实施指南 . 北京：中国标准出版社 .

Baldwin B G，Wessa B L，Panero J L. 2002. Nuclear rDNA evidence for major lineages of helenioid Heliantheae（Compositae）. Systematic Botany, 27（1）：161–198.

DeAngelis D L，Gross L J. 1992. Individual-based models and approaches in ecology: Populations, communities and ecosystems. New York: Chapman & Hall.

Feuillée L É. 1725. Journal des observations physiques, mathematiques et botaniques: faites par l'ordre du roy sur les côtes orientales de l' Amerique méridionale, & dans les Indes Occidentales, depuis l'année 1707 jusques en 1712. Vol. 3. Paris: Chez Pierre Giffart, 18–19, Plate 14.

Gallien L，Münkemüller T，Albert C H，et al. 2010. Predicting potential distributions of invasive species: Where to go from here? Diversity and Distributions, 16（3）: 331–342.

García N，Cuttelod A，Malak D A，et al. 2010. The status and distribution of freshwater biodiversity in Northern Africa. Gland（Switzerland）: IUCN.

Ge N，Li H，Gao L，et al. 2010. A Web-Based Project Management System for Agricultural Scientific Research. in 2010 International Conference on Management and Service Science（MASS）. Wuhan.

Goertzen L R，Cannone J J，Gutell R R，et al. 2003. ITS secondary structure derived from comparative analysis: Implications for sequence alignment and phylogeny of the Asteraceae. Molecular Phylogenetics and Evolution, 29（2）: 216–234.

Higley L G，Pedigo L P，Ostlie K R. 1986. DEGDAY: A program for calculating degree-days, and assumptions behind the degree-day approach. Environmental Entomology, 15（5）: 999–1016.

Hirzel A H，Hausser J，Chessel D，et al. 2002. Ecological-niche factor analysis: How to compute habitat-suitability maps without absence data? Ecology, 83（7）: 2027–2036.

Kearney M，Porter W. 2009. Mechanistic niche modelling: combining physiological and spatial data to predict species' ranges. Ecology Letters, 12（4）: 334–350.

Kuntze O. 1898. Revisio Generum Plantarum. Vol. 3（2:p2）. Leipzig: Arthur Felix: 148.

Li H，Ge N，Gao L，et al. 2011. Development of the information management system for monitoring alien invasive species. In: Li D，Liu Y，Chen Y. IFIP Advances in Information and Communication Technology. Vol. 344: Computer and Computing Technologies in Agriculture IV. Boston: Springer: 594–599.

Loockerman D J，Turner B L，Jansen R K. 2003. Phylogenetic relationships within the Tageteae（Asteraceae）based on nuclear ribosomal ITS and chloroplast ndhF gene sequences. Systematic Botany, 28（1）: 191–207.

Ma J W，Geng S L，Wang S B，et al. 2011. Genetic diversity of the newly invasive weed *Flaveria bidentis*（Asteraceae）reveals consequences of its rapid range expansion in northern China. Weed Research, 51（4）: 363–372.

McKown A D，Moncalvo J M，Dengler N G. 2005. Phylogeny of *Flaveria*（Asteraceae）and inference of C-4 photosynthesis evolution. American Journal of Botany, 92（11）: 1911–1928.

Molina J G I. 1789（1809 English Translation）. Scet III. Herb used in dying. In: The Geographical, Natural, and Civil History of Chili（Saggio sulla Storia Naturale del Chili）. Vol. 1. London: Longman, Hurst, Rees, and Orme : 115–120.

Panero J L. 2007. XXII. Tribe Tageceae Cass.（1819）. In: Kadereit J W，Jeffrey C. The Families and Genera of Vascular Plants. Vol. VIII. Flowering Plants, Eudicots, Asterales. Berlin: Springer-Verlag: 420–431.

Peterson A T，Papes M，Eaton M. 2007. Transferability and model evaluation in ecological niche modeling: A comparison of GARP and Maxent. Ecography, 30（4）: 550–560.

Powell A M. 1978. Systematics of Flaveria（Flaveriinae Asteraceae）. Annals of the Missouri Botanical Garden, 65（2）: 590–636.

Pruess K P. 1983. Day-degree methods for pest management. Environmental Entomology, 12（3）: 613–619.

Robertson M P，Peter C I，Villet M H，et al. 2003. Comparing models for predicting species' potential distributions: A case study using correlative and mechanistic predictive modelling techniques. Ecological Modelling, 164（2–3）: 153–167.

Srisang W，Jaroensutasinee K，Jaroensutasinee M. 2006. Assessing habitat-suitability models with a virtual species at Khao Nan National Park, Thailand. International Journal of Biological and Life Sciences, 2（2）: 101–106.

Vilgalys lab（Duke University）. undated. Conserved primer sequences for PCR amplification and sequencing from nuclear ribosomal RNA [网页地址: http://www.biology.duke.edu/fungi/mycolab/primers.htm，最后访问日期: 2011 年 3 月 10 日].

White T J，Bruns T，Lee S，et al. 1990. Amplification and direct sequencing of fungal ribosomal RNA genes for phylogenetics. In: Innis M A，Bruns T, Lee S, et al. PCR Protocols: A Guide to Methods and Applications. New York: Academic Press: 315–322.

第十一章　黄顶菊的综合防控与治理

第一节　黄顶菊化学防治 [①]

黄顶菊化学防治的主要手段可分为两类，针对大规模发生（处于营养生长时期）的黄顶菊植株的应急处理，采用以茎叶定向喷施为主的策略；对入侵地的预防处理采取以黄顶菊出苗前土壤喷施为主，出苗后茎叶定向喷施为辅的策略。此外，策略和药剂的选择因生境而异。化学措施与农作措施及安全生态措施相配合，可提高除草效果。

1. 防除黄顶菊的主要除草剂品种

本项目组 [②] 对18类35种除草剂对黄顶菊的控制效果进行了研究，以期筛选出适用于黄顶菊化学防治的除草剂（表11.1）。

表 11.1　黄顶菊对除草剂的敏感性及与叶龄的关系

药剂	剂量 /（g ai/ 亩）	2 对真叶	4 对真叶	6 对真叶	8 对真叶
草甘膦	61.5	+++	+++	++	++
百草枯	30	+++	++	+	+
氯氟吡氧乙酸	10	+++	++	++	++
氨氯吡啶酸	80	+++	+++	+++	+++
二氯吡啶酸	130	+++	++	++	++
氯氨吡啶酸	10	+++	+++	++	+
莠去津	60	+++	+++	++	+
硝磺草酮	8	+++	+++	++	+
烟嘧磺隆	3	+++	+++	++	+
乙羧氟草醚	2	+++	+++	+	—
三氟羧草醚	3	+++	+++	+	—
乳氟禾草灵	4.8	+++	+++	+	—
灭草松	48	+++	+++	+	—
嘧草硫醚	6	+++	+	—	—
乙草胺	50	—	—	—	—
异丙甲草胺	50	—	—	—	—
精喹禾灵	5	—	—	—	—

注：各真叶期敏感程度：+ 代表敏感，数目越多越敏感；— 代表不敏感

---

① 本节照片摄影：李香菊。摄影地点为河北献县，日期为2009年7～8月。

② 指公益性行业（农业）科研专项《新外来入侵植物黄顶菊防控技术研究》项目组应急控制研究的承担单位——中国农业科学院植物保护研究所杂草研究室与农药研究室，后同。

供试除草剂按处理方式可分成 4 类。

第一类是灭生性除草剂，即草甘膦和百草枯。两者均无土壤封闭作用，草甘膦有传导性，对黄顶菊杀除彻底；而百草枯传导性较差，虽然黄顶菊对其反应速度快，但对较高叶龄植株的效果不佳。

第二类是选择性传导型茎叶处理除草剂，如莠去津、硝磺草酮、烟嘧磺隆及吡啶类除草剂氨氯吡啶酸、三氯吡氧乙酸等。黄顶菊幼苗对这类药剂敏感，叶龄大时增加施药量也能导致整株死亡。

第三类是选择性触杀型茎叶处理剂，如二苯醚类药剂三氟羧草醚、乙羧氟草醚、氟磺胺草醚、乳氟禾草灵等。这类除草剂无土壤封闭作用，尽管幼苗期黄顶菊对其敏感，但其防效随叶龄增加而降低。

第四类是土壤处理剂，如酰胺类药剂乙草胺、异丙甲草胺等。作为苗后处理剂使用时，这类药剂对黄顶菊无防效，而在播后苗前进行土壤处理时，黄顶菊对其较敏感。

研究发现，黄顶菊对大部分阔叶杂草除草剂和灭生性除草剂敏感，敏感程度随黄顶菊叶龄的增加而降低（表 11.1 示部分结果）。因此，根据生境选择相应的除草剂，在黄顶菊对其最敏感的时期开展化学除治工作，可能是一种经济、有效、快速的防控手段。

表 11.2 和后述提到的表 11.6 分别列出了耕地及非耕地不同生境下防除黄顶菊的适宜除草剂品种、处理时间及喷雾方式。注意事项及药剂施用剂量将在第二小节及第三小节详细阐述，一般来说，如果黄顶菊密度小、叶龄低，环境条件有利于药效发挥，可采用低剂量，反之则采用高剂量。如果在黄顶菊叶龄较小，或降雨后黄顶菊生长旺盛时施药，除草剂药效均好于黄顶菊高叶龄和土壤干旱时用药。茎叶处理除草剂发挥理想药效的环境条件参数为：黄顶菊 3~5 叶期；气温 25~30℃；空气相对湿度 65% 以上。上述参数在实际应用中应当加以考虑。

2. 耕地中黄顶菊的化学防治

在作物生长期间，如果发现黄顶菊侵入耕地，且发生量大、不易物理控制时，可向黄顶菊茎叶喷施除草剂加以控制。如前一小节所述，黄顶菊在幼苗期对除草剂敏感，应尽量在这一阶段（营养生长）将黄顶菊灭除，防止其进入繁殖生长阶段。

黄顶菊繁殖能力很强。在耕地里，即使个别植株成熟，其产生的种子量也足够在翌年造成相当程度的危害。因此，在作物播种和生长早期，可用除草剂对土壤进行处理，对药后出苗的黄顶菊进行定向茎叶处理，能有效遏制黄顶菊的发生和危害。

针对不同作物，应使用适宜的除草剂。李香菊等（2006）曾列举主要用于玉米地和大豆田黄顶菊防治的选择性除草剂，多在黄顶菊 4~6 对真叶期喷施。表 11.2 包含了这些药剂的大部分，但在下文提及的部分除草剂并未列于该表。

表 11.2 中处理时间指作物生长阶段，而相应喷药方式针对的对象为黄顶菊。由于黄顶菊出苗时期与作物相当，不少药剂用于作物出苗后对黄顶菊的茎叶处理。此外，有许多除草剂兼具土壤封闭和（茎叶）内吸传导双重功效。所以，即使作物出苗后黄顶菊尚

未出苗，这些药剂仍可发挥防控黄顶菊的作用。

表 11.2　耕地不同作物田防除黄顶菊的化学药剂

生境	药剂	处理时间	喷药方式
小麦田	苯磺隆	苗后	茎叶处理
	2,4-滴丁酯	苗后	茎叶处理
	麦草畏	苗后	茎叶处理
玉米田	烟嘧磺隆	苗后	茎叶处理
	硝磺草酮	苗后	茎叶处理
	莠去津	播后苗前/苗后	土壤/茎叶处理
大豆、花生田	乙羧氟草醚	苗后	茎叶处理
	乳氟禾草灵	苗后	茎叶处理
	灭草松	苗后	茎叶处理
	乙草胺	播后苗前	土壤处理
	异丙甲草胺	播后苗前	土壤处理
棉田	乙草胺	播后苗前	土壤处理
	异丙甲草胺	播后苗前	土壤处理
	嘧草硫醚	苗后定向	茎叶处理
绿豆、芝麻田	异丙甲草胺	播后苗前	土壤处理

1）玉米田

玉米是稀植作物，在苗期与黄顶菊的种间竞争中处于弱势。施用的药剂需对黄顶菊有理想的防效，并且兼顾控制其他杂草。试验发现，在黄顶菊 2～5 对真叶期，施用烟嘧磺隆、硝磺草酮或硝磺草酮混用莠去津，均对黄顶菊有较好的防除效果。

（1）烟嘧磺隆　施烟嘧磺隆后 3～6 天，黄顶菊心叶首先变黄，随后，叶由上到下依次黄化，直至 3 周整株死亡。使用烟嘧磺隆的适宜时期为玉米苗后 3～4 叶期，每亩用药 4% 烟嘧磺隆 75～100mL（有效成分 3～4g），加水 30L，进行茎叶处理。依黄顶菊密度和叶龄增减用药量，叶龄大、密度高、气候干燥时，使用高剂量，反之，用低剂量。一般而言，用药后在玉米生长中后期可能有个别出土的黄顶菊植株，但已不对玉米产量构成威胁，拔除即可。使用烟嘧磺隆在玉米田防除黄顶菊时，应注意以下几点。

①不同玉米品种对烟嘧磺隆的敏感性有差异，其安全性顺序为马齿型＞硬质玉米＞爆裂玉米＞甜玉米。一般玉米在 2 叶期前及 8～10 叶期以后（因品种的熟期不同有差别）

对该药敏感，勿在这一时期施用该药除草。甜玉米、爆裂玉米及玉米自交系对该药剂敏感，勿在这些玉米田施用该药除草。

②烟嘧磺隆对后茬小白菜、甜菜、菠菜等有药害，在粮菜间作或轮作地区，应做好对后茬蔬菜的药害试验。

③用有机磷药剂处理过的玉米对该药敏感，两药剂的使用间隔期应为 7 天左右。

④土壤水分、空气温度适宜，有利于黄顶菊对烟嘧磺隆的吸收传导。长期干旱、低温和空气相对湿度低于 65% 时不宜施药。因此，一般应选早晚气温低、风小的时段施药。干旱时施药最好在用药前浇水或加入表面活性剂。

（2）硝磺草酮 + 莠去津　硝磺草酮与莠去津混用，在玉米出苗后对黄顶菊进行茎叶处理，即可达到有效除治的效果，同时降低施药成本。施用的适宜时期为玉米苗后 3～4 叶期，用药量每亩 10% 硝磺草酮水剂 50mL（有效成分 5g）加 38% 莠去津 50mL（有效成分 19g），加水 20～30L，进行均匀茎叶喷雾。应用时注意以下几点。

①硝磺草酮对狗尾草、铁苋菜、打碗花、白茅、芦苇等杂草无效。如果田间上述杂草密度大，则需改用其他除草剂。

②应选早晚气温低、风小的时间施药；干旱时施药，应在用药前浇水或在药液中加入表面活性剂。

（3）唑嘧磺草胺　唑嘧磺草胺（阔草清）对黄顶菊也有较好的防治效果。该药剂可用作播前土壤处理、播后苗前土壤处理或苗后茎叶处理。作土壤处理时，适宜施药剂量为 80% 唑嘧磺草胺水分散粒剂每亩 3.2～4.0g（有效成分 2.56～3.2g），加水 40～50L，进行均匀喷雾。作茎叶处理时，用药量为每亩有效成分 1.3～2g，加水 20～30L。黄顶菊叶龄大时需增加用药量。

（4）化学除草与小麦秸秆覆盖相结合　黄顶菊种子属光敏型（张米茹和李香菊，2010；张风娟等，2009）。在玉米播种前采用小麦秸秆覆盖技术，在田间人为创造不利于黄顶菊出苗的弱光条件，可降低黄顶菊出苗数。

研究表明，进行麦秸覆盖 100kg/ 亩的处理，黄顶菊出苗数减少 39.1%。随着覆盖量的增加，对黄顶菊控制效果更为明显。当麦秸覆盖处理达到 300kg/ 亩时，即使不施用除草剂，对黄顶菊株数和鲜重的控制效果也分别可达 65.0% 和 77.8%（表 11.3）（图 11.1-C～D）。

表 11.3　小麦秸秆不同覆盖量时黄顶菊出苗数

覆盖量 /（kg/ 亩）	0	100	200	300
黄顶菊密度 /（株 /m²）	136.0	82.9	55.3	47.6
株数控制效果 /%	0	39.1	59.3	65.0

注：数据为玉米出苗后 20 天调查结果

A. 施用烟嘧磺隆2g/亩后无秸秆覆盖处理的对照　　B. 施用烟嘧磺隆2g/亩后秸秆覆盖处理的效果

C. 不进行处理的对照　　D. 仅以300kg/亩秸秆覆盖处理的效果

图11.1　玉米田化学防治与小麦秸秆覆盖相结合的黄顶菊防除效果

采用小麦秸秆覆盖技术，对出苗的黄顶菊辅以烟嘧磺隆 2g/ 亩或硝磺草酮 5g/ 亩处理，鲜重防效分别为 92.3% 和 89.6%；不采用小麦秸秆覆盖处理，烟嘧磺隆和硝磺草酮的施药量需分别提高到 4g/ 亩和 10g/ 亩，对黄顶菊鲜重防效才能达到 90% 以上（图11.1-A～B）。

相对不施药对照区，覆盖麦秸后辅之减量喷施烟嘧磺隆和硝磺草酮可使玉米增产65.4% 和 62.7%。因此，在玉米播种前覆盖麦秸，黄顶菊出苗后减量定向喷施上述茎叶处理除草剂，是一项理想的黄顶菊防控措施。

2）大豆田

（1）土壤处理　大豆田黄顶菊的防控可用乙草胺和异丙甲草胺作土壤处理。施药量分别为每亩 50% 乙草胺乳油 100～125g[①] 或 72% 异丙甲草胺乳油 140～180g，加水 40～50L，播后苗前进行喷施。使用时应注意以下几点。

①在有机质含量高，黏土壤或干旱情况下，建议采用较高药量；反之，有机质含量低，沙壤土或有降雨、灌溉的情况下，建议采用下限药量。

②喷施药剂前后，土壤宜保持湿润，以确保药效。但用药后多雨、土壤湿度太大或豆田排水不良，则易造成大豆药害。这时，应加强大豆水肥管理，或喷施芸苔素内酯等植物生长调节剂，促进大豆恢复正常生长。

③因上述药剂活性高，喷施时要均匀，避免重喷或漏喷，更不可随意增加药量。

---

① 　对于本节中的乳油，单位以克（g）表示。但是，在实际操作中，可以使用所列药量的毫升（mL）数。

（2）茎叶处理　由于大豆在与黄顶菊的空间竞争中占据劣势，在大豆未封垄前，常有黄顶菊出苗并迅速生长。因此，在大豆田，常采用苗后喷施乙羧氟草醚、乳氟禾草灵和灭草松等茎叶处理剂对黄顶菊进行防控。具体使用技术为：在黄顶菊 2 对叶期前，每亩施用 21.4% 杂草焚水剂 100mL（三氟羧草醚有效成分 21.4g）或 25% 虎威水剂 100mL（氟磺胺草醚有效成分 25g）或 10% 乙羧氟草醚水剂 30～40mL（有效成分 3～4g）或 24% 克阔乐水剂 30mL（乳氟禾草灵有效成分 7.2g）或 48% 灭草松水剂 100～150mL（有效成分 48～72g），加水 25～30L，茎叶均匀喷雾。应用时需注意以下几点。

①上述茎叶处理剂施药量稍大时，会造成大豆叶片接触性药害斑点，但随着大豆生长，药害症状会逐渐消失，不影响产量。

②避免采用低容量喷雾，以免大豆产生药害。

③土壤温度、湿度适宜则效果理想。如果温度超过 27℃，大豆易发生药害。

④应选择当日无降雨天气施药，以保证药效。

氯酯磺草胺是最近商品化的大豆田除草剂。研究表明，84% 氯酯磺草胺水分散粒剂每亩 1～2g（有效成分 0.84～1.68g），加水 20～30L，在大豆苗后作茎叶处理，可有效杀除黄顶菊。该药剂对开花期前的高叶龄黄顶菊也有理想的防效，同时还具有土壤活性，可用于大豆苗前苗后不同时期发生的黄顶菊的应急控制。由于该药剂在土壤残效时间长，会影响敏感作物生长，因此不可用于后茬种植阔叶植物的大豆田。

（3）土壤处理与茎叶处理相结合　生产上，应采用土壤处理和茎叶处理相结合的措施，来防除大豆田里的黄顶菊。如果大豆生长期内降雨较多，土壤封闭除草剂不能有效地抑制黄顶菊出苗，可于黄顶菊出苗后初期采用上述茎叶处理剂喷雾，也可根据田间实际情况，对黄顶菊密度大的地块进行定向喷雾。试验证明，采用低剂量土壤处理措施，之后根据黄顶菊的出苗程度，喷施触杀型选择性茎叶处理剂的组合，对大豆全生育期黄顶菊均有较好的控制效果，大豆产量比空白对照区增产 39.3%～49.4%（表 11.4）。

表 11.4　茎叶处理剂单用及土壤加茎叶处理剂对黄顶菊的防除效果（%）

处理	剂量 /（g ai/ 亩）	株防效			55 天鲜重防效	大豆产量 /（kg/ 亩）
		20 天	35 天	55 天		
乙羧氟草醚	2	78.7	65.2	33.7	15.8	100.7
（乙羧）	3	96.5	93.8	72.5	67.6	113.5
乳氟禾草灵	2.4	79.0	57.7	40.4	20.9	109.3
（乳氟）	4.8	92.3	90.0	88.0	70.3	120.6
灭草松	38.4	80.1	63.6	38.5	30.4	100.8
	48	92.5	90.0	79.9	72.8	117.0
乙草胺＋乙羧	75 + 3	98.7	95.7	94.4	96.3	149.0
乙草胺＋乳氟	75 + 4.8	99.0	94.0	93.7	98.6	140.7
空白对照 *		252.4	226.8	86.3	715.3	101.0

* 空白对照株防效和鲜重防效对应数字分别为单位面积株数（株 /m²）和鲜重（g/m²）

大豆是密植作物，大豆封垄后黄顶菊生长会受到一定抑制。因此，上述应急控制技术配合合理的栽培措施会具有事半功倍的效果。如生产上采用大豆合理密植（播种密度1.5万～1.7万株/亩）、早期加强水肥管理，使大豆苗后施药2周左右封垄，可以依靠大豆的遮蔽效应，使中后期出苗的黄顶菊得到抑制。

3）棉田

（1）土壤处理　乙草胺和异丙甲草胺是棉田土壤处理防除黄顶菊的常用药剂。施药量分别为每亩50%乙草胺乳油100～125g或72%异丙甲草胺乳油140～180g，加水40～50L，播后苗前喷施（图11.2）。使用时的注意事项同大豆田。

A. 未实施处理的棉田　　　　　　　　　B. 薄膜覆盖并施用乙草胺75g/亩的控制效果

图 11.2　棉田化学防治黄顶菊防除效果

在棉田喷施土壤处理剂，因棉花栽培方式的不同，对黄顶菊的控制程度也有所差异。在株距和行距相同时，覆膜棉田的黄顶菊出土较早。由于膜下高温、高湿，黄顶菊出苗后生长受到抑制，加上膜下除草剂的作用，黄顶菊苗逐渐窒息死亡。而露地栽培棉田的黄顶菊出苗常比棉花晚，一般在施用土壤处理除草剂约30天后，可见少量黄顶菊出苗。在棉花生长后期，受降雨及灌溉的影响，出土黄顶菊数量逐渐增加，药剂的控制效果降低。至施药后约60天，同样施药量下，覆膜田的黄顶菊控制效果明显好于露地栽培的棉田（表11.5）。因此，在使用乙草胺和异丙甲草胺防除棉田黄顶菊时，应与薄膜覆盖等耕作控草措施结合，以提高除草剂防效。

表 11.5　土壤处理剂在棉花覆膜和露地直播栽培时对黄顶菊的防除效果（%）

药剂	药量/（g ai/亩）	覆膜				露地直播			
		株防效			鲜重防效	株防效			鲜重防效
		20天	40天	60天		20天	40天	60天	
乙草胺	75	95.9	90.3	85.5	68.8	93.9	88.5	34.4	53.3
	100	98.7	92.5	90.7	91.5	93.5	91.3	78.0	85.6
	125	97.8	97.1	92.5	95.7	99.7	93.2	85.3	92.5

续表

药剂	药量 / (g ai/ 亩)	覆膜				露地直播			
		株防效			鲜重防效	株防效			鲜重防效
		20 天	40 天	60 天		20 天	40 天	60 天	
异丙甲草胺	108	93.3	89.7	84.3	71.0	92.5	84.0	21.9	57.3
	144	97.5	91.4	91.4	90.9	95.4	90.7	70.5	87.1
	180	99.7	93.3	93.7	94.3	98.7	92.5	83.8	92.0
空白对照 *		41.7	30.5	12.5	473.7	123.6	210.3	35.5	1613.9

* 空白对照株防效和鲜重防效对应数字分别为单位面积株数（株 /m²）和鲜重（g/ m²）

（2）**茎叶处理** 在黄顶菊 3 对真叶期定向喷施嘧草硫醚，可以起到理想的杀除效果。施药后 60 天，嘧草硫醚 6～9g/ 亩的处理，对黄顶菊鲜重防除效果约为 95%。此后出苗的黄顶菊，株高增长比较缓慢，对棉花产量不构成威胁。

（3）**土壤处理与茎叶处理相结合** 棉花生育期长达 150 天以上，早期生长缓慢，行距较宽，封行晚，黄顶菊较易侵入。棉田黄顶菊防控可采用播后苗前喷施土壤处理剂，大小行播种，播种后覆膜。药后 30～40 天，根据黄顶菊出苗情况，行间定向喷施嘧草硫醚。利用薄膜覆盖的生态效应、土壤处理剂的封闭效果及茎叶处理剂的苗后杀除效果，可以实现对黄顶菊的理想控制。同时，在棉花中后期，可结合人工整枝打杈的农事操作，对黄顶菊进行拔除。

4）**花生田**

对于薄膜覆盖花生，播前喷施乙草胺 75～125g/ 亩或异丙甲草胺 108～180g/ 亩，施药后 20 天对黄顶菊株数防除效果达 95% 以上（图 11.3）。如喷施中剂量，施药后 60 天对黄顶菊鲜重防效达 90.2% 和 81.7%。

A. 未实施处理的花生田受害严重　　　　　B. 薄膜覆盖并施用乙草胺75g/亩的控制效果

图 11.3 花生田化学防治黄顶菊防除效果

由于花生植株较低，中后期对黄顶菊抑制能力差，如施药 60 天后降雨及灌溉，可造成药剂有效成分淋溶或降解，导致未被杀除的黄顶菊迅速生长。如果不采取其他除草措施，作物因难以与黄顶菊竞争而减产。因此必须采用茎叶处理除草剂对其进行杀除。大豆田防除黄顶菊的茎叶处理剂，如氟磺胺草醚、乙羧氟草醚、乳氟禾草灵和灭草松等均可用于花生田。上述药剂对花生的安全性优于大豆，可在花生开花前喷施，注意事项同大豆。

5）小作物田

绿豆、红小豆和芝麻田黄顶菊防控可采用异丙甲草胺作土壤处理，施药量为72%异丙甲草胺乳油150g/亩（有效成分108g）。值得注意的是，小作物常对酰胺类药剂敏感，不可随意增加施药量。由于异丙甲草胺在土壤中的残效期较短，施药后50～60天黄顶菊会部分出苗。如果遇高温、多雨，黄顶菊植株可迅速生长。因此，应结合人工单株拔除，保持理想的除草效果。芝麻的不同品种对异丙甲草胺的敏感性有差异，应先小面积试验，后大面积推广。

3. 非耕地黄顶菊的化学防治

与耕地黄顶菊化学防治不同，针对入侵非耕地的黄顶菊，以茎叶喷施为主，但需注意避免对发生地生物多样性造成负面影响。表11.6列出的是可使用的药剂。

表11.6 非耕地不同生境下防除黄顶菊的化学药剂

生境	药剂	处理时间	喷药方式
沟渠边	氯氟吡氧乙酸	苗后	茎叶处理
道路边	氨氯吡啶酸	苗后	茎叶处理
	氯氟吡氧乙酸	苗后	茎叶处理
	三氯吡氧乙酸	苗后	茎叶处理
	嘧啶磺酰胺	苗后	茎叶处理
林地	草甘膦	苗后	茎叶处理
	硝磺草酮	苗后	茎叶处理
	乙羧氟草醚	苗后	茎叶处理
废弃地及撂荒地	氨氯吡啶酸	苗后	茎叶处理
	三氯吡氧乙酸	苗后	茎叶处理
	硝磺草酮	苗后	茎叶处理
	乙羧氟草醚	苗后	茎叶处理
	草甘膦	苗后	茎叶处理

1）道路两侧

（1）**吡啶酸类** 交通运输工具是黄顶菊的主要传播载体，因此，道路两侧是黄顶菊的主要定殖地和防控生境。适用于该生境的除草剂品种为氨氯吡啶酸、氯氟吡氧乙酸、三氯吡氧乙酸。不推荐施用草甘膦、克无踪等灭生性除草剂，以维护道路两侧的植物多样性。

上述吡啶酸类药剂在黄顶菊苗期至开花期施用均可有效控制其生长，适宜施药时期较长。适宜施药剂量为：每亩氨氯吡啶酸（毒莠定）24% 乳油 15～140g（有效成分 3.6～33.6g），或氯氟吡氧乙酸 24% 乳油 30～50g（有效成分 7.2～12g），或 61.6% 三氯吡氧乙酸（盖灌能）乳油 100g（有效成分 61.6g），加水 20～30L，茎叶均匀喷雾。

施药后，黄顶菊茎叶扭曲，表现典型激素类药剂受害症状，约 25 天后整株枯死。在黄顶菊苗期施用上述药剂可采用低剂量，而开花期施用应加大施药剂量（图 11.4-C～D）。从施药时期上，应掌握在黄顶菊生长旺盛期喷药，以提高药剂利用率。施药时应注意以下几点。

A. 氯氟吡氧乙酸控制试验空白对照

B. 施用氯氟吡氧乙酸6g/亩处理沟渠边的效果

C. 氨氯吡啶酸控制试验空白对照

D. 在花期施用氨氯吡啶酸33.6g/亩的控制效果

图 11.4　非耕地黄顶菊的化学防治效果

①阔叶植物对上述药剂敏感，喷药应选择无风的早晨或傍晚气温相对较低时进行，以免药液漂移到邻近的阔叶植物造成药害。

②三氯吡氧乙酸对杨树、桦树、椴树等均有一定程度药害，喷雾防除黄顶菊时尽量定向喷施。

③药后 4h 内降雨应重喷。

④黄顶菊生长密集处可采用低容量喷雾器加水 0.7～2.2L，低容量喷雾，但应注意防止药液的漂移药害。

（2）嘧啶磺酰胺类　本项目组在最近的除草剂筛选研究中，发现嘧啶磺酰胺类药剂苯嘧磺草胺作茎叶处理具有快速杀除黄顶菊的效果，同时有土壤处理作用。该药为原卟啉原氧化酶（protoporphyrinogen oxidase，PPO）抑制剂，在黄顶菊苗期 5～8 对真叶时喷施，除草效果理想，作茎叶处理可杀死生境中大部分阔叶杂草，且对禾本科植物安全。

1～5g 有效成分/亩施用剂量可以抑制黄顶菊的长势，且抑制程度随着剂量的增加更加明显。从表 11.7 中可以看出，施药 60 天后，各处理黄顶菊的鲜重显著低于对照，当剂量大于 1.19g 有效成分/亩时，该药剂对黄顶菊的防治效果达到 85% 以上。观察发现，施用苯嘧磺草胺后，黄顶菊顶端很快枯死，表现为典型的触杀型除草剂受害症状。但由于黄顶菊植株有较强的再生能力，随着时间推迟，未被整株杀死的黄顶菊可从侧面再生出新枝。因此，在黄顶菊生育中后期，该药剂施用剂量应提高至 9.73g ai/亩，才可对黄顶菊有效杀除。

表 11.7　苯嘧磺草胺对黄顶菊株高及生物量抑制效果

用量 /（g ai/ 亩）	株高 /cm		药后 60 天防效	
	施药当日	药后 20 天	鲜重 /g	防效 /%
0.21	40.90	51.28	275.97	72.18
1.19	43.17	48.27	112.19	90.35
2.45	39.79	35.27	168.26	85.62
4.83	38.56	16.93	87.48	89.21
9.73	39.46	21.87	69.52	92.44
空白对照	37.77	102.93	1146.87	

施用上述药剂后，生境内一些禾本科杂草和其他多年生杂草得到较好的保护。施用氨氯吡啶酸的小区，马唐、牛筋草、虎尾草、狗尾草、稗草、虮子草、芦苇生长均不受影响。项目组在室外试验过程中发现，施药浓度为 3.34g/亩即能保证防效。在相应的处理区，物种丰富度为 8.3。在嘧啶磺酰胺 9.73g 有效成分/亩的处理区，多年生菊科杂草刺儿菜、苣荬菜、阿尔泰紫菀，旋花科杂草打碗花和禾本科杂草马唐、牛筋草、虎尾草、狗尾草、稗草、虮子草、芦苇生长不受影响，物种丰富度达 10.0，而喷施草甘膦和百草枯处理的小区物种丰富度分别仅为 1.7 和 3.3。

道路两侧黄顶菊防除的宗旨是：对黄顶菊达到有效防控，最大限度地保持生境的植物多样性，除草剂对地下水、土壤、邻近作物影响最小化。上述药剂具有见效快、施用量低，适宜施药时间长和保护植物多样性的优势，可作为道路两侧防除黄顶菊的药剂。

2）沟渠两边

氯氟吡氧乙酸对控制水渠边的黄顶菊有理想的效果，该药剂作用迅速、防效理想，可用作水渠边防治黄顶菊的除草剂。

作为渠边防除黄顶菊的药剂，氯氟吡氧乙酸有较大的生态环境安全优势。该药对环境生物毒性低，尤其是对鱼低毒。从表 11.8 看出，该药对虹鳟鱼致死中量浓度（LC_{50}）

大于 100mg/L，低于草甘膦，明显低于百草枯。

表 11.8　杀除黄顶菊的几种除草剂的环境毒性比较

药剂	毒性					
	大鼠 LD_{50} /（mg/kg）	兔 LD_{50} /（mg/kg）	虹鳟鱼 LC_{50} /（mg/L）	野鸭 LD_{50} /（mg/kg）	蜜蜂 LD_{50} /（μg/头）	蚯蚓 LC_{50} /（mg/kg）
百草枯	129～157	240	26	199	36	1380
草甘膦	5600	>5000	86	4640	>100	n/a
氯氟吡氧乙酸	>2405	>5000	>100	>2000	>100	66.3
氨氯吡啶酸	8200	>4000	19.3	>5000	>100	n/a
二氯吡啶酸	4300～5000	2000	105～124	1465	>100	n/a
氯氨吡啶酸	>5000	n/a	>100	>5620	>100	>1000
莠去津	1869～3090	n/a	4.5～11	n/a	>97	78

注：大鼠、野鸭、蜜蜂的相应指标为急性经口致死中剂量（LD_{50}）；兔为急性经皮 LD_{50}；虹鳟鱼为 96h 或 48h 致死中浓度（LC_{50}）。蚯蚓 LD_{50} 单位为每千克土壤药剂含量。n/a 表示数据暂缺

在黄顶菊 4～10 对真叶期喷施氯氟吡氧乙酸处理后，出现典型的激素类除草剂反应，植株发生畸形、扭曲（图 11.4-A～B）。施药 30 天后，氯氟吡氧乙酸 6～10g 有效成分/亩剂量对黄顶菊株防效和鲜重防效均达 95% 左右（表 11.9）。此后，在黄顶菊生育期内，未见黄顶菊有恢复生长的现象。喷雾应在黄顶菊开花前进行，以减少施药量。

表 11.9　氯氟吡氧乙酸施药后 30 天防治黄顶菊的效果

剂量 /（g ai/ 亩）	株数		鲜重		目测防效 /%
	株数 /m^2	防效 /%	鲜重 /m^2	防效 /%	
6	11	93.62	38.1	94.96	92.67
10	10	94.72	11.3	98.42	98.12
14	3	97.67	10.4	98.81	98.36
空白对照	134	—	880.0	—	—

3）林地应急防控技术

硝磺草酮、乙羧氟草醚和草甘膦可作为林地下层对黄顶菊应急控制的药剂，而氨氯吡啶酸、三氯吡氧乙酸等，尽管对黄顶菊防除效果理想，但因其施药时药液易漂移，使杨树、桦树、椴树等生长受到影响，故应慎用。

草甘膦具有传导性，可彻底灭杀黄顶菊，但因其无选择性，对生境中植物多样性破坏较大。在应急控制缺乏可选择的药剂时，可使用草甘膦对黄顶菊进行防控，用药量为每亩喷施 41% 农达水剂 100～300mL（有效成分 41～123g），加水 20～30L。施药时应注意以下几点。

①草甘膦是茎叶处理剂，只有在黄顶菊出苗后喷施才会起作用，实际应用中应采取对靶喷雾，以减少施药量。

②杂草密度大、叶片数多的农田采用高剂量，反之用低剂量。

③草甘膦为内吸传导型除草剂，施药时选择无风天气进行，喷头加保护罩，防止药剂漂移到邻近作物。

④药液应用清水配制，浊水或水中含较多金属离子均会降低药效。

⑤草甘膦施药后 3 天不可割草、放牧及翻地，以免影响药剂的传导使药效降低。施药后 4h 遇大雨需重喷。

硝磺草酮和乙羧氟草醚是用于农田黄顶菊防控的药剂。因其对植物多样性影响较小（表 11.10），对树木生长无危害，也可用于林地的黄顶菊防除。注意事项如前所述。

表 11.10　林地几种除草剂单用杀除黄顶菊的效果及对其他植物的影响

药剂	剂量 /（g ai/ 亩）	防效 /%				物种丰富度指数 S
		株数			60 天鲜重	
		15 天	30 天	60 天		
草甘膦	41	90.3	54.5	44.3	45.5	2.3
	61.5	95.5	87.7	53.7	53.0	1.7
	82	99.7	86.5	75.5	56.9	1.7
硝磺草酮	5	85.5	85.9	84.0	75.8	8.0
	7.5	90.3	93.3	83.7	85.9	8.0
	10	90.8	95.0	88.8	87.5	7.3
乙羧氟草醚	2	93.3	85.7	45.0	45.5	8.3
	3	95.8	85.0	73.5	78.8	8.0
	4	99.5	87.3	79.3	80.5	7.3
空白对照		323.3	215.3	228.0	1689.8	

注：空白对照株防效和鲜重防效对应数字分别为单位面积株数（株 /m²）和鲜重（g/ m²）

在林地应用上述药剂与种植竞争性植物相结合，可在一定程度上起到提高除草效果的作用，尤其是在黄顶菊生育中后期，竞争性植物的遮阴能控制黄顶菊生物量的增长。

4）撂荒地、休耕地及废弃地

撂荒地及废弃地可采用氨氯吡啶酸和三氯吡氧乙酸一次施药，对黄顶菊有理想的控制效果。选择撂荒地和休耕地防除黄顶菊的药剂，既要考虑对黄顶菊的药效，也要注意，不能对翌年可能种植的其他作物造成影响。如果施药 60 天后在撂荒地种植其他作物，施用上述两种药剂应慎重，最好采用草甘膦或百草枯进行灭生性处理。废弃地黄顶菊防控以有效杀除为原则，同时还应考虑药剂对植物多样性的影响。

5）园林绿化地

乔建国等（2008）研究了园林绿化地黄顶菊防控的可能性。结果显示乙草胺（50% 乳油）、异丙甲草胺（72% 乳油）、乙草胺 + 莠去津能有效抑制黄顶菊种子萌发，且对常见园林绿化植物，如大叶黄杨、月季、紫叶小檗、金叶女贞等无害。因此，文章作者建议，如果在该生境发现黄顶菊，可在翌年 4 月前，即黄顶菊大量萌发之前作土壤处理。对于黄顶菊幼苗，可以采取定向喷施乳氟禾草灵（24% 乳油）、2, 4- 滴丁酯（72% 乳油）等药剂。

4. 非耕地除草剂减量增效技术

1）静电喷雾技术

静电喷雾器较常规喷雾器喷出的药液雾滴细小并带有静电，覆盖密度高，着落均匀、吸附性极强，靶标植物正面、反面和隐蔽部位均能受药。同时，由于雾滴细，使得药剂附着力增强，即使有微风，药液也基本都被吸附在靶标上。药液被吸附后不易被雨水冲刷掉，也不易在阳光下蒸发，可使药效期显著延长，因而减少喷药次数。该喷药器械对在不利天气下保证药效、降低药量，减少漂移风险及除草剂无污染有较大意义。

本项目组对不同喷雾器械喷施草甘膦（41% 农达水剂，32.8g ai/ 亩）的效果研究得出，施药后 47 天，静电喷雾对黄顶菊的株防效比常量喷雾高 50% 以上；而低量喷雾由于喷液量不足，药液不能在黄顶菊植株表面均匀分布，导致防效不佳，防效仅为 64.3%（表11.11）。以上结果表明，静电喷雾技术防治杂草的效果显著优于常量喷雾技术，能大幅度降低除草剂用量，减少环境污染，是黄顶菊防控中除草剂减量增效的理想途径。

表 11.11　喷雾器械对草甘膦防治黄顶菊的影响

处理	喷液量 /（L/ 亩）	药后 47 天防效			
		株数 /m²	防效 /%	鲜重 /m²	防效 /%
常量喷雾	30	533b	51.5b	441.3a	25.7b
静电喷雾	5.3	108c	91.0a	138.7b	80.8a
低容量喷雾	2	480b	56.2b	301.7a	64.3b
空白对照		1156a	—	783.7a	—

注：表中字母为多重比较结果

2）使用助剂

助剂可增进药液的湿润、渗透和黏着性能，并能提高农药的生物活性。在非耕地使用除草剂时，由于土壤缺乏灌溉条件，黄顶菊茎叶吸收药剂能力相对较差。用药时添加适宜的助剂对提高药效、降低药量有较大作用。对乙羧氟草醚和硝磺草酮添加助剂的研究表明：乙羧氟草醚 2g/ 亩施药时加入甲酯化植物油、有机硅、机油乳油、Quad7 和硝磺草酮施药时加入 SD、Gymax 均可提高防效，起到降低除草剂施药量的作用。

王秋霞等（2008）的研究也显示，将甲酯化植物油、有机硅表面活性剂、机油乳油、Quad7 分别与氨氯吡啶酸混用，机油乳油、甲酯化大豆油、有机硅表面活性剂分别与三氯吡氧乙酸混用，甲酯化大豆油、Quad7 分别与 2 甲 4 氯钠盐混用，均可提高防效，并使除草剂用量减半。

（李香菊　王秋霞）

第二节　黄顶菊替代控制 [①]

"替代控制"为 replacement control 的直译，源自 Piemeisel 和 Carsner（1951）对其

---

① 本节照片摄影：张瑞海、张衍雷、皇甫超河（图11.12）。除注明外，摄影地点均为河北献县。

与生物防治关系的讨论。这一概念不同于生物防治，是指运用于非耕地和草场，通过植被覆盖的方式替代目标有害植物，并达到间接控制（适生于有害植物的）害虫、水土保持等多个目标的非专一性手段（Piemeisel，1954；Piemeisel and Carsner，1951）。近几十年来，面对外来植物入侵的严峻局面，在紫茎泽兰、豚草、大米草等外来入侵杂草上进行了大量的"替代控制"研究和实践（综述见万方浩等，2011；李富荣等，2007；孟可爱等，2006；强胜和曹学章，2001；关广清等，1995，1993）。

从生态生理学的角度，替代控制的作用机理为植物竞争，在植物之间互作中优势偏向于替代植物，从恢复生态学角度，这一过程则体现为群落演替。与第一节介绍的化学防治不同，无论是"替代控制"还是"植被恢复"，这种群落演替都是需要人为干预的长期过程。从实践的角度，替代措施实质上是选择一种或多种适应性强、生长速度快、在短时间内可达到较高郁闭度的植物，种植在外来入侵植物为害的地方，来取代外来入侵植物的种群优势。在利于恢复生态系统的同时，力求取得一定的经济效益与社会效益。

1. 黄顶菊替代植物筛选的原则和过程

如果仅从植物竞争的角度看，一种植物能取代另一种植物的原因大致有两种：一是替代植物在生长期间对资源利用具有强大的竞争优势（杜锋等，2004；李博等，1998），如争夺光、水、肥及生存空间等（Grime，1979），或对资源的需求很低（Tilman，1988，1982）；二是替代植物具有特殊的化感作用，即替代植物通过自身或根际微生物分泌化学物质，最终对被替代的植物产生不利的影响。

然而，这些因素也是很多外来植物成功入侵的原因之一。黄顶菊作为 C_4 植物，喜光且利用光的能力强，在适宜条件下能迅速生长至 2m 以上。我国学者的初步研究显示，黄顶菊也具有强烈的化感作用（李香菊等，2007）。因此，从植物替代的角度看，替代植物在具有上述优势的同时，还需打破所替代入侵植物具备的相似优势。

由于在自然环境下，黄顶菊出苗早，在这些幼苗进入快速生长之前存在着相当长的窗口期（见第七章第二节）。而且在这一时期，黄顶菊的生物量小，能发挥的化感作用相对有限。由于黄顶菊并不耐阴，如替代植物在此期间能迅速生长成高大的植株，对黄顶菊形成遮蔽效应，使黄顶菊难以从实质上进入快速生长期，不仅导致单株生物量降低，而且在进入生殖生长期之前因无法进行有效的分枝而致使瘦果产量下降，最终使得本地黄顶菊种子库密度下降。此外，替代植物最好为本地物种，至少是对本地生态系统安全的植物，以免引发新一轮的为害。

综上所述，对黄顶菊替代植物进行筛选的大致原则如下。

萌发不显著受黄顶菊影响；在黄顶菊生长前期生长迅速；植株高大，能形成有效的荫蔽（冠层），或能形成较高的密度；对替代地区的生态系统不造成有害影响；管理粗放，维护费用低，经济上可行；或具有一定的经济价值。

根据以上原则，本节作者选取 17 种候选植物（表 11.12），筛选合适的替代物种：
（1）首先，进行室内生测实验，即利用黄顶菊水浸提液处理所选的植物种子，通过

表 11.12　用于替代控制黄顶菊实验的植物

科	替代植物①	拉丁文	类型	利用优势	参考文献
菊科 （Asteraceae）	欧洲菊苣	*Cichorium intybus*	多年生	郁闭度高，适应性强，抗病力强，优质牧草	陆翠芳，2008；顾玉池，2002
	向日葵	*Helianthus annuus*	一年生	生长迅速，植株高大，遮阴效果好	曹孟梁，2008；辽宁省农科院情报资料室，1975
	菊芋	*Helianthus tuberosus*	多年生	植株高大，遮阴好，经济价值高	孙备等，2008；关广清等，1995
苋科 （Aaranthaceae）	籽粒苋	*Amaranthus paniculatus*	一年生	植株高大，再生力强	包玉玺，2011；王桂荣，2011；杭红仙等，2004
唇形科 （Lamiaceae）	地参（地笋）	*Lycopus lucidus*	多年生	适应性强，管理粗放，经济价值高	范仲先，2006；杨昆红和王学明，2001
豆科 （Fabaceae）	紫穗槐	*Amorpha fruticosa*	多年生	植株茂密，管理粗放，美化环境	金惠军和崔松，1997；关广清等，1995
	沙打旺	*Astragalus adsurgens*	多年生	发芽早，生长茂盛，经济效益高，能源植物	李峰，2009；朱彩等，2006；高农，2002
	小冠花	*Coronilla varia*	多年生	耐旱，繁殖力强，覆盖度大	张华君和吴曙光，2004；关广清等，1995；伊虎英等，1992
	马棘	*Indigofera pseudotinctoria*	多年生	固氮，水土保持能力强	陈学平等，2011
	胡枝子	*Lespedeza bicolor*	多年生	适应性强，生长发育快，保持水土	张华君和吴曙光，2004；陈默君等，1997
	紫花苜蓿	*Medicago sativa*	多年生	群体密度大，经济价值高	王鑫等，2003；池银花，2002
	红车轴草	*Trifolium pratense*	多年生	适应性强，覆盖效果好	李红芳和张宏建，2012
禾本科 （Poaceae）	墨西哥玉米	*Euchlaena mexicana*	一年生	植株高大，优质高产牧草	卓坤水，2006；朱金昌等，2006
	高羊茅	*Festuca arundinacea*	多年生	生长迅速，护坡，水土保持	田晓俊等，2008；张华君和吴曙光，2004
	一年生黑麦草	*Lolium multiflorum*	一年生	再生性强，生长迅速	舒健虹和尚以顺，2006
	多年生黑麦草	*Lolium perenne*	多年生	发芽快，再生性好	周泽建，2006；朱宏伟，2005
	柳枝稷	*Panicum virgatum*	多年生	适应性强，生长密度高，能源植物	李峰，2009；胡松梅等，2008
	草地早熟禾	*Poa pratensis*	多年生	耐践踏，再生性好	李长波等，2008；张华君和吴曙光，2004；关广清等，1995
	高丹草②		一年生	植株高大，遮阴效果好，饲草作物，生长迅速	苏爱莲，2002
蔷薇科 （Rosaceae）	当代月季（丰花蔷薇）	*Rosa hybrida*	多年生	植株繁密，易形成群体，景观植物	陈明，2004；郭伟和马莉，2011

①加黑代表本节本室内萌发实验内容所指的 14 种供试植物

②高丹草为高粱雄性不育母本与苏丹草父本杂交后代，苏丹草（*Soghum × drummondii*）为高粱（*S. bicolor*）母本与高粱同属 *S. arundinaceum* 的杂交 F_1 代

考察发芽率或发芽指数，初步评价备选的替代植物种子是否能克服黄顶菊的化感作用；

（2）然后，进行盆栽实验，将不同密度的备选植物和黄顶菊种子播植于同一盆钵内，考察黄顶菊与备选植物的生长情况；

（3）其后，进行大田试验，将通过室内生物测定和盆栽筛选出的植物和黄顶菊混种，通过定期测量黄顶菊与替代植物的生理生态指标，评价替代植物在自然条件下的作用，最终初步筛选出能够抑制黄顶菊生长的替代植物，以待进一步在自然生境中进行验证。

2. 黄顶菊替代植物的室内筛选

　1）萌发实验

　　本节作者在室内采用培养皿滤纸法，考察了黄顶菊根水浸提液对14种供试种子的化感作用表现。结果显示，除红车轴草（即红三叶草）种子萌发受黄顶菊根水浸提液影响显著外，其余13种植物种子所受影响均不显著。与红车轴草相似，另有研究结果显示，白三叶草（*Trifolium repens*）的萌发率、根长、根茎比都受黄顶菊水浸提液的显著抑制（冯帮贤等，2010；周文杰等，2010）。

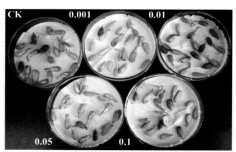

A. 黄顶菊水浸液对向日葵萌发的影响

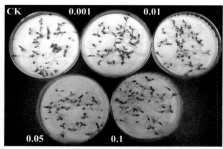

B. 黄顶菊水浸液对紫花苜蓿萌发的影响

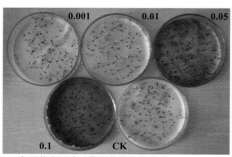

C. 向日葵水浸液对黄顶菊萌发的影响

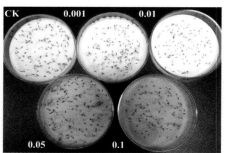

D. 紫花苜蓿水浸液对黄顶菊萌发的影响

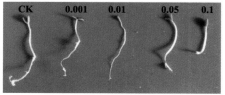

E. 紫花苜蓿水浸液对黄顶菊胚根胚芽的影响

图 11.5　替代植物与黄顶菊萌发期相互作用实验

图中文字为水浸液浓度，单位为 g/mL。A～E. 北京，中国农业科学院；A～B. 2009 年 5 月；C～E. 2010 年 6 月

　　皇甫超河等（2010b）选取 4 种有替代潜力的牧草，通过培养皿生测方法，探讨这些牧草与黄顶菊之间的化感互作。这 4 种牧草分别为表 11.12 中提到的红车轴草、紫花

苜蓿、一年生黑麦草以及菊科植物菊苣（*Cichorium intybus*）。结果显示，在供试浓度范围内，黄顶菊茎叶及根系浸提液对紫花苜蓿化感综合效应均小于 0，表现为促进生长，而紫花苜蓿浸提液对黄顶菊有较强的化感作用，其茎叶和根系水浸提液对黄顶菊的化感综合效应值分别达 65% 和 93%。由此可见，紫花苜蓿为较有替代潜力的牧草种类。与之相反，黄顶菊茎叶及根系浸提液对其他 3 种牧草有不同程度的抑制。张瑞海等（2012）研究发现黄顶菊水浸提液对紫花苜蓿、向日葵种子萌发的抑制作用不明显；而紫花苜蓿水浸提液对黄顶菊种子的萌发具有抑制作用，体积质量分数为 0.1g/mL 时，黄顶菊种子发芽率降低到 32%；紫花苜蓿产生的化感物质主要抑制黄顶菊种子胚根的生长。向日葵水浸提液对黄顶菊种子萌发影响不明显（图 11.5）。

　　2）盆栽试验

　　在温室内将向日葵、黑麦草、紫花苜蓿等与黄顶菊混种，结果发现，几种植物均不受黄顶菊影响，反而能够抑制住黄顶菊的生长（张衍雷，未发表）（图 11.6）。马杰等（2010）采用盆栽取代试验方法观察了不同密度及比例条件下黄顶菊和多年生黑麦草、紫花苜蓿、高丹草 3 种牧草的竞争表现，结果发现：在 3 种牧草中，高丹草对黄顶菊株高控制效果最为明显，并以苗期效果最好，在低密度比例下对黄顶菊抑制率即可达 60%；而多年生黑麦草和紫花苜蓿的控制效果较差，在低密度比例下对黄顶菊起不到抑制作用。

A. 黄顶菊单种对照

B. 黄顶菊向日葵混种

C. 黄顶菊黑麦草混种

D. 黄顶菊墨西哥玉米混种

图 11.6　替代植物与黄顶菊混种温室盆栽实验

（北京，中国农业科学院，2009 年 5 月）

3. 黄顶菊替代植物的田间试验

根据黄顶菊发生的生境，将室内实验筛选出的替代植物（或组合）进行田间试验。对于无法进行种子萌发实验或需播种的盆栽实验的替代植物，如紫穗槐苗和当代月季，则略过室内筛选，直接进入田间试验。试验在黄顶菊发生较为严重的河北献县进行，第一年试验开始于 2009 年 4 月 20 日，除向日葵组合以及当代月季替代小区的面积为 5m×5m 外，其余小区均为 3m×3m，并设置替代植物与黄顶菊单种对照。

对于一年生的替代植物，试验当年即可对其控制效果进行评估，实验在当年结束。而对于有些多年生植物，如沙打旺与紫穗槐，尽管在当年控制效果并不明显，根据其生长特点，将此两种植物在田间保留到第二年再进行评估。事实上，这两种多年生植物第二年对黄顶菊的控制效果远优于第一年。

选取生物量、株高抑制率以及分枝数抑制率作为筛选评价的指标（表 11.13），综合这几项指标的表现，最终筛选出控制效果较为明显的植物（或组合），它们是籽粒苋、向日葵＋多年生黑麦草、向日葵＋紫花苜蓿、向日葵＋高羊茅、沙打旺、紫穗槐（苗）、紫花苜蓿。此外，皇甫超河等（2010a）进行了高丹草、紫花苜蓿和欧洲菊苣替代黄顶菊的田间试验。在后文中，我们将选取其中几个替代植物（或组合）进行详细介绍。

表 11.13　替代控制黄顶菊田间试验的效果评价

替代植物（及组合）	生物量评价 *	株高抑制率 /%	分枝数抑制率 /%
籽粒苋	+++	79.2	98.9
向日葵＋多年生黑麦草	+++	73.9	95.4
向日葵＋紫花苜蓿	+++	60.8	81.9
向日葵＋高羊茅	+++	47.1	94.7
沙打旺（第一年）	++	8.0	71.7
沙打旺（第二年）	+++	99.8	100
紫穗槐（苗）（第一年）	+	30.1	10.2
紫穗槐（苗）（第二年）	+++	47.2	91.7
紫花苜蓿	++	41.3	77.7
墨西哥玉米＋高羊茅	++	23.1	78.1
紫穗槐（种子）＋一年生黑麦草＋紫花苜蓿	++	35.1	77.3
小冠花＋一年生黑麦草	++	31.8	53.7
多年生黑麦草	+	20.2	61.2
草地早熟禾＋黑麦草	+	26.2	30.7
高羊茅	+	18.5	59.8
胡枝子	+	12.4	44.5
马棘＋草地早熟禾	—	10.3	41.2
丰花月季	—	6.9	3.2

* 替代植物对单株黄顶菊生物量的影响：＋代表有影响，数目越多影响越大；—代表无明显影响

4. 黄顶菊替代控制实施实例介绍

1）籽粒苋

籽粒苋为苋科一年生植物，是一种优质牧草，株高可达205～350cm。选择籽粒苋作为替代植物就是利用其植株高大、分枝再生能力强的优势（包玉玺，2011；王桂荣，2011），若能投入应用，不仅具有较高的生态价值，其经济价值也不可小觑。

2009年4月20日条播籽粒苋种子于3m×3m小区，播深3～5cm，播量为5g/小区。实验过程中发现，籽粒苋生长迅速，能够迅速形成密闭群体，利用黄顶菊前期生长慢的时机，占据生长空间。到了竞争后期，生长在籽粒苋下的黄顶菊，植株矮小，长势弱，基本无分枝（图11.7）。实验结果显示，黄顶菊株高抑制率可达79.2%，而分枝数抑制率高达98.9%，平均单株生物量比对照低78.5%。综合评定显示，利用籽粒苋控制黄顶菊生长的效果显著。该替代方法可替代控制农田边缘、荒地生境中的黄顶菊。

A. 籽粒苋生长前期，植株茂密，郁闭度高(2009年7月1日)　B. 籽粒苋生长后期，已形成高大茂密群体(2009年8月1日)

C. 籽粒苋群体下黄顶菊生长状况(2009年8月1日)　　D. 实验后期，籽粒苋群体下几乎不见黄顶菊（2009年8月14日）

图11.7　籽粒苋替代控制黄顶菊

2）向日葵＋紫花苜蓿组合

向日葵和紫花苜蓿都是重要的经济植物，前者为与黄顶菊同属菊科的一年生植物，植株高大，并且种植简单、管理粗放、较耐瘠薄，适应于多种低端种植，是重要的油料经济作物（曹孟梁，2008；辽宁省农科院情报资料室，1975）；后者为豆科多年生优质牧草，产草量高、适应性强、适口性好，有"牧草之王"的美称，而且它耐贫瘠、耐盐、耐旱能力强（王鑫等，2003；池银花，2002）。

2009年4月20日点播向日葵种子于5m×5m小区，每穴2～3粒饱满种子，行株距为50cm；紫花苜蓿条播于向日葵行间，播量为25g/小区。

在黄顶菊生长前期，紫花苜蓿出苗早、生长较为迅速，与黄顶菊竞争水平空间，可抑制黄顶菊苗期的生长，自生长中期开始，向日葵在一定区域内形成较大郁闭度，可与黄顶菊争夺光照资源，竞争垂直空间（图11.8）。此外，据观察，紫花苜蓿并不受向日葵的遮阴作用影响。结果显示，黄顶菊株高抑制率达60.8%，分枝数抑制率达81.9%，单株生物量（9.39g/株）较同组对照（237.6g/株）下降96.5%，控制效果明显。该替代方法可用于控制荒地、果园周边、农田周边生境中的黄顶菊。

A. 生长前期替代小区内黄顶菊生长情况（2009年6月2日）

B. 生长中期的替代小区（远）与对照小区（近）（2009年6月11日）

C.（上）生长中后期的替代小区（远）与对照小区（近）（2009年7月9日）

D.（左）生长后期在替代小区内，黄顶菊生长情况，长势弱小，且种群密度低（2009年8月7日）

图11.8　向日葵＋紫花苜蓿组合替代控制黄顶菊

3）紫花苜蓿

紫花苜蓿为豆科多年生牧草，其水浸提液对虎尾草、马唐等一些杂草有一定的控制作用（卢成等，2008）。于亮等（2009）对黑麦草和紫花苜蓿与紫茎泽兰的竞争作用进行研究，发现紫茎泽兰的发芽率、干重及株高均受到紫花苜蓿的抑制，并据此提出利用

2 种牧草替代控制紫茎泽兰可行的观点。

2009 年 4 月 20 日条播紫花苜蓿于 3m×3m 小区，行距 30cm，播量为 10g/ 小区。

观察发现，黄顶菊株高抑制率为 41.3%，分枝数抑制率为 77.7%，生物量抑制率为 77.3%，各项指标抑制率并不优于上述 2 个案例。但是，截至最后一次数据测量，处理区每平方米黄顶菊植株数量仅为 2.8 株，为同组对照区的 21%，说明紫花苜蓿能够降低黄顶菊密度。张瑞海等（2012）利用紫花苜蓿水浸提液处理黄顶菊种子，结果显示，紫花苜蓿水浸提液对黄顶菊种子萌发及胚根的生长具有抑制作用。

由于黄顶菊苗期生长缓慢，且 4～8 月均可出苗，随着紫花苜蓿的生长，产生的化感物质增多，影响了黄顶菊的发芽及苗期的生长；到了竞争后期，紫花苜蓿已形成高密度群体，对黄顶菊产生了遮蔽效应，从而进一步控制了黄顶菊的数量（图 11.9）。该方法可替代控制农田边缘、荒地、果园、林地生境中的黄顶菊。

A. 紫花苜蓿生长前期，发芽早，在黄顶菊苗期已形成茂密群体（2009年6月2日）　　B. 紫花苜蓿生长中期，生长于紫花苜蓿群体中的黄顶菊（2009年7月5日）

C. 紫花苜蓿生长中后期，黄顶菊虽然单株生物量大，但种群密度小（2009年7月17日）　　D. 最后一次测量数据时黄顶菊生长状况（2009年8月7日）

图 11.9　紫花苜蓿替代控制黄顶菊

4）沙打旺

沙打旺为豆科多年生牧草，株高可达 1～2m，但在本实验中，沙打旺株高最高仅 1m。沙打旺植株每丛分枝 10～35 个，抗旱、抗风沙、耐盐碱、耐瘠薄，是防风固沙保持水土的兼用作物，并且具有根瘤，可以固氮（宋彩荣等，2006；高农，2002）。

2009 年 4 月 20 日，将沙打旺与细沙土混匀后，撒播于 3m×3m 小区，播量为 15g/ 小区。

观察发现，第一年（2009 年）沙打旺控制黄顶菊的效果并不明显，生物量抑制率仅为 23.3%，株高抑制率为 8%，分枝数抑制率为 71.7%。由于沙打旺为多年生植物，第二年返青早，是所种植的替代植物中最早出苗的草种之一。截至 2010 年 5 月 23 日，沙打旺已完全覆盖地面，致使黄顶菊长势弱。截至最后一次数据测量，在整个处理小区中，并未发现黄顶菊植株，仅在小区边缘发现几株（图 11.10）。由此可见，沙打旺对黄顶菊的抑制效果很强。该方法可替代控制农田边缘、荒地、果境中的黄顶菊。

A. 第一年控制效果，图示为沙打旺单种对照与处理区（2009年8月7日）

B. 沙打旺已完全被黄顶菊包围（2009年8月7日）

C. 第二年沙打旺返青早（2010年5月5日）

D. 第二年沙打旺生长迅速（2010年5月23日）

E. 生长后期，沙打旺群体茂密（2010年9月23日）

F. 沙打旺群体下无黄顶菊出现，图示为刈割1m²沙打旺后发现无黄顶菊植株（2010年9月13日）

图 11.10　沙打旺替代控制黄顶菊

5）紫穗槐

紫穗槐为豆科多年生落叶小灌木，是一种优良绿肥及农用经济植物，并具有很强的抗病、抗虫、抗烟和抗污染能力，易于管理，曾有研究尝试利用紫穗槐替代控制高速公路路边豚草，取得了不错的控制效果（金惠军和崔松，1997；关广清，1995）。

　　由于紫穗槐植物的特殊性，选用紫穗槐幼苗而非种子进行实验，按照常规的紫穗槐种植密度（行株距50cm）种植。紫穗槐第一年生长相对缓慢，并没有在黄顶菊快速生长期之前形成较高郁闭度，因此并未达到预期的控制效果，处理区黄顶菊株高抑制率为30.1%，分枝数抑制率为10.2%，生物量抑制率为18.5%。紫穗槐在第一年生长季节末可长成高大植株，第二年出芽早，在5月中旬时已形成较高郁闭度，对黄顶菊生长前期起到了遮蔽作用，在竞争中占有优势（图11.11）。最终结果显示，处理区黄顶菊生物量抑制率高达98.7%，株高抑制率和分枝数抑制率分别为47.2%和91.7%，达到了预期的控制效果。该控制方法可用于公路两旁的黄顶菊。

A. 第一年控制效果，示紫穗槐单种对照与处理区，处理区紫穗槐被黄顶菊包围(2010年8月7日)

B. 第二年紫穗槐发芽早(2010年5月5日)

C. 第二年紫穗槐生长迅速(2010年5月23日)

D. 生长后期处理区已不见黄顶菊高大植株(2010年9月13日)

E. 紫穗槐群体下黄顶菊植株(2010年9月13日)

图11.11　紫穗槐替代控制黄顶菊

6）其他

高丹草具有很强的遮阴能力，即使在最低替代比例（1:1）时其盖度就已达100%；经过15周的竞争性生长，各个混种比例下黄顶菊均被完全抑制，混种处理小区中几乎无黄顶菊植株，以单位面积生物量表示抑制率为100%。在欧洲菊苣与黄顶菊替代组合中随前者比例的增加，黄顶菊生长指标总体呈下降趋势。以中等替代比例最佳，此时对黄顶菊株高抑制率为80%以上，单位面积生物量的抑制率为96.2%，接近完全控制（图11.12）。

A. 播种后一个月，高丹草出苗快，黄顶菊尚未出苗（2009年5月21日）

D. 播种后一个月，欧洲菊苣出苗早，已达4片真叶，而黄顶菊尚未出苗（2009年5月21日）

B. 播种后两个月，高丹草株高已达50cm，盖度达100%，冠层郁闭度高，黄顶菊无法生长（2009年5月21日）

E. 播种后两个月，欧洲菊苣地面覆盖度达80%以上，株间未发现黄顶菊幼苗（2009年6月17日）

C. 播种后三个月，高丹草已达结实期，替代区无黄顶菊发生，生物量为0（2009年7月21日）

F. 播种后三个月，欧洲菊苣郁闭度已达100%，仅有个别黄顶菊植株发生，但生长细弱未开花结实（2009年7月17日）

图 11.12　高丹草和欧洲菊苣替代控制黄顶菊

（张瑞海　张国良　付卫东　杨殿林　皇甫超河　张衍雷　韩　颖）

第三节　黄顶菊生物防治

生物防治是通过利用一种（类）生物（即生物防治因子，biological control agent）以寄生、捕食或侵染行为来降低另一种（类）生物种群密度的有害生物治理措施[①]（McFadyen，1998；Nordlund，1996；DeBach，1964）。生物防治所涉及的具体实施措施有从原产地引进（classical biological control，即经典生物防治，包括接种释放，即 Inoculation）、助增释放（augmentation）、自然保护（conservation）、大规模释放（inundation，或淹没释放）等（Norris et al.，2003；丁建清和付卫东，1996）。

杂草的生物防治最常见的措施是由原产地引进寄主较为专一的天敌，在通过安全评估后进行释放，以达到抑制杂草生长繁殖、降低杂草种群密度和减轻其危害程度的目的。采用生物控制具有无残留和不污染环境等优点。这一措施的第一步为调查目标植物的天敌生物。

1. 黄顶菊潜在天敌昆虫的调查

1）在原产地开展的研究[②]

斐耶神父描述了在智利黄顶菊上发现的常见 11 "体节" 黑眼红色小虫，但没有公布体长等量化信息。由于标本的缺失，我们无从对其进行鉴定。从形态上看，所描述的对象处于蛹形成初期。

除此之外，在 Morán Lemir（1985）进行系统调查前，关于黄顶菊有关昆虫的报道仅有 Kohler（1926）在阿根廷布宜诺斯艾利斯省（Buenos Aires）发现的一种灯蛾科的幼虫，即 *Antarctia persimilis* Burmeister。

阿根廷研究人员 Morán Lemir 于 1979～1986 年在阿根廷图库曼（Tucumán）地区对黄顶菊、香附子（*Cyperus rotundus*）和管形肿柄菊（*Tithonia tubaeformis*）进行研究（Cordo，1992）。对黄顶菊天敌的调查在 1982～1983 年展开，调查地为图库曼和圣地亚哥 - 德尔埃斯特罗（Santiago del Estero）两省。两省相邻，前者地处安第斯山脉东麓，后者南接科尔多瓦（Córdoba）省。因此，调查地可以代表黄顶菊原产地。

这项调查不仅涵括了黄顶菊的各个生长阶段，而且对有关昆虫的虫态、出现频度和为害状进行了记录。调查共采集到 93 种节肢动物，按当时的分类，共涉及 6 目 31 科。由于篇幅所限，以下仅按原文罗列出该调查的结果名录。

①　根据原定义改编，原文为 "…the actions of parasites, predators, and pathogens in maintaining another organism's density at a lower average than would occur in their absence."

②　相关内容得益于美国农业部农业研究局南美生物防治实验室（USDA-ARS South American Biological Control Laboratory）Guillermo Logarzo博士惠赠的文献及美国布朗大学Erika A. Sudderth博士提供的信息，在此特表感谢。

直翅目（Orthoptera）
  蝗科（Acrididae）
    Dichroplus elongatus Giglio-Tos
    Dichroplus exilis（Giglio-Tos）
    Xyleus sp.
  花癞蝗科（Romaleidae）
    Coryacris angustipennis（Bruner）
缨翅目（Thysanoptera）
  蓟马科（Thripidae）
    Microcephalothrips abdominalis
    （Crawford）
  管蓟马科（Phlaeothripidae）
    Haplothrips trellesi Moulton
半翅目（Hemiptera）
  盲蝽科（Miridae）
    Proba viridicans Stål
    Taylorilygus pallidulus（Blanchard）
    Trigonotylus doddi（Distant）
  长蝽科（Lygaeidae）
    Acroleucus coxalis（Stål）
    Lygaeus alboornatus Blanchard
    Nysius simulans Stål
    Xyonysius californicus Stål
  大红蝽科（Largidae）
    Largus fasciatus Blanchard
    Largus humilis（Drury）
  缘蝽科（Coreidae）
    Athaumastus haematicus（Stål）
    Camptischium clavipes（F.）
    Hypselonotus lineatus Stål
  姬缘蝽科（Rhopalidae）
    Arhyssus sp.
    Harmostes serratus（F.）
    Harmostes prolixus Stål
    Niesthrea pictipes Stål
  盾蝽科（Scutelleridae）
    Camirus impressicollis Stål
    Symphylus ramivitta Walker
  蝽科（Pentatomidae）
    Edessa meditabunda（F.）
    Mormidea v-luteum（Lichtenstein）
    Thyanta maculata（F.）
[原同翅目（Homoptera）]
  角蝉科（Membracidae）
    Campylenchia hastata（F.）
    Ceresa brunnicornis（Germar）

    Cyphonia clavigera（F.）
    Entylia gemmata（Germar）
    Hypsoprora coronata（F.）
    Paraceresa bifasciata（Farmaire）
  沫蝉科（Cercopidae）
    Deois knoblauchi（Berg）
    Deois sp.
  Aethalionidae
    Aethalion sp.
  叶蝉科（Cicadellidae）
    Agallia albidula Uhler
    Bucephalogonia xantophis（Berg）
    Chlorotettix fraterculus（Berg）
    Dalbulus sp.
    Diedrocephala variegata（F.）
    Paratanus exitiosus Beamer
    Sapinga adspersa（Stål）
    Scopogonalia subolivacea（Stål）
    Tapajosa similis（Melicher）
    Tapajosa sp.
    Xerophloea viridis（F.）
  飞虱科（Delphacidae）
    Delphacodes sp.
  长翅蜡蝉科（Derbidae）
    Cedusa sp.
    Omolicna sp.
  蚜科（Aphididae）
    Aphis gossypii Glover
    Aphis（*Protaphis*）sp.
    Aphis sp.
    Uroleucon ambrosiae（Thomas）
  粉蚧科（Pseudococcidae）
    Phenacoccus crasus Granara
  筒介科（Ortheziidae）
    未鉴定 1 种
鞘翅目（Coleoptera）
  金龟甲科（Scarabaeidae）
    Euphoria sp.
  叩甲科（Elateridae）
    Conoderus malleatus（Germar）
  拟花萤科（Melyridae）
    Astylus atromaculatus Blanchard
    Astylus bipunctatus Pic
    Astylus lineatus（F.）
  瓢甲科（Coccinellidae）
    Epilachna paenulata（Germar）

伪金花虫科（Lagriidae）
 Lagria villosa F.
芫菁科（Meloidae）
 Epicauta adspersa（Klug）
叶甲科（Chrysomelidae）
 Diabrotica speciosa（Germar）
 Diabrotica sp.
 Cyclosoma sp.
 Lactica peruviana
 Nodonota denticollis Jacoby
 Nodonota sp.
 Phaedon consimilis Stål
 Stolas cancellata Boheman
 Systena sp.
象虫科（Curculionidae）
 Achia sp.
 Baris sp.
 Compsus sp. 未鉴定 2 种

Conotrachelus sp. 未鉴定 2 种
Cyphus globulipennis Heller
Pantomorus sp. 未鉴定 2 种
Parapantomorus sharpi（Heller）
Pororhynchus sp.
Pseudocentrinus spasus Boh.
隐喙象亚科（Cryptorhynchinae）未鉴定 1 种
小蠹亚科（Scolytinae）未鉴定 1 种
鳞翅目（Lepidoptera）
卷蛾科（Tortricidae）
 未鉴定 3 种
夜蛾科（Noctuidae）
 Helicoverpa gelotopoeon（Dyar）
 Helicoverpa zea（Boddie）
 Rachiplusia nu（Guenée）
蜱螨目（Acarina）
叶螨科（Tetranychidae）
 Tetranychus desertorum Bank

2）潜在天敌的研究

在调查结果中，35% 的节肢动物为农业害虫，其他种类大多数为多食性昆虫，只有 1 种猿叶甲、1 种叶螨、1 种长蝽和 1 种未鉴定的卷蛾引起了研究人员的注意（表 11.14）。

表 11.14　黄顶菊潜在昆虫天敌

种类	分类地位	发生程度	虫态	取食部位
Phaedon consimilis	鞘翅目 叶甲科 猿叶甲属	+++	卵、幼虫、成虫	茎、叶、花、果
Xyonysius californicus	半翅目 长蝽科	+++	卵、若虫、成虫	花、果
Tetranychus desertorum	蜱螨目 叶螨科 叶螨属	+++	卵、幼螨、若螨、成螨	叶
未鉴定	鳞翅目 卷蛾科	++	幼虫	不明

注："+" 越多表示发生程度越重

在已鉴定出的潜在昆虫天敌中，野生叶螨（*Tetranychus desertorum*）在我国有分布（马恩沛和袁艺兰，1975），寄主广泛，在全球多个国家和地区被视作农业害虫。长蝽 *Xyonysius californicus* 在北美洲广泛分布，多生于杂草。其食性及其对植物的危害如何，尚且不知，但曾作为其异名的近缘种 *Xyonysius major* 在一些地区是向日葵害虫之一（Schaefer，1998a，1998b）。

猿叶甲 *Phaedon consimilis* 是唯一曾作为黄顶菊生物防治因子加以研究的昆虫。Morán Lemir 对这一物种的生物学（1983）及其对黄顶菊种子成熟和活力的影响（1984）进行了研究，并综述了黄顶菊生物防治的可能性（1989）。

已报道的猿叶甲属（*Phaedon*）昆虫约 75 种（葛斯琴等，2002），大多为寡食性（Cox，1996）。在温带地区分布的大多数种以双子叶非木本植物为寄主，如毛莨科（Ranunculaceae）、十字花科（Brassicaceae）、伞形花科（Umbelliferae）、石竹科（Caryophyllaceae）、壳斗科（Scrophulariaceae）、唇形科（Lamiaceae）、水马齿科（Callitrichaceae）等植物，在热带的一些猿叶甲属昆虫则取食无舌紫菀属（Baccharis）、鬼针草属（Bidens）等菊科植物，也为害一些木本植物（Jolivet and Petitpierre，1976）。

由于食性相对较窄，猿叶甲属昆虫成为理想的杂草生物防治研究对象。至今，至少已有 4 种昆虫被作为潜在昆虫加以研究（生物学特性见表 11.15）。

表 11.15　与杂草生物防治有关的猿叶甲属昆虫的生物学特性（Milléo et al.，2006）

生防因子	Phaedon confinis			P. pertinax	P. consimilis	P. fulvescens
目标杂草	Senecio brasiliensis			Bidens pilosa	Flaveria bidentis	Rubus alceifolius
植物分类地位	千里光属			鬼针草属	黄菊属	悬钩子属
	菊科					蔷薇科
实验环境温度 /℃	20.03	19.00	24.00 ± 2	24.00 ± 3	26.00 ± 2	26.00（光）22.00（暗）
孵化期 /d	7.38 ± 0.21	7.70	5.30	7.30	6.00～7.00	11.00
幼虫历期　1 龄 /d	5.81 ± 0.19	4.00	2.80	3.20	3.00	10.00
幼虫历期　2 龄 /d	4.82 ± 0.13	3.20	2.10	3.00	3.00	5.00
幼虫历期　3 龄 /d	21.84 ± 1.30	8.40	6.50	10.20	8.00～10.00	35.00
蛹期 /d	5.58 ± 0.46	6.00	7.65	8.40	7.00～12.00	13.00
产卵前期 /d	16.00 ± 8.77	—	—	7.30	5.00～6.00	—
产卵期 /d	127.75 ± 16.60	—	—	124.70	—	—
产卵后期 /d	52.25 ± 25.45	—	—	25.30	—	—
卵块数 / 块	105.50 ± 14.88	—	—	—	—	—
卵块卵数 / 粒	7.54 ± 0.99	—	—	—	9.00	—
产卵总数 /（粒 / 雌）	756.75 ± 50.19	—	—	1279.00	335.00	—
雌虫历期 /d	229.00 ± 3.19	—	—	157.30	120.00～180.00	68.00～75.00
雄虫历期 /d	213.75 ± 40.17	—	—	187.60	120.00～180.00	68.00～75.00
卵至成虫成熟率 /%	1.73	40.00	46.66	—	—	17.00
文献来源	Milléo et al.，2006	Hoffmann and Moscardi，1980		Lucchini，1996	Morán Lemir，1983	Le Bourgeois et al.，2004

"—"表示无相应的生物学特性数据

在我国分布的猿叶甲有 15 种，是具有重要经济意义的昆虫。例如，分布于平原地区的小猿叶甲（P. brassicae）主要取食多种十字花科蔬菜作物，辣根猿叶甲（P. armoraciae）主要取食十字花科辣根属（Armoracia）植物，是我国平原农区的重要蔬菜害虫。在国外作为蔷薇科（Rosaceae）悬钩子属（Rubus）植物生物防治因子的黄猿叶甲（P. fulvescens）在我国分布于湖南、台湾、广东、广西、贵州、云南等省（自治区）（葛斯琴等，2002）。

3）其他

我们注意到，除 Morán Lemir 以外，并无其他研究小组对黄顶菊的生物防治因子加以研究，1989 年以后再无有关黄顶菊生物防治的研究或应用报道，对于其在 1989 年对黄顶菊生物防治可行性作出的评估也无从得知。但是，从其他在南美洲进行的猿叶甲属昆虫研究中，不难发现猿叶甲 *Phaedon consimilis* 有作为生物防治因子的潜力。

我们没有发现有关取食黄菊属其他植物的植食动物报道。昆虫学家 Erika A. Sudderth 博士参与了最近一次黄菊属植物的野外采集工作（Sudderth et al., 2009），据其介绍，在黄菊属植物集中发生的墨西哥中南部地区，她们发现，黄菊属植物上的昆虫很少，仅偶见蝗虫等多食性昆虫（Sudderth，私人通信）。

4）在我国调查的初步结果

2008～2010 年，通过在我国黄顶菊发生地区进行广泛调查，已从黄顶菊植株采集了昆虫及螨类标本共 20 余种（类）。这些昆虫几乎都是取食黄顶菊叶片，在为害方式上，或直接取食植物组织，多为咀嚼式口器；或取食植物汁液，具有刺吸式口器；或潜入叶片在组织内为害；或卷辍叶片在其内为害。但是，这些种类多为农业害虫，或黄顶菊非其专一性寄主。

（1）咀嚼式口器昆虫　咀嚼式口器昆虫直接啃食植株的叶片，造成缺刻或孔洞等症状。黄顶菊上这类昆虫的种类较多，在田间黄顶菊植株上采集和观察到的该类昆虫有蝗虫、花金龟、叶甲、芫菁及鳞翅目（Lepidoptera）昆虫的幼虫（图 11.13）。

图 11.13　咀嚼式口器昆虫及为害状

（2）刺吸式口器昆虫　这类昆虫通过刺吸植株叶片或枝条的汁液，对植株造成损害。取食最初只在叶片表面形成一些小的刺吸斑点，随着为害加重，点斑相连成片，影响植物光合作用。一些具有刺吸式口器的昆虫还可以传播植物病毒病，如蚜虫。田间采集和观察到的该类昆虫以半翅目（Hemiptera）昆虫为主，如蝽、盲蝽、缘蝽、蚜虫、叶蝉等（图 11.14），其中以异翅亚目（Heteroptera）昆虫的种类最多，蝽科（Pentatomidae）昆虫为优势种。

图 11.14　刺吸式口器昆虫及为害状

（3）**潜叶和卷叶类昆虫或螨类**　潜叶类昆虫潜入植株叶片中取食叶肉，形成虫道，并排出粪便，污染叶片，这是 2009～2010 年在河北各地黄顶菊田间观察到黄顶菊受害症状中最普遍的一类。在黄顶菊叶片上形成的虫道呈蛇形，蛀道两侧具交替排列的虫粪，多位于主脉的一侧或靠近主脉，但不穿过主脉，与美洲斑潜蝇形成的虫道类似（图 11.15）。另外，被卷叶类昆虫或螨类为害的黄顶菊，显现出叶片纵卷、皱缩等畸形症状。因虫体相当小，这些昆虫（螨类）只有在剥开卷缩的叶片后，借助放大镜才能观察到（图 11.16）。

图 11.15　潜叶类昆虫的为害状

图 11.16　卷叶类昆虫（螨类）的为害状

2. 黄顶菊病原微生物的调查

黄顶菊上发生的病害主要有猝倒病、褐斑病、白粉病、黄花叶病毒病等（图 11.17），它们对黄顶菊表现出较强的侵染能力。

1）黄顶菊猝倒病

黄顶菊猝倒病（damping-off of yellow-top）主要发生于苗期，病原菌为立枯丝核菌（*Rhizoctonia solani*），病原菌在室内培养条件下不产生任何类型的孢子。其主要侵染近土壤表面植株的根茎部，初期受侵染部变深褐色、凹陷。在荫蔽和土壤湿度大等条件下发病严重，可导致幼苗大量折断倒伏死亡。

2）黄顶菊褐斑病

黄顶菊褐斑病（brown spot of yellow-top）主要发生于成株期，幼苗和新叶片上很少发病。病原菌为细极链格孢（*Alternaria tenuissima*），在 PDA 培养基上 25℃ 培养 3 天后菌落直径达 7～8cm。菌落圆形平展，菌丝整体呈辐射状，灰色至灰黑色，边缘白色。菌丝透明，有分隔。倒棒状、卵形、倒梨形或近椭圆形，淡褐色至中度褐色，孢身 24.7（12.5～37.5）μm × 10.1（7.5～12.5）μm，具短喙，（0～30）μm ×（2.5～4）μm，或无喙。自然条件下主要侵染植株中下部老叶片，也侵染茎秆，初期病斑很小，呈圆形或椭圆形，以后逐渐扩大呈圆形或不规则形，病斑周围有红褐色或紫褐色的边缘，病斑中心变薄、变脆，容易破裂或穿孔。可导致黄顶菊叶片提前黄化脱落，种子产量减少。细极链格孢产生的毒素对黄顶菊也具有致病作用。

3）黄顶菊叶斑病

黄顶菊叶斑病的病原菌为一种刺盘孢（*Colletotrichum* sp.），在 PDA 培养基上 25℃ 培养 3 天后菌落直径达 6～7cm，菌丝整体呈辐射状，灰白色至灰色，边缘白色。分生孢子长椭圆形或短圆柱形，无色，单孢，分生孢子内有 1～2 个油球。病菌主要侵染成熟叶片，病斑最初为小斑点，周围有浅黄色至黄色晕圈。病斑扩大后中心呈灰白色，周围有黄褐色至深褐色边缘，病斑圆形或不规则形，常多个病斑连接在一起，可导致叶片枯黄或脱落。

4）黄顶菊白粉病

黄顶菊白粉病（powdery mildew of yellow-top）可发生于苗期和成株期，病原菌为单囊壳白粉菌（*Podosphaera xanthii*）。白粉病多发生在黄顶菊生长中后期，实验室内接种整个生育期均可发病。病菌的分生孢子梗较短，分隔，不分枝，其上着生成串的椭圆形分生孢子；病菌的闭囊壳近球形，表生末端分叉的丝状附属丝，内含近梨形的子囊 1 个，子囊内含 8 个子囊孢子。自然发病植株从底部叶片开始，被害叶片初现近圆形白色霉点，可见蛛丝状向四周扩展的菌丝体。以后霉点逐渐扩大，数量也逐渐增多，由霉点发展为白粉斑，数个粉斑可融合为粉状斑块，严重时全叶为白粉状物所覆盖。发病叶片多向下弯曲呈舟形，后期在孢子堆上形成黑色颗粒状小点（即病菌的闭囊壳）。且黄化组织不断扩展，致叶片大面积黄化，以至于部分叶片或整株植株枯萎。

5）黄顶菊黄花叶病毒病

黄顶菊黄花叶病毒病 (viral yellow mosaic of yellow-top) 在植物整个生育期均可发生，经血清学 ELISA 检测，黄顶菊叶片内的病毒可与马铃薯 Y 病毒抗血清特异反应，由此确定，其病原为马铃薯 Y 病毒（*Potato virus Y*）。整株系统发病，叶片不均匀褪绿黄化，多数叶片沿主脉呈深绿色，形成带状绿岛。可出现斑驳状黄化、花叶及皱缩现象，发病严重时植株的许多叶片和分枝畸形黄化，也可致整个植株变形矮化。病毒不能通过机械摩擦传播至健康黄顶菊植株，尚未确定其在黄顶菊上的传播介体。

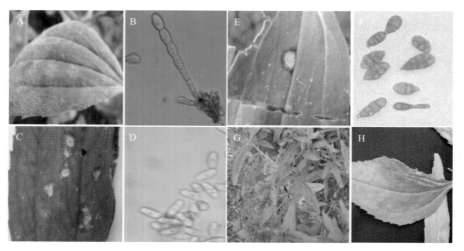

图 11.17　黄顶菊的主要病害

A、B. 白粉病症状及病菌分生孢子梗和分生孢子；C、D. 叶斑病及病菌分生孢子；E、F. 褐斑病症状及病菌分生孢子；
G、H. 花叶病毒病症状

3. 黄顶菊寄生植物及其他

1）黄顶菊菟丝子（dodder on yellow-top）

寄生黄顶菊的菟丝子为金灯藤（*Cuscuta japonica*），也称日本菟丝子。其种子脱落后在土壤中越冬，翌年在黄顶菊整个生长期都可以萌发，可通过寄生黄顶菊植株以获取营养，导致被寄生的植株生长不良、矮化和黄化。寄生严重的黄顶菊植株上可见生长旺盛的菟丝子藤蔓，其可以导致黄顶菊植株不能正常开花结实甚至枯萎死亡。

2）其他植物病原物

张剑等（2008）从湖南张家界的毛竹（*Phyllostachys pubescens*）上分离获得一株拟盘多毛孢（*Pestalotiopsis microspora*），其菌体及代谢产物对黄顶菊的种子萌发和幼苗生长有强烈的抑制作用；从水葫芦上分离获得一种平脐蠕孢菌（*Bipolaris* sp.），其产生的毒素不仅可抑制黄顶菊种子的萌发和幼苗生长，处理黄顶菊叶片后还能直接导致褐色病斑症状。

4. 黄顶菊生物防治展望

黄顶菊的潜在生物防治因子可分为植食昆虫、植物病害和寄生植物三大类，它们在黄顶菊生物控制工作中的应用策略和技术是不同的。

利用昆虫控制杂草最有效的方法之一，是人工饲养大量虫体后释放。在我国发现的黄顶菊植食昆虫，一般为多食性，在发现专一取食黄顶菊的昆虫之前，还谈不上"人工饲养释放"的生物控制策略。

应用病原物控制杂草可采用两个策略：一是通过发酵大量扩繁病原菌并配制成活体菌剂，直接喷施接种在植株上，引起迅速发病和病害流行，而致杂草大量或全部死亡；二是通过一些有利于病原物繁殖和侵染致病的管理措施，促进田间杂草病害自然流行，从而导致杂草大量死亡。

　　已发现的黄顶菊植物病原物中，引起猝倒病的立枯丝核菌、引起花叶病毒病的马铃薯 Y 病毒和寄生性植物菟丝子的专化性不强，可能也侵染其他植物而致病。而褐斑病菌、叶斑病菌和白粉病菌专化性都比较强，一般都不侵染除黄顶菊外的其他植物（农作物）。因此，它们可以用以人工大量繁殖菌剂，在生长早期施用，通过释放的方式来进行黄顶菊的生物控制。

　　但是，我们对这些强专化性病原菌的研究才刚刚起步，还未能成功地人工大量扩繁和研制成菌剂。所以，在现有的情况下我们可以通过促进田间自然病害流行的措施，来进行黄顶菊的生物控制，具体为：

　　（1）适当增加浇灌，提高土壤和植物冠层湿度，这有利于黄顶菊立枯病、褐斑病和叶斑病等的发生流行，特别是在幼苗期可导致大量黄顶菊幼苗发病死亡；

　　（2）选择栽培植株较高大的作物（如玉米等），并适当密植，可造成植物冠层荫蔽和较高相对湿度，有利于黄顶菊病害的流行，而不利于黄顶菊的萌发、生长和繁殖；

　　（3）在实验室小规模繁殖一些病菌接种体（如褐斑病菌分生孢子和菌丝体、白粉病菌的分生孢子或闭囊壳等），在黄顶菊幼苗期较分散地接种释放，以弥补田间病原菌初始接种体量的不足，可以提前或加重田间病害流行。

（谭万忠　唐秀丽　郑　浩　付卫东）

参 考 文 献

包玉玺 . 2011. 籽粒苋的生产与利用 . 养殖技术顾问，（11）：225–226.

曹孟梁 . 2008. 国内向日葵发展概况及经济价值 . 山西农业（致富科技版），16（6）：19–20.

陈明 . 2004. 绵阳市月季资源及其利用 . 见：中国观赏园艺研究进展（2004）全国观赏植物多样性及其应用研讨会论文集 . 北京：中国林业出版社：76–79.

陈默君，李昌林，祁永 . 1997. 胡枝子生物学特性和营养价值研究 . 自然资源，（2）：57–60.

陈学平，张洪江，张翔，等 . 2011. 沪蓉西高速公路宜昌——长阳段混播护坡植物筛选 . 中国水土保持科学，9（1）：61–67.

池银花 . 2002. 浅谈优秀豆科牧草——紫花苜蓿 . 福建畜牧兽医，3（3）：36.

杜峰，梁宗锁，胡莉娟 . 2004. 植物竞争研究综述 . 生态学杂志，23（4）：157–163.

丁建清，付卫东 . 1996. 生物防治：利用生物多样性保护生物多样性 . 生物多样性，4（4）：222–227.

范仲先 . 2006. 药食兼用佳品——地参 . 新农村，（11）：14.

冯帮贤，芦站根，杨文红，等 . 2010. 白三叶草与入侵植物黄顶菊互感研究初报 . 现代农村科技，（4）：40–41.

高农 . 2002. 国产特有草种——沙打旺 . 河南畜牧兽医，23（1）：32.

葛斯琴，王书永，杨星科 . 2002. 中国猿叶甲属种类记述（鞘翅目：叶甲科）. 动物分类学报，27（2）：316–325.

顾玉池 . 2002. 优质饲草——欧洲菊苣 . 农业科技通讯，（5）：22.

关广清，韩亚光，尹睿，等 . 1993. 豚草替代控制研究 . 见：万方浩，关广清，王韧 . 豚草及豚草综合治理 . 北京：中国科学技术出版社：227–241.

关广清，崔松 . 1995. 经济植物替代控制豚草的研究 . 沈阳农业大学学报，26（3）：277–283.

关广清，韩亚光，尹睿，等 . 1995. 经济植物替代控制豚草的研究 . 沈阳农业大学学报，26（3）：277–283.

郭伟，马莉 . 2011. 丰花月季在沈阳地区防寒越冬试验 . 北京农业，9（15）：32–33.

杭红仙，黄东虹，张金仙，等 . 2004. 优质高产牧草品种——籽粒苋 . 江苏农机与农艺，30（3）：32–32.

胡松梅，龚泽修，蒋道松 . 2008. 生物能源植物柳枝稷简介 . 草业科学，25（6）：29–33.

皇甫超河，陈冬青，王楠楠，等 . 2010b. 外来入侵植物黄顶菊与四种牧草间化感互作 . 草业学报，19（4）：22–32.

皇甫超河，张天瑞，刘红梅，等.2010a.三种牧草植物对黄顶菊田间替代控制.生态学杂志，29（8）：1512–1518.

季长波.2008.草地早熟禾在丹东滨海湿地中对豚草的生物防治.大连海事大学硕士研究生学位论文.

金惠军，崔松.1997.紫穗槐替代控制豚草的研究.广东公路交通，（C00）：139–144.

李博，陈家宽，Watkinson A H A R 沃.1998.植物竞争研究进展.植物学通报，15（4）：18–29.

李峰.2009.北方能源草的筛选及其评价.甘肃农业大学硕士研究生学位论文.

李富荣，陈俊勤，陈沐荣，等.2007.互花米草防治研究进展.生态环境，16（6）：1795–1800.

李红芳，张宏建.2012.三叶草种植与养护技术.现代农村科技，（10）：50–50.

李香菊，王贵启，张朝贤，等.2006.外来植物黄顶菊的分布、特征特性及化学防除.杂草科学，（4）：58–61.

李香菊，张米茹，李咏军，等.2007.黄顶菊水提取液对植物种子发芽及胚根伸长的化感作用研究.杂草科学，（4）：15–19.

辽宁省农科院情报资料室.1975.向日葵资料汇集.辽宁农业科学，5：9–13.

卢成，曾昭海，王维，等.2008.紫花苜蓿对九种杂草的化感作用.中国草地学报，28（5）：42–45.

陆翠芳.2008.欧洲菊苣引种试验初报.内蒙古农业科技，（5）：46.

马恩沛，袁艺兰.1975.中国叶螨属初步报道（蜱螨目：叶螨科）.昆虫学报，18（2）：220–228.

马杰，易津，皇甫超河，等.2010.入侵植物黄顶菊与3种牧草竞争效应研究.西北植物学报，30（5）：1020–1028.

孟可爱，聂荣邦，刘小飞.2006.紫茎泽兰的替代控制概述.杂草科学，（1）：10–14.

强胜，曹学章.2001.外来杂草在我国的危害性及其管理对策.生物多样性，9（2）：188–195.

乔建国，孟红，王晓媛.2008.黄顶菊的化学防治试验.河北林果研究，（2）：191–194.

舒健虹，尚以顺.2006.不同播种量对一年生黑麦草生产性能的影响.四川草原，（4）：20–21.

宋彩荣，王宁，纪庆文，等.2006.沙打旺与柠条的经济效益比较.湖北畜牧兽医，（3）：36–37.

宋金昌，范莉，杨宗泽，等.2006.饲用墨西哥玉米适应性及其营养成分含量.中国畜牧杂志，41（9）：43–45.

苏爱莲.2002.最新优质饲草——高丹草.草业科学，19（2）：47–49.

孙备，王果骄，李建东，等.2008.不同菊芋种植比例对三裂叶豚草地上部分生长量的控制效果.沈阳农业大学学报，39（5）：525–529.

田晓俊，戴小英，江香梅.2008.高羊茅研究进展及其养护技术措施.江西林业科技，（2）：36–39.

万方浩，郑小波，郭建英.2005.重要农林外来入侵物种的生物学与控制.北京：科学出版社：3–68.

万方浩，刘万学，郭建英，等.2011.外来植物紫茎泽兰的入侵机理与控制策略研究进展.中国科学：生命科学，41（1）：13–21.

王桂荣.2011.籽粒苋.农村实用科技信息，（3）：9.

王秋霞，张宏军，郭美霞，等.2008.外来入侵杂草黄顶菊的化学防除.生态环境，17（3）：1184–1189.

王鑫，马永祥，李娟.2003.紫花苜蓿营养成分及主要生物学特性.草业科学，20（10）：39–40.

杨昆红，王学明.2001.地参高产栽培及加工技术.农村实用技术，（3）：54.

伊虎英，鱼宏斌，陈凡，等.1992.水土保持优良植物——小冠花.水土保持通报，12(4)：56–59.

于亮，李世吉，桂富荣，等.2009.黑麦草和紫花苜蓿对紫茎泽兰的竞争作用研究.云南农业大学学报（自然科学版），24（2）：164–168.

张风娟，李继泉，徐兴友，等.2009.环境因子对黄顶菊种子萌发的影响.生态学报，29（4）：1947–1953.

张国良，付卫东，韩颖，等.2010.黄顶菊应急防控指南.见：张国良，曹坳程，付卫东.农业重大外来入侵生物应急防控技术指南.北京：科学出版社：70–85.

张华君，吴曙光.2004.边坡生态防护方法和植物的选择.公路交通技术，（2）：84–86.

张剑，董晔欣，张金林，等.2008.一株具有高除草活性的真菌菌株.菌物学报，27（5）：645–651.

张米茹，李香菊.2010.光对入侵性植物黄顶菊种子萌发及植株生长的影响.植物保护，36（1）：99–102.

张瑞海，付卫东，张国良，等.2012.紫花苜蓿和向日葵对黄顶菊的替代控制机理分析.西南大学学报（自然科学版），34（2）：33–38.

周文杰，芦站根，郑博颖.2010.外来入侵植物黄顶菊与白三叶草异株克生研究.中国植保导刊，30（3）：10–13.

周泽建.2006.狗尾草和黑麦草对紫茎泽兰的竞争效应.湖南农业大学硕士研究生学位论文.

朱宏伟.2005.替代植物黑麦草与入侵杂草紫茎泽兰的竞争效应及其机制的研究.南京农业大学硕士研究生学位论文.

卓坤水.2006.夏秋高产优质牧草——墨西哥玉米.福建农业，（4）：25.

Cordo H A. 1992. Control biologico de malezas en Latinoamérica. Pesquisa Agropecuária Brasileira, 27: 213–229.

Cox M. 1996. The unusual larva and adult of the Oriental *Phaedon fulvescens* Weise（Coleoptera: Chrysomelidae:

Chrysomelinae）：A potential biocontrol agent of *Rubus* in the Mascarenes. Journal of Natural History, 30（1）：135–151.

DeBach P. 1964. Biological Control of Insect Pests and Weeds. London: Chapman and Hall.

Grime J P. 1979. Plant Strategies and Vegetation Processes. London: Wiley.

Hoffmann C，Moscardi F. 1980. Aspectos da biologia de *Phaedon confinis*（Klug, 1829）（Coleoptera, Chrysomelidae）em *Senecio brasiliensis* Less（Compositae）. *In*: EMBRAPA. Centro Nacional de Pesquisa de Soja（Londrina–PR）. Resultados de pesquisa de soja, 81: 162–164.

Jolivet P，Petitpierre E. 1976. Selection trophique et évolution chromosomique chez les Chrysomelinae（Coleoptera: Chrysomelidae）. Acta zoologica et pathologica antverpiensia, 66: 59–90.

Kohler P. 1926. Apuntes biológicos sobre el género Antarctia. Revista de la Sociedad Entomológica Argentina, 1: 27–30.

Le Bourgeois T，Goillot A，Carrara A. 2004. New data on the biology of *Phaedon fulvescens*（Coleoptera, Chrysomelinae）, a potential biological control agent of *Rubus alceifolius*（Rosaceae）. *In*: Jolivet P，Santiago-Blay J A，Schmitt M. New Developments in the Biology of Chrysomelidae. Amsterdam: SPB Academic Publishing: 757–766.

Lucchini F. 1996. Especificidade hospedeira e aspectos biológicos de *Phaedon pertinax* Stal, 1860（Coleoptera, Chrysomelidae）, para o controle biológico de *Bidens pilosa* L.（Asteraceae）. Piracicaba de São Paulo: Escola Superior de Agricultura Luiz de Quieroz（ESALQ）, Universidade de São Paulo.

McFadyen R E C. 1998. Biological control of weeds. Annual Review of Entomology, 43（1）：369–393.

Milléo J，Corrêa G H，Leite M L，et al. 2006. Comportamento e ciclo de vida de Phaedon confinis（Coleoptera, Chrysomelidae）em condições de laboratório. Revista Brasileira de Entomologia, 50（3）：419–422.

Morán Lemir A H. 1983. Biologia de Phaedon consimilis Stal（Coleoptera: Chrysomelidae）y efecto de su ataque a *Flaveria bidentis* (L.) OK（Compositae）em Tucumán y Santiago Del Estero（Argentina）. CIRPON-Revista de Investigación, 1(3): 103–115.

Morán Lemir A H. 1984. Efecto de insectos nativos sobre la viabilidad de semillas de *Flaveria bidentis* (L.) O.K.（Compositae）basta su maduración, en la provincia de Tucumán（República Argentina）. CIRPON-Revista de Investigación, 2（3/4）: 81–96.

Morán Lemir A H. 1985. Entomofauna relacionada con *Flaveria bidentis*（L.）O. K.（Compositae）, en las Provincias de Tucumán y Santiago del Estero（Republica Argentina）. CIRPON, Revista de Investigación, 3（1-2）: 39–51.

Morán Lemir A H. 1989. Informe sobre *Flaveria bidentis*（L）OK, posibilidades de su control biológico. San Miguel de Tucumán: Centro de Investigaciones sobre Regulación de Poblaciones de Organismos Nocivos（CIRPON）: 32.

Nordlund D. 1996. Biological control, integrated pest management and conceptual models. Biocontrol News and Information, 17: 35–44.

Norris R F，Caswell-Chen E P，Kogan M. 2003. Concepts in integrated pest management: Prentice Hall Upper Saddle River, NJ.

Piemeisel R L，Carsner E. 1951. Replacement control and biological control. Science, 113（2923）: 14–15.

Piemeisel R. 1954. Replacement control: Changes in vegetation in relation to control of pests and diseases. The Botanical Review, 20（1）: 1–32.

Schaefer C W. 1998a. Phylogeny, systematics, and practical entomology: The Heteroptera（Hemiptera）. Anais da Sociedade Entomológica do Brasil, 27（4）: 499–511.

Schaefer C W. 1998b. The taxonomic status of *Xyonysius major*（Berg）（Hemiptera: Lygaeidae）, an occasional pest of sunflower in Brazil. Anais da Sociedade Entomológica do Brasil, 27（1）: 55–58.

Sudderth E A，Espinosa-Garcia F J，Holbrook N M. 2009. Geographic distributions and physiological characteristics of co-existing *Flaveria* species in south-central Mexico. Flora, 204（2）: 89–98.

Tilman D. 1982. Resource Competition and Community Structure. Princeton: Princeton University Press.

Tilman D. 1988. Plant Strategies and the Dynamics and Structure of Plant Communities. Princeton: Princeton University Press.

第十二章　黄顶菊综合利用技术研究 [①]

有关黄菊属植物化学的研究多以黄顶菊（*Flaveria bidentis*）及其近缘的疑似种狭叶黄顶菊（*F. haumanii*）为对象。与原产于墨西哥的黄菊属其他植物不同，这两种植物原产于南美洲，不仅形态极为相似，而且俗名相同，当地在历史上有入药的传统。因此，科学家很早就开始对这两种植物的化学成分展开研究。其中，以阿根廷国立科尔多瓦大学（Universidad Nacional de Córdoba）José Luis Cabrera 博士和 Héctor R. Juliani 博士的实验室（以下简称称作阿根廷实验室）以及加拿大康考迪亚大学（Concordia University）Ragai Ibrahim 博士（及 Luc Varin 博士和 Denis Barron 博士）的实验室（加拿大实验室）成果较为突出，从 20 世纪 70 年代至今，他们一直没有停止对黄顶菊活性化学成分的研究（Agnese et al.，2010，1999；Guglielmone et al.，2005，2002；Cabrera et al.，1985；Cabrera and Juliani，1979，1977，1976；Pereyra de Santiago and Juliani，1972）。我国北京化工大学魏芸博士的实验室（中国实验室）对侵入我国的黄顶菊进行了全面的化学成分分析，并利用高速逆流色谱技术获得多个黄酮硫酸酯和黄酮苷单体，为开发利用黄顶菊奠定了基础（Xie et al.，2012，2010；Wei et al.，2012，2011，2011a）。

第一节　黄顶菊次生代谢物质

次生代谢物质是指植物体内除糖类、蛋白质、脂类等生长发育必需的物质以外的有机物质，如生物碱、黄酮类物质等。这些次生代谢产物对植物防御病害侵染和植食昆虫取食起着重要的作用，有些还能产生化感作用，提高植物种间竞争能力。通过化感作用，植物对其他生物个体的发育和行为，乃至种群的动态造成影响。

黄顶菊及狭叶黄顶菊次生代谢产物中，研究和报道得较多的是黄酮类和噻吩类等含硫的物质，尤其是黄酮硫酸酯类物质（sulphated flavonoids），黄菊属植物都能合成（Powell，1978）。由于黄顶菊和原黄顶菊狭叶变种（*F. bidentis* var. *angustifolia*）形态相似，在 Powell（1978）对黄菊属进行修订后，不少论文中所称的黄顶菊实为狭叶黄顶菊。Dimitri 和 Orfila（1986）对此持有异议，比较了两种植物的特征，将狭叶黄顶菊由亚种提升至物种，并在一定程度上被接受（McKown et al.，2005）。因此，本节将两种植物一并进行讨论。

1. 黄酮类化合物

目前已有文献报道的黄顶菊及狭叶黄顶菊黄酮类物质有黄酮苷 5 种（Xie et al.，2010；Zhang et al.，2007；Varin et al.，1986）（图 12.2）和黄酮硫酸酯 9 种（Agnese et al.，1999；Barron et al.，1988）（图 12.1）。

---

① 本章色谱图多为重构图，并非原始图。

1）黄酮（醇）硫酸酯（盐）

（1）已鉴定的种类　黄酮硫酸酯大多是羟基黄酮和羟基黄酮醇（或其甲醚）的硫酸酯，也有一小部分为其糖苷的衍生物（张培成，2009）。黄菊属植物的黄酮硫酸酯有多种黄酮的衍生物（Varin，1992），而黄顶菊和狭叶黄顶菊的黄酮骨架多为槲皮素（Quercetin，物质**4.4**），是典型的羟基黄酮醇，结构上的 C-3 位、C-7 位、C-3′ 位及 C-4′ 位的羟基为发生硫酸酯化的基团。由于硫酸酯化的程度不同，分离而得的槲皮素衍生物中有一种单硫酸酯和多种多硫酸酯（图 12.1）。另有两种硫酸酯的黄酮骨架为异鼠李素（Isorhamnetin，物质**4.6**），它实际上是一种 C-3′ 甲醚化的槲皮素。

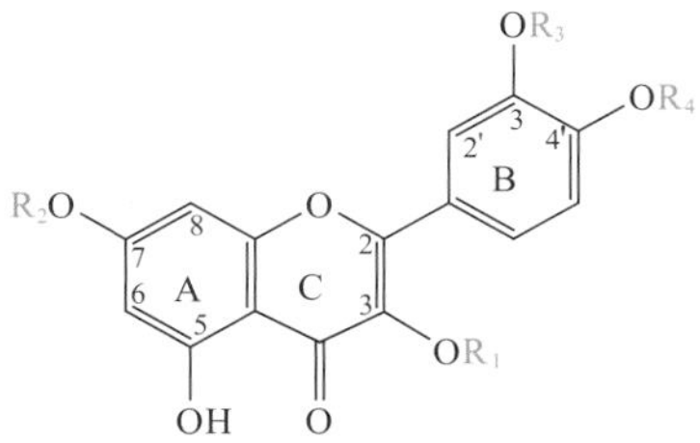

R_1	R_2	R_3	R_4			
SO_3^-	H	H	H	Quercetin-3-sulphate	槲皮素 -3- 硫酸酯	（物质 **12.1**）
SO_3^-	SO_3^-	H	H	Quercetin-3, 7-disulphate	槲皮素 -3, 7- 二硫酸酯	（物质 **12.2**）
SO_3^-	H	H	SO_3^-	Quercetin-3, 4′-disulphate	槲皮素 -3, 4′- 二硫酸酯	（物质 **12.3**）
SO_3^-	SO_3^-	SO_3^-	H	Quercetin-3, 7, 3′-trisulphate	槲皮素 -3, 7, 3′- 三硫酸酯	（物质 **12.4**）
SO_3^-	SO_3^-	H	SO_3^-	Quercetin-3, 7, 4′-trisulphate	槲皮素 -3, 7, 4′- 三硫酸酯	（物质 **12.5**）
Acetyl	SO_3^-	SO_3^-	SO_3^-	Quercetin-3-acetyl-7,3′,4′-trisulphate	槲皮素 -3- 乙酰基 -7,3′,4′- 三硫酸酯	（物质 **12.6**）
SO_3^-	SO_3^-	SO_3^-	SO_3^-	Quercetin-3,7,3′,4′-tetrasulphate	槲皮素 -3, 7, 3′, 4′- 四硫酸酯	（物质 **12.7**）
SO_3^-	H	Me	H	Isorhamnetin-3-sulphate	异鼠李素 -3- 硫酸酯	（物质 **12.8**）
SO_3^-	SO_3^-	Me	H	Isorhamnetin-3, 7-disulphate	异鼠李素 -3, 7- 二硫酸酯	（物质 **12.9**）

图 12.1　黄顶菊及狭叶黄顶菊 9 种黄酮硫酸酯的结构式

（2）黄酮硫酸酯成分组成的差异　阿根廷实验室 Agnese 等（2010，1999）将从黄顶菊和狭叶黄顶菊叶片中分离出的黄酮硫酸酯进行了类型和含量的对比，试图从化学分类学（chemotaxonomy）的角度区分这两种形态相似的植物，但加拿大实验室和中国实验室的分析结果与其有所不同（Xie et al.，2012；Varin et al.，1986）。如表 12.1 所示，Agnese 等（2010，1999）归纳的定量结果十分抽象，在文献中也未对信息来源进行说明。Varin 等（1986）的研究表明，狭叶黄顶菊叶片黄酮硫酸酯的主要成分为槲皮素 -3, 7- 二硫酸酯（物质**12.2**），但研究的物质鉴定基于紫外光谱（个别用红外光谱进行验证），并未利用核磁共振分析加以最终的定性，后续研究中虽然使用了核磁共振，但并未对之前的结论进行说明和补充（Varin，1992；Barron，1987）。中国实验室 Xie 等（2012）的研究表明，入侵我国的黄顶菊含有异鼠李素 -3- 硫酸酯（物质**12.8**），这种化合物并不见于阿根廷实验室对黄顶菊成分分析的结果。

表 12.1   黄顶菊和狭叶黄顶菊叶片中分离的黄酮硫酸酯类化合物的区别 [†]

黄酮硫酸酯名称 （本章物质编号）	黄顶菊 *Flaveria bidentis*		狭叶黄顶菊 *F. haumanii*	
槲皮素 -3, 7, 3′, 4′- 四硫酸酯（**12.7**）	—	+++	—	++
槲皮素 -3- 乙酰基 -7, 3′, 4′- 三硫酸酯（**12.6**）	—	+++	—	—
槲皮素 -3, 7, 3′- 三硫酸酯（**12.4**）	—	+	—	—
槲皮素 -3, 7, 4′- 三硫酸酯（**12.5**）	—	—	+	—
槲皮素 -3, 4′- 二硫酸酯（**12.3**）	—	—	+	—
槲皮素 -3- 硫酸酯（**12.1**）	—	—	+	++	+
异鼠李素 -3- 硫酸酯（**12.8**）	++	—	+++	+	++
异鼠李素 -3, 7- 二硫酸酯（**12.9**）	—	—	++	—
槲皮素 -3, 7- 二硫酸酯（**12.2**）	—	—	—	+++
种子来源	华北	阿根廷（阿根廷实验室）		
实验开展地	中国	阿根廷	加拿大	美国
参考文献 [‡]	1	2	3	4

注："+"代表含量，数目越多含量越高；"—"代表相应成分未在相关样品中检测到

参考文献中 1：Xie et al.，2012；2：Agnese et al.，2010，1999；3：Varin et al.，1986；4：Zhang et al.，2010，2007

在槲皮素（黄酮醇）硫酸酯化的过程中，C-3 位的羟基稳定性最弱，远低于 7 位、4′ 位及 3′ 位上的羟基，因此，槲皮素 -3- 硫酸酯（物质 **12.1**）是代谢途径中的初期产物。而槲皮素 -3, 7- 二硫酸酯（物质 **12.2**）为代谢途径中的末期产物，是槲皮素 -3, 7, 3′, 4′- 四硫酸酯（物质 **12.7**）在硫酸酯酶的作用下逐步脱硫形成的（Varin，1992）。这两种硫酸酯在不同黄顶菊和狭叶黄顶菊样品中的含量存在差异，说明在整个槲皮素硫酸酯化的途径中，各个阶段的硫酸酯产物及相应的磺基转移酶（sulfotransferases）或硫酸酯酶（sulfatase）活性，以及这些酶上游的基因表达有所不同。这些不同是否是植物对生长环境改变的回应，或是在植物不同生长时期所表现出的特性，还是在样品处理或分离过程造成的，都有待进一步研究。

上述研究表明，利用黄顶菊和狭叶黄顶菊某一器官的某一类化学物质组成来区分两种植物，还存在很多困难。通过比较原产地和入侵地的黄顶菊（或近缘的扩散种和非扩散种）关键植物化学成分组成，或许是理解黄顶菊入侵机理的关键，但它显然还不能作为生物物种划分的依据。

（3）生物活性与生理机能研究   根据 Agnese 等（2010）的综述，黄顶菊和狭叶黄顶菊黄酮硫酸酯的生物活性主要为抑制醛糖还原酶（aldose reductase，AR）活性，并具有抗凝血和抗血小板聚集作用。

醛糖还原酶在人和动物体内催化醛基转化为羟基，是糖尿病后遗症白内障的主要起因。Agnese 等（2010）发现，两种植物的黄酮硫酸酯类物质对晶状体醛糖还原酶有抑制效果，各种黄酮硫酸酯对醛糖还原酶的抑制率均比未硫酸酯化的槲皮素高，其中以槲皮素 -3- 乙酰基 -7, 3′, 4′- 三硫酸酯（物质 **12.6**）的抑制效果最好。

Guglielmone 等（2005，2002）发现，槲皮素 -3, 7, 3′, 4′- 四硫酸酯（物质 **12.7**）与槲皮素 -3- 乙酰基 -7, 3′, 4′- 三硫酸酯（物质 **12.6**）有抗凝血及抗血小板凝聚作用，是凝

血酶的有效抑制剂。与常用的血小板聚集抑制剂相比，槲皮素 -3, 7, 3′, 4′- 四硫酸酯 (物质 **12.7**) 表现出很强的抗血小板聚集效果，加之其良好的水溶性及无毒的性质，它们有开发为抗血栓药物的潜力。

黄酮硫酸酯的抗氧化性曾受到一些关注（Dueñas et al.，2011；Haraguchi et al.，1992），但黄顶菊是否具有相似性质，有待进一部证实（另见本章第三节）。

2）黄酮（醇）葡萄糖苷

（1）已鉴定的种类　　已发现的 5 种黄顶菊或狭叶黄顶菊黄酮糖苷为黄酮醇单糖苷，在黄酮骨架 C-3 位成苷（图 12.1）。这与多数黄酮单糖苷不同，后者通常在 C-7 位成苷。两种植物糖苷苷元除槲皮素（物质 **4.4**）和异鼠李素 (物质 **4.6**) 外，还有山奈酚（Kaempferol，物质 **4.2**）和万寿菊素（Patuletin，物质 **4.8**）。

（2）黄酮葡萄糖苷成分组成的差异　　在阿根廷实验室开展黄菊属植物黄酮硫酸酯研究 10 余年后，加拿大实验室 Varin 等（1986）才开始发表有关狭叶黄顶菊黄酮葡萄糖苷的研究结果。该研究利用紫外光谱鉴定，得到 3 种葡萄糖苷，即紫云英苷（Astragalin，物质 **12.10**）、6- 甲氧基 - 山奈酚 -3-O- 葡萄糖苷（物质 **12.11**）和万寿菊素 -3-O- 葡萄糖苷（物质 **12.14**）。美国波士顿大学（Boston University）Richard Laursen 博士的实验室在研究新大陆发现前南美洲安第斯（Andes）地区布织品染料的过程中，对狭叶黄顶菊黄色印染成分进行了质谱鉴定（Zhang et al.，2007），结果与加拿大实验室有所不同。在 Varin 等（1986）鉴定出的三种葡萄糖苷中，Zhang 等（2007）未分离出 6- 甲氧基 - 山奈酚 -3-O- 葡萄糖苷（物质 **12.11**），但分离到两种新的葡萄糖苷，分别为异槲皮苷（Isoquercitrin，物质 **12.12**）和异鼠李素 -3-O- 葡萄糖苷（物质 **12.13**）。中国实验室通过质谱及核磁共振分析，对黄顶菊地上部分干粉乙醇浸提物进行了鉴定，其中有 4 种为黄酮葡萄糖苷[①]，包含 Varin 等（1986）鉴定的全部 3 种（物质 **12.10**、物质 **12.11**、物质 **12.14**）及 Zhang 等（2007）分离的 4 种中的 3 种（物质 **12.10**、物质 **12.12**、物质 **12.14**）（Xie et al.，2010）。

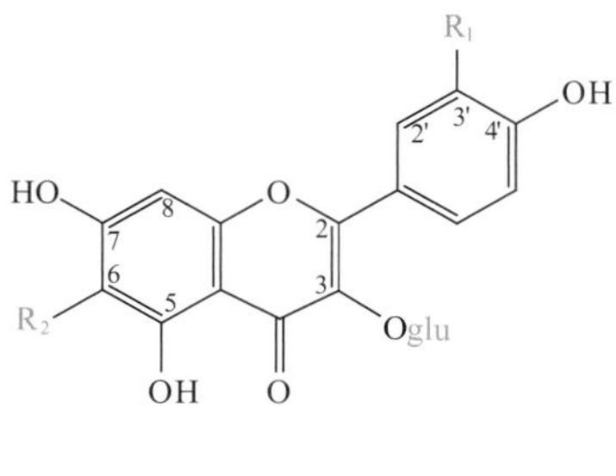

R_1	R_2			
H	H	Kaempferol-3-O-glucoside（Astragalin）	山奈酚 -3-O- 葡萄糖苷（紫云英苷）	（物质 **12.10**）
OMe	H	6-methoxykaempferol-3-O-glucoside	6- 甲氧基 - 山奈酚 -3-O- 葡萄糖苷	（物质 **12.11**）
H	OH	Quercetin-3-O-glucoside（Isoquercitrin）	槲皮素 -3-O- 葡萄糖苷（异槲皮苷）	（物质 **12.12**）
H	OMe	Isorhamnetin-3-O-glucoside	异鼠李素 -3-O- 葡萄糖苷	（物质 **12.13**）
OMe	OH	Patuletin-3-O-glucoside	万寿菊素 -3-O- 葡萄糖苷[②]	（物质 **12.14**）

图 12.2　黄顶菊及狭叶黄顶菊 5 种黄酮苷的结构式

[①]　在 Xie 等（2012，2010）论文中，4 种黄酮糖苷有葡萄糖苷和半乳糖苷各两种，但实际上后者也为相应苷元的葡萄糖苷。

[②]　Patuletin 又称藤菊黄素，本章所述万寿菊素即为此种物质，并非 Queretagetin 所指的槲皮万寿菊素。

（3）3- 黄酮醇葡萄糖苷与黄色染料研究　在早期有关黄顶菊的记载中，曾提到当时的智利居民利用黄顶菊煮制黄色染料（Feuillée，1725）。Zhang 等（2007）对于来源于秘鲁的古代染织品进行了染料成分分析。结果显示，产于 Pacatnamu，约公元 1100 年兰巴耶克文化（Lambayeque）的样品 6 和 7，其黄色染料为黄酮醇型，具体成分与狭叶黄顶菊提取物黄酮成分高度重叠。染料的主要成分为山奈酚（物质 **4.2**）、异鼠李素（物质 **4.6**）、槲皮素（物质 **4.4**）及万寿菊素（物质 **4.8**）等未成苷的黄酮醇，前述 4 种葡萄糖苷（物质 **12.10**、物质 **12.12**、物质 **12.13**、物质 **12.14**）和 2 种单硫酸酯（物质 **12.1**、物质 **12.8**）的含量相对很少。而植物的成分正好相反，以被取代的黄酮成分为主，未被取代的含量很少。

在后续研究中，Zhang 等（2010）用狭叶黄顶菊水提物印染丝织品和毛纺纱，然后用不同工艺提取染织品中的染料成分。成分分析显示，样品在加热处理后，葡萄糖苷含量上升，苷元成分下降。3-O- 葡萄糖苷属于较易水解的一类氧苷黄酮（张培成，2009），在专一性葡萄糖苷酶的作用下，这类葡萄糖苷水解形成苷元，即未被取代的黄酮。相对于苷元，葡萄糖苷在有光强的条件下不易降解，是光稳定的物质。据 Zhang 等（2010）观察，在黄酮醇黄色染料中，苷元成分的增加使得染织品失去光泽，因此 3-O- 葡萄糖苷实际上是该黄色染料的实际成分，而加热的过程使得葡萄糖苷酶失去活性，因而避免葡萄糖苷被水解。

值得注意的是，Zhang 等（2010，2007）的古代染织样品来源地并非研究中狭叶黄顶菊来源地，而是位于秘鲁北部。该地尚无狭叶黄顶菊发生的记录（Dimitri and Orfila，1986），但秘鲁是黄顶菊原产地之一（Ruiz and Pavón，1789）。研究中的狭叶黄顶菊由阿根廷实验室提供，采集自阿根廷门多萨省（Mendoza）。而在最早的有关黄顶菊用于染料的记载中，所描述的地点为智利康塞普西翁城（City of Concepción）（Feuillée，1725）。从地理位置上看，智利黄顶菊染料记载地与阿根廷狭叶黄顶菊采集地相距较近，而与秘鲁古代染织品来源地的距离相对较远，但秘鲁和智利都位于安第斯山脉西麓，与位于东部的阿根廷采集地地理屏障明显。所以，古代染织样品所用植物应为黄顶菊，因而在研究中应该以黄顶菊为研究对象，而非狭叶黄顶菊。或者，黄顶菊和狭叶黄顶菊的黄色染料成分相似甚至相同。

2. 噻吩类化合物

噻吩类化合物在菊科植物中广泛存在，对多种传病蚊虫、螨类、线虫等有很好的光活化毒杀作用（蒋志胜等，2001）。此外，噻吩类化合物还显示出治疗癌症及病毒性感染等多种恶性疾病的巨大潜力（Hudson and Towers，1991），日本科学家对华东蓝刺头（*Echinops grijsii*）的噻吩类化合物进行了抗病毒、抗炎及作为免疫调节剂的研究，并获得专利（Cho et al.，1995）。

阿根廷实验室 Agnese 等（1999）从黄顶菊地上部分和根中分离出两种噻吩衍生物，α- 三联噻吩（物质 **12.15**）和 5-（3- 丁烯 -1- 炔基）-2,2′- 联二噻吩（物质 **12.16**）。值得注意的是，上述实验仅从狭叶黄顶菊根部分离得后者。中国实验室 Wei 等（2012b）从发生于我国的黄顶菊中分离出 3 种噻吩类物质，除以上两者外，还有 5-（3- 戊烯 -1-炔基）-2,2′- 联二噻吩（物质 **12.17**）。

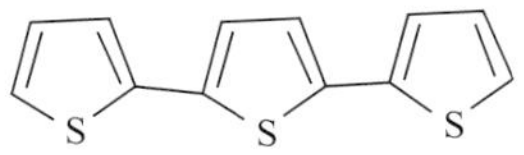

| | α-terthienyl | α- 三联噻吩 | （物质 12.15） |

| H₂C | 5-（3-buten-1-ynyl）-2,2'-bithienyl | 5-（3- 丁烯 -1- 炔基）-2,2'- 联二噻吩 | （物质 12.16） |

| | 5-（3-penten-1-ynyl）-2,2'-bithienyl | 5-（3- 戊烯 -1- 炔基）-2,2'- 联二噻吩 | （物质 12.17） |

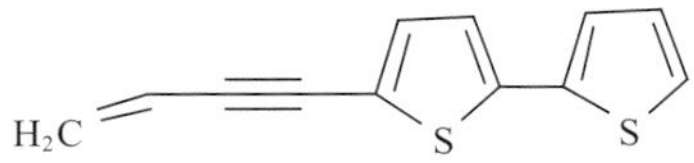

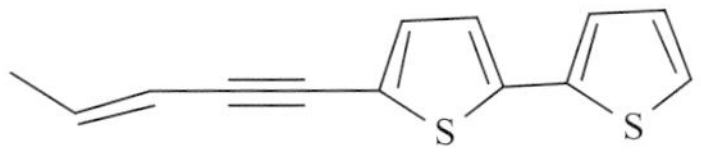

图 12.3　黄顶菊中噻吩类物质的结构式

　　α - 三联噻吩是一种典型的光活化毒素，在有"绿色农药"美誉的光活化农药中以高效、低毒、无残留而成为其中的明星分子（Chobot et al.，2006）。α - 三联噻吩是一种光敏化合物，对蚊幼虫、蝇幼虫和其他的昆虫具有强烈的光活化毒杀作用，在有太阳光和近紫外光的作用下，能成数倍或成百上千倍地提高它的毒杀效果，且在环境中容易降解，不会污染环境（万树青等，2000）。Hudson 等（1993）发现 α - 三联噻吩在特定条件下可降低 HIV-1 病毒微粒传播（Hudson et al.，1993）。

3. 其他物质与讨论

　　阿根廷开展的研究，早期以黄顶菊为主要材料（Cabrera et al.，1985，1976；Pereyra de Santiago et al.，1972），后期以狭叶黄顶菊为主要研究对象。Powell（1978）将狭叶黄顶菊（原黄顶菊狭叶亚种）修订为黄顶菊后，阿根廷和加拿大的实验室在发表的相关论文中一致将狭叶黄顶菊称作黄顶菊（如 Cabrera et al.，1979，1977），并在后来的一些重要的综述中被沿用（张培成，2009；Ibrahim，2005；Varin，1992；Barron et al.，1988）。陈艳等（2007）在对黄顶菊生物活性和化学成分的综述中提及 4 种黄酮硫酸酯（物质 12.1、物质 12.4、物质 12.6、物质 12.7），并被彭军等（2011）引述，其中槲皮素 -3- 硫酸酯（物质 12.1）并未从黄顶菊中分离出，而只是出现在有些验证实验的水解产物中（如 Cabrera et al.，1979）。

　　中国实验室对入侵我国的黄顶菊的次生代谢物质进行了系统分析（详见本章第二节），除发现不少新的黄酮类和噻吩类物质外，还分离出酚酸类物质绿原酸（物质 12.24）、萜类精油物质（物质 12.18 ~ 12.20）的主要成分。此外，一些酞酸酯（物质 12.22、物质 12.23、物质 12.25）和其他酚类物质（物质 12.21）也在不同实验室中被发现（Wei et al.，2012；商闯，2011；Zhang et al.，2012）。

（魏　芸　谢倩倩　郑　浩　张国良）

第二节　国内黄顶菊次生代谢物质研究

国外的黄菊属植物化学研究主要以狭叶黄顶菊和贯叶黄菊（*F. chloraefolia*）为研究对象，在中国实验室开始黄顶菊黄酮深入研究之前，仅阿根廷实验室开展过一些黄顶菊黄酮硫酸酯的研究。到目前为止，中国实验室的黄顶菊植物化学系统研究已取得的主要成果有三个方面。其一，全面地对发生于我国的黄顶菊的极性至非极性次生代谢物质进行了结构鉴定，包括黄酮类化合物、噻吩类化合物、挥发油类物质及酚酸类物质等，发现了之前未报道的新化学成分，并对多数活性物质的时空分布动态进行了初步的定量分析；其二，建立起独有的黄顶菊次生代谢物质分离分析体系，为更深入的后续研究打好基础；其三，对黄顶菊天然活性物质作用机制进行了探索性的研究。

1. 黄酮类化合物

黄顶菊中的极性和中等极性活性物质主要为黄酮类，图 12.4 所示为黄顶菊地上部分全草乙醇提取物的高效液相色谱（HPLC）谱图，经质谱和核磁共振分析，已鉴定出的有效峰有黄酮类物质 10 种，其中有 4 种为黄酮苷（图 12.4，峰号 2、3、5、6），一种为黄酮硫酸酯（图 12.5，峰号 4），含量都比较高，另有 5 种黄酮醇（图 12.4，峰号 7～11），它们分别是 4 种黄酮苷和一种黄酮硫酸酯的苷元（图 12.4，对应的峰号分别为 2、3、5、6、4），含量相对较低。此外，还有一种酚酸类物质，即绿原酸（图 12.4，峰号 1，物质 **12.24**）。

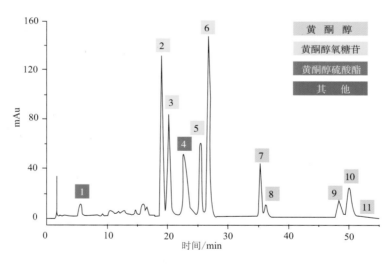

图 12.4　黄顶菊粗提物的 HPLC 谱图

图中各峰为 1：绿原酸（物质 **12.24**）；2：万寿菊素 -3-*O*- 葡萄糖苷（物质 **12.14**）；3：异槲皮苷（物质 **12.12**）；4：异鼠李素 -3- 硫酸酯（物质 **12.8**）；5：6- 甲氧基 - 山奈酚 -3-*O*- 葡萄糖苷（物质 **12.11**）；6：紫云英苷（物质 **12.10**）；7：万寿菊素（物质 **4.8**）；8：槲皮素（物质 **4.4**）；9：6- 甲氧基 - 山奈酚（物质 **4.3**）；10：山奈酚（物质 **4.2**）；11：异鼠李素（物质 **4.6**）

黄顶菊粗提物中黄酮苷的含量明显比黄酮醇含量高，说明我国黄顶菊植株的黄酮类次生代谢产物多以糖苷的形式存在。黄顶菊的黄酮糖苷组分的鉴定为首次报道（Xie et al.，2010），4 种成分都曾从狭叶黄顶菊中分离出（Zhang et al.，2007；Varin et al.，1986）。

从发生在我国的黄顶菊中分离出的黄酮硫酸酯，无论是类型还是含量，都与阿根廷实验室的研究结果有所不同（Agnese et al.，1999）。从发生在中国的黄顶菊植株中，中国实验室未发现阿根廷实验室分离鉴定出的主要成分（表 12.1）槲皮素多硫酸酯（物质 **12.4**、物质 **12.6**、物质 **12.7**），但发现有阿根廷实验室认定的狭叶黄顶菊叶片主要成分异鼠李素 -3- 硫酸酯（物质 **12.8**）。

2. 噻吩类化合物

利用高速逆流色谱技术，从黄顶菊提取物中分离提取得到了 3 种噻吩类物质：α- 三联噻吩（物质 **12.15**）、5-（3- 丁烯 -1- 炔基）-2, 2′- 联二噻吩（物质 **12.16**）、5-（3- 戊烯 -1- 炔基）-2, 2′- 联二噻吩（物质 **12.17**）。其中 5-（3- 戊烯 -1- 炔基）-2, 2′- 联二噻吩（物质 **12.17**）是首次在黄顶菊中发现（Wei et al.，2012）。黄顶菊地上部分全草石油醚提取物中这 3 种噻吩类化合物的含量分别为 2.15%、1.13%、2.41%。

3. 黄顶菊次生代谢产物非挥发成分时空分布的初步定量分析

为明确黄顶菊中活性物质的动态变化规律，中国实验室采用已建立的定量方法，分析了不同部位、不同地区和不同生长期黄顶菊中 6 种主要活性物质（5 种主要黄酮类物质和 1 种主要噻吩类物质）的含量（表 12.2）。不同地区、不同部位、不同生长期黄顶菊中单体含量差异很大。

表 12.2　黄顶菊不同样品中 6 种主要物质的含量（mg/g）

样品（采集地）	黄顶菊主要活性物质					
	异槲皮苷	万寿菊素 -3-O-葡萄糖苷	异鼠李素 -3-硫酸酯	紫云英苷	6- 甲氧基 - 山奈酚-3-O- 葡萄糖苷	α - 三联噻吩
叶（天津）	1.33	3.44	1.38	2.57	2.57	1.55
叶（山东）	2.95	5.38	2.85	5.41	5.16	1.12
叶（河北）	8.06	6.21	2.63	4.16	6.87	1.28
叶（北京）	1.81	3.23	2.06	4.22	3.62	1.36
根（北京）	N.D.	N.D.	N.D.	N.D.	N.D.	2.4
茎（北京）	0.31	1.29	0.57	0.79	0.59	0.06
花（北京）	3.13	7.94	3.03	16.36	14.37	3.61
幼苗叶（河北）	4.81	5.57	5.67	3.90	3.78	0.76
成株叶（河北）	4.43	3.93	2.76	5.72	4.04	0.97

注：N.D. 表示低于检测限

对黄顶菊不同部位样品测定的结果表明，6 种物质在花中的含量最高，而根中只含噻吩类物质，茎中各种物质含量均很低。河北省黄顶菊叶中黄酮苷含量最高，不同发生地区可能存在的环境差异可能是造成此结果的主要原因。

紫云英苷（物质 **12.10**，图 12.4 峰 6）是黄顶菊中含量最高的黄酮苷，不同样品中紫云英苷含量为 2.57～4.16mg/g。黄顶菊幼苗期叶中异鼠李素 -3- 硫酸酯（物质 **12.8**，图 12.4 峰 4）含量最高，高达 5.67mg/g，这表明黄酮硫酸酯可能对黄顶菊的生长发育起着非常重要的作用。

由黄顶菊不同生长期（幼苗、成株、开花）样品中 6 种物质含量的变化，可初步总结出黄顶菊次生代谢物的变化规律：黄顶菊在生长过程中，黄酮硫酸酯的含量逐渐减少，黄酮苷含量增加，植株内的黄酮硫酸酯可能逐步转化为了黄酮苷类化合物；α - 三联噻吩的含量随植株生长逐渐增加。

4. 挥发油类物质

植物精油（essential oils）为挥发性物质，可随水蒸气蒸馏出，不溶于水，常呈黄色油状，具有芳香气味，是组分复杂的混合物，多为非极性物质。其中以萜类和倍半萜类化合物居多，相对密度为 0.85～1.18，与乙醇、正己烷等有机溶剂互溶性较好。

采用水蒸气蒸馏法从黄顶菊中提取的挥发油呈黄色油状液态，有很强的刺激气味，挥发性成分主要以烯类物质居多。表 12.3 列出的是利用气相色谱 - 质谱联用（GC-MS）对上述样品进行分析的结果，可以看出，黄顶菊挥发油主要成分是烯类（48.11%）、噻吩类（13.98%）和酮类（7.23%）化合物，另外含有少量酯类、醇类和酸类物质等。其中含量最高的有 3 种物质（图 12.5），分别为石竹烯（18.5%，物质 **12.18**，表 12.3 序号 5）、氧化石竹烯（16.08%，物质 **12.19**，表 12.3 序号 13）以及 β- 法尼烯（9.07%，物质 **12.20**，表 12.3 序号 6）。

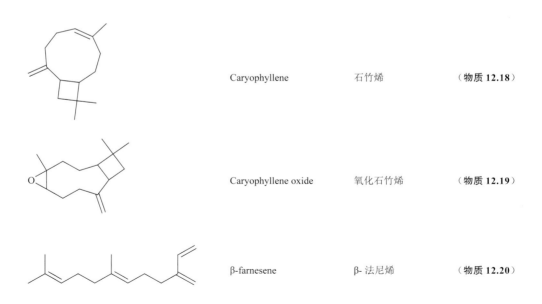

	Caryophyllene	石竹烯	（物质 **12.18**）
	Caryophyllene oxide	氧化石竹烯	（物质 **12.19**）
	β-farnesene	β- 法尼烯	（物质 **12.20**）

图 12.5　黄顶菊精油主要成分

表 12.3　GC-MS 分析黄顶菊挥发油中的化学成分

序号	保留时间 /min	化合物	中文名	相对分子质量	相似度 /%	相对含量 /%	结构式
1	6.765	α-Pinene	α-蒎烯	136	97	0.87	
2	9.680	Benzeneacetaldehyde	苯乙醛	120	98	0.94	
3	19.361	1H-Cyclopenta[1,3] cyclopropa[1,2]benzene	(−)-α-荜澄茄油烯	204	94	0.84	
4	19.629	1,2-dimethoxy-4-(2-propenyl) -Benzene	1,2-二甲氧基-4-烯丙基苯	178	93	0.79	
5	20.265	Caryophyllene	石竹烯	204	97	18.5	
6	21.024	7,11-Dimethyl-3-methylene- 1,6,10-dodecatriene	7,11-二甲基-3-亚甲基-1,6,10-十二烯 [β-法尼烯]	204	91	9.07	
7	21.66	4-(2,6,6-trimethyl-1-cyclohexen- 1-yl)-3-Buten-2-one	乙位紫罗兰酮	192	97	1.16	
8	22.053	(+)-Epi- bicyclosesquiphellandrene	表双环倍半水芹烯	204	91	1.25	

续表

序号	保留时间 /min	化合物	中文名	相对分子质量	相似度 /%	相对含量 /%	结构式
9	22.182	α - Muurolene	α - 衣兰油烯	204	92	0.72	
10	22.397	1-methyl-4-（5-methyl-1-methylene-4-hexenyl）-Cyclohexene	1- 甲基 -4-（1- 亚甲基 -5- 甲基 -4- 己烯基）环己烯	204	93	0.78	
11	22.663	Naphthalene	臭樟脑	204	90	1.59	
12	22.903	5,6,7,7a-tetrahydro-4,4,7a-trimethyl-2（4H）-Benzofuranone	二氢猕猴桃内酯	180	94	0.89	
13	24.298	Caryophyllene oxide	氧化石竹烯	220	92	16.08	
14	24.834	1,2,4-trimethoxy-5-[（Z）-prop-1-enyl]benzene	β - 细辛脑	208	93	1.31	
15	24.895	（Z）-3,7-dimethyl-3,6-Octadien-1-ol	（Z）-3,7- 二甲基 -2,6- 辛二烯 -1- 醇 [β - 柠檬醇、橙花醇]	154	91	1.48	

续表

序号	保留时间/min	化合物	中文名	相对分子质量	相似度/%	相对含量/%	结构式
16	25.534	Tetracyclo	三甲桥八氢化萘	220	90	3.8	
17	26.278	3-ethyl-3-hydroxyandrostan-17-one	3-乙基-3-羟基雄甾醇酮	318	90	3.83	
18	28.18	Tetradecanoic acid	十四酸	228	95	1.0	
19	28.692	Phenanthrene	菲	178	92	0.85	
20	29.915	6,10,14-trimethyl-2-Pentadecanone	6,10,14-三甲基-2-十五烷酮	268	95	1.44	
21	30.260	1,2-Benzenedicarboxylic acid	邻苯二甲酸二异丁酯	278	97	0.93	
22	31.318	6,10,14-trimethyl-5,9,13-Pentadecatrien-2-one	法尼基丙酮	262	94	0.8	
23	31.509	5-(3-buten-1-ynyl)-2,2'bithienyl	5-(3-丁烯-1-炔基)-2,2'-联二噻吩	216	99	3.82	
24	32.034	Isophytol	异植物醇	296	95	0.74	

续表

序号	保留时间/min	化合物	中文名	相对分子质量	相似度/%	相对含量/%	结构式
25	32.18	Dibutyl phthalate	邻苯二甲酸二丁酯	278	97	0.73	
26	32.367	n-Hexadecanoic acid	棕榈酸	256	93	5.21	
27	34.569	5-(3-penten-1-ynyl)-2,2'bithienyl	5-（3-戊烯-1-炔基）-2,2'-联二噻吩	230	95	5.15	
28	35.15	Phytol	叶绿醇	296	96	2.27	
29	37.11	2,2':5',2''-Terthiophene	α-三联噻吩	248	95	5.01	

值得注意的是，植物精油成分中也有前述的 3 种噻吩类物质，分别为 α- 三联噻吩（物质 **12.15**，表 12.3 序号 29）、5-（3- 丁烯 -1- 炔基）-2, 2′ 联二噻吩（物质 **12.16**，表 12.3 序号 23）、5-（3- 戊烯 -1- 炔基）-2, 2′ 联二噻吩（物质 **12.17**，表 12.3 序号 27）。

闫宏（2010）对黄顶菊石油醚粗提物进行了初步的 GC-MS 分析，结果与水蒸气蒸馏法的主要成分相似，3 个有效峰分别为石竹烯（物质 **12.18**）、β- 法尼烯（物质 **12.20**）和 α- 三联噻吩（物质 **12.15**）。

商闫（2011）对黄顶菊根系长时 Hoagland 水培液和短时 CaCl$_2$ 水培液的二氯甲烷萃取物进行 GC-MS 分析，得到完全不同的结果，从后者样品中鉴定出 29 种化合物，其中酚类物质丁羟甲苯（物质 **12.21**）含量较高，并认为其与邻苯二甲酸二辛酯（物质 **12.22**）和邻苯二甲酸单（2- 乙基己基）酯（物质 **12.23**）是根系分泌物的活性成分（图 12.6）。

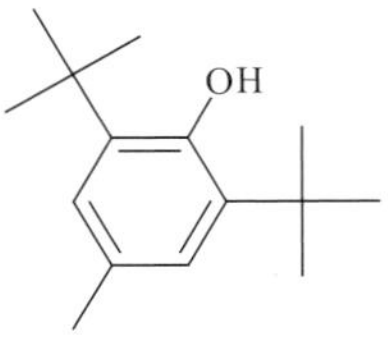

Butylated hydroxytoluene	丁羟甲苯	（物质 **12.21**）
Di-n-octyl phthalate	邻苯二甲酸二辛酯	（物质 **12.22**）
Mono（2-ethylhexyl）phthalate	邻苯二甲酸单（2- 乙基己基）酯	（物质 **12.23**）

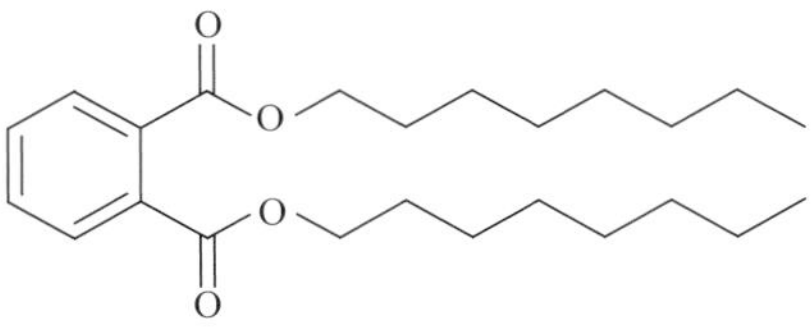

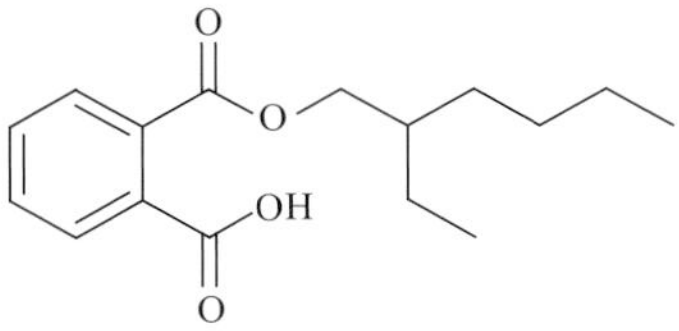

图 12.6　黄顶菊根系水培液二氯甲烷提取物主要成分

5. 其他物质和讨论

1）绿原酸

绿原酸（图 12.7，物质 **12.24**）是两种酚酸类化合物咖啡酸（caffeic acid，物质 **12.24** 酸部分）和喹啉酸（quinic acid，物质 **12.24** 醇部分）形成的酯，是木质素合成途径的重要中间产物。绿原酸为多酚酸化合物，结构上有多个羟基，是一种天然的抗氧化剂，可作为抗病毒药物。中国实验室从黄顶菊植株中分离出绿原酸，并利用离子交换法将绿原酸插层至水滑石层板间，形成层状双羟基复合金属氧化物（layered double hydroxides，LDH）（Wei et al.，2011a）。

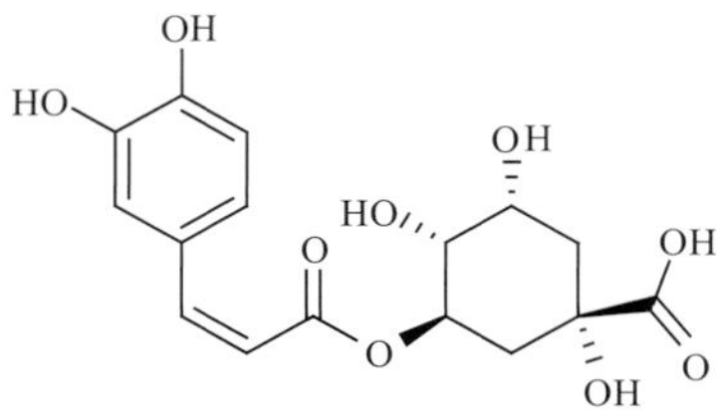

Chlorogenic acid　　绿原酸　　（**物质 12.24**）

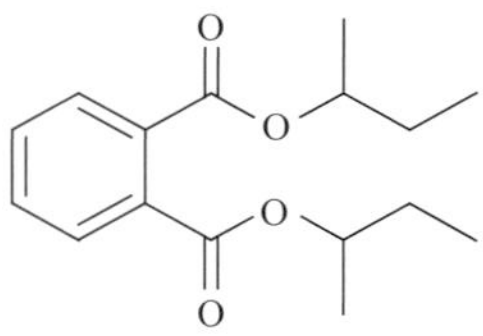

Diisobutyl phthalate　　邻苯二甲酸二异丁酯　　（**物质 12.25**）

图 12.7　黄顶菊其他已知成分

2）邻苯二甲酸酯

邻苯二甲酸酯(phthalates 或 phthalates ester)即酞酸酯，主要用作增塑剂(plasticiser)，现已普遍存在于日常生活环境。在色谱 - 质谱联用分析过程中，邻苯二甲酸酯是常见的背景污染物（Keller et al.，2008），可来源于溶剂杂质、容器，甚至实验室的空调过滤装置等，而邻苯二甲酸二辛酯（物质 **12.22**）是这些物质中常见的一种。实际上，在我国仅以质谱为检测器的黄顶菊分析鉴定研究结果中，其他两种邻苯二甲酸酯也是已知的增塑剂，分别为邻苯二甲酸单（2- 乙基己基）酯（物质 **12.23**）和邻苯二甲酸二异丁酯（物质 **12.25**），后者在中国实验室的研究（Wei et al.，2012）和闫宏（2010[①]）的结果中都有出现。因此，本节作者不认为邻苯二甲酸酯是黄顶菊的次生代谢物质成分。

3）黄酮类硫酸酯

中国实验室仅鉴定得一种黄顶菊黄酮类硫酸酯物质（物质 **12.8**），且并非以槲皮素为苷元。这可能与采用分离分析策略有关，但是黄酮类硫酸酯物质在植物中的时间分布与加拿大实验室研究的结果相似（Varin et al.，1986），即生长前期黄酮类硫酸酯物质的含量相对较高。此外，中国实验室鉴定出的黄顶菊黄酮类物质的苷元与狭叶黄顶菊相同，其中也包括槲皮素（物质 **4.4**），具备生物合成相似黄酮醇衍生物的前提。

发生于我国的黄顶菊对硫同化的能力是否与其他黄菊属 C_4 植物相似，还需对有关的磺基转移酶或硫酸酯酶活性、相应基因的表达水平、植物中硫酸根授体的含量水平进行评估，才能得出结论。

4）抗氧化活性成分

从黄顶菊化学成分分析可以看出，黄顶菊次生代谢物质中有大量具有抗氧化活性的物质。表现比较明显的是中国实验室分离而得到的部分黄顶菊葡萄糖苷，相关测定结果（详见第三节图 12.14）显示，B 环 C-3′ 位羟基化的黄酮类物质的表现显著好于在该位点未羟基化的黄酮类物质。

除黄酮类物质以外，绿原酸和丁羟甲苯也具有抗氧化活性。Zhang 等（2012）的研究显示，黄顶菊生长的土壤水浸液中含有酚类物质。但按该研究的分析方法，并不能区

① 仅见于GC-MS原始数据，未公开发表。

分可能存在于样品中的丁羟甲苯和黄酮类化合物，因为这些物质都可视为酚类化合物。

（魏　芸　谢倩倩　郑　浩　张国良）

第三节　黄顶菊活性物质研究

　　黄顶菊在原产地阿根廷等地作为一种民间草药，具有助消化、通经、抗菌防腐、退热、抗皮肤病及抗蛇毒等作用（Agnese et al.，2010），此外还被当做染料使用（Zhang et al.，2007）。在研究治理措施的同时，若能对其活性物质进行深入研究，进一步开发这些活性次生物质相应的医药和农用功能，便可为黄顶菊综合治理的后续工作寻找到一条新的途径。

1. 黄顶菊中主要活性成分单体的提取分离纯化工艺

　　为综合防控黄顶菊，开发和利用其巨大的生物资源，需对黄顶菊的活性成分进行深入细致的研究。活性成分的分离纯化是生物活性追踪研究的前提，为了进一步应用生物测定或动物及临床实验评价黄顶菊中活性物质的活性作用，必须得到大量高纯度物质单体。有文献报道使用硅胶和凝胶柱色谱分离黄顶菊中活性物质（Guglielmone et al.，2005；Agnese et al.，1999），然而，这些方法在分离、纯化过程中步骤复杂且耗时。此外，这些方法经常造成大量有机溶剂废弃和不可逆吸附。

　　高速逆流色谱技术（high-speed counter-current chromatography，HSCCC）是一种连续高效的无需任何固态支撑介质的液液分配色谱分离纯化技术。它避免了因不可逆吸附而引起的样品损失、失活，能使被分离样品全部回收。它具有适用范围广、高效、快速等优点，非常适合于天然产物有效成分的分离和纯化（张天佑和王晓，2011；柳仁民，2008；曹学丽，2005）。逆流色谱作为一种有效的制备分离手段，受到人们越来越多的关注。

　　中国实验室主要采用逆流色谱法分离纯化黄顶菊中的活性物质，建立了黄顶菊中主要的黄酮类化合物、噻吩类化合物和挥发油的分离纯化工艺，并进行了结构鉴定（Xie et al.，2012，2010；Wei et al.，2012，2011a），不仅为我国黄顶菊化学生态学和入侵生物学机制研究奠定坚实的基础，同时也为合理利用黄顶菊资源提供了可靠的技术支持。

1）黄顶菊中黄酮类化合物的分离纯化工艺

　　中国实验室系统性地研究了黄顶菊中黄酮类化合物的分离纯化工艺。通过单因素和正交试验确定了黄顶菊总黄酮醇提最佳工艺，具体为 80% 乙醇，料液比 1:30（W/V），每次回流 75min，回流 2 次。建立了大孔吸附树脂分离纯化黄顶菊总黄酮的工艺。通过静态吸附实验，筛选吸附和解析均好的树脂型号，发现 D4020 大孔树脂对黄顶菊总黄酮有较好的吸附性和解吸性。通过动态实验得到 D4020 大孔树脂对黄顶菊总黄酮的最佳吸附条件为：上样液浓度 2.72mg/mL，上样液 pH 4.50，上样液体积 16BV[①]，上样液流速

---

① BV指层析柱柱床体积（bed volume）。

2.12mL/min；最佳解吸条件为：水洗液用量 4BV，醇洗液浓度 90%，醇洗液用量 5BV。D4020 大孔树脂在上述最佳吸附解吸条件下，可以将总黄酮含量提高约 7 倍，从 4.3% 提高到 30% 左右。

采用高速逆流色谱法分离纯化得到黄顶菊中的 4 种黄酮苷和 4 种黄酮醇。如图 12.8 所示，使用半制备型 HSCCC（GS10AB 型），乙酸乙酯 - 甲醇 - 水（25:1:25, *V/V*）体系，一次可分离约 400mg 黄顶菊醇提粗品，得到 3.6mg 纯度 97% 以上的万寿菊素 -3-*O*- 葡萄糖苷（图 12.8，峰号 2，物质 **12.14**），4.4mg 纯度 98% 以上的紫云英苷（图 12.8，峰号 6，物质 **12.10**），以及 4.2mg 纯度 97% 以上的异槲皮苷（图 12.8，峰号 3，物质 **12.12**）和 6- 甲氧基 - 山奈酚 -3-*O*- 葡萄糖苷（图 12.8，峰号 5，物质 **12.11**）的混合物，采用制备液相法进一步将混合物分离。

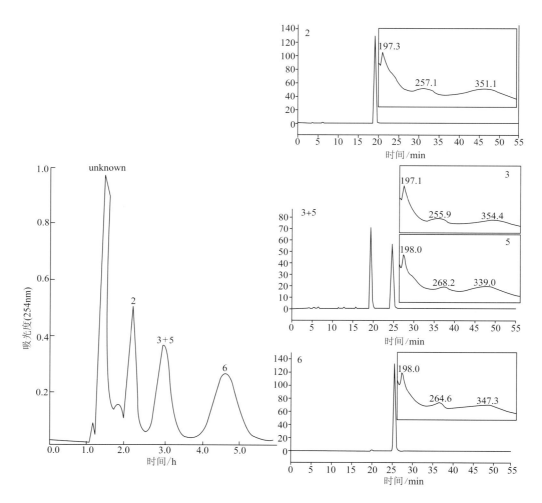

图 12.8 黄顶菊粗提物黄酮苷类化合物的 HSCCC 分离（左）及 HPLC 分析（右）图

左图中各峰峰号与图 12.4 中各峰峰号相对应，分别为 2：万寿菊素 -3-*O*- 葡萄糖苷（物质 **12.14**）；3：异槲皮苷（物质 **12.12**）；5：6- 甲氧基 - 山奈酚 -3-*O*- 葡萄糖苷（物质 **12.11**）；6：紫云英苷（物质 **12.10**）；unknown：未鉴定物质；各 HPLC 图主图为左图各峰的 HPLC 分析图，各图编号与左图各峰号相对应，各图附图为相应峰的紫外扫描图谱，峰上所示数字为波长（nm）

如图 12.9 所示，采用 HSCCC（GS10AB 型）二氯甲烷 - 甲醇 - 水（5:3:2，V/V）体系，从逆流分离黄酮苷回收样品中分离出 4 种高纯度的黄酮醇，分别为万寿菊素（图 12.9，峰号 **7**，物质 **4.8**）、6- 甲氧基 - 山奈酚（图 12.9，峰号 9，物质 **4.3**）、山奈酚（图 12.9，峰号 10，物质 **4.2**）和异鼠李素（图 12.9，峰号 11，物质 **4.6**）。

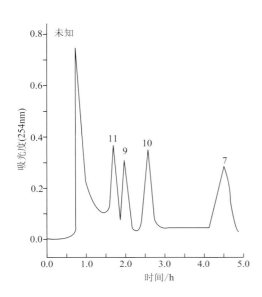

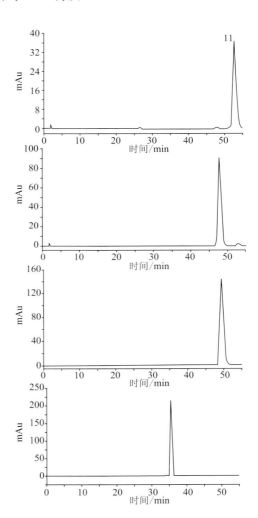

图 12.9　黄顶菊粗提物黄酮醇类化合物的
HSCCC 分离（上）及 HPLC 分析（右）图

上图中各峰峰号与图 12.4 中各峰峰号相对应，分别为 7：
万寿菊素（物质 **4.8**）；9：6- 甲氧基 - 山奈酚（物质 **4.3**）；
10：山奈酚（物质 **4.2**）；11：异鼠李素（物质 **4.6**）；各
HPLC 图主图为上图各峰的 HPLC 分析图，各图峰号与左
图各峰号相对应

采用 HSCCC（GS10AB 型）单组分有机溶剂 - 盐水体系，从黄顶菊中分离纯化了一种主要的黄酮硫酸酯——异鼠李素 -3- 硫酸酯（图 12.10，峰号 4，物质 **12.8**）。相比传统的多组分有机溶剂 - 水体系，单组分有机溶剂 - 盐水体系更适合极性物质异鼠李素 -3- 硫酸酯的分离。如图 12.10 所示，采用正丁醇 -0.25%NaCl（1:1，V/V）溶剂体系，一次 HSCCC 实验可从约 400mg 未经任何前处理的黄顶菊粗品中分离纯化出 2.1mg 纯度大于 97% 的异鼠李素 -3- 硫酸酯。

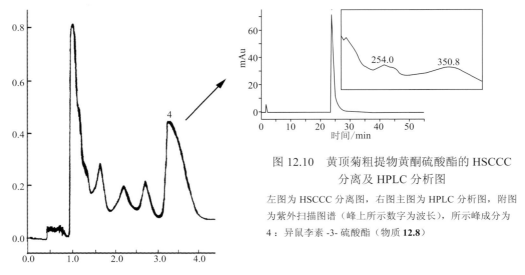

图 12.10　黄顶菊粗提物黄酮硫酸酯的 HSCCC
分离及 HPLC 分析图

左图为 HSCCC 分离图，右图主图为 HPLC 分析图，附图
为紫外扫描图谱（峰上所示数字为波长），所示峰成分为
4：异鼠李素 -3- 硫酸酯（物质 **12.8**）

2）黄顶菊中噻吩类化合物的分离纯化工艺

采用 HSCCC 分离纯化了黄顶菊中的 3 种噻吩类物质。选用正己烷 - 乙腈（1:1，V/V）体系，使用 EMC-500A 型 HSCCC 仪器，转速 800r/min，流速 1.5mL/min，通过时间控制法可以从 265.6mg 黄顶菊石油醚粗提物中分离得到 2.2mg 5-（3- 丁烯 -1- 炔基）-2, 2′- 联二噻吩（物质 **12.16**）、5.2mg α - 三联噻吩（物质 **12.15**）和 4.3mg 5-（3- 戊烯 -1- 炔基）-2, 2′- 联二噻吩（物质 **12.17**），纯度分别为 90.2%、99.9% 和 92.1%（图 12.11）。

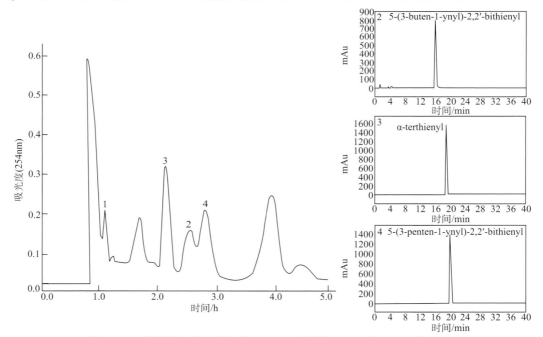

图 12.11　黄顶菊中噻吩类物质 HSCCC 分离图（左）及 HPLC 图（右）

左图所示各峰成分分别为 1：邻苯二甲酸二异丁酯（物质 **12.25**，非噻吩类物质）；2：5-（3- 丁烯 -1- 炔基）-2, 2′- 联二噻吩（物质 **12.16**）；3：α- 三联噻吩（物质 **12.15**）；4：5-（3- 戊烯 -1- 炔基）-2, 2′- 联二噻吩（物质 **12.17**）。右边各图分别为左图峰号为 2～4 成分的 HPLC 分析图

3）黄顶菊中三种主要的挥发油类物质的分离纯化工艺

采用 HSCCC 实现了黄顶菊中三种主要挥发油氧化石竹烯（物质 **12.19**）、石竹烯（物质 **12.18**）、反 -β- 法尼烯（物质 **12.20**）的制备分离，其中后两种纯度可高达 98.1% 和 95.2% 以上。HSCCC 体系：正己烷 - 乙腈 - 乙醇（5:4:3，*V/V*），转速 850r/min，流速 1.5mL/min，检测波长 214nm（结果见图 12.12）。

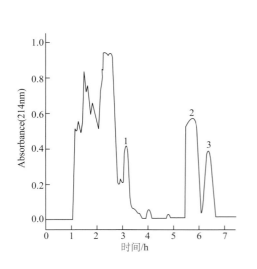

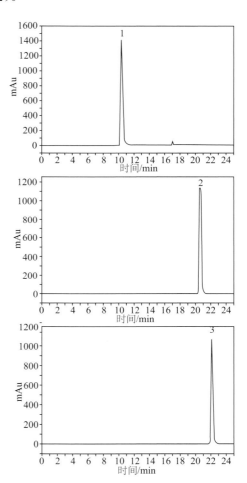

图 12.12　黄顶菊中挥发油的 HSCCC 图

上图所示各峰成分分别为 1：氧化石竹烯（物质 **12.19**），2：β - 法尼烯（物质 **12.20**）；3：石竹烯（物质 **12.18**）；右边各图分别为上图峰号成分的 HPLC 分析图

4）紫云英苷国家标准样品的研制

研究表明黄顶菊中含有多种黄酮苷类物质，其中紫云英苷含量最高。紫云英苷（物质 **12.10**，简称 As，结构式如图 12.13 所示），又名黄芪苷，是存在于多种中药材中的一种黄酮苷。近年来的研究表明，柿叶、杜仲叶、荷叶、红景天等中药材中均含有紫云英苷，紫云英苷具有多种与人类健康密切相关的生物活性，如抗心血管疾病、抗糖尿病、抗病毒、抗炎、抗氧化、抗过敏作用等（Kwon et al.，2012；Deng et al.，2009；Jeong et al.，2009；Li et al.，2008；Kim et al.，2004；Kawase et al.，2003；Apers et al.，2002）。

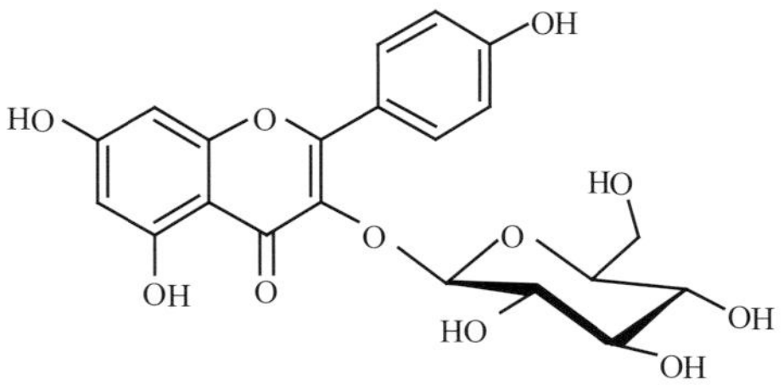

图 12.13 紫云英苷（As）的结构式

目前国内外市场上刚刚出现紫云英苷对照品，没有准确的纯度值且价格昂贵，这使得紫云英苷相关产品的质量控制受到一定影响。Sigma 公司和百灵威公司于 2009 年 9 月以后新上市了紫云英苷对照品产品，价格极其昂贵。Sigma 公司该产品价格为 4336 元 /25mg，百灵威的价格为 6762 元 /5mg。国内虽然有一些生物制品公司销售紫云英苷对照品，但产品质量难以保证，产品的理化性质参数也表示得不一致，难以作为标准样品使用。为了解决我国植物提取、食品、保健品、化妆品等行业标准样品极度缺乏，严重影响产品质量控制和检测的问题，必须研制天然产物标准样品。

标准样品的研制工作是根据国际标准化组织 / 标准样品委员会（ISO/REMCO）的相关导则和我国国家标准 GB/T 15000 的特定程序进行的。此程序可保证每个特性值的溯源性。逆流色谱对纯品的制备规模满足国家对标准样品的批次制备量和检定程序要求，制备技术的重现性和产物指标的一致性满足标品复制和传递的要求。因此，自 1999 年起，基于 HSCCC 技术方法已研制完成多项国家天然产物实物标准样品（张天佑等，2011）。

天然产物标准样品研制工作主要包括纯品制备和定值两个方面。采用已开发的高速逆流色谱分离纯化紫云英苷的方法，对黄顶菊中的紫云英苷进行制备分离，可为大量制备紫云英苷节约成本。在研究中开发出连续进样逆流色谱法分离紫云英苷，并对使用的 HSCCC 溶剂系统下相进行气相色谱分析，测出各有机溶剂的含量，从而按比例直接配制下相（流动相），节约有机溶剂。采用 HPLC 法进行纯度分析，同时采用紫外光谱（UV）、红外光谱（IR）、质谱（MS）、核磁共振（NMR）等方法进行结构鉴定，采用熔点测定、元素分析的方法确保其高纯度。并对其均匀性、稳定性进行测定，最后将纯品分装。对样品的均匀性和稳定性进行检验之后，采用多个实验室联合定值的方法进行定值，给出相应的不确定度。最终定值结果如表 12.4 所示。

表 12.4 紫云英苷标准样品最终定值结果

名称	纯度 /%	95% 的置信区间
紫云英苷	98.49	98.49±0.02

2. 黄顶菊中主要黄酮类化合物的抗氧化性研究

研究表明，过量的自由基是导致衰老和多种疾病的重要因素（赵保路，1999）。而在食品、包装材料等领域广泛使用的合成抗氧化剂，如丁基羟基甲苯（BHT）、丁基羟基茴香醚（BHA）等由于具有一定毒性和致癌作用而越来越受到限制。鉴于以上原因，从植物中寻找天然、高效、安全的抗氧化剂引起人们越来越大的兴趣（Caillet et al.，2007）。黄酮类化合物是一种重要的天然抗氧化剂，具有很好的清除自由基和抗氧化能力，可清除自由基和阻止自由基在体内产生（Huang et al.，2009；Sharififar et al.，2009；Mariani et al.，2008）。

为了综合开发利用黄顶菊，有必要对其含有的几种黄酮类物质进行抗氧化性评价。在中国实验室前期对黄顶菊进行的初步急性毒性实验中表明，黄顶菊 80% 乙醇提取物按 5.0g/kg 给小鼠口服（灌胃）给药，14 天内动物无死亡现象，剂量探测试验表明动物近似致死量为大于 5.0 g/kg，说明黄顶菊提取物毒性较小。

采用多种方法对黄顶菊中分离得到的 4 种黄酮苷和一种黄酮硫酸酯进行抗氧化性评价，这 5 种物质分别为万寿菊素 -3-O- 葡萄糖苷（物质 **12.14**）、异槲皮苷（物质 **12.12**）、6- 甲氧基 - 山奈酚 -3-O- 葡萄糖苷（物质 **12.11**）、紫云英苷（物质 **12.10**）和异鼠李素 -3- 硫酸酯（物质 **12.8**）。对这 5 种物质清除 DPPH 自由基（图 12.14）、总抗氧化能力（T-AOC）、清除超氧阴离子自由基和清除羟自由基的能力进行了研究。为将黄顶菊提取物开发为天然抗氧化剂提供基础。研究结果表明这 5 种物质均具有一定的自由基清除能力和抗氧化能力，在食品添加剂领域应有较好的应有前景。

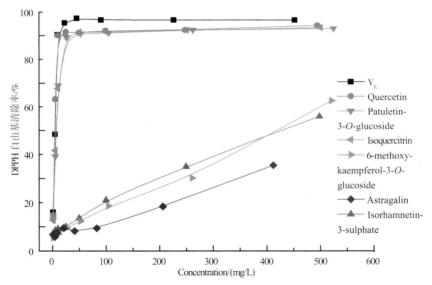

图 12.14　黄顶菊中部分黄酮类物质的 DPPH 自由基清除率（对照品为维生素 C 和槲皮素）

图中 Astragalin：紫云英苷（物质 **12.10**）；6-methoxykaempferol-3-O-glucoside：6- 甲氧基 - 山奈酚 -3-O- 葡萄糖苷（物质 **12.11**）；Isorhamnetin-3-sulphate：异鼠李素 -3- 硫酸酯（物质 **12.8**）；Isoquercitrin：异槲皮苷（物质 **12.12**）；Patuletin：万寿菊素 -3-O- 葡萄糖苷（物质 **12.14**）；Quercetin：槲皮素（物质 **4.4**）；Vc：维生素 C

3. 黄顶菊活性物质的利用

作为一种外来入侵植物，黄顶菊给我国带来了巨大的危害，但作为一种潜在的天然活性物质来源，在我国大面积发生的黄顶菊也是巨大的植物资源。因此在分离分析黄顶菊化学成分的基础上，进一步对其进行药效学研究（表 12.5）。黄顶菊在原产地（阿根廷等国）已将其作为药用植物进行研究，借鉴其成果，可将我国黄顶菊开发为植物药、食品添加剂、饲料等，进行合理的利用。

表 12.5　黄顶菊中其他活性物质的用途 [*]

物质名称	本章物质序号	性质	用途
绿原酸	12.24	极性有机酸，易溶于水、甲醇	抗氧化，抗心血管疾病，抑制突变及抗肿瘤，保肝利胆，抗菌抗病毒
槲皮素	4.4	中等极性黄酮醇，易溶于甲醇、乙醇	抗自由基抗氧化，抗癌防癌，抗菌抗病毒，抗炎抗过敏，抗糖尿病并发症等
山奈酚	4.2	中等极性黄酮醇，易溶于甲醇、乙醇	逆转肿瘤细胞多药耐药作用，对神经细胞的保护作用，对蛋白激酶的抑制作用
异鼠李素	4.6	中等极性黄酮醇，易溶于甲醇、乙醇	保护心血管，抗氧化，抗肿瘤，抗炎，抗过敏及调节免疫功能
α-三联噻吩	12.15	小极性化合物，易溶于甲醇	光活化毒杀作用，强杀虫活性，治疗癌症及病毒性感染
石竹烯	12.18	非极性倍半萜类化合物，易溶于正己烷，乙醇	具有丁香气味，常用作食用香精，如肉豆蔻、胡椒、丁香、柑橘和药草的调配，合成香料
氧化石竹烯	12.19	非极性倍半萜类化合物，易溶于正己烷，乙醇	抗真菌，杀细菌，抗诱癌物，对皮肤癣菌有特殊的抑制作用
β-法尼烯	12.20	非极性化合物，易溶于正己烷，乙醇	驱逐蚜牙的特点，是蚜牙的报警信息素

资料来源：吴江涛，2009；赵增光和刘应才，2008；万树青等，2000；刘诗平等，1991；Huang et al.，2009；Hudson et al.，1993

（魏　芸　谢倩倩）

参 考 文 献

曹学丽 . 2005. 高速逆流色谱分离技术及应用 . 北京 : 化学工业出版社 .

陈艳，刘坤，张国良，等 . 2007. 外来入侵杂草黄顶菊生物活性及化学成分研究进展 . 杂草科学，（4）：1–3.

蒋志胜，尚稚珍，万树青，等 . 2001. 光活化农药的研究与应用 . 农药学学报，3（1）：1–5.

刘诗平，陈尚猛，朱卫东 . 1991. 槲皮素及其衍生物的生物活性研究进展 . 中草药，22（4）：182–186.

柳仁民 . 2008. 高速逆流色谱及其在天然产物分离中的应用 . 青岛 : 中国海洋大学出版社 .

彭军，马艳，李香菊，等 . 2011. 黄顶菊化感作用研究进展 . 杂草科学，29（1）：17–22.

商闯 . 2011. 黄顶菊根系分泌物的化感作用及根系分泌物中活性成分分析 . 河北农业大学硕士研究生学位论文 .

万树青，徐汉虹，赵善欢，等 . 2000. 光活化多炔类化合物对蚊幼虫的毒力 . 昆虫学报，43（3）：264–270.

吴江涛 . 2009. 绿原酸的生物活性及其应用 . 现代农业科技，（19）：349–350.

闫宏 . 2010. 黄顶菊抑菌杀虫活性物质的分离 . 仲恺农业工程学院硕士研究生学位论文 .

张培成 . 2009. 黄酮化学 . 北京 : 化学工业出版社 .

张天佑，王晓 . 2011. 高速逆流色谱技术 . 北京 : 化学工业出版社 .

赵保路 . 1999. 自由基和天然抗氧化剂 . 北京 : 科学出版社 : 133–136.

赵增光，刘应才 . 2008. 异鼠李素的心血管保护作用 . 医学综述，14（15）：2321–2323.

Agnese A M，Guglielmone H A，Cabrera J L. 2010. *Flaveria bidentis* and *Flaveria haumanii* — effects and bioactivity of sulphated flavonoids. *In*: Govil J N，Singh V K. Recent Progress in Medicinal Plants. Vol. 29（Drug Plants III）. Houston: Earthscan Publications Limited: 1–17.

Agnese A M，Montoya S N，Espinar L A，et al. 1999. Chemotaxonomic features in Argentinian species of *Flaveria*（Compositae）. Biochemical Systematics and Ecology, 27（7）：739–742.

Apers S，Huang Y，Van Miert S，et al. 2002. Characterisation of new oligoglycosidic compounds in two Chinese medicinal herbs. Phytochemical Analysis, 13（4）：202–206.

Barron D. 1987. Advances in the phytochemistry, organic synthesis, spectral analysis and enzymatic synthesis of sulfated flavonoids [Concordia University, Ph.D. Dissertation].

Barron D，Varin L，Ibrahim R K，et al. 1988. Sulphated flavonoids — an update. Phytochemistry, 27（8）: 2375–2395.

Cabrera J L，Juliani H R，Gros E G. 1985. Quercetin 3,7,3' -trisulphate from *Flaveria bidentis*. Phytochemistry, 24（6）: 1394–1395.

Cabrera J L，Juliani H R. 1976. Quercetin-3-acetyl-7,3',4'-trisulphate from *Flaveria bidentis*. Lloydia-the Journal of Natural Products, 39（4）: 253–254.

Cabrera J L，Juliani H R. 1977. Isorhamnetin 3,7-disulfate from *Flaveria bidentis*. Phytochemistry, 16（3）: 400.

Cabrera J L，Juliani H R. 1979. Two new quercetin sulphates from leaves of *Flaveria bidentis*. Phytochemistry, 18（3）: 510–511.

Caillet S，Yu H，Lessard S，et al. 2007. Fenton reaction applied for screening natural antioxidants. Food Chemistry, 100（2）: 542–552.

Cho K，Ryu M，Chin K，et al. 1995. Thiophene compounds as antivirus, anti-inflammatory and immunoregulatory agents. Ind, Technol Res Inst JP: 9502665

Chobot V，Vytlačilová J，Kubicová L，et al. 2006. Phototoxic activity of a thiophene polyacetylene from *Leuzea carthamoides*. Fitoterapia, 77（3）: 194–198.

Deng S，Deng Z，Fan Y，et al. 2009. Isolation and purification of three flavonoid glycosides from the leaves of *Nelumbo nucifera*（Lotus）by high-speed counter-current chromatography. Journal of Chromatography B, 877（24）: 2487–2492.

Dimitri M J，Orfila E N. 1986. Acerca del nuevo taxon *Flaveria haumanii* Dim. & Orf.（Compositae）de la Flora Argentina. Sociedad Científica Argentina, Buenos Aires: 1–13.

Dueñas M，Surco-Laos F，González-Manzano S，et al. 2011. Antioxidant properties of major metabolites of quercetin. European Food Research and Technology, 232（1）: 103–111.

Feuillée L É. 1725. Journal des observations physiques, mathematiques et botaniques: faites par l' ordre du roy sur les côtes orientales de l' Amerique méridionale, & dans les Indes Occidentales, depuis l' année 1707 jusques en 1712. Vol. 3. Paris: Chez Pierre Giffart: 18–19, Plate 14.

Guglielmone H A，Agnese A M，Montoya S C N，et al. 2002. Anticoagulant effect and action mechanism of sulphated flavonoids from *Flaveria bidentis*. Thrombosis Research, 105（2）: 183–188.

Guglielmone H A，Agnese A M，Nunez-Montoya S C，et al. 2005. Inhibitory effects of sulphated flavonoids isolated from *Flaveria bidentis* on platelet aggregation. Thrombosis Research, 115（6）: 495–502.

Haraguchi H，Hashimoto K，Yagi A. 1992. Antioxidative substances in leaves of Polygonum hydropiper. Journal of Agricultural and Food Chemistry, 40（8）: 1349–1351.

Huang W，Xue A，Niu H，et al. 2009. Optimised ultrasonic-assisted extraction of flavonoids from Folium eucommiae and evaluation of antioxidant activity in multi-test systems *in vitro*. Food Chemistry, 114（3）: 1147–1154.

Hudson J B，Harris L，Teeple A，et al. 1993. The anti-HIV activity of the phytochemical α -terthienyl. Antiviral Research, 20（1）: 33–43.

Hudson J B，Towers G H N. 1991. Therapeutic potential of plant photosensitizers. Pharmacology & Therapeutics, 49（3）: 181–222.

Ibrahim R K. 2005. A forty-year journey in plant research: original contributions to flavonoid biochemistry. Canadian Journal of Botany-Revue Canadienne De Botanique, 83（5）: 433–450.

Jeong H J，Ryu Y B，Park S-J，et al. 2009. Neuraminidase inhibitory activities of flavonols isolated from *Rhodiola rosea* roots and their in vitro anti-influenza viral activities. Bioorganic & Medicinal Chemistry, 17（19）: 6816–6823.

Kawase M，Motohashi N，Satoh K，et al. 2003. Biological activity of persimmon（*Diospyros kaki*）peel extracts. Phytotherapy Research, 17（5）: 495–500.

Keller B O，Sui J，Young A B，et al. 2008. Interferences and contaminants encountered in modern mass spectrometry. Analytica Chimica Acta, 627（1）: 71–81.

Kim H Y，Moon B H，Lee H J，et al. 2004. Flavonol glycosides from the leaves of *Eucommia ulmoides* O. with glycation inhibitory activity. Journal of Ethnopharmacology, 93（2–3）: 227–230.

Kwon H-J，Park Y-D. 2012. Determination of astragalin and astragaloside content in *Radix Astragali* using high-performance liquid chromatography coupled with pulsed amperometric detection. Journal of Chromatography A, 1232:

212–217.

Li L，Peng Y，Xu L-J，et al. 2008. Flavonoid glycosides and phenolic acids from *Ehretia thyrsiflora*. Biochemical Systematics and Ecology, 36（12）: 915–918.

Mariani C，Braca A，Vitalini S，et al. 2008. Flavonoid characterization and *in vitro* antioxidant activity of *Aconitum anthora* L.（Ranunculaceae）. Phytochemistry, 69（5）: 1220–1226.

McKown A D，Moncalvo J M，Dengler N G. 2005. Phylogeny of *Flaveria*（Asteraceae）and inference of C-4 photosynthesis evolution. American Journal of Botany, 92（11）: 1911–1928.

Pereyra de Santiago O J，Juliani H R. 1972. Isolation of Quercetin 3,7,3',4'-Tetrasulphate from *Flaveria bidentis* L. Otto Kuntze. Experientia（Basel）, 28（4）: 380–381.

Powell A M. 1978. Systematics of *Flaveria*（Flaveriinae Asteraceae）. Annals of the Missouri Botanical Garden, 65（2）: 590–636.

Ruiz H，Pavón J. 1789. Systema vegetabilium florae Peruvianae et Chilensis. Madrid: Typis Gabrielis de Sancha: 216–217.

Sharififar F，Dehghn-Nudeh G，Mirtajaldini M. 2009. Major flavonoids with antioxidant activity from *Teucrium polium* L. Food Chemistry, 112（4）: 885–888.

Varin L，Barron D，Ibrahim R. 1986. Identification and biosynthesis of sulfated and glucosylated flavonoids in *Flaveria bidentis*. Zeitschrift Fur Naturforschung C, 41（9–10）: 813–819.

Varin L. 1992. Flavonoid sulfation: Phytochemistry, enzymology and molecular biology. Phenolic Metabolism in Plants, 26: 233–254.

Wei Y，Gao Y，Xie Q，et al. 2011a. Isolation of Chlorogenic Acid from *Flaveria bidentis*（L.）Kuntze by CCC and Synthesis of Chlorogenic Acid-Intercalated Layered Double Hydroxide. Chromatographia, 73（Supplement 1）: 97–102.

Wei Y，Xie Q，Fisher D，et al. 2011b. Separation of patuletin-3-O-glucoside, astragalin, quercetin, kaempferol and isorhamnetin from *Flaveria bidentis*（L.）Kuntze by elution-pump-out high-performance counter-current chromatography. Journal of Chromatography A, 1218（36）: 6206–6211.

Wei Y，Zhang K，Yin L，et al. 2012. Isolation of bioactive components from *Flaveria bidentis*（L.）Kuntze using high-speed counter-current chromatography and time-controlled collection method. Journal of Separation Science, 35（7）: 869–874.

Xie Q Q，Wei Y，Zhang G L. 2010. Separation of flavonol glycosides from *Flaveria bidentis*（L.）Kuntze by high-speed counter-current chromatography. Separation and Purification Technology, 72（2）: 229–233.

Xie Q，Yin L，Zhang G，et al. 2012. Separation and purification of isorhamnetin 3-sulphate from *Flaveria bidentis*（L.）Kuntze by counter-current chromatography comparing two kinds of solvent systems. Journal of Separation Science, 35（1）: 159–165.

Zhang F J，Guo J Y，Chen F X，et al. 2012. Assessment of allelopathic effects of residues of *Flaveria bidentis*（L.）Kuntze on wheat seedlings. Archives of Agronomy and Soil Science, 58（3）: 257–265.

Zhang X，Boytner R，Cabrera J L，et al. 2007. Identification of yellow dye types in pre-Columbian Andean textiles. Analytical Chemistry, 79（4）: 1575–1582.

Zhang X，Cardon D，Cabrera J L，et al. 2010. The role of glycosides in the light-stabilization of 3-hydroxyflavone（flavonol）dyes as revealed by HPLC. Microchimica Acta, 169（3–4）: 327–334.

附录 I 黄顶菊的俗名或译名

名称	国别	参考文献
Balda	阿根廷	Agnese et al，2010；Freire et al.，2006
Baldal	阿根廷	Broussalis et al.，1999
Chasca	阿根廷	Agnese et al，2010；Freire et al.，2006
Chascayuyo	阿根廷	Freire et al.，2006
Chinapaya	秘鲁	Ruiz and Pavón，1789
coastal plain yellowtops	美国	Yarborough and Powell，2006
Coastalplain Yellowtops	美国	ITIS，undated
contra erva do Peru	秘鲁、巴西	Austin，2004；Quattrocchi，2000
Contra herva	阿根廷	Freire et al.，2006
contra yerba	智利	Molina，1789
Contrahierba	智利	Freire et al.，2006；Feuillée，1725
Contrayerba	南美	Freire et al.，2006；Broussalis et al.，1999；Petenatii and Espinar，1997；Ruiz et al.，1789
Dasdaqui	秘鲁	Ruiz et al.，1789
Dauda	阿根廷	Freire et al.，2006
Daudá	秘鲁	Freire et al.，2006
Fészekvirágzatúfélefaj	匈牙利	DAISIE，2008
Fique	阿根廷	Agnese et al.，2010；Freire et al.，2006；Petenatii et al.，1997
Flavérie contre-poison	法国	Cassini，1820
Flor amarilla	阿根廷	Freire et al.，2006
Ilaverio	阿根廷	Freire et al.，2006
Mata gusanos	阿根廷	Freire et al，2006
Matagusanos	秘鲁、阿根廷	Agnese et al.，2010；Ruiz et al.，1789
Nacunan	阿根廷	Freire et al.，2006
Ñacuñán	阿根廷	Freire et al.，2006
Pique	阿根廷	Freire et al.，2006
Quejatulpino	阿根廷	Freire et al.，2006
Quellotarpo	阿根廷	Freire et al.，2006
smelter's bush	南非	Austin，2004；Quattrocchi，2000
Smelterbossie	南非	Austin，2004；Quattrocchi，2000
Solo	阿根廷	Freire et al.，2006
Speedy weed	英国	未明
Sunchillo	阿根廷	Freire et al.，2006
Tuntusa	阿根廷	Freire et al.，2006
Valda	阿根廷	Freire et al.，2006
キアレチギク	日本	太田久次和村田源，1995
二齿黄菊	中国	刘全儒，2005
黄顶菊	中国	高贤明等，2004
金花菊	中国	向云等，2004

（郑 浩 张衍雷）

参 考 文 献

高贤明，唐廷贵，梁宇，等 . 2004. 外来植物黄顶菊的入侵警报及防控对策 . 生物多样性 , 12（2）: 274–279.

刘全儒 . 2005. 中国菊科植物一新归化属——黄菊属 . 植物分类学报 , 43（2）: 178–180.

向云，王蒂，张金文 . 2004. Wun1 启动子 Me13' 非转录区的克隆及 Hrp 基因植物表达载体的构建 . 甘肃农业大学学报 , 39（02）: 124–130.

太田久次（Ohta H），村田源（Murata G）. 1995. 新帰化植物キアレチギク（*Flaveria bidentis*, a new record naturalized in Japan）. 植物分類・地理（Acta Phytotaxonomica et Geobotanica）, 46（2）: 209–210.

Agnese A M，Guglielmone H A，Cabrera J L. 2010. Flaveria bidentis and *Flaveria haumanii* - effects and bioactivity of sulphated flavonoids. *In*: Govil J N，Singh V K. Recent Progress in Medicinal Plants. Vol. 29（Drug Plants III）. Houston: Earthscan Publications Limited: 1–17.

Austin D F. 2004. Florida Ethnobotany. Boca Raton: CRC Press, 310–311.

Broussalis A M，Ferraro G E，Martino V S，et al. 1999. Argentine plants as potential source of insecticidal compounds. Journal of Ethnopharmacology, 67（2）: 219–223.

Cassini H. 1820. Flavérie. *In*: Levrault F G. Dictionnaire des sciences naturelles. Vol. 17. Paris, 127–128.

DAISIE European Invasive Alien Species Gateway. 2008. *Flaveria bidentis* [网 页 地 址：http://www.europe-aliens.org/speciesFactsheet.do?speciesId=22686, 最后访问时间: 2010 年 3 月 10 日].

Feuillée L É. 1725. Journal des observations physiques, mathematiques et botaniques: faites par l'ordre du roy sur les côtes orientales de l' Amerique méridionale, & dans les Indes Occidentales, depuis l'année 1707 jusques en 1712. Vol. 3. Paris: Chez Pierre Giffart, 18-19, Plate 14.

Freire S E，Urtubey E，Sancho G，et al. 2006. Inventario de la biodiversidad vegetal de la provincia de Misiones: Asteraceae. Darwiniana, 44（2）: 375–452.

ITIS. undated. Integrated Taxonomic Information System on-line database（ITIS）[网站地址：http://www.itis.gov ； 网页地址：http://www.itis.gov/servlet/SingleRpt/SingleRpt?search_topic=TSN&search_value=37375, 最后访问时间: 2010 年 3 月 10 日].

Molina J G I. 1789（1809 English Translation）. Scet III. Herb Used in Dying. *In*: The Geographical, Natural, and Civil History of Chili（Saggio sulla Storia Naturale del Chili）. Vol. 1. London: Longman, Hurst, Rees, and Orme: 115–120.

Petenatii E M，Espinar L A. 1997. Asteraceae. Tribu IV. Helenieae. Flora Fanerogámica Argentina, Fascículo, 45: 1–34.

Quattrocchi U. 2000. CRC world dictionary of plant names : Common names, scientific names, eponyms, synonyms, and etymology. Boca Raton, Florida: CRC Press: 1016.

Ruiz H，Pavón J. 1789. Systema vegetabilium florae Peruvianae et Chilensis. Madrid: Typis Gabrielis de Sancha: 216–217.

Yarborough S C，Powell A M. 2006. Flaveriinae. *In*: Flora of North America Editorial Committee. Flora of North America. Vol. 21. New York: Oxford University Press: 245–250.

附录 II　McKown 等（2005）提取的黄菊属植物形态性状

		1 黄顶菊	3 腋花黄菊	4 澳洲黄菊	5 碱地黄菊	6 帕尔默黄菊	8 异花黄菊	9 散枝黄菊	10 狭叶黄菊	11 普林格尔黄菊	12 鞘叶黄菊	13 克朗氏黄菊	14 柯氏黄菊	15 显花黄菊	16 索诺拉黄菊	17 毛枝黄菊	18 对叶黄菊	19 佛州黄菊	20 线叶黄菊C	20 线叶黄菊D	20 线叶黄菊A	20 线叶黄菊F	20 线叶黄菊B	20 线叶黄菊E	21 布朗黄菊	22 贯叶黄菊	23 麦氏黄菊	- 格雷黄帚菊	- 墨西哥黄光菊
1	染色体数	0	0	0	0	0	0	0	0	1	N	0	N	0	0	0	0	0	0	0	0	0	0	0	0	0	0	0	0
2	生活史	1	1	1	1	1	1	1	1	0	0	0	0	0	0	0	0	0	0	0	0	0	0	0	0	0	0	0	0
3	自交亲和性	1	1	1	1	0	0	0	0	0	0	0	0	N	0	0	0	0	0	0	0	0	0	0	0	0	0	N	N
4	非木质茎秆表面性状	1	1	0	1	2	0	2	2	0	3	3	1	3	0	3	1	3	1	0	0					1	0	0	0
5	花梗/花序梗表面性状	2	1	0	0	0	0	1	3	1	3	0	2	1	0	2	0	2	1	0	0					1	0	0	0
6	叶基性状	0	0	0	0	0	0	0	0	0	0	0	0	0	1	0	0	0	0	0						2	0	0	0
7	叶柄性状	1	1	1	0																								
8	叶腋性状	1	1	1	1	1	1	1	1	2	0	1	2	0	1														
9	叶表性状	1	1	0	1	1	1	1	1	1	2	0	1	0	1														
10	叶片形状	1	1	0	0	0	0	1	1	0	1																		
11	叶脉性状	1	1	1	1	1	1	0	0																				
12	叶缘性状	2	2	2	2	2	1	2	1	0	0	0	0	2	2	1	1	1	0	0	1	1	1						
13	复合花序形状	1	2	2	1	1	0	1	0	0	2	0	2	0	0		1												
14	复合花序着生位置	1	1	1	1	1	1	1	1	0	1	1																	
15	花序聚集程度	1	1	1	1	1	1	1	1	1	1	0	1	0	0	1	1	0	0	1	0	0				1	0	0	0
16	花序大小	1	1	1	1	1	1	1	1	1	1	1	1	1	1	1	1	1	1	1	1	1	1	1	1	1	1	1	1
17	花序类型	0	0	0	0	0	0	0	0	0	1	0	1	0	0	0	1	0	0	1	1			1		1	1	0	0
18	花序形状	1	1	1	1	1	2	1	1	1	1	1	1	1	1	1	1	1	1	1	1	1	1	1	1	1	0	0	0
19	总苞片是否反折	1	1	1	1	1	1	1	1	1	1	1	1	1	1	1	1	1	1	1	1	1	1	1	1	1	0	0	0
20	总苞片数	1	2	2	1	1	2	3	2	1	1	1	1	1	1	1	1	1	1	1	1	1	1	1	1	2	0	0	0
21	总苞片形状	1	2	2	1	2	2	1	1	1	2	1	2	2	2	2	2	2	2	2	2	2	2	2	2	2	0	0	0
22	总苞片端部性状	0	0	0	1	1	2	0	1	0	0	0	0	0	0	1	1	1	1	1	1	1	1	1	1	2	0	0	0
23	副萼长度	1	0	0	0	0	0	0	0	0	0	0	0	0	0	0	0	0	0	0	0	0	0	0	0	0	0	0	0
24	副萼形状	2	3	3	3	3	0	2	2	0	2																		
25	冠毛性状	2	2	2	2	2	2	2	2	2	2	2	2	2	2	2	2	2	2	2	2	2	2	2	2	1	0	0	0
26	花冠是否外露	1	1	1	1	1	1	1	1	1	1	1	1	1	1	1	1	1	1	1	1	1	1	1	1	1	0	0	1

续表

		1 黄顶菊	*3* 腋花黄菊	*4* 澳洲黄菊	*5* 碱地黄菊	*6* 帕尔默黄菊	*8* 异花黄菊	*9* 散枝黄菊	*10* 狭叶黄菊	*11* 普林格尔黄菊	*12* 鞘叶黄菊	*13* 克朗氏黄菊	*14* 柯氏黄菊	*15* 显花黄菊	*16* 索诺拉黄菊	*17* 毛枝黄菊	*18* 对叶黄菊	*19* 佛州黄菊	*20* 线叶黄菊C	*20* 线叶黄菊D	*20* 线叶黄菊A	*20* 线叶黄菊F	*20* 线叶黄菊B	*20* 线叶黄菊E	*21* 布朗黄菊	*22* 贯叶黄菊	*23* 麦氏黄菊	*-* 格雷黄帚菊	*-* 墨西哥黄光菊
27	花冠冠筒表面性状	2	3	2	3	2	3	3	3	2	2	3	2	1	2	2	2	1	1	2	2	2	1	1	1	1	1	0	0
28	花冠檐部形状	1	1	1	0	0	1	0	1	0	0	0	0	1	0	0	0	0	1	0	0	0	0	0	1	1	0	0	0
29	瘦果形状	1	1	1	1	1	1	1	1	1	1	1	1	1	1	1	1	1	1	1	1	1	1	1	1	1	1	0	0
30	瘦果表面性状	1	1	1	1	1	1	1	1	1	1	1	1	1	1	1	1	1	1	1	1	1	1	1	1	1	1	0	0

注：本表译自 McKown 等（2005）文附带材料 1。原表标题行以各种拉丁学名字母升序排列，本表以本章第二节各种简述顺序排列，以斜体的数字相对应。由于原文研究中狭叶黄顶菊和伪帕尔默黄菊（编号分别为 2 与 7）数据缺失，故两种信息在此从略。标题列为提取的植物形态性状指标，其中加黑项曾被 Monson（1996）采用。赋值规则如下：**1.** 染色体基数：0 = 18；1 = 18 或 36 [赋值依据：多数黄菊属植物（Powell, 1978）；狭叶黄菊（Keil et al., 1988）；格雷黄帚菊（*Haploësthes greggii*）及墨西哥黄光菊（*Sartwellia mexicana*）（Turner, 1971）]；**2.** 生活史：0 = 多年生；1 = 一年生（赋值依据：Powell, 1978①）；**3.** 自交亲和性：0 = 自交不亲和；1 = 自交亲和（赋值依据：Powell, 1978）；**4.** 非木质茎秆表面：0 = 无毛；1 = 无毛至稀被短柔毛；2 = 稀被至被短柔毛；3 = 被至密被短柔毛；**5.** 花梗/花序梗表面：0 = 无毛；1 = 无毛至稀被短柔毛；2 = 稀被至被短柔毛；3 = 被至密被短柔毛；**6.** 叶基部合生性状：0 = 合生；1 = 合生且时而抱茎；2 = 抱茎；**7.** 叶柄性状：0 = 无柄；1 = 部分或全部叶柄有柄；**8.** 叶腋：0 = 无毛；1 = 稀被至被短柔毛；2 = 被至密被短柔毛；**9.** 叶片表面：0 = 完全无毛；1 = 无毛或稀被短柔毛；2 = 密被短柔毛；**10.** 叶片形状：0 = 线形至狭披针形；1 = 阔披针形至椭圆形；**11.** 叶片主脉：0 = 单脉；1 = 三脉；**12.** 叶缘：0 = 仅全缘；1 = 全缘或略有微刺；2 = 有明显的细锯齿；**13.** 复合花序：0 = 圆锥形伞房花序状；1 = 蝎尾形伞房花序状；2 = 团伞状；**14.** 复合花序着生位置：0 = 端部；1 = 腋部或端部；**15.** 头状花序聚集程度：0 = 松散聚集；1 = 极其紧密聚集；**16.** 单个头状花序大小：0 = 大（>5mm）；1 = 小（<5mm）；**17.** 头状花序形态：0 = 辐射状或盘形；1 = 仅盘形；**18.** 单个头状花序形状：0 = 杯状；1 = 管状至长圆形；2 = 坛状；**19.** 总苞片：0 = 种子熟落后反折②；1 = 不反折；**20.** 总苞片数：0 = 5～6；1 = 3～4；2 = 2；3 = 同一植株植上 2～6；**21.** 总苞片形状：0 = 圆环形；1 = 阔椭圆形；2 = 狭椭圆形，长圆形；**22.** 总苞片端部：0 = 圆形，略钝；1 = 急尖；2 = 具小短尖③；**23.** 副萼小苞片长度：0 = 短于总苞片；1 = 长于总苞片；2 = 同一植株植上两者兼而有之；**24.** 副萼小苞片形状：0 = 线形；1 = 狭披针形；2 = 狭披针形；3 = 三者都有④；**25.** 冠毛性状：0 = 鳞片状或鬃状；1 = 呈简化的鳞片状或无冠毛；2 = 无冠毛；**26.** 花冠是否外露：0 = 露出总苞片之外；1 = 包被于总苞片内，不外露；**27.**（管状花）冠筒表面：0 = 完全无毛；1 = 无毛至有乳状突；2 = 无毛至稀被短柔毛；3 = 稀被至被短柔毛；**28.**（管状花）花冠檐部：0 = 漏斗状，膨大趋缓；1 = 钟状，膨大明显；**29.** 瘦果形状：0 = 线形或圆筒形；1 = 倒披针形或略扁平；**30.** 瘦果表面：0 = 被短柔毛；1 = 无毛

（郑 浩 韩 颖）

① 按赋值依据原文的描述及作者构建系统发育树所标识，布朗黄菊与佛州黄菊为多年生植物，但也可为一年生植物，并非严格意义的多年生植物。

② 原文为 phyllary reflexion: 0 = yes, following seed loss; 1 = no。seed loss 一般指种子的流失。参考 Turner（1971）附图，未见黄帚菊植物及墨西哥黄光菊总苞片有反折性状。由于原文作者根据干标本提取植物形态性状，不可能观察到植物在进入花果期前导将来种子缺失的现象，故本节作者理解为两属植物总苞片在种子成熟脱落后显现反折性状。

③ 原文为 strongly acute，应指具细尖的（apiculate）。

④ 原文为 dimorphic，意为二型。此处二型应指线形或披针形。按原文，性状 23 和 24 描述的是 peduncular bracteole，即构成副萼（calyculus）的小苞片。但是，该研究提取的这些性状特征与其他来源的一些描述不完全一致。

参 考 文 献

McKown A D，Moncalvo J M，Dengler N G. 2005. Phylogeny of *Flaveria*（Asteraceae）and inference of C–4 photosynthesis evolution. American Journal of Botany, 92（11）: 1911–1928.

Monson R K. 1996. The use of phylogenetic perspective in comparative plant physiology and developmental biology. Annals of the Missouri Botanical Garden, 83（1）: 3–16.

Powell A M. 1978. Systematics of *Flaveria*（Flaveriinae Asteraceae）. Annals of the Missouri Botanical Garden, 65（2）: 590–636.

Turner B L. 1971. Taxonomy of Sartwellia（Compositae: Helenieae）. SIDA Controbutions to Botany, 4（3）: 265–723.

附录 III 国外已报道的黄菊属植物染色体数

本附录信息多数见于渡边邦秋（undated）的《菊科染色体数索引》（*Index to Chromosome number in Asteraceae*）。为方便阅读，植物以拉丁学名字母排序。至今，仍有 3～4 种黄菊属植物染色体数未知，它们是狭叶黄顶菊（*F. haumanii*）、柯氏黄菊（*F. kochiana*）、鞘叶黄菊（*F. vaginata*），以及再未采集到标本的伪帕尔默黄菊（*F. intermedia*）。

植物	n	参考文献
狭叶黄菊（*F. angustifolia*）	18	Keil et al., 1988
异花黄菊（*F. anomala*）	18	Keil and Sutessy, 1977; Powell and Powell, 1977; Turner et al., 1961a
澳洲黄菊（*F. australasica*）	18	Powell and Powell, 1978; Raven and Kyhos, 1961; Covas and Schnack, 1946
黄顶菊（*F. bidentis*）	18	Hunziker et al., 1990; Robinson, 1981; Powell et al., 1978; Long and Rhamstin, 1968; Diers, 1961; Covas et al., 1946
布朗黄菊（*F. brownie*）	18	Powell, 1978
碱地黄菊（*F. campestris*）	9	Anderson, 1972
	18	Powell et al., 1978
贯叶黄菊（*F. chloraefolia*）	18	Löve 1980a; Powell et al., 1978, 1977
克朗氏黄菊（*F. cronqistii*）	18	Löve, 1980a
佛州黄菊（*F. floridana*）	18	Powell et al., 1978; Keil et al., 1977; Anderson, 1972; Long et al., 1968
线叶黄菊（*F. linearis*）	18	Keil et al., 1988; Powell et al., 1978; Powell et al. 1975; Long et al., 1968
麦氏黄菊（*F. macdougallii*）	18	Powell et al., 1978; Theroux et al., 1977
对叶黄菊（*F. oppositifolia*）	18	Powell et al., 1978, 1977; Turner et al., 1961a
帕尔默黄菊（*F. palmeri*）	18	Powell et al., 1977
普林格尔黄菊（*F. pringlei*）	36	Powell et al., 1978
	18	Turner et al., 1961
毛枝黄菊（*F. pubescens*）	18	Powell et al., 1978
散枝黄菊（*F. ramossima*）	18	Powell et al., 1978; Powell and Turner, 1963; Turner et al., 1961
显花黄菊（*F. robusta*）	18	Keil et al., 1977
索诺拉黄菊（*F. sonorensis*）	18	Powell, 1978
腋花黄菊（*F. trinervia*）	18	Razaq et al., 1994; Gupta and Gill, 1989, 1984; Razaq et al., 1988; Löve, 1980a; Powell et al., 1978, 1977; Keil and Stuessy, 1975; Powell et al., 1975; Anderson, 1972; Long and Stuessy, 1968; Чуксанова et al., 1968

参 考 文 献

渡邊邦秋（Watanabe K.）. undated. Index to Chromosome numbers in Asteraceae（キク科の染色体数データベース）[网页地址: http://www.lib.kobe-u.ac.jp/infolib/meta_pub/G0000003asteraceae_e, 最后访问时间: 2011 年 10 月 1 日].

Anderson L C. 1972. *Flaveria campestris*（Asteraceae）: A case of polyhaploidy or relic ancestral diploidy? Evolution, 26（4）: 671–673.

Covas G，Schnack B. 1946. Número de cromosomas en Antófitas de la región del Cuyo（República Argentina）. Revista Argentina de Agronomia, 13: 153–166.

Darlington C D，Wylie A P. 1955. Chromosome atlas of flowering plants. New York: Macmillan Company: 265.

Diers L. 1961. Der Anteil an Polyploiden in den Vegetationsgtirteln der Westkordillere Perus. Zeitschrift für Botanik, 49: 437–488.

Gupta R C，Gill B S. 1984. Cytological investigations on central Indian Compositae. Cytologia, 49: 427–435.

Gupta R C，Gill B S. 1989. Cytopalynology of north and central Indian Compositae. Journal of Cytology and Genetics, 24: 96–105.

Hunziker J H，Escobar A，Xifreda C C，et al. 1990. Estudios cariológicos en Compositae. VI. Darwiniana, 30: 115–121.

Keil D J，Luckow M A，Pinkava D J. 1988. Chromosome studies in Asteraceae from the United States, Mexico, the West Indies, and South America. American Journal of Botany, 75（5）: 652–668.

Keil D J，Stuessy T F. 1975. Chromosome counts and taxonomic notes from Compositae from United States, Mexico and Guatemala. Rhodora, 77: 171–195.

Keil D J，Stuessy T F. 1977. Chromosome counts of Compositae from Mexico and United States. American Journal of Botany, 64（6）: 791–798.

Long R W，Rhamstin E L. 1968. Evidence for the hybrid origin of *Flaveria* latifolia（Compositae）. Brittonia, 20（3）: 238–250.

Löve Á. 1980a. Chromosome number reports LXIX. Taxon, 29（5/6）: 703–730.

Löve Á. 1980b. Chromosome number reports LXVII. Taxon, 29（2/3）: 347–367.

Powell A M. 1978. Systematics of *Flaveria*（Flaveriinae Asteraceae）. Annals of the Missouri Botanical Garden, 65（2）: 590–636.

Powell A M，Kyhos D W，Raven P H. 1975. Chromosome Numbers in Compositae. XI. Helenieae. American Journal of Botany, 62（10）: 1100–1103.

Powell A M，Powell S A. 1977. Chromosome numbers of gypsophilic plant species of the Chihuahuan Desert. Sida, 7: 80–90.

Powell A M，Powell S A. 1978. Chromosome numbers in Asteraceae. Madroño, 25: 160–169.

Powell A M，Turner B L. 1963. Chromosome numbers in the Compositae. VII, Additional species from southwestern United States and Mexico. Madroño, 17（128–140）.

Raven P H，Kyhos D W. 1961. Chromosome numbers in Compositae. II Helenieae. American Journal of Botany, 48: 842–850.

Razaq Z A，Khatoon S，Ali S I. 1988. A contribution to the chromosome numbers of Compositae from Pakistan. Pakistan Journal of Botany, 20（2）: 177–189.

Razaq Z A，Vahidy A A，Ali S I. 1994. Chromosome Numbers in Compositae from Pakistan. Annals of the Missouri Botanical Garden, 81（4）: 800–808.

Robinson H，Powell A M，King R M，et al. 1981. Chromosome Numbers in Compositae, XII: Heliantheae. Smithsonian Contribution to Botany, 52: 1–28.

Theroux M E，Pinkava D J，Keil D J. 1977. A new species of *Flaveria*（Compositae: Flaveriinae）from Grand Canyon, Arizona. Madroño, 24（1）: 13–17.

Turner B L，Ellison W L，King R M. 1961. Chromosome numbers in the Compositae. IV. North American species, with phyletic interpretations. American Journal of Botany, 48: 216–223.

Turner B L，Johnston M C. 1961. Chromosome numbers in the Compositae. III. Certain Mexican species. Brittonia, 13（1）: 64–69.

Чуксанова Н А（Chuksanova P A），Свешникова Л И（Sveshnikova L T），Александрова Т В（Alexandrova T V）. 1968. Материалы к кариологии семейства сложноцветных [Data on karyology of the family Compositae Giseke]. Цитология（Tsitologiya）, 10: 198–206.

附录 IV　用于黄顶菊化学防治的药剂

一、药 剂 简 介

（一）酰胺类

1. 乙草胺

　　[中文通用名] 乙草胺

　　[英文通用名] acetochlor

　　[其他名称] 禾耐斯（Harness）、圣农施、乙基乙草安、消草安

　　[化学名称] 2'- 乙基 -6'- 甲基 -N-（乙氧甲基）-2- 氯代乙酰替苯胺

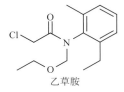

乙草胺

　　[CAS 登记号] 34256-82-1

　　[分子式] $C_{14}H_{20}ClNO_2$

　　[作用特点] 选择性芽前除草剂。可被植物的幼芽吸收，单子叶植物靠胚芽鞘吸收，双子叶植物靠下胚轴吸收。吸收后向上传导，通过抑制蛋白酶的合成，使幼芽、幼根停止生长。如果田间水分适宜，幼芽未出土即被杀死；如果土壤水分少，待杂草出土后，土壤湿度增大，药剂得以吸收即可发挥作用。种子和根吸收量较少，传导速度慢，而植物出苗后主要靠根吸收向上传导，因此该药在杂草出苗后施用除草效果差。在黄顶菊出苗前喷施对其有一定控制效果，可在玉米、大豆、棉花、花生播后苗前喷雾。

　　[制剂] 50% 乳油、90% 乳油

2. 异丙甲草胺

　　[中文通用名] 异丙甲草胺

　　[英文通用名] metolachlor

　　[其他名称] 都尔（Dual）、甲氧毒草胺、稻乐思、Bicep、Milocep

　　[化学名称] 2- 乙基 -6- 甲基 -N-（1'- 甲基 -2'- 甲氧乙基）氯代乙酰替苯胺

异丙甲草胺

　　[CAS 登记号] 51218-45-2

　　[分子式] $C_{15}H_{22}ClNO_2$

　　[作用特点] 选择性芽前除草剂。单子叶杂草主要通过芽鞘吸收该药，双子叶杂草通过幼芽及幼根吸收，向上传导。通过抑制萌发种子的蛋白质合成及胆碱渗入卵磷脂，干扰卵磷脂的形成，从而抑制幼芽与根的生长。施药后如果土壤墒情好，杂草种子萌发穿过药土层时即被杀死。在黄顶菊出苗前喷施对其有一定控制效果，可在玉米、大豆、棉花、花生、红小豆、绿豆田播后苗前喷雾。

[制剂] 72% 乳油、96% 乳油

（二）磺酰胺类

3. 氯酯磺草胺

[中文通用名] 氯酯磺草胺

[英文通用名] cloransulam-methyl

[其他名称] 豆杰

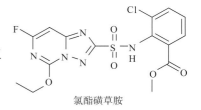

氯酯磺草胺

[化学名称] 3- 氯 -2-（5- 乙氧基 -7- 氟 [1, 2, 4] 三唑 [1,5-c] 嘧啶 -2- 基）磺酰基氨基苯甲酸甲酯

[CAS 登记号] 147150-35-4

[分子式] $C_{15}H_{13}ClFN_5O_5S$

[作用特点] 内吸传导型除草剂，为乙酰乳酸合成酶（acetolactate synthase，ALS）抑制剂。药剂由杂草的根系和叶片吸收后，经维管束传导，在植物分生组织内积累，抑制植物体内乙酰乳酸合成酶，使支链氨基酸——亮氨酸、缬氨酸、异亮氨酸的生物合成受到抑制，蛋白质合成受阻，使得植物生长停滞，最终致其死亡。该药在大豆田防治黄顶菊效果理想，对大叶龄黄顶菊杀除的效果甚佳。

[制剂] 84% 水分散粒剂

4. 唑嘧磺草胺

[中文通用名] 唑嘧磺草胺

[英文通用名] flumetsulam

[其他名称] 阔草清（Broadstrike）、DE-498、Preside、Scorpion

唑嘧磺草胺

[化学名称] 2′,6′- 二氟 -5- 甲基 [1,2,4] 三唑并 [1,5-a] 嘧啶 -2- 磺酰苯胺

[CAS 登记号] 98967-40-9

[分子式] $C_{12}H_9F_2N_5O_2S$

[作用特点] 内吸传导型除草剂，为 ALS 抑制剂，作用机制同氯酯磺草胺。药剂发挥作用的过程很长，首先显现为杂草叶片中脉失绿，随后叶脉和叶尖褐色，由心叶开始黄白化，紫化，节间变短，顶芽死亡，最终全株死亡。该药是玉米田防除黄顶菊的理想药剂。

[制剂] 80% 水分散粒剂

（三）磺酰脲类

5. 烟嘧磺隆

[中文通用名] 烟嘧磺隆

[英文通用名] nicosulfuron

[其他名称] 玉农乐（Accent）、SL-950、烟磺隆

[化学名称] 2-（4,6- 二甲氧基嘧啶 -2- 基)-1-（3-二甲基氨基甲酰吡啶 -2- 基）磺酰脲

[CAS 登记号] 111991-09-4

[分子式] $C_{15}H_{18}N_6O_6S$

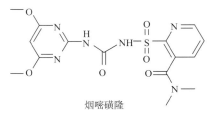

烟嘧磺隆

[作用特点] 内吸传导型除草剂，为 ALS 抑制剂。可被植物的茎叶和根部吸收并迅速传导，通过抑制植物体内乙酰乳酸合成酶的活性，阻止亮氨酸等支链氨基酸合成，进而阻止细胞分裂，使敏感植物停止生长。杂草受害症状为心叶变黄、失绿、黄化，然后其他叶由上到下依次变黄，禾本科杂草，如马唐等受药害后叶色变成紫红色。一般在施药后 3～4 天可以看到杂草受害症状。常规用药量下，一年生杂草 1～3 周死亡；6 叶以下的多年生阔叶杂草生长受抑制，失去同玉米竞争的能力，但不致整株死亡，需要增加用药量才能将其杀死。该药是玉米田防除黄顶菊的理想药剂，同时对其他禾本科杂草及阔叶杂草也有理想防效。

[制剂] 4% 悬乳剂

6. 苯磺隆

[中文通用名] 苯磺隆

[英文通用名] tribenuron-methyl

[其他名称] 巨星、阔叶净、麦磺隆

[化学名称] 3-（4- 甲氧基 -6- 甲基 -1,3,5- 三嗪-2- 基)-1-（2- 甲氧基甲酰基苯基）磺酰脲

[CAS 登记号] 101200-48-0

[分子式] $C_{15}H_{17}N_5O_6S$

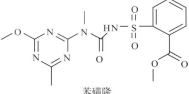

苯磺隆

[作用特点] 内吸传导型除草剂，为 ALS 抑制剂，作用机制同烟嘧磺隆。该药在小麦田作茎叶处理对黄顶菊有较理想的控制效果。低毒。

[制剂] 10% 可湿性粉剂，75% 水分散粒剂

（四）三酮类

7. 硝磺草酮

[中文通用名] 硝磺草酮

[英文通用名] mesotrione

[其他名称] 千层红、米斯通（Gallisto）

[化学名称] 2-（4- 甲磺酰基 -2- 硝基苯甲酰基）环己烷-1,3- 二酮

[CAS 登记号] 104206-82-8

[分子式] $C_{14}H_{13}NO_7S$

[作用特点] 对 - 羟苯基丙酮酸双氧化酶（4-hydroxyphenylpyruvate dioxygenase，HPPD）的强烈竞争性抑制剂。植物通过根部及叶片吸收该药后，在体内迅速传导，阻

碍 4- 羟苯基丙酮酸向脲黑酸（homogentisic acid）的转变，并间接抑制类胡萝卜素的生物合成，使分生组织产生白化现象，生长停滞，最终导致死亡。该药剂与莠去津混用，在苗后早期喷施可有效杀除玉米田的黄顶菊。由于对狗尾草、虎尾草及多年生杂草无效果，该药剂也可用于非耕地环境的黄顶菊防除。低毒，原药大鼠急性经口 LD_{50}>5000mg/kg、急性经皮 LD_{50}>2000mg/kg，对兔皮肤无刺激性，对使用者安全，对鱼、鸟、蜜蜂、家蚕等均为低毒。

[制剂]10% 水剂

（五）苯甲酸类

8. 麦草畏

[中文通用名] 麦草畏
[英文通用名] dicamba
[其他名称] 百草敌、MDBA、Banvel、Mediben
[化学名称] 3,6- 二氯 -2- 甲氧基苯甲酸
[CAS 登记号] 1918-00-9
[分子式] $C_8H_6Cl_2O_3$

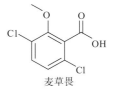

[作用特点] 具有内吸传导作用，能很快被杂草的叶、茎、根吸收，并通过维管束上下传导。药剂多集中在分生组织及代谢活动旺盛的部位，阻碍植物激素的正常活动，导致植株死亡。药剂多用于喷雾处理，对出苗后的黄顶菊具有显著的防除效果，植物一般在药后 24h 出现畸形卷曲症状，15～20 天内死亡。可用于防除小麦田的黄顶菊。低毒。

[制剂]48% 水剂

（六）苯氧羧酸类

9. 2，4- 滴丁酯

[中文通用名] 2, 4- 滴丁酯
[英文通用名] 2, 4-D butyl
[化学名称] 2,4- 二氯苯氧基乙酸正丁酯
[CAS 登记号] 94-80-4
[分子式] $C_{12}H_{14}Cl_2O_3$

[作用特点] 选择性除草剂，具有较强的内吸传导性，在浓度较低时就能有效杀除目标植物。药液喷施到黄顶菊茎叶表面后，可穿过角质层和细胞质膜，并能传导至植物各部位。该药剂在不同部位对核酸和蛋白质的合成影响不同。在植物顶端，药剂抑制核酸代谢和蛋白质的合成，使生长点停止生长，细嫩叶片不能伸展，光合作用受到影响。与之相反，在植株下部，药剂促进茎部组织核酸和蛋白质的合成，导致细胞异常分裂，根尖膨大，丧失吸收能力，造成茎秆扭曲、畸形、筛管堵塞，并使韧皮部遭到破坏，有机物运输受阻，从而破坏黄顶菊正常的生活能力，最终导致植物死亡。药剂可用于防除小麦田发生的黄顶菊。低毒。

[制剂] 72% 乳油

10. 2 甲 4 氯钠

[中文通用名] 2 甲 4 氯钠
[英文通用名] MCPA-sodium
[化学名称] 2- 甲基 -4- 氯苯氧乙酸钠
[CAS 登记号] 3653-48-3
[分子式] $C_9H_8ClNaO_3$
[作用特点] 参见 2，4- 滴丁酯
[制剂] 20% 水剂，56% 可湿性粉剂

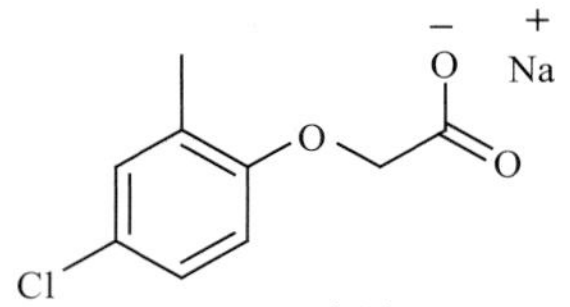

2 甲 4 氯钠

（七）腈类

11. 溴苯腈

[中文通用名] 溴苯腈
[英文通用名] bromoxynil
[其他名称] 伴地农（Pardner）、Brominil、Buctril、Brominal、Bronate、MB10064、16272RP、butilchlorofos
[化学名称] 3,5- 二溴 -4- 羟基苯氰
[CAS 登记号] 1689-84-5
[分子式] $C_7H_3Br_2NO$

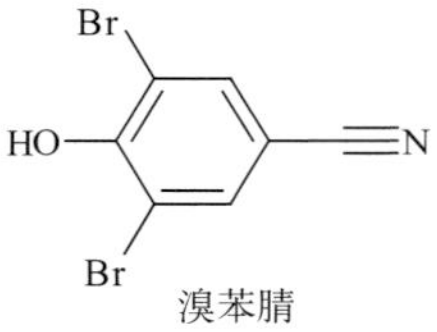

溴苯腈

[作用特点] 选择性苗后茎叶处理触杀型除草剂。主要经由叶片吸收，在植物体内进行极其有限的传导，通过抑制光合作用的各个过程，迅速使植物组织坏死。施药 24h 内，叶片褪绿，出现坏死斑，高温、强光照加速叶片枯死。可用于玉米田黄顶菊防控，在黄顶菊苗后早期做茎叶处理有较好的杀除效果。

[制剂] 22.5% 乳油

（八）吡啶羧酸类

12. 二氯吡啶酸

[中文通用名] 二氯吡啶酸
[英文通用名] clopyralid
[其他名称] 毕克草
[化学名称] 3,6- 二氯吡啶 -2- 羧酸
[CAS 登记号] 1702-17-6
[分子式] $C_6H_3Cl_2NO_2$
[作用特点] 参见氨氯吡啶酸（下文 14）。
[制剂] 30% 水剂，75% 可溶性粉剂

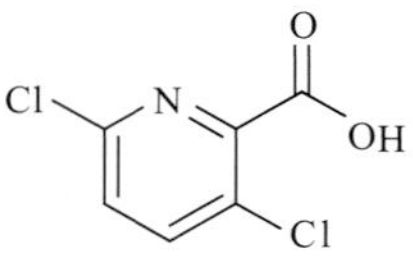

二氯吡啶酸

13. 氯氨吡啶酸

[中文通用名] 氯氨吡啶酸

[英文通用名] aminopyralid

[化学名称] 4- 氨基 -3,6- 二氯吡啶 -2- 羧酸

[CAS 登记号] 150114-71-9

[分子式] $C_6H_4Cl_2N_2O_2$

[作用特点] 内吸选择性传导型激素型除草剂。通过植物叶和根部迅速吸收，在敏感植物体内诱导产生偏上性（如刺激细胞伸长和衰老），在分生组织区表现尤其明显，最终引起植物生长停滞并迅速死亡。大多数阔叶植物对该药剂敏感，是禾本科草坪、牧草、果园及村边、公路边等环境防除黄顶菊的理想药剂。低毒，原药大鼠急性经口 LD_{50} 为 5000mg/kg，家兔急性经皮 LD_{50}>2000 mg/kg，对人体、陆栖益虫、土壤微生物和蚯蚓等环境生物为低毒，对水生细菌生长无影响。

[制剂] 24% 乳油

14. 氨氯吡啶酸

[中文通用名] 氨氯吡啶酸

[英文通用名] picloram

[其他名称] 毒莠定、毒莠定 101、Tordon、Tordan

[化学名称] 4- 氨基 -3,5,6- 三氯吡啶 -2- 羧酸

[CAS 登记号] 1918-02-1

[分子式] $C_6H_3Cl_3N_2O_2$

[作用特点] 内吸选择性传导型苗后除草剂。可被植物叶片、根和茎部吸收传导。能够快速向生长点传导，引起植物上部畸形、枯萎、脱叶、坏死，木质部导管受堵变色，最终导致死亡。作用机制是抑制线粒体系统呼吸作用、核酸代谢。其对大多数阔叶植物敏感，但对禾本科植物无效，是废弃地、摞荒地、禾本科草坪、牧草、果园及村边、公路边等环境防除黄顶菊的理想药剂。低毒，原药大鼠急性经口 LD_{50} 为 5000 mg/kg，家兔急性经皮 LD_{50}>2000mg/kg，对蜂、鸟、鱼、蚕低毒。

[制剂] 24% 乳油

15. 三氯吡氧乙酸

[中文通用名] 三氯吡氧乙酸

[英文通用名] triclopyr

[其他名称] 盖灌能、绿草定、乙氯草定、盖灌林、定草酯、Garlon、Grandstsnd、Dowco233

[化学名称] 3,5,6- 三氯 -2- 吡啶氧乙酸

[CAS 登记号] 55335-06-3

[分子式] $C_7H_4Cl_3NO_3$

[作用特点] 选择性传导型除草剂。作用于核酸代谢，使植物产生过量核酸，造成

叶片、茎、根等生长畸形，维管束组织被堵塞或破裂，致使植株储藏物质耗尽而死亡。该药被黄顶菊叶片和根吸收后，迅速传导到全株，即使对植株较高大的黄顶菊也有理想效果。药后 3 天黄顶菊出现中毒症状，3 周后全株死亡。对后茬作物无影响。低毒，原药大鼠急性经口 LD_{50} 为 729mg，家兔急性经皮 LD_{50} 为 350mg/kg。

[制剂] 61.6% 乳油

16. 氟草烟

[中文通用名] 氯氟吡氧乙酸

[英文通用名] fluroxypyr

[其他名称] 使它隆（Starane）、治莠灵、氟草啶

[化学名称] 4- 氨基 -3,5- 二氯 -6- 氟 -2 吡啶氧乙酸

[CAS 登记号] 69377-81-7

[分子式] $C_7H_5Cl_2FN_2O_3$

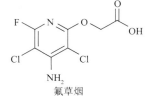

[作用特点] 内吸传导型苗后除草剂。药后很快被植物吸收，使敏感植物出现典型激素类除草剂的反应，植株畸形、扭曲。在耐药的植物体内，该药剂可形成螯合物，失去毒性，从而具有选择性。温度影响药效发挥的速度，但对除草的最终效果无影响。温度低时，药效发挥较慢，植物中毒后停止生长，但不立即死亡；气温升高后，植物很快死亡。该药剂在土壤中淋溶不显著，大部分分布在 0～10cm 表土层中。有氧环境下，土壤微生物可使其很快降解成 2- 吡啶醇等无毒物质。在土壤中半衰期较短，不会对下茬阔叶作物产生影响，是弃耕地、撂荒地、休闲地、沟渠边等生境防除黄顶菊的理想药剂。低毒，原药大鼠急性经口 LD_{50} 为 2405mg，家兔急性经皮 LD_{50}>5000mg/kg。对蜂、鸟、鱼、蚕低毒。

[制剂] 20% 乳油

（九）二苯醚类

17. 三氟羧草醚

[中文通用名] 三氟羧草醚

[英文通用名] acifluorfen-sodium

[其他名称] 杂草焚、达克尔、达克果、Blazer、Tackle

[化学名称] 5-（2- 氯 - α,α,α - 三氟对甲苯氧基）2- 硝基苯甲酸

[CAS 登记号] 62476-59-9

[分子式] $C_{14}H_6ClF_3NNaO_5$

[作用特点] 触杀型除草剂。使用该药剂在苗后早期处理，通过促使植物气孔封闭，导致温度升高而死亡；同时可抑制线粒体电子传递，引起呼吸系统和能量生成系统的停滞，抑制细胞分裂，促使杂草死亡。该药在大豆田黄顶菊苗后 2 对叶期前施用效果理想，叶龄大时需增加施药量。低毒，原药大鼠急性经口 LD_{50} 为 1540mg/kg，家兔急性经皮

LD$_{50}$ 为 3680mg/kg。

[制剂] 21.4% 水剂

18. 氟磺胺草醚

[中文通用名] 氟磺胺草醚

[英文通用名] fomesafen

[其他名称] 虎威、北极星、氟磺草、除豆莠、Flex、PP021

[化学名称] 5-（2-氯-α,α,α-三氟对甲苯氧基）-N-甲磺酰基-2-硝基苯甲酰胺

[CAS 登记号] 72178-02-0

[分子式] C$_{15}$H$_{10}$ClF$_3$N$_2$O$_6$S

[作用特点] 触杀型除草剂。通过根、茎、叶吸收，破坏目标植物光合作用，造成叶片黄化继而干枯死亡。该药可用作大豆田黄顶菊苗后早期处理，在 2 对叶期前施用效果理想，叶龄大时需增加施药量。对后茬作物无影响。低毒，原药大鼠急性经口 LD$_{50}$ 为 1430～1770mg/kg，家兔急性经皮 LD$_{50}$>1000mg/kg。

[制剂] 25% 水剂

19. 乙羧氟草醚

[中文通用名] 乙羧氟草醚

[英文通用名] fluoroglycofen-ethyl

[其他名称] 阔锄、克草特

[化学名称] O-[5-（2-氯-α,α,α-三氟对甲苯氧基）2-硝基苯甲酰基] 氧乙酸乙酯

[CAS 登记号] 77501-90-7

[分子式] C$_{18}$H$_{13}$ClF$_3$NO$_7$

[作用特点] 触杀型除草剂，为原卟啉原氧化酶（protoporphyrinogen oxidase）抑制剂。通过根、茎、叶吸收，在有光的条件下发挥除草活性，生成对植物细胞具有毒性的四吡咯化合物，积聚后造成细胞膜消失，胞内物质外渗，最终导致植物死亡。该药可用作大豆田黄顶菊苗后早期处理，在 2 对叶期前施用效果理想，叶龄大时需增加施药量。对后茬作物无影响。低毒，原药大鼠急性经口 LD$_{50}$ 为 1500mg/kg，家兔急性经皮 LD$_{50}$>5000mg/kg，对鸟类低毒，对鱼类低毒。

[制剂] 10% 水剂

20. 乳氟禾草灵

[中文通用名] 乳氟禾草灵

[英文通用名] lactofen

[其他名称] 克阔乐、Cobra、PPG-844

［化学名称］O-[5-（2-氯-α,α,α-三氟对甲苯氧基）2-硝基苯甲酰基]-DL-乳酸乙酯

［CAS 登记号］77501-63-4

［分子式］$C_{19}H_{15}ClF_3NO_7$

［作用特点］触杀型除草剂，为原卟啉原氧化酶抑制剂，作用机理同乙羧氟草醚。在光照充足的条件下，药后次日黄顶菊即被迅速杀死。该药在大豆田黄顶菊苗后 2 对叶期前施用效果理想，叶龄大时需增加施药量。对后茬作物无影响。低毒，原药大鼠急性经口 $LD_{50}>5000mg/kg$，家兔急性经皮 $LD_{50}>2000mg/kg$。

［制剂］24% 水剂

（十）联吡啶类

21. 百草枯

［中文通用名］百草枯

［英文通用名］paraquat

［其他名称］克芜踪、对草快、Gramoxone

［化学名称］1,1′-二甲基-4,4′-联吡啶阳离子盐

［CAS 登记号］4685-14-7

［分子式］$C_{12}H_{14}N_2^{2+}$

百草枯

［作用特点］触杀型灭生性除草剂。联吡啶阳离子迅速被植物叶子吸收后，在绿色组织中，通过光合作用和呼吸作用，被还原成联吡啶游离基，又经自氧化作用，使叶组织中的水和氧形成过氧化氢和过氧游离基。这类物质对叶绿体膜破坏力极强，使光合作用和叶绿素合成迅速中止，叶片着药后 2～3h 即开始受害变色。该药对单子叶和双子叶植物的绿色组织均有很强的破坏作用，但不能传导，只能使着药部位受害。该药一经与土壤接触，即被吸附钝化，不能损坏根际及深层土壤内的黄顶菊种子，因而施药后黄顶菊会出苗和再生。由于具非选择性，该药在灭除黄顶菊的同时，也会杀除环境中的其他植物。因此，该药主要用在休耕地耕种前灭除黄顶菊。

［制剂］20% 水剂

（十一）嘧啶水杨酸类

22. 嘧草硫醚

［中文通用名］嘧草硫醚

［英文通用名］pyrithiobac-sodium

［化学名称］2-氯-6-（4,6-二甲氧基嘧啶-2-基硫基）苯甲酸钠

［CAS 登记号］123343-16-8

［分子式］$C_{13}H_{10}ClN_2NaO_4S$

［作用特点］ALS 抑制剂，通过阻止氨基酸的生物合成而达到防除杂草的作用。

[制剂] 10% 水剂，80% 可湿性粉剂

（十二）尿嘧啶类

23. 苯嘧磺草胺

[中文通用名] 苯嘧磺草胺

[英文通用名] saflufenacil

[化学名称] N'-[2- 氯 -4- 氟 -5-（3- 甲基 -2,6-
二氧 -4-（三氟甲基）-3,6- 二氢 -1（2H）- 嘧啶）
苯甲酰]-N- 异丙基 -N- 甲基硫酰胺

[CAS 登记号] 372137-35-4

[分子式] $C_{17}H_{17}ClF_4N_4O_5S$

[作用特点] 原卟啉原氧化酶抑制剂（作用机理见上文 19）。

[制剂] 70% 水分散粒剂

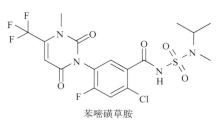

苯嘧磺草胺

（十三）三氮苯类

24. 莠去津

[中文通用名] 莠去津

[英文通用名] atrazine

[其他名称] 盖萨林（Gesaprim）、阿特拉津（Atranex）、
莠去尽、阿特拉嗪、园保净

[化学名称] 2- 氯 -4- 乙胺基 -6- 异丙胺基 -1,3,5- 三嗪

[CAS 登记号] 1912-24-9

[分子式] $C_8H_{14}ClN_5$

[作用特点] 选择性内吸传导型除草剂，其选择性因植物生态及生理生化等不同而
异。药剂主要被植物根吸收，沿木质部随蒸腾迅速向上传导至分生组织及叶片绿色组
织，使杂草光合作用受到抑制，导致杂草饥饿而死亡。高温可促进药剂吸收传导。该药
在玉米田做土壤处理及苗后早期茎叶处理，对黄顶菊均有较好效果。

[制剂] 38% 悬浮剂、50% 可湿性粉剂、80% 可湿性粉剂

（十四）杂环类

25. 灭草松

[中文通用名] 灭草松

[英文通用名] bentazone

[其他名称] 苯达松、排草丹、噻草平、百草克、Basagran

[化学名称] 3- 异丙基 -1H- 苯并 -2,1,3- 噻二嗪 -4（3H）- 酮
2,2- 二氧化物

[CAS 登记号] 25057-89-0

[分子式] C$_{10}$H$_{12}$N$_2$O$_3$S

[作用特点] 触杀型选择性除草剂，为光合作用抑制剂。喷施到植物叶片后抑制其光合作用和水分代谢，造成植物营养饥饿、生理机能失调，最终致其死亡。该药在大豆田黄顶菊苗后 2 对叶期前施用效果理想，叶龄高时则需增加施药量。低毒，对家兔皮肤无刺激作用，对鱼低毒，对蜜蜂无害。

[制剂] 48% 水剂

26. 精喹禾灵

[中文通用名] 精喹禾灵

[英文通用名] quizalofop-P

[其他名称] 精禾草克、盖草灵

[化学名称]（R）-2-[4-（6- 氯喹喔啉 -2- 基氧）苯氧基] 丙酸乙酯

精喹禾灵

[CAS 登记号] 94051-08-8

[分子式] C$_{17}$H$_{13}$ClN$_2$O$_4$

[作用特点] 通过茎叶吸收，在植物体内上下向传导，积累于顶端及居间分生组织，抑制细胞脂肪酸合成，致使杂草坏死。

[制剂] 5% 乳油

（十五）有机磷类

27. 草甘膦

[中文通用名] 草甘膦

[英文通用名] glyphosate

[其他名称] 农达、灵达、飞达、镇草宁、Roundup、Spark

[化学名称] N-（膦酰基甲基）甘氨酸

草甘膦

[CAS 登记号] 1071-83-6

[分子式] C$_3$H$_8$NO$_5$P

[作用特点] 内吸传导型广谱灭生性除草剂。主要通过抑制植物体内烯醇丙酮基莽草素磷酸合成酶，从而抑制莽草素向苯丙氨酸、络氨酸及色氨酸的转化，使蛋白质合成受干扰，导致植物死亡。草甘膦具强内吸传导性，它不仅可以从地上部茎叶传导到地下部的根，而且在同一植株的不同分蘖（枝）之间也能进行传导，对大叶龄黄顶菊的根组织破坏力很强，能达到一般农业机械不能达到的深度。草甘膦进入土壤很快与铁、铝等金属离子结合而失去活性，对土壤中潜藏的作物种子、杂草种子及土壤微生物无不良影响。由于其非选择性，草甘膦主要用于休耕地耕种前的黄顶菊灭除。

[剂型] 41% 水剂、74.7% 水剂（浓度均按草甘膦异丙胺盐折算）

二、药剂索引

凡例

1. 名称索引包括中文通用名、英文通用名、其他名称和化学名称，依次以符号、数字、英文字母、中文升序排列。其中商品名为商标注册者所有，本章不列举商标持有者的具体信息。

2. 分子式依次以 C、H、卤素、N、O、S 等元素原子数升序排列。

3. CAS 号依次以首段、次段、末段数字升序排列。

4. 对应数字为除草剂在本附录第一部分的序号，非页码。

（一）名称

（二）分子式

$C_{15}H_{18}N_6O_6S$	5	34256-82-1	1
$C_{15}H_{22}ClNO_2$	2	51218-45-2	2
$C_{17}H_{13}ClN_2O_4$	26	55335-06-3	15
$C_{17}H_{17}ClF_4N_4O_5S$	23	62476-59-9	17
$C_{18}H_{13}ClF_3NO_7$	19	69377-81-7	16
$C_{19}H_{15}ClF_3NO_7$	20	72178-02-0	18

（三）CAS 登记号

		77501-63-4	20
		77501-90-7	19
94-80-4	9	94051-08-8	26
1071-83-6	27	98967-40-9	4
1689-84-5	11	150114-71-9	13
1702-17-6	12	101200-48-0	6
1912-24-9	24	104206-82-8	7
1918-00-9	8	111991-09-4	5
1918-02-1	14	123343-16-8	22
3653-48-3	10	147150-35-4	3
4685-14-7	21	372137-35-4	23
25057-89-0	25		

（李香菊）

索　引

后　记

　　黄顶菊最早由法国神父斐耶记载（见第一章图版 1.I），发现时间距今已有三百余年。在发现后的第一个一百年里，黄菊属这一分类阶元从无到有。到第二个一百年时，黄顶菊的拉丁学名固定下来，即今天通用的 *Flaveria bidentis* (L.) Kuntze，研究地从欧洲逐渐转移到美国，研究对象也从黄顶菊逐渐扩展为黄菊属，而研究内容却尚未摆脱博物学的桎梏。

　　第二次世界大战以后，黄菊属研究蓬勃发展。但是，直至 1978 年 A. Michael Powell 对黄菊属进行最近一次系统修订（见第一章第三节）之前，除了对属成员组成的继续完善，黄菊属研究主要集中于对染色体数（见附录 III）和维管束鞘细胞的观察、碳同位素的测定及对两大类植物次生代谢物质——黄酮醇硫酸酯（盐）（阿根廷）和噻吩类物质（德国）的鉴定研究。Powell 修订黄菊属的贡献，不仅在于使黄菊属的组成基本定型（见第一章第三节），更重要的，是对 CO_2 同化方式进行了初步归纳，并从生物地理和可杂交性的角度探讨了黄菊属植物物种形成及 C_4 性状的获得（第二章图版 2.II-A~B），以及对 C_3-C_4 中间型和准 C_4 植物重要性的强调。

　　从此，黄菊属植物研究在相当一段时间内围绕 C_3-C_4 中间型 CO_2 同化类型展开，研究手段逐渐从观察形态和显微结构扩展到对生理生化特性的测定。这一类研究的里程碑是 Maurice S. B. Ku 等于 1991 年发表的对黄菊属植物光合作用类型的定义文章，为后续黄菊属进化研究提供了关键性状界定的明确依据（见第三章图 3.2 和表 3.1）。此时，从事黄菊属研究的机构所在地扩展至加拿大和澳大利亚。

　　Powell 系统综述的后续影响，还包括 20 世纪 80 年代在欧洲等地进行的一系列黄菊属植物属内种间杂交研究。这些研究除对 C_3-C_4 中间型植物及杂交后代本身的特性进行描述，还关注 C_3-C_4 中间型性状获得的途径，或者说是在寻找使 C_3 作物获得 C_4 特性的途径。我国科学家也曾参与这些研究。随着分子生物学的迅速发展，试图通过人海战术式的传统杂交技术获取优势特性的手段日渐式微，逐渐被精准的转基因技术所替代，从 20 世纪 90 年代至今，黄菊属植物分子生物学及系统发育与进化的研究多以分子育种作为潜在的研究目的。

　　通过这些研究，科学家逐渐明确了黄菊属植物不同 CO_2 代谢途径的分子机制，以及途径中重要基因的多态性在进化上的意义。黄菊属植物从 C_3 代谢向 C_4 代谢进化的理论模型逐渐成型，研究手段也涉及到高通量测序及荟萃分析。在此期间，Athena D. McKown 等于 2005 年发表了黄菊属植物系统发育与光合作用进化的论文，得到较为明晰的黄菊属植物进化和扩散辐射途径（见第二章图版 2.V、图版 2.VI），成为黄菊属植物研究的另一重要里程碑。

　　此时前后，黄顶菊植物首次确认在我国发生，黄顶菊研究工作随即在我国迅速展开。2008 年，任艳萍等发表了外来植物黄顶菊的研究进展，在我国属首次，正值斐耶在南美洲的发现黄顶菊三百周年。

　　黄顶菊在华北地区扩散的速度和造成的危害有目共睹，已成为我国北方的重要外来入侵植物之一。作为我国重大外来入侵物种，黄顶菊已被 2007 年颁布的《中华人民共和国进境植物检疫性有害生物名录》和 2013 年颁布的《国家重点管理外来入侵物种名录（第一批）》收录，对其治理工作刻不容缓。因此，我国的黄顶菊研究以对个体物种治理技术的研发为核心，有别于国际主流以黄菊属为大背景的黄顶菊基础研究。

　　生物入侵研究属于生态学的范畴，对生物入侵的治理也需遵循生态学规律。尽管黄菊属植物耐旱和水分高效利用等生理生态学研究已在国外开展多时，总的来说，黄顶菊生态学的信息相对较少。

　　针对这一缺口，我国研究人员重点考察了黄顶菊对非生物环境因素的适应能力（第七章），为预测黄顶菊在我国的适生区（第十章第七节）、在未发生区重点布控以防黄顶菊侵入打好基础，并为建立长期的监测体系（第十章第四节）及改进提供理论依据。

　　黄顶菊与侵入地生物因素的互作是我国相关研究的另一热点，包括两个方面。其一，是在同一营养级上与本土植物的竞争，这些研究主要体现在黄顶菊对农田作物的影响，计算田间防除黄顶菊的经济阈值，有利于掌握实施应急措施的时机（见第五章第三节）；黄顶菊在人工控制环境下对应试植物的化感作用研究（第九章第一节），分离活性物质加以利用；筛选出竞争性较强的经济植物，与黄顶菊竞争，根据群落演替的原理，用于替代控制（十一章第二节）。其二，是黄顶菊与其他营养级生物互作的研究，主要体现在黄顶菊对入侵地土壤微生物组成及动态变化的影响（第五章第四节）；对取食黄顶菊的植食昆虫和病原微生物的调查（第十一章第三节）。黄顶菊次生代谢物质丰富，具有多种抗氧化性能较强的成分，因此，我国研究人员也开展了一些黄顶菊提取物抗虫抗菌的活性。

　　针对入侵生态学特性，我国研究人员还对黄顶菊生物扩散（biological dispersal）、传播途径和扩散路径进行了细致的研究（第五章第三节）。为更好地把握黄顶菊防治措施的实施时机，研究人员对黄顶菊生长发育进行了细致的观察（第六章），并对具体的发育阶段进行了归纳（第七章第二节，图 7.3 及表 7.5）。

　　针对黄顶菊入侵的管理体系构建，我国研究人员对体系各个环节的配套技术进行了研发，包括检疫检验技术（第十章第一节及第二节）、对黄顶菊的野外抽样调查方法（第十章第三节）、建立预警系统（第十章第五节）、应急措施如化学防治技术（第十一章第一节）、以遏制为目标的长期治理手段如替代控制技术（第十一章第二节）。

　　尽管我国黄顶菊研究取得了很大的进展，但在连续几年的田野调查中，我们发现黄顶菊发生情况仍然比较严重，在有些发生地，常规手段如年度的物理防除并没有缩小黄顶菊的发生面积，仍有农民反映田间的黄顶菊不易防除。这些事实说明，除改进和更有效地利用治理技术以外，还需对黄顶菊的基础研究有所投入。

　　黄顶菊可能的入侵机制，大致可分为两个范畴，一个是以适应环境 / 利用资源能力 / 抗逆能力强的机制，植物自身耗能相对较小，另一个是排他 / 抢占资源能力强的机制，耗能相对较大。黄顶菊是木质化程度较高的典型 C_4 植物，对氮元素需求低，固碳能力强，具有采用前一种机制的前提。在这一方面，近几十年来黄菊属植物光合作用研究及水分利用的研究成果可为这一机制的验证提供较好的研究基础。然而，黄顶菊次生代谢物质种类和含量都十分丰富（第十二章及第四章），这些物质既可能用于黄顶菊适应不利于其他植物生长的环境，也可能成为与各个营养层次生物竞争的有利武器，具有用后一种机制解释入侵机制的前提。

　　无论对上述何种范畴内的机制进行验证，都需要有合适的对照植物做比较。黄顶菊是黄菊属中的两种全球性分布的入侵性植物之一，也是我国唯一的黄菊属及黄菊亚族植物，在我国本土无法找到合适的阴性对照植物用以建立研究模型。也就是说，尽管我们可以观察到黄顶菊对环境的高适应性，具有一定的化感作用等，但并不能确定这些特性是黄顶菊成功入侵的独特机制。同时，也要注意到，化感作用是植物普遍具有的特性，研究的模式植物还包括受黄顶菊为害的小麦，因此，对照植物在化感研究研究中的意义尤为重要。在我国诸多有关黄顶菊的比较研究中，不仅忽视阴性对照植物，而且大多没有设置阳性对照，实际上，也就不足以对得到的一些黄顶菊性状数据做出合理的评估。

　　本书用相当长的篇幅对黄菊属植物的研究背景（第一章至第四章）进行介绍，其目的，除试图从进化学的角度对黄顶菊成为入侵植物的必然性做出解释，另一方面，也为我国黄顶菊入侵机制研究探寻合适的对照植物。例如，与黄顶菊同在原产地发生的狭叶黄顶菊，如果它确为不同于黄顶菊的物种，那么，它就能作为理想的对照植物，因为，它与黄顶菊亲缘关系最近，形态相似，研究基础好，且仅在原产地发生。又如，另一全球性入侵植物腋花黄菊，是一种形态简化的 C_4 植物，但并不与黄顶菊的发生地重叠，如将黄顶菊与其相比较，或可从探究入侵方式差异的过程中为理解黄顶菊入侵我国的机制得到一些启发。

　　近年来，德国 Peter Westhoff 博士的实验室已对包括黄顶菊在内的 5 种黄菊属植物的转录组进行了测序和比较，这一研究或能成为黄菊属植物研究历史中的另一里程碑。通过对这一研究产生的基础数据进行挖掘，或可得到与黄顶菊入侵机制有关的候选基因。

　　黄酮类物质被我国很多研究人员认为是黄顶菊化感作用的主效成分，但它就如同化感现象，广泛存在于植物界，而黄顶菊黄酮醇的衍生化尤其是较高程度的硫酸酯化才能成为黄顶菊的重要特性。黄顶菊曾是黄酮类硫酸酯化的模式研究植物之一，随着人们对拟南芥了解的深入，对这一机制的研究不再以黄顶菊为对象。结合狭叶黄顶菊的硫酸酯化代谢途径（见第四章图 4.4）和部分磺基转移酶的已知序列，黄顶菊表达组的测序结果或能对黄顶菊黄酮醇硫酸酯化的进一步研究提供重要的线索。

　　除以上展望以外，包括黄顶菊种子库、种子流失等在内的种子生物学方面的研究还有待深入，以便为黄顶菊综合治理的评价及黄顶菊扩散机制研究提供合理的观察指标。

　　在成书的过程中，作者意识到，尽管按优先原则，我们将 *Flaveria* Juss. 称作"黄菊属"，但"黄顶菊属"更加接近这类植物的形态特征。实际上，在 2011 年出版的 *Flora of China* 菊科卷已将新加入的 *Flaveria* Juss 汉译作黄顶菊属。第一章第三节尝试对黄菊属各物种种名进行汉译，主要目的在于方便后续章节内容的讨论，并不能成其为标准。

　　由于篇幅所限，黄菊属光合作用机制的进化和水分利用、属内杂交和分子育种研究等没有在书中详细提及。由于国外黄菊属研究积累时间长，近年来进展较快，加之国内黄顶菊研究发展迅速，很多重要的细节在书中也没有提及，作者在此特表歉意。

本书的完成主要得益于在中国国家图书馆、中国农业科技文献与信息平台、中国科学院植物研究所（北京）图书馆访问到的大量学术资源，在生物多样性遗产图书馆项目（Biodiversity Heritage Library，BHL）、互联网档案馆（archive.org）和谷歌图书（Google Book）获取的大量已成为 public domain 的历史文献，以及在 JSTOR 全球植物（JSTOR Global Plants）平台获取的模式标本信息。全书植物学名主要依据美国密苏里植物园（Missouri Botanical Garden，MO）的 Topicos 平台，除黄菊属植物以外的中文学名主要依据中国自然标本馆 CFH 物种搜索引擎。

在本书的完成过程中，得到了国内外研究机构、研究人员和朋友的协助。在此，作者感谢英国伦敦林奈协会（The Linnean Society of London，LINN）提供全球首个黄顶菊模式标本照片并授权；感谢西班牙巴塞罗那植物研究所（Institut Botànic de Barcelona，BC）提供 Ruiz & Pavón 的黄顶菊模式标本照片；感谢美国纽约植物园（New York Botanical Garden，NYBG）Barbara M. Thiers 博士提供狭叶黄顶菊模式标本照片使用权；感谢美国亚利桑那州立大学维管植物标本馆（Arizona State University Vascular Plant Herbarium，ASU）Leslie Landrum 博士提供麦氏黄菊模式标本照片使用权；感谢《北美植物志》协会（Flora of North America Association）提供三种黄菊属植物手绘图使用权；感谢 Compositae Newsletter 杂志提供澳洲黄菊及疑似变种手绘图使用权；感谢 Madroño 杂志提供麦氏黄菊手绘图使用权。

感谢北京师范大学生命科学学院刘全儒博士提供我国大陆地区的黄顶菊模式标本照片、吴征镒先生对黄顶菊中文命名的意见、黄顶菊手绘图的使用权，并对黄顶菊描述文字进行的审读。

感谢中国科学院植物研究所（北京）陈艺林先生审定林奈对黄顶菊的描述文字，感谢高贤明博士提供黄顶菊在我国首次发现及确认的信息，并对相关文字提出宝贵意见。

感谢中国农业科学院植物保护研究所李香菊博士提供的黄顶菊入侵我国途径及发现初期考察的信息，并对相关章节提出宝贵意见。

感谢南开大学生命科学学院江莎博士及唐廷贵教授提供黄顶菊在南开大学首次发现的信息，多次对相关章节进行耐心的审读并提出修改意见。

感谢台湾"国立中兴大学"曾彦学博士及中央研究院生物多样性研究中心彭镜毅博士提供我国台湾省发生的黄顶菊手绘图及实物照片并授权，感谢中国科学院植物研究所标本馆（北京）（PE）王忠涛老师提供黄顶菊在我国首次发现的模式标本照片。

感谢阿根廷国立科尔多瓦大学（Universidad Nacional de Córdoba）José Luis Cabrera 博士提供黄顶菊和狭叶黄顶菊在原产地阿根廷的发生照片及相关描述和黄顶菊植物化学的文献，感谢美国波士顿大学（Boston University）Richard Laursen 博士提供的重要信息。

感谢美国农业部农业研究局南美生物防治实验室（USDA-ARS South American Biological Control Laboratory，SABCL）Guillermo Logarzo 博士提供黄顶菊在原产地的昆虫天敌调查文献。

感谢德国杜塞尔多夫大学（Heinrich-Heine-Universität Düsseldorf）Peter Westhoff 博士提供多种黄菊属植物实物照片。

感谢衡水学院生命科学学院时丽冉老师提供黄顶菊染色体凭证标本照片，感谢河北省农林科学院粮油作物研究所樊翠芹研究员提供黄顶菊的繁殖特性实验数据。

感谢湖北省农业科学院植保土肥研究所褚世海师兄提供黄顶菊在我国南方淹水胁迫下的生长情况的相关资料。

感谢衡水学院郑云翔教授提供黄顶菊首次在衡水湖发现的信息，感谢秦皇岛出入境检验检疫局郭成亮处长提供在衡水湖实地考察黄顶菊传入途径的信息。

感谢中国科学院遗传与发育生物学研究所储成才博士、甘肃亚盛集团北京博士后科研工作站陈正华先生、甘肃农业大学张金文教授提供有关我国早期利用黄顶菊及黄菊属植物进行遗传育种研究的信息，澄清实验室并非黄顶菊入侵我国的来源。

感谢美国沙罗斯州立大学标本馆（Sul Ross State University Herbarium, SRSC）A. Michael Powell 博士提供的信息，澄清其 1978 年论文中的 ballast 并非指轮船压仓水或压仓物，而是指公路填方材料（fill material）。

感谢英国剑桥大学 Peter Sell 博士提供的信息，澄清黄顶菊在英国未有实质性的发生。

感谢英国皇家植物园（邱园）（Royal Botanic Gardens, Kew）D. J. Nicholas Hind 博士提供有关林奈标本的信息。

感谢澳大利亚西澳州农业与食品厅（Department of Agriculture and Food, Western Australia）Roderick P. Randall 博士提供的信息，确认黄顶菊在澳大利亚的发生情况。

感谢西班牙生态学研究与林业应用中心（Centre for Ecological Research and Forestry Applications, CREAF）景观生态学研究组 Corina Basnou 博士提供的信息，确认黄顶菊在西班牙的发生情况。

感谢美国布朗大学 Erika A. Sudderth 博士提供植物昆虫在黄菊属植物主要产地墨西哥中南部的发生情况。

感谢郑千博士、齐雪博士、吴康云博士为本书第一章及第二章写作获取部分历史文献提供的便利。感谢王振华、郑利强、杜涛博士、郑允奎、何晓薇提供的有关信息或相关便利。

本书终稿汇总在中国农业科学院农业环境与可持续发展研究所环境修复研究室完成。在成书过程中，得到研究团队博士研究生张瑞海同志和团队成员韩颖同志的大力协助和支持，团队成员硕士研究生张衍雷、唐秀丽、刘宁、季巧凤、郭章碧、张建肖等同志及宋振博士对部分非署名章节的相关信息进行了核对或有其他贡献，作者在此特表感谢。

如前言所指出的，本书虽几易其稿，但书中难免有疏漏之处，恳请读者和同行批评指正。

作　　者

2014 年 3 月 10 日于北京